高等学校教材

工科基础物理

（上册）

主　编　颜　超　陈　敏
副主编　冯翠娣　桂　堤　魏　斌
杨淑青　方立青　乐淑萍

GONGKE JICHU WULI

中国教育出版传媒集团
高等教育出版社·北京

内容提要

本书是在新工科建设背景下，依据教育部高等学校大学物理课程教学指导委员会编制的《理工科类大学物理课程教学基本要求》(2023 年版)，结合普通高等学校工科类专业大学物理课程教学实际情况编写而成的。

全书分上、下册，上册包括力学篇(牛顿力学和相对论基础)和电磁学篇，下册包括波动篇(振动与波动和波动光学)、热学篇和量子物理基础篇。针对工科学生在物理模型的建立和数学计算在物理学中应用的难点问题，本书按照利用物理原理分析和解决工程实际问题的基本思路进行编写。每篇有引论，通过主题存在的现象和应用举例，引入主题，突出主题的普遍性、工科的基础性，强调对主题特性的认识。章节内容的基本思路为“提炼研究对象—建立物理模型—引入物理概念—阐述物理原理—数学描述及应用”，在每一章的最后都引入一个工程应用案例。每章开篇都引入思考题，帮助学生在自主学习过程中把握知识脉络和主要内容；在章节中的关键点，引入讨论题，促进学生对重点难点的关注和理解；课后习题分为对基本概念和物理原理理解的简答题、物理模型的计算题、工程实际应用背景问题的综合计算分析题。此外，每篇都附有与现代科技和工程实际应用相关的阅读材料供学生选读，这有利于开阔学生的视野，激发学生学习的积极性，提高学生的科学素质，并培养其创新精神。

本书可作为普通高等学校工科类专业大学物理课程的教材，也可作为其他高等学校教师教学或学生自学的参考书。

图书在版编目(CIP)数据

工科基础物理. 上册 / 颜超，陈敏主编. --北京：高等教育出版社，2025. 3. -- ISBN 978-7-04-064293-3

Ⅰ. O4

中国国家版本馆 CIP 数据核字第 2025MU4893 号

GONGKE JICHU WULI

策划编辑	马天魁	责任编辑	王　硕	封面设计	李小璐	版式设计	杜微言
责任绘图	裴一丹	责任校对	高　歌	责任印制	刘思涵		

出版发行	高等教育出版社	网　　址	http://www.hep.edu.cn
社　　址	北京市西城区德外大街 4 号		http://www.hep.com.cn
邮政编码	100120	网上订购	http://www.hepmall.com.cn
印　　刷	三河市骏杰印刷有限公司		http://www.hepmall.com
开　　本	787mm × 1092mm　1/16		http://www.hepmall.cn
印　　张	19.5		
字　　数	410 千字	版　　次	2025 年 3 月第 1 版
购书热线	010-58581118	印　　次	2025 年 7 月第 2 次印刷
咨询电话	400-810-0598	定　　价	40.00 元

物 料 号　64293-00

前　言

本书是编者在长期的工科大学物理课程教学研究的基础上，针对物理学在工科学生培养中的定位、工科学生学习大学物理课程存在的实际问题编写而成的。此前本书曾多次以讲义的形式在南昌航空大学校内使用。

本书重点考虑了以下问题：一是，工科学生应该更多地从应用的角度来学习大学物理课程。物理学作为研究物质的基本结构和基本运动规律的科学，其基本概念和基本规律涉及自然科学、工程技术和日常生活的方方面面。但是因其基础特性，仅靠学生们自身理解有一定的困难，编者采用篇章的形式，在每篇的引论中，对本篇各章涉及的内容作了相关阐述，从实际现象和应用引入相关物理内容。二是，物理学既是自然科学和工程技术的基础，也是高新技术发展的源泉和先导。物理学的思想和方法，对自然科学的研究和工程技术的发展具有指导作用。因此，本书每章以对本章研究对象的基本认识，通过凝练本章研究对象、建立物理模型、定义概念、阐述物理原理及适用条件、分析解决问题的思路、引入数学方法、举例求解物理问题的顺序，来介绍每章的主要内容。三是，研究物理学的手段是实验和数学，传统的物理理论的阐述，将物理学与数学融为一体，这给以应用为目的的工科学生带来了物理学习的困难。编者在教学实践中发现，很多学生在分析解决物理问题时，建立的方程不是依据物理原理，而是利用数学的等量关系，即在学习过程中过于强调数学技巧，忽视了物理基本概念、基本原理的学习。为此，在本书的编写过程中，编者努力尝试将物理原理和解决物理问题的数学方法进行“切割”，帮助学生将物理场景、物理过程的构建和数学描述工具分开，以强化基本概念、基本原理的学习，降低物理学习的难度。四是，为引导学生学习时勤于思考，在核心内容和关键的逻辑节点上，设立了相应的思考题，以便引起学生重视并促使他们深入思考。五是，结合工科学生学习物理的特殊性：既突出物理核心内容的学习，又要考虑工程问题中物理观念、思想的启迪，课后习题中既包含对基本概念、原理理解的题目和理论性较强的计算题，也包含不少联系实际的题目；同时有些章的最后给出了与本章有关的工程应用案例。

本书分为上、下册，教学参考学时数为 96 ~ 128 学时，上册共九章：第一至第四章为力学篇，包括质点运动学、质点动力学、刚体力学和相对论基础；第五至第九章为电磁学篇，包括真空中的静电场、静电场中的导体和电介质、恒定磁场、磁场中的磁介质、电磁感应和电磁场。下册共八章：第十至第十二章为波动篇，包括机械振动、机械波和波动光学；第十三至第十四章为热学篇，包括气体动理论和热力学基础；第十五至第十六章为量子力学基础篇，包括量子思想启蒙和量子力学简介。

本书由颜超、陈敏、冯翠娣、海霞、尹健庄、桂堤、魏斌、杨淑青、方立青、乐淑萍、胡家琦、郭状、朱泉水等老师编写。全书由颜超、陈敏和尹健庄老师进行组稿和审稿，由颜超老师进行最后的统稿和定稿。此外，黄亦斌和赵希圣老师对全书内容的科学性进行了审查。在此，编者特别感谢清华大学王青教授对本书提出的宝贵意见和建议。

本书的编写参考了若干国内外出版的物理教材和期刊论文等，在许多方面得到启发和教益，这里难以一一指明，编者在此一并致以衷心的感谢。

由于编者水平有限，书中难免有缺点和不足之处，恳请广大读者批评指正。

编　者

2024 年 9 月

目 录

第一篇 力 学 篇

第二篇 电 磁 学 篇

第一篇

力 学 篇

力学是研究物体机械运动规律的科学，也可以说是研究力和机械运动的科学. 力是物体间的一种相互作用，机械运动状态的变化是由这种相互作用引起的. 机械运动是指物体的位置变动，是最简单、最基本的运动形式，它的物质基础是物体. 自然界按力学规律运行的现象极为普遍，宇宙中的天体、地球附近的大气、地球表面的河流、地球内的地震等的运动都可以基于力学规律进行分析和推测. 在力学理论的指导或支持下取得的工程技术成就不胜枚举. 最突出的有：以人类登月、建立空间站、航天飞机等为代表的航天技术；以速度超过 5 倍声速的军用飞机、起飞重量超过 300 t、尺寸达大半个足球场的民航机为代表的航空技术；以单机功率达百万千瓦的汽轮机组为代表的机械工业；可以在大风浪下安全作业的单台价值超过 10 亿美元的海上采油平台；以排水量达 5×10^5 t 的超大型运输船和航速可达 30 多节、深潜达几百米的潜艇为代表的船舶工业；可以安全运行的核能反应堆；在地震多发区建造高层建筑；正在陆上运输中起着越来越重要作用的高速列车；等等.

由此可见，力学是一门在自然界和工程技术中具有广泛应用的基础科学.

辩证唯物主义认为，世界是物质的，运动是物质的固有属性和存在方式. 世界上不存在脱离运动的物质. 运动是物质的运动，物质是运动的承载者. 运动是指宇宙中发生的一切变化和过程. 我们知道，地球的半径约为 6 370 km，将其近似地看成圆球，其赤道周长约为 4×10^4 km，地球绕太阳公转的轨迹半径约 1.5×10^8 km；由此我们可以推算，通常认为不动的宿舍、不变的家，就地球的自转而言，正如毛主席的一句诗所说，“坐地日行八万里”；而对于地球绕太阳的公转来说，每秒要行驶近 30 km！而太阳系还围绕银河系中心转动……我们还可以想象出什么是不运动的？所以说运动是绝对的. 哲学上所讲的运动外延是非常广泛的，位置的移动、数量的增减、事物性质的改变等都是运动，它既包括时间上的变化、空间上的变化，也包括物质上的变化、精神上的变化，同时还包括内在结构的变化、外在联系的变化，等等.

按照从低级到高级，从简单到复杂的顺序排列，运动的基本形式概括为以下五种：① 机械运动，指的是物体的位置变动，是最简单、最基本的运动形式，它的物质基础是物体. ② 物理运动，指分子、电子和其他粒子的运动，它的物质基础是分子、电子、其他粒子和场等. ③ 化学运动，指元素的化合与分解运动，它的物质基础是原子. ④ 生物运动，是生命的新陈代谢过程，它的物质基础是蛋白质和核酸. ⑤ 社会运动，指人类社会的发展过程，它的物质基础是社会生产方式，即生产力和生产关系的统一. 各种基本运动形式之间既有质的区别，不能混淆，同时又有内在联系，表现在：① 高级运动形式是从低级运动形式发展而来的，并且包含着低级运动形式. ② 各种运动形式之间是根据一定的条件互相转化的.

力学的研究内容包括静力学、运动学和动力学三部分. 静力学研究力的平衡或物体的静止问题；运动学只考虑物体怎样运动，不讨论运动与力的关系；动力学讨论物体运动状态变化与受力的关系. 静力学可看成物体受(平衡)力或运动

(静止)的特例. 由于运动的承载物——物质的属性(如：质量、大小、形状、形变，等等)在所研究的问题中的重要性可能存在不同，通常需建立不同的物质模型，根据所建物质模型不同，力学可分为：质点力学、刚体力学和连续介质力学，连续介质通常分为固体和流体. 工科基础物理主要研究质点力学和刚体力学，本篇的第一章为质点运动学，第二章为质点动力学，第三章为刚体力学，这部分内容讨论的物体运动与光速($c=3\times10^8$ m/s)相比为低速运动，通常称为经典力学，当所讨论的物质运动速度可以与光速比拟时，需要用到相对论力学，第四章狭义相对论简要介绍了狭义相对论力学的基本知识.

由“力是物体间的一种相互作用”这个概念，结合我们日常生活中遇到的“力”可知，这一“作用”本身是“隐藏”的，这种“相互作用”往往是通过受其作用的物体运动状态的改变来体现的，物体的运动状态及其改变的观测是直观的. 因此研究力学需从机械运动开始.

第一章　质点运动学

思考题

1. 为什么把(机械)运动学归入力学部分?
2. 在确立机械运动描述的物理量之前，要了解机械运动的哪些属性?
3. 引进了哪几个物理量用于描述质点的机械运动?
4. 为了实现对具体物体的机械运动求解，需建立坐标系．本章具体运用了哪几类坐标系?

第一节　质点运动的描述

1.1　机械运动基本特性

工科基础物理中的运动学研究的是最简单、最基本的运动形式——机械运动．它存在于其他高级运动形式之中．为了能有效地对机械运动进行研究，首先需认识其基本属性．前面提到一切物质都在运动，运动是物质的固有属性，这便是**运动的绝对性**．我们认为“宿舍”和“家”是不动的，那是相对地球表面而言的；对地心而言，每天“宿舍”和“家”围绕着它移动约 4×10^4 km；对太阳中心来说，地球公转时带着“宿舍”和“家”以 30 km/s 的速度急速运动．这就是说，要确切说明物体的运动情况，需要先指出相对什么物体(参照物)而言，用于说明物体运动所指定的参照物通常称为参考系，不指定参考系，就无法描述物体运动，这便是**运动描述的相对性**．日常生活中我们有这样的常识，城市公交车有很多是双向对开的，但你若在乘车时坐反了方向，是会耽误行程的，这是因为描述运动不仅需要有量值的大小(如两个地方相距的公里数)，还有方向问题．对于既涉及大小、又涉及方向的物理量，物理上定义了一种专门的量，称之为矢量，**运动具有矢量性**．运动物体的位置存在随时间改变的属性，不同的时间可能存在不同运动状态，这便是**运动的瞬时性**表现．

运动的这四个属性，即运动的绝对性和描述运动的相对性，运动的矢量性和瞬时性，在一定程度上，决定着运动的研究方法和研究思路．

1.2　质点模型

承载运动的物质形态(形状、大小、体积等)迥异，物态(等离子态、固态、液态、气态等)不同，物理特性(质量、密度、硬度、弹性模量、热胀系数、摩尔定容热容、导热系数、介电常量、磁导率、电阻率、折射率，等等)千差万别. 但这些反映物理特性的参量在不同问题中的重要性各不相同，为了抓住问题中的主要矛盾，通常需要将承载物理现象的物质(研究对象)及其所处的状态、环境等，结合所研究的具体问题进行合理的近似假设，忽略其次要因素，建立相应的理想模型，这是科学和技术中非常重要的方法和手段. 质点模型就是按照这一方法建立起来的一种重要的理想模型. 所谓质点，就是将具体的物体抽象化成一个没有大小、没有形状，只有原型物体的质量的一个几何点.

如在讨论地球绕太阳公转时，地球还在自转，不同时刻地球上各点离太阳距离各不相同，但这些差异在研究地球绕太阳转动时，对结果几乎不会有影响，可以忽略地球的大小、形状，而把地球看作质点；而在讨论地球自转问题时，地球上不同的各点的运动正是要研究的内容，就不能将地球视作质点了；讨论电子在电场中的运动时，常把电子视为质点，但在研究电子自旋时，却不能把电子视为质点. 由此可见，一个物体能否被理想化成质点，不取决于物体本身的实际大小，而取决于物体的大小对所研究问题的影响，对所研究的问题影响小的可以忽略. 此外，当我们研究一些比较复杂的物体运动时，虽然不能把整个物体看成质点，但在处理方法上可把复杂物体看成由许多质点组成(即质点系).

总体来说，在力学问题中，物体的大小、形状在研究的问题中都不是主要因素时可以忽略，可以把物体看成质量集中在物体质量中心的点状物体，这一理想模型称为**质点**.

工科基础物理中的质点运动学只研究低速运动情况下，惯性系中质点的机械运动，不涉及引起运动和改变运动的原因，又由于质点运动学研究的往往是宏观可视、低速实物物体，通常在观察、实验中采用时、空测量的方法进行研究.

1.3　参考系和坐标系

由运动的绝对性和运动描述的相对性可知，一切物体都在运动，要说明物体运动，必须相对某参照物体而言. 比如说行驶中的汽车在运动，宿舍楼不动，是相对于地球表面而言的. 这种被选定作为运动参照物的物体称为**参考系**. 航行中的船只为了正确航行，常以灯塔或固定在岸上的建筑物为参考系. 在经典力学中，惯性参考系简称惯性系，是指牛顿运动定律成立的参考系，可以通过实验来测定. 相对惯性系静止或保持匀速直线运动的参考系也是惯性系. 地球和太阳严格意义上不属于惯性系，但牛顿运动定律近似成立，因此，地球和太阳系为我们常用的惯性系. 参考系的选择是描述物体的运动所必需的，选取不同的参考系，物体运动状态描述的复杂性可能不同，描述的结果可能不同，因此参考系的选取十分重要. 前面谈到地球表面上的建筑物(宿舍、家)选择以地面为参考系，它们是静止的，但如果选地心或太阳为参考系，会出现不同的结果. 又如通信卫星绕地球运动，以地心为参考系，卫星作圆周运动；若以太阳为参考系，同样是卫星绕地球运动，其轨迹却是螺旋线，实为卫星绕地球旋转和地球绕太阳公转的运动叠加. 一般来说，研究运动学问题时，只要描述方便，参考系可以随便选择. 但是在考虑动力学问题时，选择参考系就要慎重了，因为一些重要的动力学规律(如牛顿运动定律)只对某类特定的参考系(惯性系)成立.

为了定量地描述物体的运动，在参考系上标出适当的尺度即坐标系. 由于现实的空间是三维的，对于一般的运动需要三维坐标系才能完整表示物体运动. 最常用的坐标系是笛卡儿直角坐标系. 这个坐标系以参考系中某一固定点为原点 O，从此原点沿 3 个相互垂直的方向引 3 条固定在参考系上的直线作为坐标轴，通常分别叫做 x 轴，y 轴，z 轴(图 1.1). 在这样的坐标系中，一个质点在任意时刻的位置，就可以用 3 个坐标值(x，y，z)来表示. 例如，要描述室内物体的运动，可以选地板的某一角为坐标原点，以坐标原点处的墙壁和墙壁、墙壁和地板的交线为坐标轴，这就构成一个直角坐标系. 有时也选用极坐标系，例如研究地球的运动时，可以选太阳为坐标原点，而坐标轴则指向某个恒星. 除此之外，还有自然坐标系、球面坐标系或柱面坐标系等.

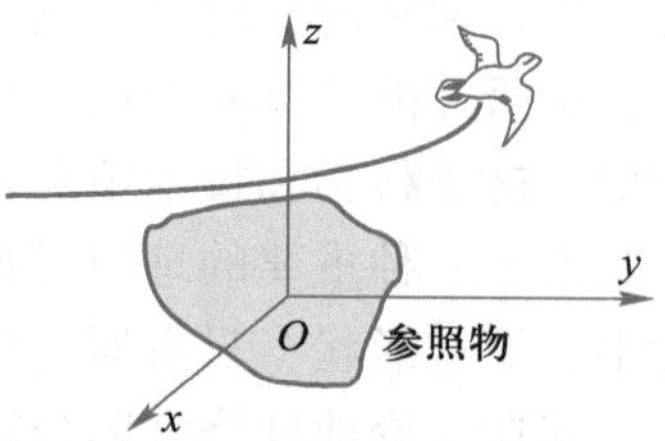

图 1.1 直角坐标系

1.4 描述运动的物理量

由运动的矢量性可知，必须应用矢量才能正确地描述运动. 同时考虑到运动的瞬时性，要正确地对运动进行描述，必须要考虑其随时间的变化关系. 为此定义了四个矢量来描述物体的基本运动状态，它们分别是：**位置矢量、位移、速度和加速度**.

1.4.1 位置矢量

位置矢量描述的是被视为质点的物体在某一时刻所处的位置. 设时刻 t 质点所处的位置在 P 点，从所选定的参考系上任选一点(通常将它选为坐标系的原点) O 引一指向 P 点的有向线段 $\overrightarrow{OP}$，并记作矢量 $\boldsymbol{r}$(图 1.2)作为位置矢量，简称**位矢**，也叫**径矢**. $\boldsymbol{r}$ 的方向说明了 P 点相对于参考系的方位，$\boldsymbol{r}$ 的大小(即它的模)表明了 O 点到 P 点的距离. 方位和距离都知道了，P 点的位置也就确定了. 位置矢量能有效地描述质点所在位置随时间的变化，因此，位置矢量(或称位矢)是时间的函数：

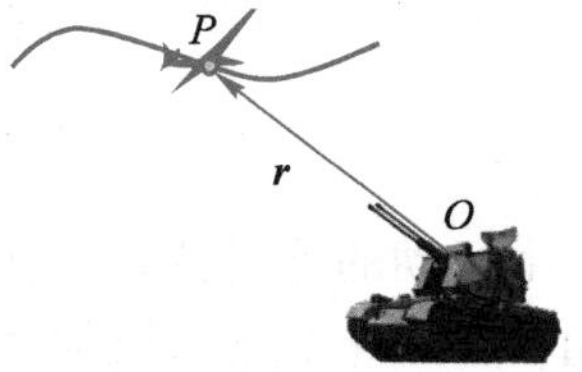

图 1.2 质点的位置矢量表示

$$\boldsymbol{r}=\boldsymbol{r}(t) \tag{1.1}$$

这个函数是描述质点空间位置随时间变化的方程，称之为**运动方程**.

根据运动方程，即可确定质点在任意时刻的位置、速度和加速度等. 因此，正确确定运动方程是研究质点运动十分重要的一步.

> 讨论 1:
> (1) 位置矢量与位移的区别是什么？
> (2) 位移大小与位矢大小增量的区别是什么？
> (3) 位移与路程的区别与联系分别是什么？

1.4.2　位移

位移描述的是质点在一段时间内位置的改变. 其方向是从起始位置指向终末位置. 如图 1.3 所示，设质点在 t 时刻和 $t+\Delta t$ 时刻分别通过 P_1 和 P_2 点，其位矢分别是 $\boldsymbol{r}_1$ 和 $\boldsymbol{r}_2$，则由 P_1 引到 P_2 的矢量表示位矢的增量，即

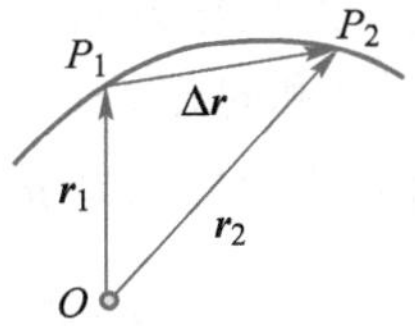

图 1.3　质点的位移表示

$$\Delta\boldsymbol{r}=\boldsymbol{r}_2-\boldsymbol{r}_1=\boldsymbol{r}(t+\Delta t)-\boldsymbol{r}(t)$$

这一位矢的增量就是质点在 t 到 $t+\Delta t$ 这一段时间内的位移.

1.4.3　速度

速度描述的是质点位置随时间变化的快慢. 位移 $\Delta\boldsymbol{r}$ 和发生这段位移所经历的时间 Δt 的比叫做质点在这一段时间内的平均速度. 以 $\overline{\boldsymbol{v}}$ 表示**平均速度**，就有

$$\overline{\boldsymbol{v}}=\frac{\Delta\boldsymbol{r}}{\Delta t} \tag{1.2}$$

平均速度也是矢量，它的方向就是位移的方向.

> 讨论 2:
> 速度与速率的区别与联系分别是什么？

平均速度只是粗略地反映了在某段时间内质点位置变动的快慢和方向. 当 Δt 趋于零时，(1.2)式的极限，即质点位矢对时间的变化率，叫做质点在时刻 t 的**瞬时速度**，简称**速度**. 用 $\boldsymbol{v}$ 表示速度，就有

$$\boldsymbol{v}=\lim_{\Delta t\to 0}\frac{\Delta\boldsymbol{r}}{\Delta t}=\frac{\mathrm{d}\boldsymbol{r}}{\mathrm{d}t} \tag{1.3}$$

速度的方向，就是 Δt 趋于零时，$\Delta\boldsymbol{r}$ 的方向. 当 Δt 趋于零时，P_2 点向 P_1 点无限趋近，而 $\Delta\boldsymbol{r}$ 的方向最后将与质点运动轨迹在 P 点的切线一致，即与切向单位矢量 $\boldsymbol{e}_t$ 的方向一致，如图 1.4 所示. 因此，质点在时刻 t 的速度的方向就沿着该时刻质点所在处运动轨迹的切线而指向运动的前方. 因此，速度等于**位置矢量对时间的一阶导数**，显然，只有瞬时速度才能精确地描述质点在某一时刻(或某一位置)运动的快慢和方向. 若 $\boldsymbol{v}$ 是常矢量，其大小和方向皆不随时间 t 的变化而改变；或者说，质点运动时保持方向不变和快慢均匀，则质点作匀速直线运动.

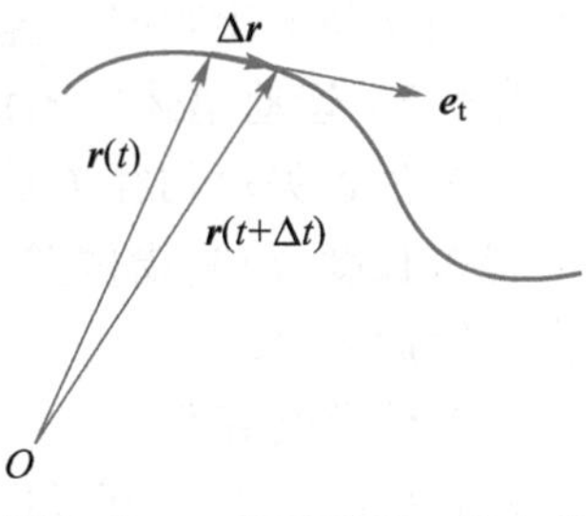

图 1.4　Δt 趋于零时，质点的位移表示

在国际单位制(SI)中，速度的单位为 $\mathrm{m\cdot s^{-1}}$(米每秒).

质点在任一时刻的位矢和速度，表明了质点在该时刻位于何处，朝着哪个方向离开该处的快慢. 所以，位矢 $\boldsymbol{r}$ 和速度 $\boldsymbol{v}$ 是全面描述质点运动状态的两个物理量，缺一不可.

1.4.4 加速度

加速度描述的是质点速度随时间变化的快慢. 其方向与速度的变化方向一致. 以 $\boldsymbol{v}_1$ 和 $\boldsymbol{v}_2$ 分别表示质点在时刻 t（P_1 点）和时刻 $t+\Delta t$（P_2 点）的速度（图 1.5），则在这段时间内的平均加速度 $\overline{\boldsymbol{a}}$ 由下式定义：

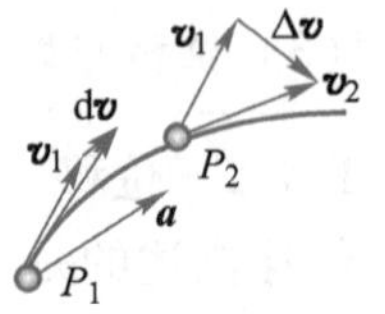

图 1.5 质点的加速度表示

$$\overline{\boldsymbol{a}}=\frac{\boldsymbol{v}_2-\boldsymbol{v}_1}{\Delta t}=\frac{\boldsymbol{v}(t+\Delta t)-\boldsymbol{v}(t)}{\Delta t}=\frac{\Delta\boldsymbol{v}}{\Delta t} \tag{1.4}$$

当 Δt 趋于零时，此平均加速度的极限，即速度对时间的变化率，叫质点在时刻 t 的瞬时加速度，简称加速度. 以 $\boldsymbol{a}$ 表示加速度，就有

$$\boldsymbol{a}=\lim_{\Delta t\to 0}\frac{\Delta\boldsymbol{v}}{\Delta t}=\frac{\mathrm{d}\boldsymbol{v}}{\mathrm{d}t} \tag{1.5}$$

利用(1.3)式，还可得

$$\boldsymbol{a}=\frac{\mathrm{d}^2\boldsymbol{r}}{\mathrm{d}t^2} \tag{1.6}$$

可见，加速度等于速度对时间的一阶导数，或位置矢量对时间的二阶导数.

加速度的 SI 单位是 $\mathrm{m\cdot s^{-2}}$.

需要指出：

（1）加速度是速度对时间的变化率，因此，不论是速度的大小还是速度的方向发生变化，都有加速度.

（2）加速度是矢量，其方向是当 $\Delta t\to 0$ 时 $\Delta\boldsymbol{v}$ 的极限方向，不一定是 $\boldsymbol{v}$ 的方向.

在曲线运动中，$\boldsymbol{a}$ 的方向一般不是 $\boldsymbol{v}$ 的方向. 由图 1.4 不难看出，$\boldsymbol{a}$ 的方向总是指向曲线凹的一侧. 当 $\boldsymbol{a}$ 与 $\boldsymbol{v}$ 成锐角时，速率增大；当 $\boldsymbol{a}$ 与 $\boldsymbol{v}$ 成钝角时，速率减小；当 $\boldsymbol{a}$ 与 $\boldsymbol{v}$ 垂直时，速率不变.

1.4.5 运动描述中易混淆的几个物理量

（1）位置矢量与径矢长度

径矢长度(r)是指位置矢量的大小，不具有方向，而位置矢量 $\boldsymbol{r}$ 既有大小又有方向，因此 $r\neq\boldsymbol{r}$.

（2）位移与路程

路程(Δs)是质点运动时实际运动轨迹的总长度，是个标量. 如图 1.6 所示，路程是指质点沿曲线从 P_1 点运动到 P_2 点曲线总长度. 而位移($\Delta\boldsymbol{r}$)是由 P_1 点指向 P_2 点的有向线段(直线)，是既有大小又有方向的矢量. 位移并不反映质点真实的运动路径长度，只反映位置变化的实际效果. 一般路程 Δs 与位移的大小 $|\Delta\boldsymbol{r}|$ 之间没有确定的关系，只有当 Δt 趋

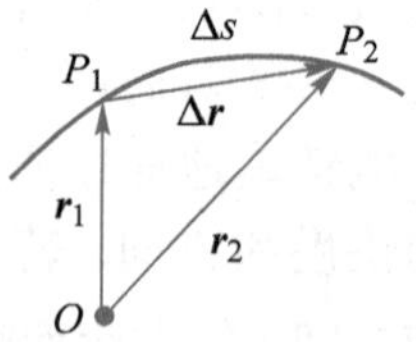

图 1.6 质点的位移与路程

于零或单向直线运动时，两者才相等，$\lim\limits_{\Delta t\to 0}\Delta s=\lim\limits_{\Delta t\to 0}|\Delta \boldsymbol{r}|$，即 $\mathrm{d}s=|\mathrm{d}\boldsymbol{r}|$.

例如，一个绕圆周运动一周的质点，其位移等于零. 这表明：尽管其运动路程等于圆周长，但这段时间内位置变动的实际效果(即位移)却为零.

(3) 位矢增量的大小与位矢大小的增量

要注意的是，$\Delta r=\Delta|\boldsymbol{r}|=r_2-r_1$ 表示径矢长度的变化，即位矢大小的增量(图 1.7)，而位移的大小 $|\Delta\boldsymbol{r}|=|\boldsymbol{r}_2-\boldsymbol{r}_1|$，是位矢增量的大小，所以一般情况下 $|\Delta\boldsymbol{r}|\neq\Delta r$.

例如，一个绕圆周运动半周的质点，其位移的大小等于运动圆周的直径的长度，但是该质点相对于圆心的位矢大小的增量却等于零.

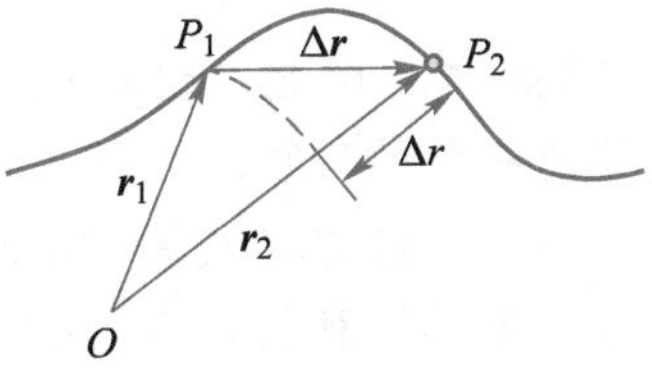

图 1.7　质点的位移与位矢大小的增量

(4) 速度与速率

速度的大小也叫速率，以 v 表示，则有

$$v=|\boldsymbol{v}|=\left|\frac{\mathrm{d}\boldsymbol{r}}{\mathrm{d}t}\right|=\lim_{\Delta t\to 0}\frac{|\Delta\boldsymbol{r}|}{\Delta t}\tag{1.7}$$

用 Δs 表示在 Δt 时间内质点沿轨迹所经过的路程. 当 Δt 趋于零时，$|\Delta\boldsymbol{r}|$和 Δs 趋于相同，因此可以得到

$$v=\lim_{\Delta t\to 0}\frac{|\Delta\boldsymbol{r}|}{\Delta t}=\lim_{\Delta t\to 0}\frac{\Delta s}{\Delta t}=\frac{\mathrm{d}s}{\mathrm{d}t}\tag{1.8}$$

这就是说速率又等于质点所走过的路程对时间的变化率.

根据位移的大小$|\Delta\boldsymbol{r}|$与 Δr 的区别可以知道，一般地，

$$v=\left|\frac{\mathrm{d}\boldsymbol{r}}{\mathrm{d}t}\right|\neq\frac{\mathrm{d}r}{\mathrm{d}t}\tag{1.9}$$

根据路程和位移大小的区别还可以知道，一般情况下平均速度的大小并不等于平均速率，即

$$|\overline{\boldsymbol{v}}|=\left|\frac{\Delta\boldsymbol{r}}{\Delta t}\right|\neq\overline{v}=\frac{\Delta s}{\Delta t}$$

1.5　运动学的两类问题

1.5.1　运动学的两类问题

把运动方程、速度和加速度的定义式写在一起，即

$$\begin{cases}\boldsymbol{r}=\boldsymbol{r}(t)\\ \boldsymbol{v}=\dfrac{\mathrm{d}\boldsymbol{r}}{\mathrm{d}t}\\ \boldsymbol{a}=\dfrac{\mathrm{d}\boldsymbol{v}}{\mathrm{d}t}=\dfrac{\mathrm{d}^2\boldsymbol{r}}{\mathrm{d}t^2}\end{cases}\tag{1.10}$$

容易看出，运动学的问题大体上可分为两类. 第一类问题是已知质点的运动方程，求质点在任意时刻的速度和加速度，从而得知质点运动的全部情况，这类问题用求导法解决. 第二类问题是已知质点运动的加速度(或速度)以及初始状态，求质

点的运动方程. 这类问题是第一类问题的逆运算，用积分法求解.

1.5.2 用到的数学工具及其求解思路

（1）矢量的加减

如位移的计算，$\Delta\boldsymbol{r}=\boldsymbol{r}_2-\boldsymbol{r}_1$. 矢量的加减法，一般可用平行四边形法则，并由其可推广**正交分解法**等.

（2）求导和积分

根据 $v=\dfrac{\mathrm{d}s}{\mathrm{d}t}$求速率，根据 $\boldsymbol{v}=\dfrac{\mathrm{d}\boldsymbol{r}}{\mathrm{d}t}$求速度，或根据 $\boldsymbol{a}=\dfrac{\mathrm{d}\boldsymbol{v}}{\mathrm{d}t}=\dfrac{\mathrm{d}^2\boldsymbol{r}}{\mathrm{d}t^2}$求加速度等都涉及求导的计算. 反之，已知速度函数(或加速度函数)及初始条件求质点运动方程，就涉及积分的计算.

注意：这里涉及矢量的求导和积分计算，在计算的过程中，任何矢量都可以看成矢量的模和矢量方向的**单位矢量**的乘积，通常矢量的微分和积分是在**分解后的坐标**分量上进行的.

总之，在质点运动学的数学计算中，常常涉及矢量的计算. 矢量式的优点是形式简洁，并且与坐标系的选取无关，用于理论探讨比较方便，但不便于给出具体的结果，根据以上的分析，我们可以利用矢量能进行分解的特点，先将矢量在坐标轴方向投影，得到矢量的分量，再用分量运算代替矢量运算，从而给问题的研究带来方便.

第二节 不同坐标系下对质点运动的描述

2.1 直角坐标描述

2.1.1 位矢

我们知道，在直角坐标系中空间位置可以由三个坐标(x, y, z)确定，事实上x、y、z正是质点在某时刻位矢 $\boldsymbol{r}$ 在三个坐标轴的投影，如图 1.8 所示，即

$$\boldsymbol{r}=x\boldsymbol{i}+y\boldsymbol{j}+z\boldsymbol{k} \tag{1.11}$$

式中 $\boldsymbol{i}$、$\boldsymbol{j}$、$\boldsymbol{k}$ 分别是沿 Ox、Oy、Oz 三个坐标轴正方向的单位矢量，它们都是常矢量，大小和方向都不随时间变化.

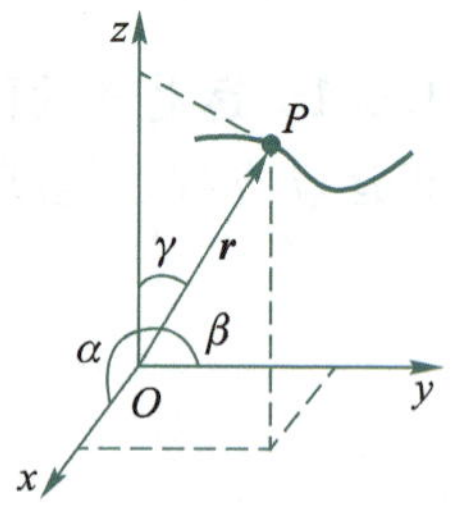

图 1.8 质点在直角坐标系的位置表示

$\boldsymbol{r}$ 的大小就是质点到原点的距离，即

$$r=|\boldsymbol{r}|=\sqrt{x^2+y^2+z^2} \tag{1.12}$$

$\boldsymbol{r}$ 的方向由其方向余弦确定，即

$$\cos\alpha=\frac{x}{r},\ \cos\beta=\frac{y}{r},\ \cos\gamma=\frac{z}{r} \tag{1.13}$$

式中 α、β、γ 分别为 $\boldsymbol{r}$ 与 Ox 轴、Oy 轴、Oz 轴正方向的夹角，并且满足关系式

$$\cos^2\alpha+\cos^2\beta+\cos^2\gamma=1 \tag{1.14}$$

如果质点被限制在 Oxy 平面内运动，通常 $z=0$ 可略去不写. $\boldsymbol{r}$ 与 Ox 轴正方向的夹角 α 也可由 $\tan\alpha=\frac{y}{x}$ 确定.

质点运动时，位置坐标随时间变化，其运动学方程为

$$\boldsymbol{r}=x(t)\boldsymbol{i}+y(t)\boldsymbol{j}+z(t)\boldsymbol{k} \tag{1.15a}$$

或表示为分量式

$$x=x(t)\ ,\ y=y(t)\ ,\ z=z(t) \tag{1.15b}$$

这也是质点在三个坐标轴上投影点的运动学方程.

需要注意的是，x、y、z 是位矢 $\boldsymbol{r}$ 在坐标轴上的分量，根据 $\boldsymbol{r}$ 的取向，它们可以为正、负或零. r 是 $\boldsymbol{r}$ 的模，不取负值. 对于速度、加速度等其他矢量，它们在坐标轴上的分量和模的性质也可像 $\boldsymbol{r}$ 那样作类似的分析，稍不注意就可能出现矢量表示或随意增减符号的错误. 例如已知 $x<0$，$y=z=0$，则 $\boldsymbol{r}=x\boldsymbol{i}$. 由于 x 为负，所以 $\boldsymbol{r}$ 的取向为 $-\boldsymbol{i}$ 方向，而 $\boldsymbol{r}$ 的大小 $r=-x$ 才是正确的.

不难看出，$\boldsymbol{r}$ 的端点描绘出质点运动的轨迹. 由式(1.15b)消去 t 可以得到 x、y、z 之间的关系式，即质点运动的轨迹方程. 式(1.15b)亦称轨迹的参量方程.

[例 1.1]　如图 1.9 所示，以速度 $\boldsymbol{v}$ 匀速用绳跨一定滑轮拉湖面上的船，已知绳初长为 l_0，岸高为 h. 求船的运动学方程.

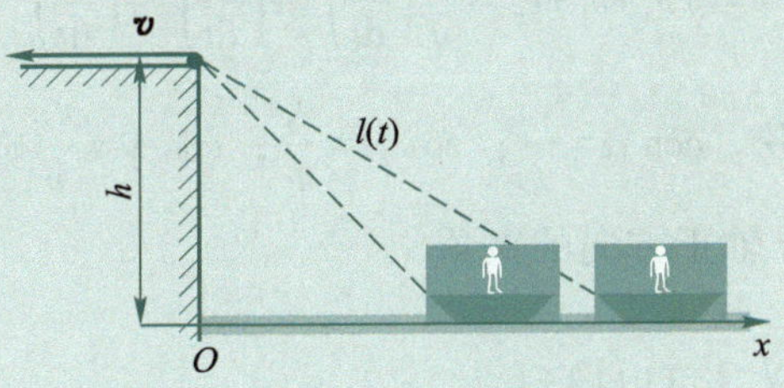

图 1.9　例 1.1 用图

[解]　取坐标系如图所示.

依题意有

$$l(t)=l_0-vt$$

坐标表示为

$$x(t)=\sqrt{(l_0-vt)^2-h^2}$$

说明，为正确写出质点运动学方程，先要选定参考系、坐标系，明确起始条件等，找出质点坐标随时间变化的函数关系.

2.1.2　位移

设质点在时刻 t 和 $t+\Delta t$ 的位置矢量分别为 $\boldsymbol{r}_1$ 和 $\boldsymbol{r}_2$，并且

$$\boldsymbol{r}_1=x_1\boldsymbol{i}+y_1\boldsymbol{j}+z_1\boldsymbol{k}$$
$$\boldsymbol{r}_2=x_2\boldsymbol{i}+y_2\boldsymbol{j}+z_2\boldsymbol{k}$$

根据矢量运算规则，在 Δt 这段时间内质点的位移为

$$\Delta\boldsymbol{r}=\boldsymbol{r}_2-\boldsymbol{r}_1=(x_2-x_1)\boldsymbol{i}+(y_2-y_1)\boldsymbol{j}+(z_2-z_1)\boldsymbol{k} \tag{1.16a}$$

其分量式为

$$\Delta x=x_2-x_1,\ \Delta y=y_2-y_1,\ \Delta z=z_2-z_1 \tag{1.16b}$$

位移的大小为

$$|\Delta \boldsymbol{r}|=\sqrt{\Delta x^2+\Delta y^2+\Delta z^2}\neq\Delta s$$

要注意，

$$\Delta r=r_2-r_1=\sqrt{x_2^2+y_2^2+z_2^2}-\sqrt{x_1^2+y_1^2+z_1^2}$$

所以一般情况下$|\Delta \boldsymbol{r}|\neq\Delta r$.

2.1.3　**速度**

由式(1.10)，从质点的运动学方程入手，根据速度和加速度的定义，可以得到

$$\boldsymbol{v}=\frac{\mathrm{d}\boldsymbol{r}}{\mathrm{d}t}=\frac{\mathrm{d}x}{\mathrm{d}t}\boldsymbol{i}+\frac{\mathrm{d}y}{\mathrm{d}t}\boldsymbol{j}+\frac{\mathrm{d}z}{\mathrm{d}t}\boldsymbol{k}=v_x\boldsymbol{i}+v_y\boldsymbol{j}+v_z\boldsymbol{k} \tag{1.17}$$

显然，速度的分量式为

$$v_x=\frac{\mathrm{d}x}{\mathrm{d}t},\ v_y=\frac{\mathrm{d}y}{\mathrm{d}t},\ v_z=\frac{\mathrm{d}z}{\mathrm{d}t} \tag{1.18}$$

速度的大小为

$$v=\sqrt{v_x^2+v_y^2+v_z^2}=\sqrt{\left(\frac{\mathrm{d}x}{\mathrm{d}t}\right)^2+\left(\frac{\mathrm{d}y}{\mathrm{d}t}\right)^2+\left(\frac{\mathrm{d}z}{\mathrm{d}t}\right)^2}$$

其方向由三个方向余弦，$\cos\alpha=\frac{v_x}{v}$，$\cos\beta=\frac{v_y}{v}$，$\cos\gamma=\frac{v_z}{v}$确定，式中α、β、γ分别为$\boldsymbol{v}$与Ox、Oy、Oz轴正方向的夹角.

2.1.4　**加速度**

根据加速度的定义，可以得到

$$\boldsymbol{a}=\frac{\mathrm{d}\boldsymbol{v}}{\mathrm{d}t}=\frac{\mathrm{d}^2\boldsymbol{r}}{\mathrm{d}t^2}=\frac{\mathrm{d}^2x}{\mathrm{d}t^2}\boldsymbol{i}+\frac{\mathrm{d}^2y}{\mathrm{d}t^2}\boldsymbol{j}+\frac{\mathrm{d}^2z}{\mathrm{d}t^2}\boldsymbol{k}$$

其分量式为

$$a_x=\frac{\mathrm{d}v_x}{\mathrm{d}t}=\frac{\mathrm{d}^2x}{\mathrm{d}t^2},\ a_y=\frac{\mathrm{d}v_y}{\mathrm{d}t}=\frac{\mathrm{d}^2y}{\mathrm{d}t^2},\ a_z=\frac{\mathrm{d}v_z}{\mathrm{d}t}=\frac{\mathrm{d}^2z}{\mathrm{d}t^2} \tag{1.19}$$

加速度的大小为

$a=\sqrt{a_x^2+a_y^2+a_z^2}=\sqrt{\left(\frac{\mathrm{d}v_x}{\mathrm{d}t}\right)^2+\left(\frac{\mathrm{d}v_y}{\mathrm{d}t}\right)^2+\left(\frac{\mathrm{d}v_z}{\mathrm{d}t}\right)^2}$，其方向由三个方向余弦，$\cos\alpha'=\frac{a_x}{a}$，$\cos\beta'=\frac{a_y}{a}$，$\cos\gamma'=\frac{a_z}{a}$确定，式中$\alpha'$、$\beta'$、$\gamma'$分别为$\boldsymbol{a}$与$Ox$、$Oy$、$Oz$轴正方向的夹角.

2.1.5 运动学两类问题在直角坐标系下的应用举例

第一类问题 已知运动学方程，求 v 和 a.

[例 1.2] 已知一质点的运动学方程，$\boldsymbol{r}=2t\boldsymbol{i}+(2-t^2)\boldsymbol{j}$（SI 单位）.

求：(1) $t=1$ s 到 $t=2$ s 质点的位移；

(2) $t=2$ s 时，质点的速度 $\boldsymbol{v}$ 和加速度 $\boldsymbol{a}$.

[解] 由题设可知质点作二维平面运动，运动学方程分量式为

$$\begin{cases}x=2t\\ y=2-t^2\end{cases}$$

(1) 质点在 $t=1$ s 到 $t=2$ s 的位移为

$$\begin{aligned}\Delta\boldsymbol{r}=\boldsymbol{r}_2-\boldsymbol{r}_1&=\boldsymbol{r}(t_2)-\boldsymbol{r}(t_1)\\&=(x_2-x_1)\boldsymbol{i}+(y_2-y_1)\boldsymbol{j}\\&=(4-2)\boldsymbol{i}+(-2-1)\boldsymbol{j}\\&=(2\boldsymbol{i}-3\boldsymbol{j})\text{ m}\end{aligned}$$

(2) $t=2$ s 时，质点的速度为

$$\boldsymbol{v}=\left.\frac{\mathrm{d}\boldsymbol{r}}{\mathrm{d}t}\right|_{t=2\text{ s}}=(2\boldsymbol{i}-2t\boldsymbol{j})\big|_{t=2\text{ s}}=(2\boldsymbol{i}-4\boldsymbol{j})\text{ m}\cdot\text{s}^{-1}$$

加速度为

$$\boldsymbol{a}=\left.\frac{\mathrm{d}^2\boldsymbol{r}}{\mathrm{d}t^2}\right|_{t=2\text{ s}}=(-2\boldsymbol{j})\big|_{t=2\text{ s}}=-2\boldsymbol{j}\text{ m}\cdot\text{s}^{-2}$$

显然，质点在平面内作恒定加速度的曲线运动.

[例 1.3] 在离水面高为 H 的岸上，有人用绳跨过一定滑轮拉船靠岸，当绳子以速度 $\boldsymbol{v}_0$（常量）通过滑轮时，如图 1.10(a) 所示，试求船的速度和加速度.

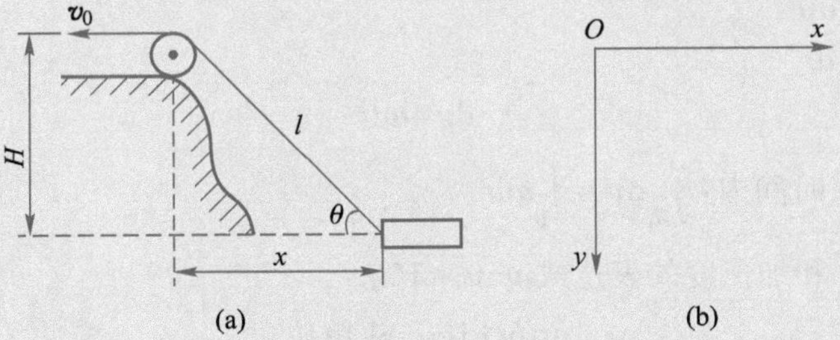

图 1.10 例 1.3 用图

[解] 本题没有明确给出船的运动学方程，需要根据已知条件建立船的位置和其他变量的关系，进而求出船的速度和加速度.

以岸为参考系，岸上滑轮所在位置为坐标原点建立二维坐标系如图 1.10(b) 所示. 因为船在 y 方向无运动，所以此题实际上是个一维问题，任一时刻船在 x 轴上的坐标为 $x=\sqrt{l^2-H^2}$，其中 l 为任一时刻的绳长，在人拉船靠岸的过程中，l

随时间变短，因而是时间 t 的函数，利用隐函数的求导方法来求船靠岸的速度，并利用$\frac{\mathrm{d}l}{\mathrm{d}t}=-v_0$，得

$$v=v_x=\frac{\mathrm{d}x}{\mathrm{d}t}=\frac{\mathrm{d}x}{\mathrm{d}l}\frac{\mathrm{d}l}{\mathrm{d}t}=-\frac{1}{\sqrt{l^2-H^2}}v_0$$

$$=-\frac{\sqrt{x^2+H^2}}{x}v_0$$

因为 $x>0$，可见 $v_x<0$，这表明船的速度方向与选定的 x 轴正方向相反. 上式对时间 t 再求一次导数，得船靠岸的加速度为

$$a=a_x=\frac{\mathrm{d}v_x}{\mathrm{d}t}=\frac{\mathrm{d}v_x}{\mathrm{d}x}\frac{\mathrm{d}x}{\mathrm{d}t}=v_x\frac{\mathrm{d}v_x}{\mathrm{d}x}$$

$$=v_x\frac{-\frac{x^2}{\sqrt{x^2+H^2}}+\sqrt{x^2+H^2}}{x}v_0$$

$$=-v_0^2\frac{H^2}{x^3}$$

同理，$a_x<0$，船的加速度也与 x 轴方向相反. v 与 a 同方向，表示船作变加速直线运动，由已知结果可知，船的速度和加速度的大小均随水平距离 x 的减小而增大.

第二类问题　已知加速度和初始条件，求 $\boldsymbol{v}$ 和 $\boldsymbol{r}$.

［例 1.4］ 已知 $\boldsymbol{a}=16\boldsymbol{j}$(SI 单位)，$t=0$ 时，$\boldsymbol{v}_0=6\boldsymbol{i}$(SI 单位)，$\boldsymbol{r}_0=8\boldsymbol{k}$(SI 单位). 求速度 $\boldsymbol{v}$ 和运动学方程.

［解］ 由 $\boldsymbol{a}=\frac{\mathrm{d}\boldsymbol{v}}{\mathrm{d}t}$，得

$$\mathrm{d}\boldsymbol{v}=\boldsymbol{a}\mathrm{d}t$$

于是，在 0~t 时间内：$\int_{\boldsymbol{v}_0}^{\boldsymbol{v}}\mathrm{d}\boldsymbol{v}=\int_0^t\boldsymbol{a}\mathrm{d}t$

代入初始条件和加速度的表达式 $\boldsymbol{v}-\boldsymbol{v}_0=16t\boldsymbol{j}$

$$\boldsymbol{v}=6\boldsymbol{i}+16t\boldsymbol{j}\text{(SI 单位)}$$

同理，由 $\boldsymbol{v}=\frac{\mathrm{d}\boldsymbol{r}}{\mathrm{d}t}$，可得

$$\int_{r_0}^{r}\mathrm{d}\boldsymbol{r}=\int_0^t(6\boldsymbol{i}+16t\boldsymbol{j})\,\mathrm{d}t$$

代入初始条件 $\boldsymbol{r}_0=8\boldsymbol{k}$ m

$$\boldsymbol{r}=6t\boldsymbol{i}+8t^2\boldsymbol{j}+8\boldsymbol{k}\text{(SI 单位)}$$

[**例 1.5**]　一质点沿 x 轴运动，其加速度为 $a=-cx$. 设当 $t=0$ 时，质点静止不动，离原点的距离为 A，求质点的运动学方程.

[**解**]　当加速度是位置的函数，要求速度或运动学方程时，因为方程中有三个变量，不可直接分离变量进行积分，而应先利用某种关系进行变量变换，把其中的一个变量消除，然后再进行分离变量积分. 由加速度的定义有

$$a=\frac{\mathrm{d}v}{\mathrm{d}t}=-cx$$

为求解这一方程，利用速度的定义式 $v=\frac{\mathrm{d}x}{\mathrm{d}t}$，可将其改写成

$$\frac{\mathrm{d}v}{\mathrm{d}t}=\frac{\mathrm{d}v}{\mathrm{d}x}\frac{\mathrm{d}x}{\mathrm{d}t}=v\frac{\mathrm{d}v}{\mathrm{d}x}$$

于是原方程可写为

$$v\mathrm{d}v=-cx\mathrm{d}x$$

对上式积分，并考虑初始条件

$$\int_0^v v\mathrm{d}v=-c\int_A^x x\mathrm{d}x$$

因而有

$$v=\frac{\mathrm{d}x}{\mathrm{d}t}=\sqrt{c(A^2-x^2)}$$

上式分离变量，进行积分，并考虑初始条件得

$$\int_A^x\frac{\mathrm{d}x}{\sqrt{A^2-x^2}}=\int_0^v\sqrt{c}\,\mathrm{d}t$$

完成此积分，得到质点的运动学方程

$$x=A\cos(\sqrt{c}\,t)$$

这正是第十章中简谐振动的余弦函数表达式.

2.2　自然坐标描述

对于一般曲线运动的描述，除采用直角坐标系外，若已知质点运动的轨迹，还可采用自然坐标系. 本节仅限于讨论平面运动的情况.

2.2.1　位置的自然坐标表示

自然坐标系就是沿质点运动的轨迹建立一条曲线坐标轴，在轴上选定一点作为坐标原点 O，质点的位置用 s 表示，如图 1.11 所示. 规定在原点某一边的 s 为正，在另一边的 s 为负，s 的绝对值等于原点到质点位置的轨迹曲线长度，称之为自然坐标.

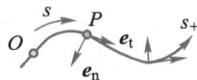

图 1.11　自然坐标系

当质点运动时，有

$$s=s(t)\tag{1.20}$$

式(1.20)就是用自然坐标表示的运动学方程.

[例 1.6] 一质点 P 作匀速圆周运动，半径为 r，角速度为 ω. 试求分别用直角坐标、位矢、自然坐标表示的质点运动学方程.

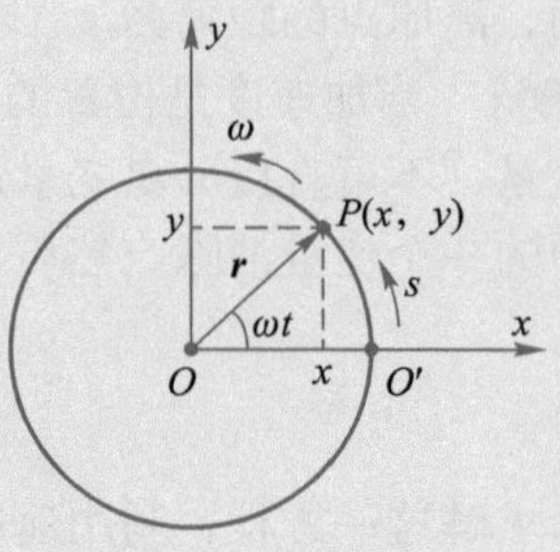

图 1.12 例 1.6 用图

[解] 如图 1.12 所示，以圆心 O 为原点建立直角坐标系 Oxy，起始零时刻质点位于 O' 点，设 t 时刻质点位于 $P(x, y)$，用直角坐标表示的质点运动学方程为

$$x = r\cos\omega t,\ y = r\sin\omega t.$$

位矢表示为

$$\boldsymbol{r} = x\boldsymbol{i} + y\boldsymbol{j} = (r\cos\omega t)\,\boldsymbol{i} + (r\sin\omega t)\,\boldsymbol{j}$$

自然坐标表示为

$$s = r\omega t$$

2.2.2 速度的自然坐标表示

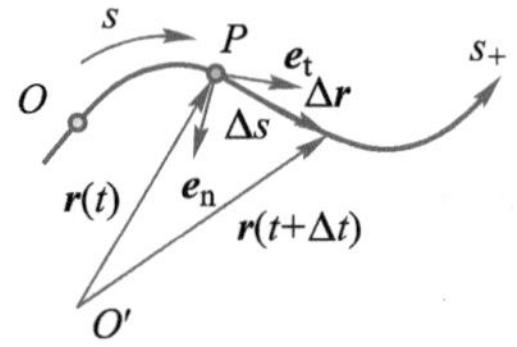

图 1.13 自然坐标系下位置的变化

为了描述方便，选择依赖于质点位置的两个相互垂直的单位矢量 $\boldsymbol{e}_t$ 和 $\boldsymbol{e}_n$(见图 1.11)，其中 $\boldsymbol{e}_t$ 沿轨迹切线方向，指向自然坐标增大的方向，称为切向单位矢量；$\boldsymbol{e}_n$ 沿轨迹法线方向，指向轨迹凹侧，称为法向单位矢量. 需要指出的是，虽然 $\boldsymbol{e}_t$ 和 $\boldsymbol{e}_n$ 的大小保持不变，但它们的方向随质点在轨迹上的位置而改变.

如图 1.13 所示，以质点运动平面内任一点 O' 为参考点，根据式(1.3)可得

$$\begin{aligned}\boldsymbol{v} &= \lim_{\Delta t\to 0}\frac{\Delta \boldsymbol{r}}{\Delta t} = \lim_{\Delta t\to 0}\left(\frac{\Delta \boldsymbol{r}}{\Delta s}\,\frac{\Delta s}{\Delta t}\right) = \lim_{\Delta t\to 0}\frac{\Delta \boldsymbol{r}}{\Delta s}\lim_{\Delta t\to 0}\frac{\Delta s}{\Delta t}\\ &= \left(\lim_{\Delta t\to 0}\frac{|\Delta \boldsymbol{r}|}{\Delta s}\boldsymbol{e}_t\right)\frac{\mathrm{d}s}{\mathrm{d}t} = \frac{\mathrm{d}s}{\mathrm{d}t}\boldsymbol{e}_t = v\boldsymbol{e}_t\end{aligned} \tag{1.21}$$

此式表明，质点的运动方向必沿轨迹的切线，只要质点不静止，不是向前就是向后. 因此，速度只有切向分量. 当 $\mathrm{d}s/\mathrm{d}t>0$ 时，质点沿自然坐标增大的方向运动，即速度方向为 $\boldsymbol{e}_t$ 方向；当 $\mathrm{d}s/\mathrm{d}t<0$ 时，质点沿自然坐标减小的方向运动，即速度方向为 $-\boldsymbol{e}_t$ 方向.

2.2.3 切向加速度和法向加速度

如图 1.14(a)所示，设某质点沿一曲线运动，在 t 时刻位于 P 点，切向的单位矢量为 $\boldsymbol{e}_{t1}$，速度为 $\boldsymbol{v}_1$，在 $t+\Delta t$ 时刻质点到达 Q 点，切向单位矢量为 $\boldsymbol{e}_{t2}$，速度为 $\boldsymbol{v}_2$，则速度的增量 $\Delta\boldsymbol{v} = \boldsymbol{v}_2 - \boldsymbol{v}_1$. 很显然，$\Delta\boldsymbol{v}$ 既包含了速度大小的变化，又包含了速度方向的变化.

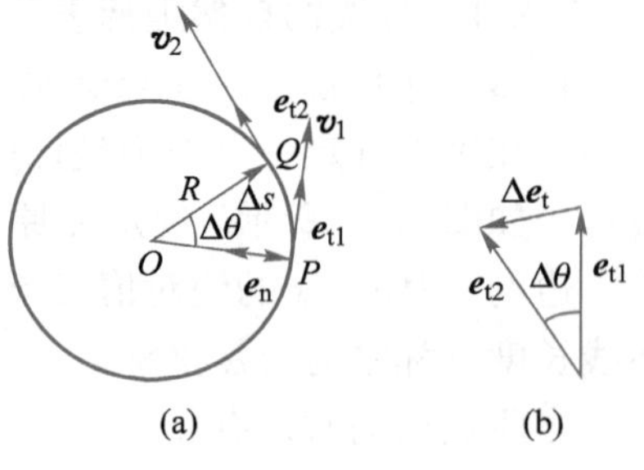

图 1.14 速度的变化

根据加速度的定义式(1.5)

$$\boldsymbol{a}=\frac{\mathrm{d}\boldsymbol{v}}{\mathrm{d}t}=\frac{\mathrm{d}}{\mathrm{d}t}\left(\frac{\mathrm{d}s}{\mathrm{d}t}\boldsymbol{e}_{\mathrm{t}}\right)=\frac{\mathrm{d}^2 s}{\mathrm{d}t^2}\boldsymbol{e}_{\mathrm{t}}+\frac{\mathrm{d}s}{\mathrm{d}t}\frac{\mathrm{d}\boldsymbol{e}_{\mathrm{t}}}{\mathrm{d}t} \tag{1.22}$$

其中第一项$\frac{\mathrm{d}^2 s}{\mathrm{d}t^2}\boldsymbol{e}_{\mathrm{t}}$沿切线方向，表示加速度的切向分量，称为**切向加速度**，用$\boldsymbol{a}_{\mathrm{t}}$表示为

$$\boldsymbol{a}_{\mathrm{t}}=\frac{\mathrm{d}^2 s}{\mathrm{d}t^2}\boldsymbol{e}_{\mathrm{t}}=\frac{\mathrm{d}v}{\mathrm{d}t}\boldsymbol{e}_{\mathrm{t}} \tag{1.23}$$

大小为$\frac{\mathrm{d}v}{\mathrm{d}t}$，因此$\boldsymbol{a}_{\mathrm{t}}$**反映了速度大小变化的快慢**；而第二项中 $\mathrm{d}\boldsymbol{e}_{\mathrm{t}}$ 的方向垂直于 $\boldsymbol{e}_{\mathrm{t}}$，如图 1.14(b)所示. 由于 $\Delta\boldsymbol{e}_{\mathrm{t}}=\boldsymbol{e}_{\mathrm{t}2}-\boldsymbol{e}_{\mathrm{t}1}$，当 $\Delta t\to 0$ 时，$|\Delta\boldsymbol{e}_{\mathrm{t}}|=|\boldsymbol{e}_{\mathrm{t}}(t)|\Delta\theta=\Delta\theta$，$\Delta\boldsymbol{e}_{\mathrm{t}}/\!/\ \boldsymbol{e}_{\mathrm{n}}$，即 $\Delta\boldsymbol{e}_{\mathrm{t}}=\boldsymbol{e}_{\mathrm{n}}\Delta\theta$，因而

$$\frac{\mathrm{d}\boldsymbol{e}_{\mathrm{t}}}{\mathrm{d}t}=\lim_{\Delta t\to 0}\frac{\Delta\boldsymbol{e}_{\mathrm{t}}}{\Delta t}=\lim_{\Delta t\to 0}\left(\frac{\Delta\theta}{\Delta t}\boldsymbol{e}_{\mathrm{n}}\right)=\lim_{\Delta t\to 0}\left(\frac{\Delta\theta}{\Delta s}\frac{\Delta s}{\Delta t}\boldsymbol{e}_{\mathrm{n}}\right)=\frac{1}{r}v\boldsymbol{e}_{\mathrm{n}}$$

$$\frac{\mathrm{d}s}{\mathrm{d}t}\frac{\mathrm{d}\boldsymbol{e}_{\mathrm{t}}}{\mathrm{d}t}=v\frac{1}{r}v\boldsymbol{e}_{\mathrm{n}}=\frac{v^2}{r}\boldsymbol{e}_{\mathrm{n}}=\boldsymbol{a}_{\mathrm{n}} \tag{1.24}$$

式中 r 表示质点作曲线运动时的曲率半径，因此，(1.22)式中第二项表示加速度沿法线方向的分量，称为**法向加速度**，用 $\boldsymbol{a}_{\mathrm{n}}$ 表示，描述**速度方向的变化**. 由此，可将加速度写成

$$\boldsymbol{a}=\frac{\mathrm{d}v}{\mathrm{d}t}\boldsymbol{e}_{\mathrm{t}}+\frac{v^2}{r}\boldsymbol{e}_{\mathrm{n}}=\boldsymbol{a}_{\mathrm{t}}+\boldsymbol{a}_{\mathrm{n}} \tag{1.25}$$

由此可以看到，采用自然坐标系后，加速度 $\boldsymbol{a}_{\mathrm{t}}$ 和 $\boldsymbol{a}_{\mathrm{n}}$ 的物理意义更加明确. 上式表明，质点作曲线运动时，其加速度等于切向加速度和法向加速度的矢量和. 由于 $\boldsymbol{a}_{\mathrm{t}}$ 和 $\boldsymbol{a}_{\mathrm{n}}$ 是相互垂直的，所以加速度的大小和方向分别为

$$a=|\boldsymbol{a}|=\sqrt{a_{\mathrm{t}}^2+a_{\mathrm{n}}^2},\quad \theta=\arctan\frac{a_{\mathrm{n}}}{a_{\mathrm{t}}}$$

其中 θ 为总加速度 $\boldsymbol{a}$ 与切线之间的夹角.

[例 1.7] 一汽车在半径 $R=200$ m 的圆弧形公路上行驶，其运动学方程为 $s=20t-0.2t^2$(SI 单位). 试求汽车在 $t=1$ s 时的速度大小和加速度大小.

[解] 根据速度和加速度在自然坐标系中的表示形式，有

$$v=\frac{\mathrm{d}s}{\mathrm{d}t}=20-0.4t$$

当 $t=1$ s 时，$v=(20-0.4\times 1)$ m/s $=19.6$ m/s

$$a_{\mathrm{t}}=\frac{\mathrm{d}v}{\mathrm{d}t}=-0.4\ \mathrm{m/s}^2$$

$$a_{\mathrm{n}}=\frac{v^2}{R}=\frac{(20-0.4t)^2}{200}$$

当 $t=1$ s 时

$$a=\sqrt{a_t^2+a_n^2}=\sqrt{(-0.4)^2+\frac{(20-0.4\times1)^2}{200}}\ \mathrm{m/s^2}=1.44\ \mathrm{m/s^2}$$

[例 1.8] 已知质点运动学方程为 $\boldsymbol{r}=2t\boldsymbol{i}+t^2\boldsymbol{j}$(SI 单位)，求 $t=1$ s 到 $t=3$ s 之间质点经过的路程.

[解] 质点的速度为

$$\boldsymbol{v}=\frac{\mathrm{d}\boldsymbol{r}}{\mathrm{d}t}=\frac{\mathrm{d}}{\mathrm{d}t}(2t\boldsymbol{i}+t^2\boldsymbol{j})=2\boldsymbol{i}+2t\boldsymbol{j}$$

则速率为

$$v=\sqrt{v_x^2+v_y^2}=\sqrt{2^2+(2t)^2}=2\sqrt{1+t^2}$$

根据 $v=\frac{\mathrm{d}s}{\mathrm{d}t}$，则有

$$\mathrm{d}s=v\mathrm{d}t=2\sqrt{1+t^2}\,\mathrm{d}t$$

路程为

$$\Delta s=\int_{s_1}^{s_2}\mathrm{d}s=\int_{t_1}^{t_2}2\sqrt{1+t^2}\,\mathrm{d}t$$

因为

$$\int\sqrt{1+t^2}\,\mathrm{d}t=\frac{t}{2}\sqrt{1+t^2}+\frac{1}{2}\ln\left(t+\sqrt{1+t^2}\right)+c$$

所以有

$$\Delta s=s_2-s_1=\left(3\sqrt{10}-\sqrt{2}+\ln\frac{3+\sqrt{10}}{1+\sqrt{2}}\right)\ \mathrm{m}=9.98\ \mathrm{m}$$

2.3 平面极坐标(角量)描述

质点作平面运动时，有时还采用平面极坐标系. 特别是当质点作圆周运动时，采用极坐标描述极为方便，本节将对此进行讨论.

2.3.1 平面极坐标系

如图 1.15 所示，在参考系上选一点作为坐标原点 O，在质点运动的平面内作一条通过 O 点的极轴. 质点运动到 P 点时，位置矢量为 $\boldsymbol{r}$，其大小为 r. 位置矢量与极轴的夹角 θ 称为**角坐标**. 通常规定极轴逆时针方向量得的 θ 为正，反之为负. 于是 P 点的位置可以由$(r,\ \theta)$唯一确定，并称之为平面极坐标.

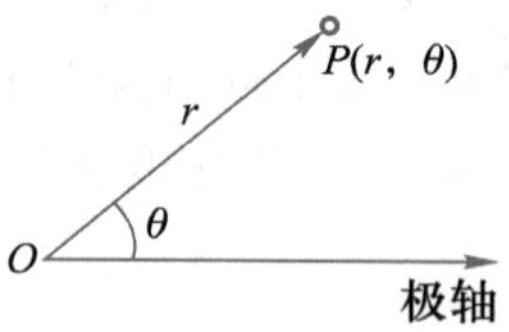

图 1.15 平面极坐标系

2.3.2 圆周运动的角量描述

(1) 角位置

如图 1.16 所示，当质点作圆周运动时，由于轨迹上各点相对原点 O 的距离 R

是恒定的，因此质点在任一时刻的位置由角坐标 θ 唯一确定，并称之为**角位置**. 质点运动时，角坐标是时间的函数，即

$$\theta=\theta(t) \tag{1.26}$$

这就是作圆周运动质点的运动学方程.

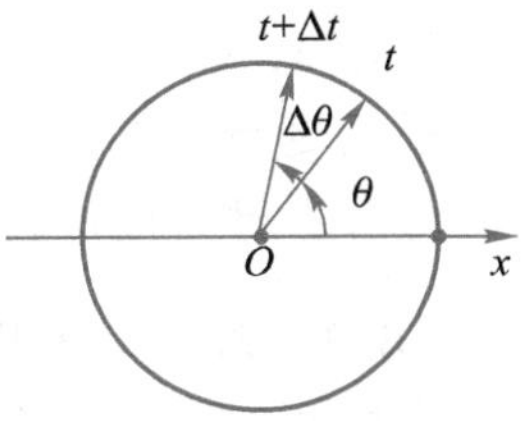

图 1.16 圆周运动

实际上，从转动的角度看圆周运动，质点只有两种可能的转动方向，可以断言，采用角量描述圆周运动，与位矢、速度、加速度等矢量的方向在轨迹上逐点不同相比，必定使计算大为简化.

（2）角位移

设在时刻 t 到 $t+\Delta t$ 时间内，质点从角坐标 θ_1 运动到 θ_2，转过了 $\Delta\theta$ 角度，称 $\Delta\theta$ 为质点在这段时间内对 O 点的**角位移**. 显然

$$\Delta\theta=\theta_2-\theta_1 \tag{1.27}$$

（3）角速度

若质点在 Δt 时间内的角位移为 $\Delta\theta$，则质点在 Δt 时间内的平均角速度定义为

$$\bar{\omega}=\frac{\Delta\theta}{\Delta t}$$

当 $\Delta t\rightarrow 0$ 时，上式的极限定义为质点在 t 时刻的**瞬时角速度**，简称**角速度**，即

$$\omega=\lim_{\Delta t\rightarrow 0}\frac{\Delta\theta}{\Delta t}=\frac{\mathrm{d}\theta}{\mathrm{d}t} \tag{1.28}$$

因此，角速度等于角位置对时间的一阶导数，在 SI 单位中，角速度 ω 的单位为 $\mathrm{rad\cdot s^{-1}}$.

（4）角加速度

设质点在 $t\rightarrow t+\Delta t$ 时间内，角速度由 ω 变化到 $\omega+\Delta\omega$，则质点在 Δt 时间内的平均角加速度定义为

$$\bar{\alpha}=\frac{\Delta\omega}{\Delta t} \tag{1.29}$$

当 $\Delta t\rightarrow 0$ 时，平均角加速度的极限值就是质点在 t 时刻的**瞬时角加速度**，简称**角加速度**，即

$$\alpha=\lim_{\Delta t\rightarrow 0}\frac{\Delta\omega}{\Delta t}=\frac{\mathrm{d}\omega}{\mathrm{d}t}=\frac{\mathrm{d}^2\theta}{\mathrm{d}t^2} \tag{1.30}$$

角加速度等于角速度对时间的一阶导数，也等于角位置对时间的二阶导数. 角加速度的 SI 单位是 $\mathrm{rad\cdot s^{-2}}$.

当质点作匀速率圆周运动时，角速度是常量，角加速度为零；质点作变速率圆周运动时，角速度不是常量，角加速度一般也不是常量. 当角加速度是常量时，质点作匀变速圆周运动.

> **讨论 3：**
> 既然运动具有矢量性，为什么讨论直线运动时，一般可以不用矢量形式书写？为什么讨论圆周运动时，角量描述可以不用矢量形式书写？

2.3.3 角量与线量之间的关系

质点作半径为 R 的圆周运动时，既可用自然坐标系下的线量（位置 s，速度 $\boldsymbol{v}$ 和加速度 $\boldsymbol{a}$ 等），也可用角量（角位置 θ，角速度 ω，角加速度 α 等）来描写，因而线量和角量之间一定存在某种关联.

由图 1.17 可知

$$s=R\theta \tag{1.31}$$

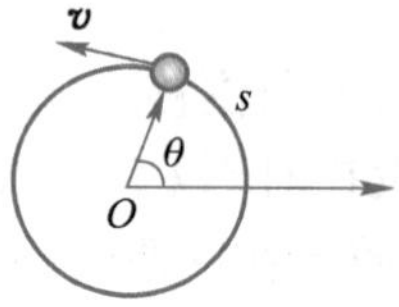

图 1.17 线量与角量

则可得线位置的增量 Δs 与角位置的增量 $\Delta\theta$ 满足：

$$\Delta s=R\Delta\theta$$

因而，质点的速率可以表示为

$$v=\lim_{\Delta t\to 0}\frac{\Delta s}{\Delta t}=\lim_{\Delta t\to 0}\frac{R\Delta\theta}{\Delta t}=\frac{R\mathrm{d}\theta}{\mathrm{d}t}=R\omega \tag{1.32}$$

则切向加速度和法向加速度的大小为

$$a_{\mathrm{t}}=\frac{\mathrm{d}v}{\mathrm{d}t}=R\frac{\mathrm{d}\omega}{\mathrm{d}t}=R\alpha \tag{1.33}$$

$$a_{\mathrm{n}}=\frac{v^2}{R}=R\omega^2 \tag{1.34}$$

（1.31）式、（1.32）式、（1.33）式和（1.34）式表述了质点作圆周运动时的线量与角量之间的关系.

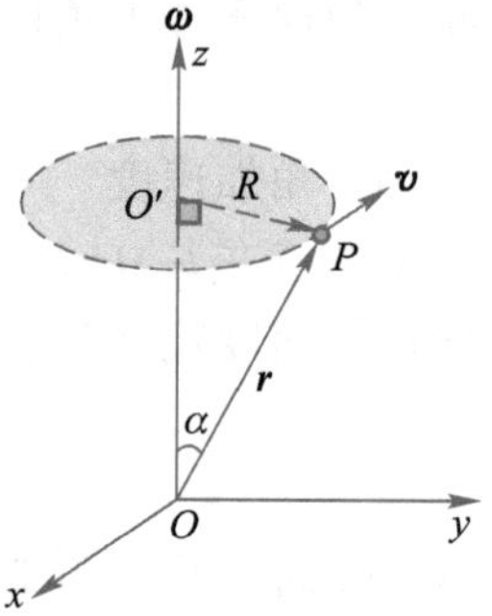

图 1.18 角速度的方向

顺便指出，角速度 ω 可用一个矢量来表示，其方向由右手螺旋定则确定：如图 1.18 所示，当右手四指沿质点的运动方向弯曲时，拇指的指向就是 ω 的方向. 质点绕 O' 点作圆周运动，经 P 点时的角速度为 ω，速度为 $\boldsymbol{v}$，根据右手螺旋定则，ω 指向 Oz 轴正方向. 由于 $R=r\sin\alpha$，所以速度 $\boldsymbol{v}$ 的大小可写成

$$v=R\omega=r\omega\sin\alpha$$

根据矢积定义，速度、角速度和位置矢量间的一般关系可表示为

$$\boldsymbol{v}=\boldsymbol{\omega}\times\boldsymbol{r} \tag{1.35}$$

2.3.4 角量的两类问题

根据（1.28）式和（1.30）式，用运动学的两类问题的计算方法，可得用角量描述的圆周运动的运动学方程.

当质点作匀速圆周运动时，角速度 ω 是常量，故切向加速度 $a_{\mathrm{t}}=0$，法向加速度 $a_{\mathrm{n}}=r\omega^2$，所以有

$$\boldsymbol{a}=r\omega^2\boldsymbol{e}_{\mathrm{n}} \tag{1.36}$$

如 $t=0$ 时，$\theta=\theta_0$，可得其运动学方程为

$$\theta=\theta_0+\omega t \tag{1.37}$$

当质点作匀变速圆周运动时，角加速度 α 是常量，如 $t=0$ 时，$\theta=\theta_0$，$\omega=\omega_0$，可得运动学方程如下：

$$\begin{cases}\omega=\omega_0+\alpha t \\ \theta=\theta_0+\omega_0 t+\dfrac{1}{2}\alpha t^2 \\ \omega^2-\omega_0^2=2\alpha(\theta-\theta_0)\end{cases} \tag{1.38}$$

显然，质点作变速圆周运动时，角加速度 α 是变量，读者可根据实际问题分析求得运动学方程.

［例 1.9］ 一质点作半径为 0.1 m 的圆周运动，已知运动学方程为 $\theta=2+4t^3(\text{rad})$.

（1）当 $t=2$ s 时，求质点运动的法向加速度和加速度的大小；

（2）当 θ 为多少时，质点的加速度与水平方向成 45°角？

［解］ （1）由运动学方程可得

$$\omega=\frac{\mathrm{d}\theta}{\mathrm{d}t}=12t^2 \quad \alpha=\frac{\mathrm{d}\omega}{\mathrm{d}t}=24t$$

所以法向加速度为

$$a_n=r\omega^2=0.1\times(12\times2^2)^2\ \mathrm{m/s^2}=230.4\ \mathrm{m/s^2}$$

切向加速度为

$$a_t=r\alpha=0.1\times(24\times2)\ \mathrm{m/s^2}=4.8\ \mathrm{m/s^2}$$

总的加速度大小为

$$a=\sqrt{a_n^2+a_t^2}=\sqrt{230.4^2+4.8^2}\ \mathrm{m/s^2}=230.5\ \mathrm{m/s^2}$$

（2）设 t'时刻，质点的加速度与半径成 45°角，则 $a_n=a_t$，

即 $$r\omega^2=r\alpha \Rightarrow \omega^2=\alpha$$

所以 $$(12t'^2)^2=24t' \Rightarrow t'=0.55\ \mathrm{s}$$

故有 $$\theta=2+4t'^3=(2+4\times0.55^3)\ \mathrm{rad}=2.67\ \mathrm{rad}$$

第三节 参考系的变换

3.1 基本概念

对同**一个物体的运动**描述，在不同的参考系看来，一般并不相同，下面我们来考察质点在两个参考系间运动的内在联系.

两个参考系中，通常把相对观察者静止的参考系称为**定参考系或静参考系**，把相对观察者运动的参考系称为**动参考系**.

一个质点和两个参考系之间存在三种运动，其中，物体相对于动参考系的运动称为相对运动，物体相对于定参考系的运动称为绝对运动，动参考系相对定参考系的运动称为牵连运动. 本节我们仅介绍牵连运动是平动且两个参考系坐标轴始终保持平行这种最简单的情况.

3.2 速度变换和加速度变换

如图 1.19 所示，设动参考系 S′相对静参考系 S 作匀速直线运动，速度为 $\boldsymbol{u}$，且两参考系中直角坐标的对应坐标轴的相对取向相互平行. 设两坐标的原点分别为 O 和 O'，在 t 时刻质点位于 P 点，它相对于 S 系的位矢是 $\boldsymbol{r}$，相对于 S′系的位矢为 $\boldsymbol{r}'$，而 S′系的原点 O'相对于 S 系原点 O 的位矢为 $\boldsymbol{R}$，于是有

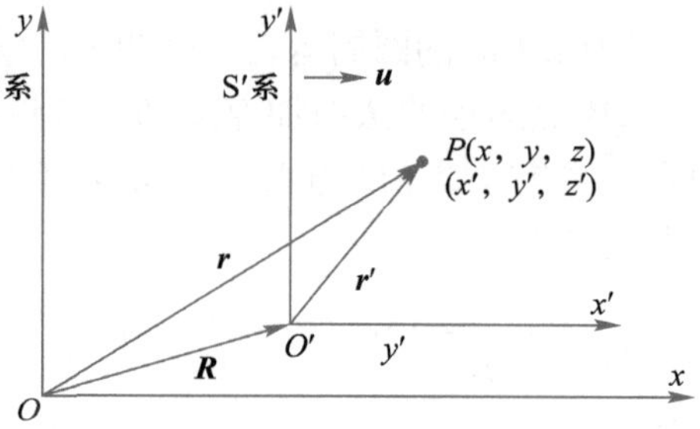

图 1.19 相对运动

$$\boldsymbol{r}=\boldsymbol{r}'+\boldsymbol{R} \tag{1.39}$$

对时间求导，可得

$$\frac{\mathrm{d}\boldsymbol{r}}{\mathrm{d}t}=\frac{\mathrm{d}\boldsymbol{r}'}{\mathrm{d}t}+\frac{\mathrm{d}\boldsymbol{R}}{\mathrm{d}t} \tag{1.40}$$

因为$\dfrac{\mathrm{d}\boldsymbol{r}}{\mathrm{d}t}=\boldsymbol{v}$，$\dfrac{\mathrm{d}\boldsymbol{r}'}{\mathrm{d}t}=\boldsymbol{v}'$，$\dfrac{\mathrm{d}\boldsymbol{R}}{\mathrm{d}t}=\boldsymbol{u}$，所以有

$$\boldsymbol{v}=\boldsymbol{v}'+\boldsymbol{u} \tag{1.41}$$

由上式可知：绝对速度等于相对速度与牵连速度的矢量和，这一关系式称为伽利略速度变换式.

> **讨论 4：**
> 速度的变换与速度合成的区别.

将(1.41)式再对时间求导，得

$$\boldsymbol{a}=\boldsymbol{a}' \tag{1.42}$$

这一结果说明在相互作匀速直线运动的两参考系中，物体的加速度相同.

注意：速度的合成和速度的变换是两个不同的概念. 速度的合成是指在同一参考系中一个质点的速度和它的各分速度的关系. 相对于任何参考系，它都可以表示为矢量合成的形式，如(1.17)式. 速度的变换涉及有相对运动的两个参考系，其公式的形式和相对速度的大小有关，而伽利略速度变换只适用于低速情况. 所谓低速是指速度远小于光速，如果速度大小可以与光速 c 相比拟，如电子被百

万电子伏加速后具有的速率为 0.998 8c，这时经典速度变换定理已不适用，必须代之以狭义相对论速度变换定理，我们将在第四章进行讨论.

[例 1.10] 在雨天，汽车以 $v_0=20\ \mathrm{m/s}$ 的速度向东行驶，若雨滴相对地的速度竖直向下，大小为 $v_r=10\ \mathrm{m/s}$，求车上的人观察到的雨滴的速度.

[解] 以车为静参考系，以地面为动参考系，以 $\boldsymbol{v}_{雨车}$ 表示雨滴相对于车的速度（即绝对速度），以 $\boldsymbol{v}_{雨地}$ 表示雨滴相对于地面的速度（即相对速度），以 $\boldsymbol{v}_{地车}$ 表示地面相对于车的速度（即牵连速度）. 根据伽利略速度变换，这三个速度的矢量关系如图 1.20 所示.

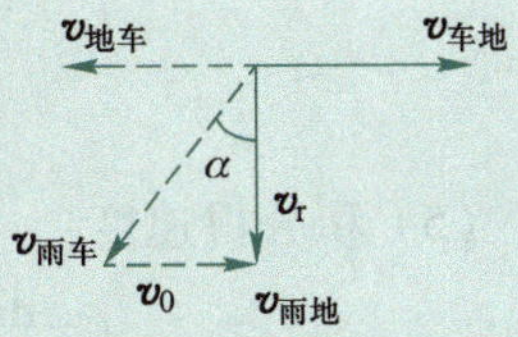

图 1.20　例 1.10 用图

由图形的几何关系可得

$$\boldsymbol{v}_{雨车}=\boldsymbol{v}_{雨地}+\boldsymbol{v}_{地车}$$

$$v_{雨车}=\sqrt{v_{雨地}^2+v_{地车}^2}=\sqrt{v_r^2+v_0^2}$$

$$=\sqrt{10^2+20^2}\ \mathrm{m/s}=22.4\ \mathrm{m/s}$$

$$\alpha=\arctan\frac{v_0}{v_r}=\arctan\frac{20}{10}=63.4°$$

即向下偏西 63.4°

第四节　工程案例：炮弹运动的弹道曲线

由于空气阻力的影响，炮弹在空中运动的实际轨迹并不是抛物线，而呈现特有的运动曲线，通常称为弹道曲线.

设弹丸质量为 m，以初速度 $\boldsymbol{v}_0$、出射角 α 发射，飞行中它除存在重力加速度之外，由于空气阻力作用，还存在一个与速度方向相反的加速度 $\boldsymbol{a}=-k\boldsymbol{v}/m$. 求弹丸的飞行轨迹.

（1）选取参考系：根据弹丸的飞行条件，选取地面为参考系.

（2）建立坐标系：运动轨迹待求，选择直角坐标系，如图 1.21 所示，以弹丸的抛出点为坐标原点 O，以水平向右为 x 轴正方向，竖直向上为 y 轴正方向.

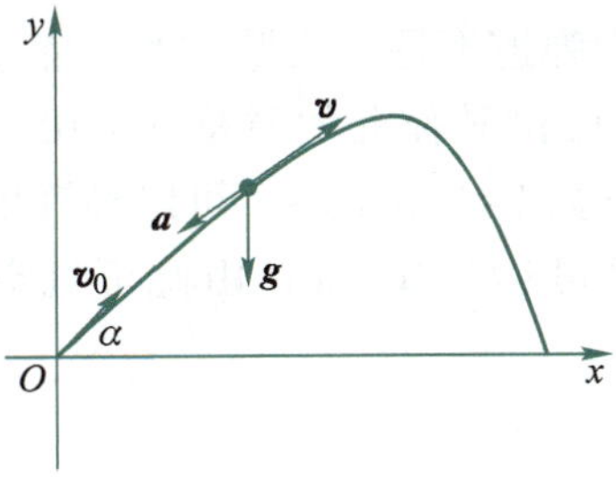

图 1.21　直角坐标系下的空气弹道曲线

（3）分解：由弹丸有重力加速度 $\boldsymbol{g}$ 和 $\boldsymbol{a}=-k\boldsymbol{v}/m$，可得

$$a_x=\frac{\mathrm{d}v_x}{\mathrm{d}t}=-kv_x/m,\quad a_y=\frac{\mathrm{d}v_y}{\mathrm{d}t}=-\frac{kv_y}{m}-g \tag{1.43}$$

$$v_{x0}=v_0\cos\alpha,\quad v_{y0}=v_0\sin\alpha \tag{1.44}$$

（4）分离变量：

$$\frac{\mathrm{d}v_x}{v_x}=-\frac{k}{m}\mathrm{d}t,\quad \frac{\mathrm{d}v_y}{v_y+mg/k}=-\frac{k}{m}\mathrm{d}t \tag{1.45}$$

（5）积分得速度：

$$\int_{v_{x0}}^{v_x}\frac{\mathrm{d}v_x}{v_x}=-\frac{k}{m}\int_0^t\mathrm{d}t,\quad \int_{v_{y0}}^{v_y}\frac{\mathrm{d}v_y}{v_y+mg/k}=-\frac{k}{m}\int_0^t\mathrm{d}t \tag{1.46}$$

可得

$$v_x=v_{x0}\mathrm{e}^{-\frac{k}{m}t},\quad v_y=\left(v_{y0}+\frac{mg}{k}\right)\mathrm{e}^{-\frac{k}{m}t}-\frac{mg}{k} \tag{1.47}$$

（6）再次积分得运动学方程：

将 $v_x=\frac{\mathrm{d}x}{\mathrm{d}t}$，$v_y=\frac{\mathrm{d}y}{\mathrm{d}t}$代入(1.47)式，可得如下积分：

$$\int_0^x\mathrm{d}x=v_{x0}\int_0^t\mathrm{e}^{-\frac{k}{m}t}\mathrm{d}t$$

$$\int_0^y\mathrm{d}y=\int_0^t\left[\left(v_{y0}+\frac{mg}{k}\right)\mathrm{e}^{-\frac{k}{m}t}-\frac{mg}{k}\right]\mathrm{d}t$$

积分可得运动学方程：

$$x=\frac{mv_{x0}}{k}\left(1-\mathrm{e}^{-\frac{k}{m}t}\right)$$

$$y=\left(\frac{mg}{kv_{x0}}+\frac{v_{y0}}{v_{x0}}\right)\left(1-\mathrm{e}^{-\frac{k}{m}t}\right)-\frac{mg}{k}t$$

（7）消去运动学方程中的 t，得轨迹方程：

$$y=\left(\frac{mg}{kv_{x0}}+\frac{v_{y0}}{v_{x0}}\right)x-\frac{m^2g}{k^2}\ln\frac{mv_{x0}}{mv_{x0}-kx} \tag{1.48}$$

其中，$v_{x0}=v_0\cos\alpha$，$v_{y0}=v_0\sin\alpha$，k 为空气的黏性阻力系数，它与空气密度、弹丸的大小和形状等因素有关，可以通过风洞实验测得，也可以通过靶场实验测得.

由(1.48)式可知，空中弹道不是一条抛物线，而是升弧较长并且曲率小，降弧较短并且曲率大的曲线. 假设某弹丸的质量 $m=10$ kg，初速度 $v_0=282.8$ m/s，出射角 $\alpha=45°$，黏性阻力系数 $k=0.5$ kg/s，可以推算出其实际射程为 3 209 m. 若不考虑空气阻力，其射程将可达 8 160 m，由此可见空气阻力对射程的影响是非常大的.

习题

1.1 (1) 如图所示，一质点 M 自 O 点出发沿半径 OD 运动到 D 点，然后再沿圆弧 $\overset{\frown}{DC}$ 运动到 C 点，质点位移的大小和方向如何？所经过的路程又如何？

(2) 若另一质点 N 自 O 点出发沿半径 OD 运动到 D 点，然后再沿圆弧 $\overset{\frown}{DA}$ 运动到 A 点，它的位移和质点 M 的位移是否相同？路程是否相同？

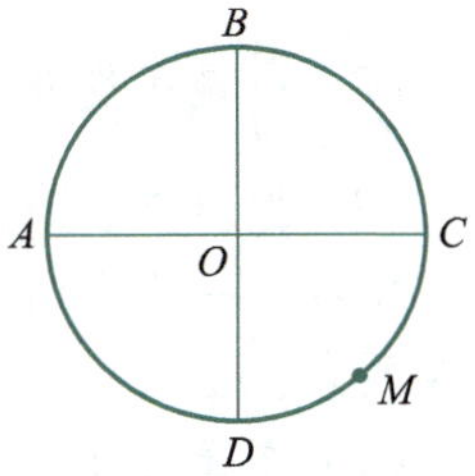

习题 1.1 图

1.2 $\left|\frac{\mathrm{d}\boldsymbol{v}}{\mathrm{d}t}\right|=0$ 的运动是什么运动？$\frac{\mathrm{d}|\boldsymbol{v}|}{\mathrm{d}t}=0$ 的运动是什么运动？

1.3 回答下列问题并列举出符合你的答案的实例：

(1) 物体能否有不变的速率而仍有变化的速度？

(2) 速度为零的时刻，加速度是否一定为零？加速度为零的时刻，速度是否一定为零？

(3) 物体的加速度不断减小，而速度却不断增大，可能吗？

(4) 当物体具有大小、方向不变的加速度时，物体的速度方向能否改变？

1.4 关于质点运动，下列几种说法是否正确？

(1) 质点作圆周运动时的加速度指向圆心；

(2) 匀速率圆周运动的加速度为常量；

(3) 只有法向加速度的运动一定是圆周运动；

(4) 只有切向加速度的运动一定是直线运动.

1.5 (1) 物体以恒定速率运动时可能加速吗？

(2) 沿曲线运动时，加速度可能为零吗？

(3) 加速度的大小可能恒定吗？

1.6 任意平面曲线运动的加速度的方向总指向曲线凹进那一侧，为什么？

1.7 质点沿圆周运动，且速率随时间均匀增大，问：a_n，a_t，a 三者的大小是否都随时间改变？总加速度与速度之间的夹角如何随时间改变？

1.8 根据开普勒第一定律，行星轨迹为椭圆(如图所示). 已知任意时刻行星的加速度方向都指向椭圆的一个焦点(太阳所在处). 分析行星在通过途中 M、N 两位置时，它的速率分别应正在增大还是正在减小？

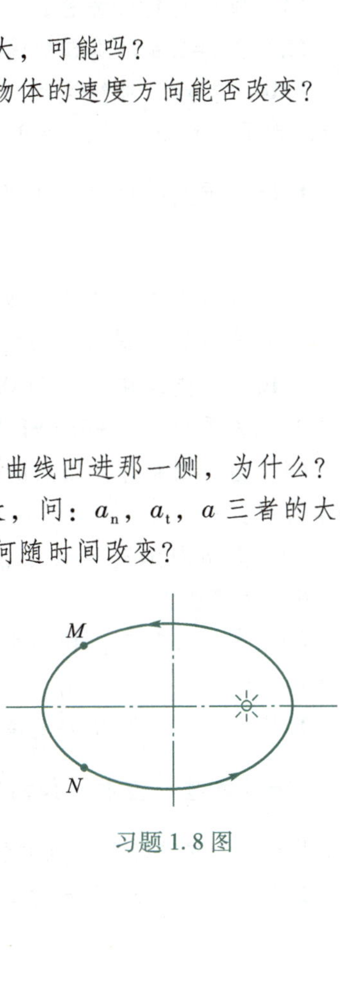

习题 1.8 图

1.9 有人说，考虑到地球的运动，一幢楼房的运动速率在夜里比在白天大，为什么？这是对什么参考系来说的？

1.10　如图所示为以匀速率运行的一列火车的四种轨迹(半圆或1/4圆)．根据火车在转弯处加速度的大小，从大到小将这些轨迹排序．

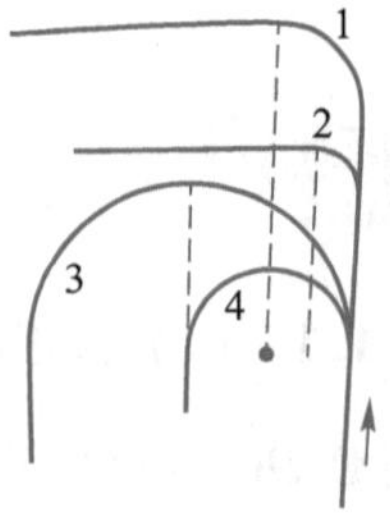

习题1.10图

1.11　一个质点作抛体运动(忽略空气阻力)，初速度为v_0，抛射角为α．试讨论：该质点在运动过程中，

(1) $\frac{dv}{dt}$是否变化？

(2) $\frac{d\boldsymbol{v}}{dt}$是否变化？

(3) 抛出点、最高点和落地点的法向加速度和切向加速度大小分别是多少？

1.12　一质点沿x轴运动，坐标与时间的变化关系为$x=8t^3-6t$(SI单位)，试计算质点：

(1) 在最初2 s内的平均速度，2 s末的瞬时速度；

(2) 在1 s末到3 s末的平均加速度，3 s末的瞬时加速度．

1.13　一质点的运动学方程为$x=t^2$，$y=(t-1)^2$，x和y均以m为单位，t以s为单位．求：

(1) 质点的轨迹方程；

(2) 在$t=2$ s时质点的速度和加速度．

1.14　质点沿直线运动，加速度$a=4-t^2$，式中a的单位为$m\cdot s^{-2}$，t的单位为s，如果当$t=3$ s时，$x=9$ m，$v=2\ m\cdot s^{-1}$，求质点的运动学方程．

1.15　质点的运动学方程为：$\boldsymbol{r}=R(\frac{1}{2}+\cos\omega t)\boldsymbol{i}+R\sin\omega t\boldsymbol{j}$，式中$R$、$\omega$均为正的常量．

(1) 求质点运动的轨迹方程、速度、加速度；

(2) 请对加速度的方向进行讨论．

1.16　一质点在半径为0.10 m的圆周上运动，其角位置变化关系为$\theta=2+4t^3$(SI单位)．试问：

(1) 在$t=2$ s时，质点的法向加速度和切向加速度大小各为多少？

(2) 当切向加速度大小恰等于总加速度大小的一半时，θ值为多少？

(3) 在什么时刻，切向加速度和法向加速度恰好大小相等？

1.17　一半径为R的定滑轮绕O轴运动，轮上绕着细绳，细绳下端挂一重物，如图所示．若重物按$s=\frac{bt^2}{2}(b>0)$的规律运动，求轮缘上P点的加速度大小．

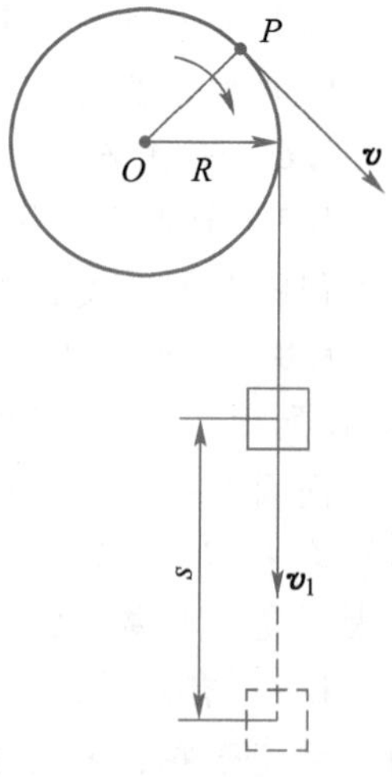

习题1.17图

1.18　一枚从地面发射的火箭以20 $m\cdot s^{-2}$的加速度

竖直上升 0.5 min 后，燃料用完，于是像一个自由质点一样运动. 略去空气阻力并设 g 为常量，试求：

（1）火箭达到的最大高度；

（2）它从离开地面到再回到地面所经过的总时间.

1.19 一艘正在沿直线行驶的小艇，在发动机关闭后，其加速度方向与速度方向相反，大小与速度大小平方成正比，即 $\mathrm{d}v/\mathrm{d}t=-kv^2$，式中 k 为常量. 试证明小艇在关闭发动机后又行驶 x 距离时的速度大小为 $v=v_0\mathrm{e}^{-kx}$. 其中 v_0 是发动机关闭时的速度大小.

1.20 采用与火箭发射台距离为 l 的雷达观测沿竖直方向上升的火箭，如图所示. 测得 θ 随时间 t 变化的规律为 $\theta=kt$，k 为常量.

（1）写出火箭的运动学方程；

（2）求速度随时间的变化关系；

（3）求 $\theta=\dfrac{\pi}{6}$ 时火箭的上升速度.

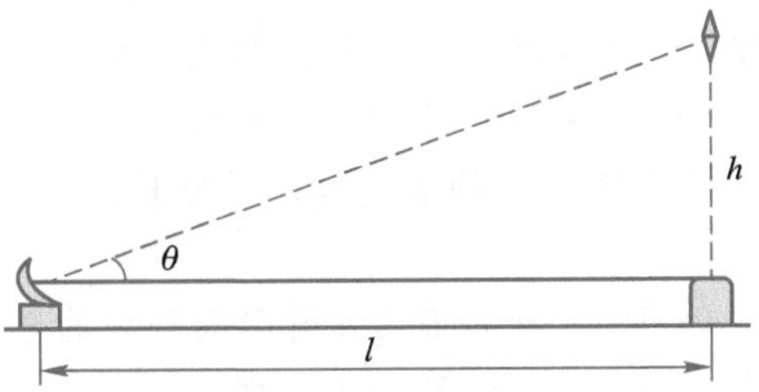

习题 1.20 图

1.21 如图所示，一个雷达站探测到一架从正东方向飞来的飞机. 第一次观测到飞机的方位是 360 m，仰角 40°. 其后飞机在竖直的东–西平面被跟踪了另外 123°，最后距离为 790 m. 求飞机在此观测期间内的位移.

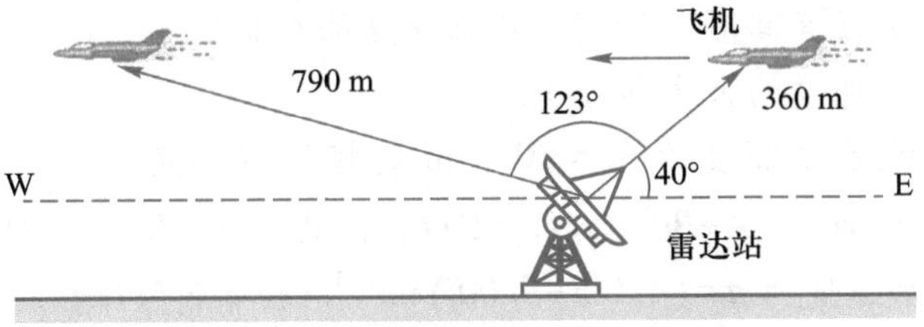

习题 1.21 图

1.22 如图所示，一架营救飞机以 198 km/h（=55.0 m/s）的速率在 500 m 高处向一因划船不慎落水的遇险者正上方飞去. 驾驶员试图把救生舱放到距落水者最接近的水面.

（1）释放救生舱时，驾驶员到遇险者的视线的角度 ϕ 应为多大?

（2）试用直角坐标系的单位矢量表示救生舱刚到达水面时的速度，并求其大小和角度.

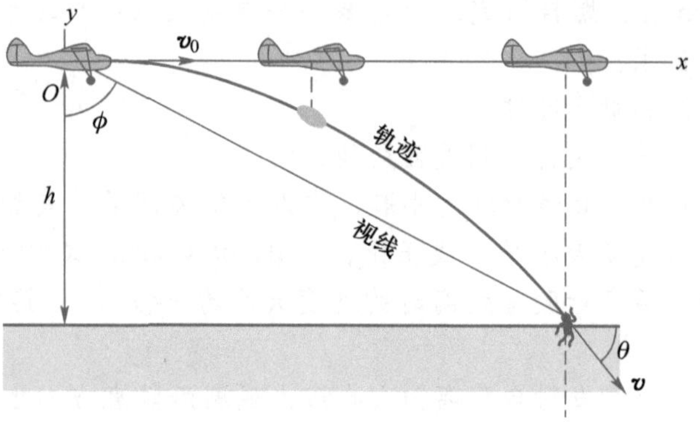

习题 1.22 图

1.23 一辆勘测车在探查火星的表面. 取静止的火星登陆器为坐标原点，其周围的火星表面为 xy 平面. 勘测车可视为质点，具有随时间变化的 x、y 坐标：

$$x=2.0-0.25t^2 \quad (\text{SI 单位})$$

$$y=1.0t+0.025t^3 \quad (\text{SI 单位})$$

(1) 计算勘测车在 $t=2.0$ s 时的坐标和距登陆器的距离.

(2) 计算勘测车在 $t=0.0$ s 到 $t=2.0$ s 时间间隔内的位移和平均速度.

(3) 导出勘测车瞬时速度矢量的表达式. 以分量、大小和方向两种形式表示 $t=2.0$ s时的速度.

(4) 计算勘测车在 $t=0.0$ s 到 $t=2.0$ s 时间间隔内的平均加速度各分量.

(5) 计算勘测车在 $t=2.0$ s 时的瞬时加速度.

1.24 一架喷气式飞机在一个恒定高度上飞行. 在 $t_1=0$ 时，其速度分量为 $v_x=90$ m/s，$v_y=110$ m/s. 在 $t_2=30.0$ s 时，其速度分量为 $v_x=-170$ m/s，$v_y=40$ m/s.

(1) 作出 t_1 和 t_2 时的速度. 这两个矢量有何区别？

(2) 对于这个时间间隔，计算平均加速度的分量；

(3) 求平均加速度的大小和方向.

1.25 一支火箭从高度为 $h_0=50.0$ m 的塔顶以一定角度发射. 由于引擎设计，其位置坐标为 $x(t)=A+Bt^2$，$y(t)=C+Dt^3$，其中 A、B、C、D 都为常量. 火箭发射 1.0 s 后的加速度为 $\boldsymbol{a}=(4.00\boldsymbol{i}+3.00\boldsymbol{j})$ m/s^2. 取塔底为原点. 求：

(1) A、B、C、D 常量，包括它们的 SI 单位；

(2) 火箭发射后的瞬间其加速度和速度；

(3) 求火箭发射后 10.0 s 火箭速度的 x 分量、y 分量以及速度的大小；

(4) 发射后 10.0 s 火箭的位置矢量.

1.26 一架小玩具飞机在平行于地面的 xy 平面内飞行. 在从 $t=0$ s 到 $t=1.00$ s 的时间间隔内，其速度与时间的关系为 $\boldsymbol{v}=1.20t\boldsymbol{i}+(12.0-2.0t)\boldsymbol{j}$(SI 单位). 问何时玩具飞机的速度与加速度垂直？

1.27 一辆卡车为了超车，以 90 km/h 的速度驶入左侧逆行道时，猛然发现前方 80 m 处一辆汽车正迎面驶来. 假定该汽车以 65 km/h 的速度行驶，同时也发现了卡车超车. 设两司机的反应时间都是 0.70 s(即司机发现险情到实际刹车所经过的时间)，他们刹车后都以 7.5 m/s^2 的加速度减速，试分析讨论两车是否会相撞. 如果会相撞，相撞时卡车的速度多大?

1.28 一只在星际空间飞行的火箭，当它以恒定速率燃烧它的燃料时，其运动方程可表示为 $x=ut+u\left(\frac{1}{b}-t\right)\ln(1-bt)$，其中 u 是喷出气流相对于火箭体的喷射速度，是一个常量，b 是与燃烧速率成正比的一个常量.

(1) 求此火箭的速度表达式；

(2) 求此火箭的加速度表达式；

(3) 设 $u=3.0\times10^3$ m/s，$b=7.5\times10^{-3}$/s，并设燃料在 120 s 内燃烧完，求 $t=0$ s 和 $t=120$ s 时的速度；

(4) 求在 $t=0$ s 和 $t=120$ s 时的加速度.

1.29 北京正负电子对撞机的储存环的周长为 240 m，电子要沿环以非常接近光速的速率运行，这些电子运动的向心加速度是重力加速度的几倍?

1.30 汽车在半径为 400 m 的圆弧弯道上减速行驶. 设在某一时刻，汽车的速率为 10 m/s，切向加速度的大小为 0.2 m/s^2. 求汽车的法向加速度和总加速度的大小和方向.

1.31 航展飞行员要面对复杂的涉及相对速度的问题，比如，他们必须跟踪他们相对于空气(以保持机翼上足够的气流维持升力)、相对于其他飞机(保持密集编队而不发生碰撞)以及相对于观众(保持在观看者视线中)的运动. 现有一架飞机遇到向东北方向运动的恒定气流，在飞行员驾驶机朝东偏南迎风飞行时，飞机(对地)却向正东飞行着. 若飞机相对于风的速度大小为 215 km/h，方向东偏南 θ 角；风相对于地面的速度大小为 65 km/h，方向北偏东 20°，问飞机相对于地面的速度大小和题目中给出的 θ 角分别是多少?

1.32 一架飞机的罗盘显示其向北飞行，空速指示器显示其相对于空气的速率为 240 km/h. 如果有从西向东吹的 100 km/h 风速的侧风，那么侧风飞行的飞机相对于地面的速度如何? 要进行侧风矫正的话，飞行员应使飞机朝哪个方向飞才能使航线向北? 此时飞机相对于地面的速度如何?

第二章　质点动力学

本章将讨论力学另一个方面的内容——动力学，动力学研究的是物体运动状态的变化与受力之间的关系.

思考题

1. 为什么求解力学问题都需要从物体的受力分析开始？
2. 力和运动状态之间有哪三种基本的关系？哪些是矢量关系？
3. 变力做功求解的基本思路和步骤是什么？
4. 动量守恒定律和机械能守恒定律适用的条件分别是什么？

第一节　牛顿运动定律

1.1　力的基本认识

力是一个较为抽象的概念，就目前人类对力的了解来说，按其基本性质一般可将力分为四种类型：引力相互作用、电磁相互作用、弱相互作用和强相互作用. 它们的形成机理和作用特点不是本章讨论的重点，根据动力学的研究任务，在此仅从形象、直接的力的作用形态方面考虑介绍几种力：引力、重力、弹性力、摩擦力等，称它们为常见力. 本质上讲，常见力仍然属于上述四类力，要么属于其中的一类，要么是四类力的某种形式的综合.

力被定义成物体之间的相互作用，这种“相互作用”不是“显现”的，只能通过观察物体的运动状态或运动状态的改变，再经“理性”分析来获取有关物体受力的情况，因此研究力学需以研究运动学为基础. 由此也可看出，研究物体受力的关键环节——分析受力时，需明确：一是准确地了解物体的运动状态，特别是运动状态的改变；其次要熟知力的性质和各种力的存在条件. 研究物体之间的相互作用(也就是受力)，以及在力的作用下所引起的物体运动状态变化的规律，是动力学的任务.

力作用于物体以及在力的作用下的物体的运动，从力和运动的时、空特性考虑，可从三个层面来研究力与运动的关系：一是考虑力与运动状态改变的瞬时关系，在已知力(或力函数)的情况下，直接应用牛顿运动定律求解质点的运动状态；二是讨论力作用于物体上一段时间的累积与运动状态的改变的关系，力对时间的累积用冲量来表示，运动状态用动量描述，，从而建立了动量定理；三是研究力作用在物体上一段路程的累积与运动状态改变的关系，力对空间的累积用功描述，运动状态用动能描述，从而建立了动能定理.

动力学的研究存在两个要素：机械运动和力. 在本章的研究中，机械运动的理论延续上一章的成果，因此其模型还是质点在惯性系中的运动.

由力的定义可知，被视为质点的单个物体是无法形成力的作用的，研究多个物体相互作用，需将一个以上的物体作为研究对象，每个物体都需要建立质点模型，多个质点组成的研究对象被称为质点系. 当然力与运动状态的关系又都可以推广到质点系，力的累积推广到质点系后，由动量定理还总结出动量守恒定律；动能定理导出了功能原理和机械能守恒定律. 动量守恒定律和机械能守恒定律不仅适用于力学，而且为物理学中各种运动形式所遵守，是自然界中已知的一些基本守恒定律中的两个.

以质点为力的作用对象的动力学，称为质点动力学. 由于运动具有矢量性和瞬时性，与之对应的力也具有矢量性和瞬时性. 经典力学满足牛顿运动定律.

1.2 牛顿第一定律(力的定性描述)

按照古希腊哲学家亚里士多德的说法，静止是物体的自然状态，要使物体以某一速度作匀速运动，必须有力对它作用才行. 在亚里士多德看来，这确实是真理. 人们的确看到，在水平面上运动的物体随后都要趋于静止，从地面上抛出的石子最终都要落回地面. 在亚里士多德以后的漫长岁月中，这个概念一直被许多哲学家和不少物理学家所接受. 直到 17 世纪，意大利物理学家和天文学家伽利略指出，物体沿水平面滑动趋于静止的原因是有摩擦力作用在物体上. 他从实验中总结出在略去摩擦力的情况下，如果没有外力作用，物体将以恒定的速度运动下去. 力不是维持物体运动的原因，而是使物体运动状态改变的原因.

牛顿继承和发展了伽利略的见解，于 1687 年用概括性的语言在他的名著《自然哲学的数学原理》一书中写道：**任何物体都有保持其静止或匀速直线运动状态，直到外界作用于它，迫使它改变运动状态的性质**. 这就是**牛顿第一定律**. 现在常把牛顿第一定律的数学形式表示为

$$\boldsymbol{F}=\mathbf{0}\text{ 时，}\boldsymbol{v}=\text{常矢量} \tag{2.1}$$

牛顿第一定律明确了惯性的概念. 任何物体都有保持原有运动状态不变的性质，物体的这种固有属性称为惯性. 因此牛顿第一定律又称为惯性定律.

牛顿第一定律定义了力. 要使物体的运动状态发生变化，一定要有其他物体的作用. 这种作用称为力. 力不是维持物体运动的原因，而是使物体运动状态发生变化的原因. 实际上，在自然界完全不受其他物体作用的物体是不存在的，因此，第一定律不能简单地直接用实验验证.

第一定律也定义了一种特殊的参考系. 牛顿第一定律不可能对一切参考系都成立，因而可把参考系分成两类，一类是物体相对于参考系的运动遵从牛顿第一定律，这种参考系称为惯性参考系，简称惯性系；另一类是物体相对于参考系的运动不遵从牛顿第一定律，这种参考系称为非惯性参考系，简称非惯性系. 在惯性系中，一个不受力作用的物体将保持静止或匀速直线运动状态不变. 由运动的

相对性可知，相对于惯性系静止或作匀速直线运动的任一参考系都是惯性系，而相对于惯性系作变速运动的参考系就一定不是惯性系. 事实上，由于自然界中不存在完全不受其他物体作用的物体，因而严格的惯性系并不存在，所以惯性系只是参考系的一种理想模型. 一个实际的参考系能不能看成惯性系，只能依靠实验来判断. 如果所研究的问题，在要求的精度范围内，实验结果与牛顿运动定律相符，那么所选择的参考系就可看成惯性系. 在研究太阳系中的天体的运动时，可选择原点固定在太阳中心而坐标轴指向恒星的日心参考系，这是一个很好的惯性系. 讨论人造地球卫星的运动，可选择原点固定在地球中心而坐标轴指向恒星的地心参考系，因为地球绕太阳公转的法向加速度甚小(约 $5.9\times10^{-3}\,\mathrm{m\cdot s^{-2}}$)，所以可以近似地看成惯性系. 对于一般的力学问题来说，把坐标轴固定在地面上的地面参考系作为惯性系就已经足够精确.

1.3 牛顿第二定律(力的定量描述)

物体在运动时具有速度，我们把物体的质量 m 与其速度 $\boldsymbol{v}$ 的乘积称为物体的动量，用 $\boldsymbol{p}$ 表示，即

$$\boldsymbol{p}=m\boldsymbol{v} \tag{2.2}$$

动量也是描述运动状态的量，但比速度的含义更为广泛、意义更为重要. 实验事实表明，当物体受到外力作用时，其动量要发生改变. 牛顿第二定律阐明了作用于物体的外力与动量变化的关系.

牛顿第二定律可表述为：某时刻物体的动量 $m\boldsymbol{v}$ 对时间的变化率等于该时刻物体所受的合外力 $\boldsymbol{F}$. 即

$$\boldsymbol{F}=\frac{\mathrm{d}(m\boldsymbol{v})}{\mathrm{d}t} \tag{2.3}$$

这是牛顿第二定律的普遍形式，常称为牛顿力学的质点动力学方程.

当物体的质量可视为常量时，就得到大家熟悉的形式，即

$$\boldsymbol{F}=m\frac{\mathrm{d}\boldsymbol{v}}{\mathrm{d}t}=m\boldsymbol{a} \tag{2.4}$$

在这种情况下，第二定律可表述为：物体受到外力作用时，所获得加速度的大小与合外力的大小成正比，与物体的质量成反比；加速度的方向与合外力的方向相同.

实验表明，当 m 随时间变化时，(2.4)式将不再适用，但(2.3)式依然成立.

牛顿第二定律表明，在相同外力作用下，质量越大的物体获得的加速度越小. 这就是说，质量大的物体较难改变其原来的运动状态，即惯性较大. 可见，质量是物体惯性大小的量度. 因此(2.3)式和(2.4)式中的定义的质量称为惯性质量.

牛顿第二定律是牛顿力学的核心. 应用它求解力学问题时应当注意：

(1) 牛顿第二定律只适用质点的运动.

(2) 牛顿第二定律表示的关系是瞬时关系.

牛顿第二定律表明，**力是物体产生加速度的原因**，而不是物体具有速度的原因，这也就是在研究质点运动时，要引入加速度的原因. 对 $\boldsymbol{F}=m\boldsymbol{a}$ 而言，在时刻 t，物体所受合外力决定物体在该时刻的加速度，合外力为零的时刻，物体的加速度等于零，即加速度和力同时产生、同时变化、同时消失.

(3) 当几个外力同时作用于物体时，其合力产生的加速度等于每个外力产生的加速度的矢量和，这就是力的**叠加原理**.

(4) 虽然 $\boldsymbol{F}=m\boldsymbol{a}$，但 $m\boldsymbol{a}$ 不是力，而是反映物体状态变化情况的；虽然 $m=\dfrac{\boldsymbol{F}}{\boldsymbol{a}}$，但是$\dfrac{\boldsymbol{F}}{\boldsymbol{a}}$仅是度量质量的方法，$m$ 与 $\boldsymbol{F}$ 或 $\boldsymbol{a}$ 无关.

(5) $\boldsymbol{F}=m\boldsymbol{a}$ 是一个**矢量式**，合加速度和合力方向始终保持一致. 应用时常用分量式，在后面讨论牛顿运动定律的应用时，将详细表述不同坐标系下牛顿第二定律的分量式.

1.4　牛顿第三定律(力的性质)

牛顿第三定律说明物体间相互作用力的性质. 两个物体之间的作用力 $\boldsymbol{F}$ 和反作用力 $\boldsymbol{F}'$，沿同一直线、大小相等、方向相反、分别作用在两个物体上. 这就是牛顿第三定律，其数学表达式为

$$\boldsymbol{F}=-\boldsymbol{F}' \tag{2.5}$$

运用牛顿第三定律分析物体受力情况时必须注意与平衡力的区别：作用力和反作用力是互以对方为自己存在的条件，同时产生，同时消失，任何一方都不能孤立地存在，并分别作用在两个物体上；它们属于同种性质的力. 例如作用力是万有引力，那么反作用力也一定是万有引力. 一对平衡力也满足大小相等，方向相反的条件，但是这两个力作用在同一个物体上，并且它们往往是相互独立的，不一定是同一种性质的力，一方消失并不影响另一方. 例如，对静止放在桌面上的物体而言，重力和桌面的支持力就是一对平衡力，当支持力消失时，重力依然存在.

> **讨论 1：**
> 力存在于物体的相互作用中，处理力学问题都要先进行受力分析，为正确分析受力，需要用到哪些方面的信息?

1.4.1　常见力的存在条件

在应用牛顿运动定律求解动力学问题时，总要分析物体间的相互作用，因此，掌握力的特征非常重要. 我们在日常生活中遇到各种各样的力，如重力、绳中的张力、摩擦力、地面的支持力、空气的阻力，等等. 从最基本的层次看，上述各种力属于两大范畴：① 引力(这里重力是唯一的例子). ② 电磁力(所有其他的力). 不要以为只有摩擦过的胶木棒吸引通草球、磁石吸铁才是电磁力. 其实绳中的张力、摩擦力、地面的支持力、空气的阻力等，从微观上看，无不是原子分子间电磁相互作用的宏观表现. 除引力、电磁力外，目前我们只知道自然界还有

另外两种基本的力. ③ 弱力(与某些放射性衰变有关). ④ 强力(将原子核内质子和中子"胶合"在一起的力，以及强子内部更深层次的力). 由于后两种力的力程太短了，我们的感官不可能直接感受到它们. 这里我们只介绍几种常见力.

1.4.2 万有引力

在自然界中，大到天体，小到微观粒子，任何两个物体之间都存在着相互吸引的力，这种力称为万有引力，其规律遵从牛顿提出的万有引力定律：**任何两个质点之间的万有引力的大小 F 与这两个质点质量的乘积 m_1m_2 成正比，与它们之间的距离 r 的平方成反比，方向沿两质点的连线.** 即

$$F=G\frac{m_1m_2}{r^2} \tag{2.5a}$$

式中 G 为比例系数，称为**引力常量**，最早由英国物理学家卡文迪什于 1798 年由实验测定. 在一般计算时取 $G=6.67\times10^{-11}\mathrm{m}^3\cdot\mathrm{kg}^{-1}\cdot\mathrm{s}^{-2}$.

万有引力定律可用矢量形式表示为

$$\boldsymbol{F}=-G\frac{m_1m_2}{r^3}\boldsymbol{r} \tag{2.5b}$$

如图 2.1 所示，如果把 m_1 指向 m_2 的有向线段 $\boldsymbol{r}$ 作为 m_2 的位矢，那么式中负号表示 m_2 受 m_1 的万有引力 $\boldsymbol{F}_{21}$的方向与 $\boldsymbol{r}$ 的方向相反. 根据牛顿第三定律，m_1 受 m_2 的万有引力为

$$\boldsymbol{F}_{12}=-\boldsymbol{F}_{21} \tag{2.6}$$

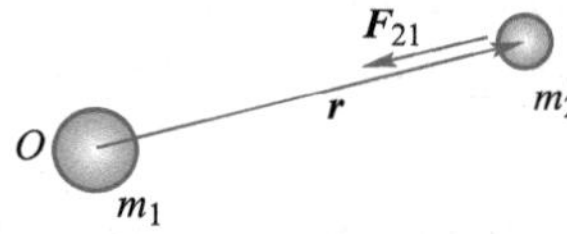

图 2.1 两个质点之间的万有引力

在万有引力定律中涉及的质量称为**引力质量**. 实验表明，物体的引力质量和惯性质量总是相等的. 这个结论是爱因斯坦创建广义相对论的重要依据之一.

通常把地球对其表面附近尺寸不大的物体的万有引力称为**重力**，用 $\boldsymbol{P}$ 表示，其大小就是物体的重量. 设地球为匀质球体，质量为 m_E，半径为 R，则质量为 m 的物体受到的重力大小为

$$P=G\frac{mm_\mathrm{E}}{R^2}=mg$$

于是，地球表面附近的重力加速度 g 可近似表示为

$$g=G\frac{m_\mathrm{E}}{R^2}$$

已知 $G=6.67\times10^{-11}\ \mathrm{m}^3\cdot\mathrm{kg}^{-1}\cdot\mathrm{s}^{-2}$，$m_\mathrm{E}=5.98\times10^{24}\mathrm{kg}$，$R=6.37\times10^6\ \mathrm{m}$，一并代入上式，算出 $g=9.82\ \mathrm{m}\cdot\mathrm{s}^{-2}$. 一般应用取 $g=9.80\ \mathrm{m}\cdot\mathrm{s}^{-2}$. 若代入月球的相关数据，可以算出月球表面的重力加速度约为 $1.62\ \mathrm{m}\cdot\mathrm{s}^{-2}$，近似等于地球表面重力加速度的 1/6.

1.4.3 弹性力

发生形变的物体，由于要恢复原状，对与它接触的物体会产生力的作用，这种力叫弹性力. 弹性力的表现形式有很多种，下面只讨论常见的三种表现形式.

一种是两个物体通过一定面积相互接触的情况. 这时互相压紧的两个物体都会发生形变(这种形变常常十分微小以致难以观察到), 因而产生对对方的弹性力作用. 这种弹性力通常叫做**正压力或支持力**. 它们的大小取决于相互压紧的程度, 它们的方向总是垂直于接触面而指向对方.

另一种是绳或线对物体的拉力. 这种拉力是由于绳发生了形变(通常也十分微小)而产生的. 它的大小取决于绳被拉紧的程度, 它的方向总是沿着绳而指向绳要收缩的方向.

绳产生拉力时, 绳的内部各段之间也有相互的弹性力作用, 这种内部的弹性力叫做张力. 很多实际问题中, 绳的质量往往可以忽略. 在这种情况下, 对其中任意一段, 如图 2.2 中的 ab 段, 应用牛顿第二定律就有

$$F_{T1}-F_{T2}=ma=0\cdot a=0$$

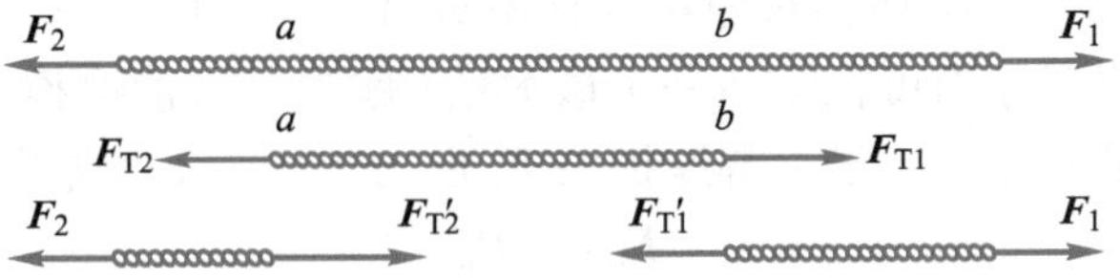

图 2.2 绳的拉力和绳中的张力

由此可得 $F_{T1}=F_{T2}$. 再由牛顿第三定律可知相邻各段的相互作用力相等, 即 $F_{T1}=F'_{T1}$, $F_{T2}=F'_{T2}$, 因此 $F'_{T1}=F_{T1}=F_{T2}=F'_{T2}$. 这就是说, 忽略绳的质量时, 绳内各处的张力都相等; 而且用同样的方法可以证明, 这张力也等于连接体对它的拉力 F_1 和 F_2 以及它对连接体的拉力, 即 F_1 和 F_2 的反作用力 F_1', F_2'.

还有一种在力学中常讨论的力是弹簧的弹性力. 当弹簧被拉伸或压缩时, 它就会对连接体有弹性力的作用(图 2.3), 这种弹性力总是要使弹簧恢复原长. 弹性力遵守胡克定律: 在弹性限度内, 弹性力的大小和形变量成正比. 以 F 表示弹性力, 以 x 表示形变, 即弹簧的长度相对于原长的变化, 则根据胡克定律就有

$$F=-kx \tag{2.7}$$

式中 k 叫弹簧的**弹性系数**, 取决于弹簧本身的结构. 式中负号表示弹性力的方向: 当 x 为正, 也就是弹簧被拉长时, F 为负, 即与被拉长的方向相反; 当 x 为负, 也就是弹簧被压缩时, F 为正, 即与被压缩的方向相反. 总之, 弹簧的弹性力总是指向要恢复它原长的方向的.

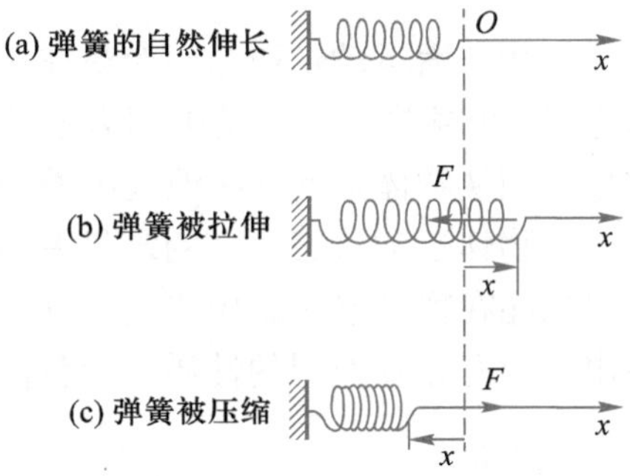

图 2.3 弹簧的弹性力

1.4.4 摩擦力

两个物体(指固体)有一接触面, 而且沿着这接触面的方向有相对滑动时(图 2.4), 一般由于接触面粗糙(实际原因比这

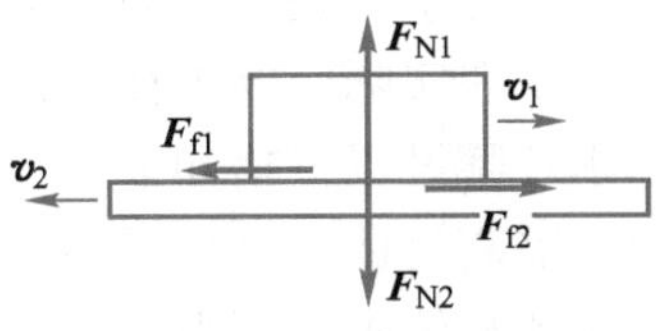

图 2.4 滑动摩擦力

要复杂得多)，每个物体在接触面上都受到对方作用的阻止相对滑动的力. 这种力叫**滑动摩擦力**. 它的方向总是与相对滑动的方向相反. 实验证明：当相对滑动的速度不是太大或太小时，滑动摩擦力 F_f 的大小和滑动速度无关而和正压力 F_N 成正比，即

$$F_f=\mu_k F_N \tag{2.8}$$

式中 μ_k 为滑动摩擦系数，它与接触面的材料和表面的状态(如光滑与否)有关.

实际上有接触面的两个物体，不但在相对滑动时，相互间有摩擦力的作用，而且即使没有相对滑动，而只是有相对滑动的趋势时，它们之间也有摩擦力产生. 用力推停在地板上的重木箱，没有推动，就是由于木箱底面受到了地板的摩擦力. 砖块之所以能停在运输机皮带上被带到高处，也是砖块下面受到皮带摩擦力的缘故.

当有接触面的两个物体相对静止但有相对滑动趋势时，它们之间产生的摩擦力叫**静摩擦力**. 静摩擦力可在零与一个最大值(称为最大静摩擦力)之间变化，视相对滑动趋势的程度而定. 最大静摩擦力 F_{fs} 也与正压力 F_N 成正比，即

$$F_{fs}=\mu_s F_N \tag{2.9}$$

式中，μ_s 为静摩擦系数，最大静摩擦力一般情况下大于滑动摩擦力.

除此之外，流体(液体或气体)不同层之间由于相对运动而造成的阻力，称为**湿摩擦力**或黏性阻力. 当相对运动速度不是很大时，黏性阻力与速度的横向变化率、接触面积及黏度成正比. 固体与流体接触并发生相对运动时，也会产生黏性阻力，不过这种湿摩擦阻力比干摩擦阻力要小得多，这就是通常利用润滑油减少固体间摩擦的原因.

1.5 牛顿运动定律的应用

牛顿三大运动定律是一个整体，不能只注意牛顿第二定律，而把其他两条定律忽略. 牛顿第一定律是牛顿力学的思想基础，它说明了任何物体都有惯性，并引导人们从物体运动状态改变的原因思考，认识了力的存在；牛顿第二定律揭示了力与物体运动状态改变的定量关系，力是使物体产生加速度的原因，牛顿运动定律只能在惯性参考系中应用，在惯性系中不能把 $m\boldsymbol{a}$ 误认为力；牛顿第三定律指出了力有相互作用的性质，为我们正确分析物体的受力情况提供了理论依据.

> **讨论 2：**
> 牛顿运动定律在直角坐标系和自然坐标系下的分量式分别如何表示？

通常的力学问题可分为两类：一类是已知力求运动情况；另一类是已知运动情况求力，在实际问题中往往两者兼有. 应用牛顿运动定律求解质点的动力学问题的基本步骤可以概括如下：

(1) 隔离物体，分析受力. 首先根据题意确定研究对象，并分别把每个研究对象与其他物体隔离开来，然后分析它们的受力情况，单独作出每个研究对象的受力示意图.

（2）选定坐标，列出方程. 选择合适的坐标系，将给计算带来很大方便. 坐标轴的方向尽可能地与多数矢量平行或垂直. 根据牛顿第二定律和牛顿第三定律列出方程式. 所列方程式个数应与未知量的数量相等.

在直角坐标系中，牛顿第二定律(2.4)式的分量式为

$$\begin{cases} F_x = ma_x = m\dfrac{\mathrm{d}v_x}{\mathrm{d}t} \\ F_y = ma_y = m\dfrac{\mathrm{d}v_y}{\mathrm{d}t} \\ F_z = ma_z = m\dfrac{\mathrm{d}v_z}{\mathrm{d}t} \end{cases} \tag{2.10}$$

式中 F_x、F_y、F_z 分别表示作用于物体上的所有外力在 x、y、z 轴的分量之和，也就是合外力 $\boldsymbol{F}$ 在各坐标轴的分量.

质点在平面上运动时，也常用自然坐标系，这时(2.4)式的分量式为

$$\begin{cases} F_{\mathrm{t}} = ma_{\mathrm{t}} = m\dfrac{\mathrm{d}v}{\mathrm{d}t} \\ F_{\mathrm{n}} = ma_{\mathrm{n}} = m\dfrac{v^2}{\rho} \end{cases} \tag{2.11}$$

式中 F_{t}、F_{n} 分别表示切向合力和法向合力. 切向合力的效果是产生切向加速度，使物体的速率发生变化；法向合力的方向永远指向曲率中心，其效果是产生法向加速度，使物体的运动轨迹发生弯曲. 在圆周运动中，ρ 就是圆的半径.

（3）若方程式的数目少于未知量的个数，则应由运动学和几何学的知识列出补充的方程式.

（4）求解方程. 在代入数据解方程时，一定要注意统一单位.

（5）解得结果后通常还应进行必要的验算、分析和讨论.

注意：当物体受的力为变力时，就应该用牛顿第二定律的微分方程形式求解.

[例 2.1] 如图 2.5 所示，倾角为 θ 的斜面固定在车厢的底板上，斜面上有一质量为 m 的木块，设木块与斜面间的静摩擦系数为 μ_0，滑动摩擦系数为 μ. 木块开始时静止. 求当车厢静止时，木块相对于车厢滑动的条件以及相对于车厢滑动的加速度.

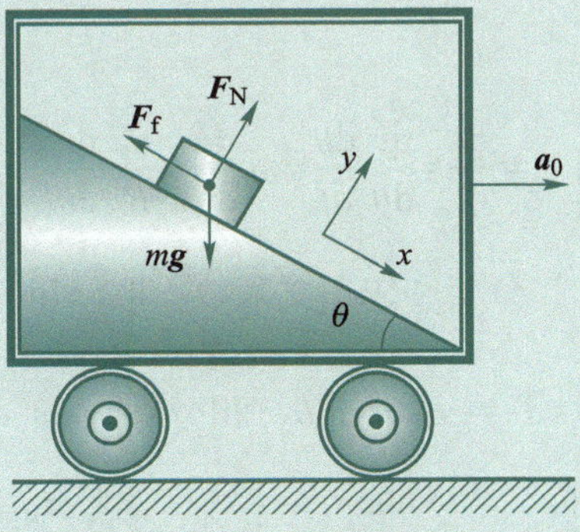

图 2.5 例 2.1 用图

[解] **隔离物体，受力分析.** 以木块为研究对象，它受到重力 $m\boldsymbol{g}$、支持力 $\boldsymbol{F}_{\mathrm{N}}$、摩擦力 $\boldsymbol{F}_{\mathrm{f}}$ 作用，如图 2.5 所示.

选定坐标，建立如图所示的直角坐标系，其 x 轴和 y 轴分别与斜面平行和垂直.

列出方程，当车厢静止时，应用牛顿定律，列 x 轴和 y 轴方向的分量式，有

$$mg\sin\theta - F_f = ma_x$$

$$F_N - mg\cos\theta = 0$$

分析和求解方程，当 $F_f \leqslant \mu_0 F_N$ 时，木块静止，此时 $a_x=0$，木块保持静止的条件为

$$mg\sin\theta \leqslant \mu_0 mg\cos\theta$$

即 $\tan\theta \leqslant \mu_0$.

当 $a_x>0$，即 $mg\sin\theta > F_f = \mu_0 mg\cos\theta$ 时，木块开始滑动，即木块滑动的条件为

$$\tan\theta > \mu_0$$

上式确定的滑动所需的最小倾角 $\theta_{min}=\arctan\mu_0$ 称为静摩擦角. 木块滑动时，$F_f=\mu F_N$为滑动摩擦力，木块向下滑动的加速度为

$$a_x=\frac{mg\sin\theta-\mu F_N}{m}=g(\sin\theta-\mu\cos\theta)$$

[例 2.2] 一光滑半球面固定于水平地面上，今使一小物块从球面顶点处几乎无初速地滑下，如图 2.6 所示，求物块开始脱离半球面时的位置.

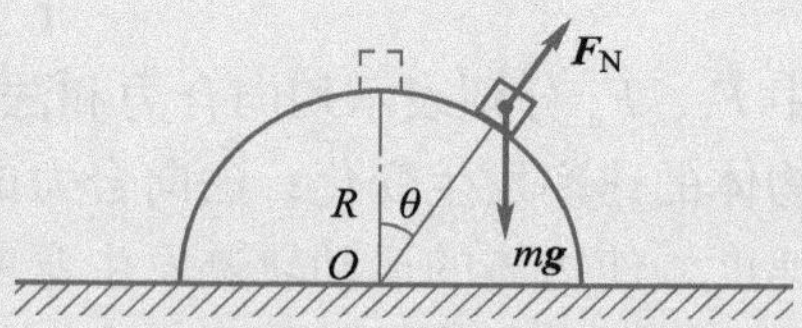

图 2.6 例 2.2 用图

[解] 隔离物体，受力分析. 物块滑到半球面上与球心连线方向与竖直方向的夹角为 θ 的位置时，受到重力和半球面的支持力作用，由牛顿第二定律得

$$m\boldsymbol{g}+\boldsymbol{F}_N=m\boldsymbol{a}$$

建立坐标，列出方程. 选用自然坐标系，上式在切向和法向的分量式为

$$mg\sin\theta = ma_t \quad ①$$

$$mg\cos\theta - F_N = ma_n \quad ②$$

而 $a_t=\frac{dv}{dt}=\frac{dv}{d\theta}\frac{d\theta}{dt}=\omega\frac{dv}{d\theta}=\frac{v}{R}\frac{dv}{d\theta}$，$a_n=\frac{v^2}{R}$，代入①式.

分析和求解方程. $mg\sin\theta = m\frac{v}{R}\frac{dv}{d\theta}$

即 $v\,dv = gR\sin\theta\,d\theta$，积分：$\int_0^v v\,dv=\int_0^\theta gR\sin\theta\,d\theta$，得

$$v=\sqrt{2gR(1-\cos\theta)}$$

代入②式，得

$$F_N=mg\,(3\cos\theta-2)$$

因为物块不脱离半球面时，有 $F_N\geqslant 0$，故得

$$\cos\theta \geqslant \frac{2}{3}$$

即 $\theta \leqslant \arccos\frac{2}{3} = 48.19°$ 为物块不脱离半球面的条件. 因此，当 $\theta = 48.19°$ 时，物块将脱离半球面，以后将作斜下抛运动.

第二节　冲量和动量

2.1　质点的动量定理

2.1.1　质点的动量定理

在前面表述牛顿第二定律时已经引入了动量这一物理量，一物体的动量被定义为其质量与速度的乘积，用 $\boldsymbol{p}$ 表示，可写为

$$\boldsymbol{p} = m\boldsymbol{v} \tag{2.12}$$

动量是矢量、状态量. 它是讨论机械运动动量的转移和传递时的重要物理量. 牛顿第二定律表明：在任一时刻，质点动量的时间变化率等于该质点所受的合外力，可表示为 $\boldsymbol{F} = \frac{\mathrm{d}\boldsymbol{p}}{\mathrm{d}t}$. 现在我们把它作一变形以便考察力作用在物体上一定时间的效应，即

$$\boldsymbol{F}\mathrm{d}t = \mathrm{d}\boldsymbol{p} \tag{2.13}$$

式中乘积 $\boldsymbol{F}\mathrm{d}t$ 表示力在时间 $\mathrm{d}t$ 内的累积量，叫做 $\mathrm{d}t$ 时间内质点所受合外力的**冲量**. 此式的物理意义是，在 $\mathrm{d}t$ 时间内质点所受合外力 $\boldsymbol{F}$ 的冲量等于质点动量的增量. 这一关系叫做**动量定理**的微分形式. 实际上它是牛顿第二定律公式的数学变形.

一般情况下，作用在质点上的力是随时间的变化而改变的，即力是时间的函数，$\boldsymbol{F} = \boldsymbol{F}(t)$. 将(2.13)式对 t_0 到 t 这段时间积分，即考虑力在该段时间间隔内的累积效果，则有

$$\int_0^t \boldsymbol{F}(t)\,\mathrm{d}t = \int_{p_0}^{p_1}\mathrm{d}\boldsymbol{p} = \boldsymbol{p}_1 - \boldsymbol{p}_0 \tag{2.14}$$

式中，$\boldsymbol{p}$ 和 $\boldsymbol{p}_0$ 分别为质点在 t 和 t_0 时刻的动量，左侧积分表示在 t_0 到 t 时间内合外力的**冲量**，用 $\boldsymbol{I}$ 表示. 即

$$\boldsymbol{I} = \int_0^t \boldsymbol{F}(t)\,\mathrm{d}t = \boldsymbol{p}_1 - \boldsymbol{p}_0. \tag{2.15}$$

(2.15)式是质点**动量定理**的积分形式，它表明**质点在运动过程中，所受合外力在给定时间内的冲量等于质点在此时间内动量的增量**. 后者是效果，它取决于力在这段时间内的累积. 动量是表示运动状态的物理量，因此，动量定理描述了一段时间内，力的累积对运动状态改变的效果.

值得注意的是：

（1）质点动量的变化，依赖于作用力的时间累积过程．要产生同样的效果，即同样的动量增量，力大和力小都存在实现的可能，力大，时间可短些，力小，时间需长些．只要力的时间累积即冲量一样，就产生同样的动量增量．

（2）动量定理的微分形式(2.13)式和积分形式(2.15)式都是矢量式，表明合外力的冲量的方向应和动量的增量的方向一致，但并不一定和初动量或末动量的方向相同．

（3）我们知道，在牛顿力学中，描述物体的运动，必须要先选惯性系，对不同的惯性系，物体的速度是不同的．显然，物体的动量也不相同，这就是**动量的相对性**．值得注意的是我们在应用动量定理时，物体的始末动量应由同一个惯性系来确定．尽管对不同的惯性系动量的结果是不同的，但是动量定理的形式是不变的，这就是**动量定理的不变性**．也就是说，动量定理对所有惯性系都是适用的．利用第一章的相对运动的速度变化，读者不难证明这个结论．

2.1.2 平均力 冲量

动量定理常用于碰撞过程．碰撞一般泛指物体间相互作用时间很短的过程．在这一过程中，相互作用力往往很大而且随时间改变．这种力通常叫**冲力**．冲力的特点是作用时间极短，变化情况比较复杂，其情况如图 2.7 所示．很难把每一瞬间的冲力测量出来，但只要知道两物体在碰撞前后的动量，根据动量定理，就可求出物体所受的冲量，即碰撞引起的质点的动量的改变基本上由冲力在整个碰撞过程中的冲量来决定．

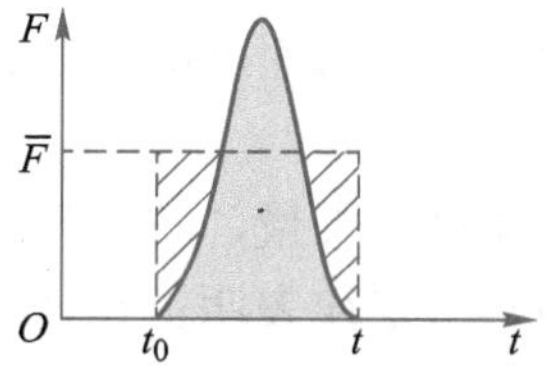

图 2.7 冲力与时间的关系

碰撞时的冲力不仅取决于动量的改变，而且也与作用的时间有关．作用时间 Δt 越短，则碰撞时的作用力也越大，如工厂中的锻压模件和打击等；作用时间 Δt 越长，则碰撞时的冲力也越小，如包装易碎物品时，往往需要在物品中间填塞许多碎纸屑，以便延长碰撞时间，减小碰撞时的冲力等．为了对冲力的大小有个估计，通常引入**平均冲力**的概念．它是冲力对碰撞时间的平均．以 $\overline{\boldsymbol{F}}$ 表示平均冲力，则

$$\overline{\boldsymbol{F}} = \frac{\int_{t_0}^{t'} \boldsymbol{F} \mathrm{d}t}{t' - t_0} \tag{2.16}$$

结合(2.14)式，可得

$$\overline{\boldsymbol{F}} = \frac{\boldsymbol{p}_1 - \boldsymbol{p}_0}{t' - t_0} \tag{2.17}$$

根据冲量的定义(2.15)式，可得

$$\overline{\boldsymbol{F}}(t' - t_0) = \boldsymbol{p}_1 - \boldsymbol{p}_0 = \int_{t_0}^{t'} \boldsymbol{F} \mathrm{d}t = \boldsymbol{I} \tag{2.18}$$

此式表明，在力的整个作用时间内，平均力的冲量等于变力的冲量．

2.2 质点系的动量定理

如果研究对象是多个质点，则称为**质点系**. 一个不能抽象为质点的物体也可认为由多个(直至无限个)质点所组成. 从这种意义上讲，力学又可分为质点力学和质点系力学. 从现在开始我们将多次涉及质点系力学的某些内容.

当研究对象是质点系时，其受力就可分为“内力”和“外力”. 凡被研究的质点系内各质点之间的作用力称为内力，质点系内质点间相互作用的内力必定是成对出现的，且每对作用内力都必沿两质点连线的方向，这是由力的性质决定的，也是研究质点系力学的基本观点.

下面我们把质点动量定理推广到质点系的情况.

如图 2.8 所示，设该质点系由有相互作用力作用的 n 个质点所组成，$\boldsymbol{F}_i$ 为第 i 个质点受的合外力，$\boldsymbol{F}_{ij}$ 为质点系内第 j 个质点对第 i 个质点的作用力，对第 i 个质点运用动量定理则有

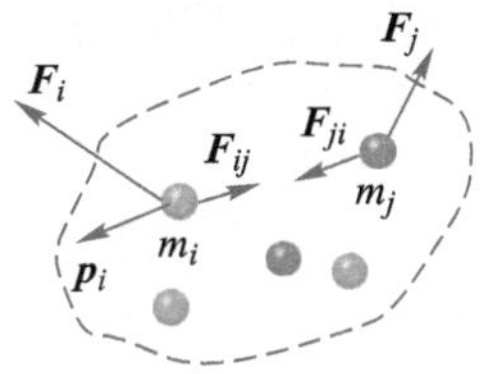

图 2.8 多个质点的系统

$$\left(\boldsymbol{F}_i+\sum_{j\neq i}\boldsymbol{F}_{ij}\right)\mathrm{d}t=\mathrm{d}\boldsymbol{p}_i$$

对质点系：

$$\sum_i\left(\boldsymbol{F}_i+\sum_{j\neq i}\boldsymbol{F}_{ij}\right)\mathrm{d}t=\sum_i\mathrm{d}\boldsymbol{p}_i$$

由牛顿第三定律可知质点系所有内力的矢量和为零，即

$$\sum_i\sum_{j\neq i}\boldsymbol{F}_{ij}=\boldsymbol{0}$$

令

$$\sum_i\boldsymbol{F}_i=\boldsymbol{F}_{外},\quad\sum_i\boldsymbol{p}_i=\boldsymbol{p}$$

则

$$\boldsymbol{F}_{外}\,\mathrm{d}t=\mathrm{d}\boldsymbol{p}\quad 或\quad \boldsymbol{F}_{外}=\frac{\mathrm{d}\boldsymbol{p}}{\mathrm{d}t}\tag{2.19}$$

式(2.19)说明质点系动量的微分等于作用在质点系上所有外力冲量的矢量和，这就是**质点系动量定理的微分形式**.

从质点系动量定理的微分式可以看出：只有外力才能改变质点系的总动量，内力不能改变质点系的总动量，但是内力可以改变系统内单个质点的动量. 例如，一个人坐在车上，仅靠自己的力不能改变人和车一起前进的速度，就是这个道理，运用质点系处理问题时可避开内力，这往往使许多内部作用复杂的情况变得较为简便.

把(2.19)式在时间 $t_1\sim t_2$ 内积分，可得

$$\int_{t_1}^{t_2}\boldsymbol{F}_{外}\,\mathrm{d}t=\boldsymbol{p}_2-\boldsymbol{p}_1\tag{2.20}$$

式(2.20)说明，在某段时间内，质点系动量的增量，等于作用在质点系上所有外力在同一时间内的冲量的矢量和，这就是**质点系动量定理的积分形式**.

2.3 质点系动量守恒定律

对于质点系来说，如果质点系所受到外力的矢量和为零，即

$$\sum \boldsymbol{F}_{外}=\boldsymbol{0}$$

由 $\sum \boldsymbol{p}-\sum \boldsymbol{p}_0=\int_{t_0}^{t}\sum \boldsymbol{F}_{外}\,\mathrm{d}t$ 可知

$$\sum \boldsymbol{p}=\sum \boldsymbol{p}_0$$

即

$$\sum_i m_i\boldsymbol{v}_i=常矢量 \tag{2.21}$$

(2.21)式表明，如果质点系不受外力或所受外力的矢量和为零，那么该质点系的总动量保持不变. 这一结论称为**质点系的动量守恒定律**.

> **讨论 3：**
> 质点系在某段时间内的冲量为零，是否说明质点系在这段时间内动量一定守恒？

2.4 动量定理和动量守恒定律的应用

2.4.1 动量定理和动量守恒定律的直接应用

由于动量定理和动量守恒定律的形式均是矢量方程，应用时，对于一维的问题可以用代数形式表示矢量直接计算；对于二维的问题，可以应用平行四边形法则或矢量三角形进行矢量计算.

[例 2.3] （质点的动量定理）如图 2.9 所示，一粒子弹水平地穿过并排静止放置在光滑水平面上的木块，已知两木块的质量分别为 m_1 和 m_2，子弹穿过两木块的时间各为 Δt_1 和 Δt_2，设子弹在木块中所受的阻力为恒力 F. 问子弹穿过后，两木块各以多大速度运动？

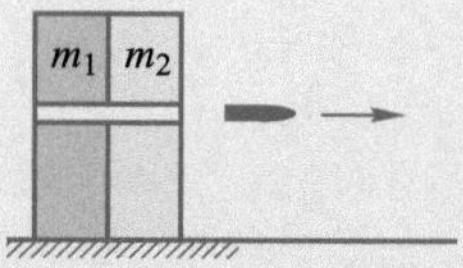

图 2.9 例 2.3 用图

[解] 子弹穿过第一块木块时，两木块速度相同，均为 v_1，此过程将两木块看成一个整体，根据动量定理

$$F\Delta t_1=(m_1+m_2)v_1-0$$

子弹穿过第二木块后，第二木块速度变为 v_2，对第二木块，根据动量定理

$$F\Delta t_2=m_2v_2-m_2v_1$$

解得

$$v_1=\frac{F\Delta t_1}{m_1+m_2}\qquad v_2=\frac{F\Delta t_1}{m_1+m_2}+\frac{F\Delta t_2}{m_2}$$

[例 2.4] （平均冲力）一个质量为 0.58 kg 的篮球从 2.0 m 的高度竖直下落，到达地面后，以同样的速率反弹，接触时间仅为 0.019 s，求对地的平均冲力.

[解] 篮球到达地面的速率

$$v=\sqrt{2gh}=\sqrt{2\times 9.8\times 2}\ \text{m/s}=6.3\ \text{m/s}$$

对地平均冲力

$$\overline{F}=\frac{2mv}{\Delta t}=\frac{2\times 0.58\times 6.3}{0.019}\text{N}=3.8\times 10^{2}\ \text{N}$$

相当于 40 kg 重物所受重力.

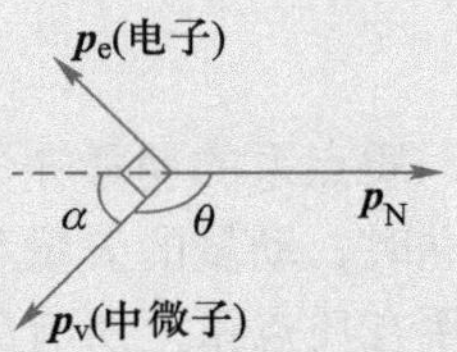

图 2.10 例 2.5 用图

[例 2.5] (**动量守恒定律**)设有一静止的原子核，衰变辐射出一个电子和一个中微子后成为一个新的原子核. 如图 2.10 所示，已知电子和中微子的运动方向互相垂直，且电子动量为 $1.2\times10^{-22}\text{kg}\cdot\text{m}\cdot\text{s}^{-1}$，中微子的动量为 $6.4\times10^{-23}\text{kg}\cdot\text{m}\cdot\text{s}^{-1}$. 问新的原子核的动量的值和方向如何?

[解] 根据题意，静止的原子核衰变过程中，系统所受合外力为零，因此动量守恒.

原子核衰变前：系统的动量为零；

原子核衰变后：系统的总动量为电子动量、中微子动量和新的原子核动量的矢量之和.

于是有

$$\boldsymbol{p}_{\text{e}}+\boldsymbol{p}_{\text{v}}+\boldsymbol{p}_{\text{n}}=\mathbf{0}$$

其中电子的动量大小为

$$p_{\text{e}}=1.2\times10^{-22}\text{kg}\cdot\text{m}\cdot\text{s}^{-1}$$

中微子的动量大小为

$$p_{\text{v}}=6.4\times10^{-23}\text{kg}\cdot\text{m}\cdot\text{s}^{-1}$$

$$\boldsymbol{p}_{\text{e}}\perp\boldsymbol{p}_{\text{v}}$$

所以新的原子核的动量大小为

$$p_{\text{n}}=\sqrt{p_{\text{e}}^{\ 2}+p_{\text{v}}^{\ 2}}=1.36\times10^{-22}\text{kg}\cdot\text{m}\cdot\text{s}^{-1}$$

图中 $\alpha=\arctan\dfrac{p_{\text{e}}}{p_{\text{v}}}=61.9°$或 $\theta=180°-61.9°=118.1°$

2.4.2 直角坐标系下动量定理和动量守恒定律的应用

动量定理作为一个矢量形式的方程，在直角坐标系下，可以写成**坐标系投影的分量形式**，即

$$\begin{cases} I_x=\int_{t_1}^{t_2}F_x\text{d}t=mv_x-mv_{x0} \\ I_y=\int_{t_1}^{t_2}F_y\text{d}t=mv_y-mv_{y0} \\ I_z=\int_{t_1}^{t_2}F_z\text{d}t=mv_z-mv_{z0} \end{cases} \tag{2.22}$$

此式表明，在某段时间内质点动量沿某坐标轴投影的增量，等于作用在该质点上的合力沿该坐标轴的投影在同一时间内的冲量.

质点系的动量定理的分量形式为

$$\begin{cases} \mathrm{d}\left(\sum_i m_i v_{ix}\right) = \sum_i F_{ix}\mathrm{d}t \\ \mathrm{d}\left(\sum_i m_i v_{iy}\right) = \sum_i F_{iy}\mathrm{d}t \\ \mathrm{d}\left(\sum_i m_i v_{iz}\right) = \sum_i F_{iz}\mathrm{d}t \end{cases} \tag{2.23}$$

质点系的动量守恒定律也可以写成分量式. 因为动量守恒定律是指当其条件成立时，动量的矢量和保持不变，但是其代数和可以变化，在实际应用中，如果作用在质点系上所有外力沿某一坐标投影的代数和为零，则动量在此坐标上的分量就守恒，我们可以将动量进行投影，写出动量守恒定律沿各坐标轴分解的分量式：

$$\begin{cases} \text{当 } F_x = 0 \text{ 时，} \sum_i m_i v_{ix} = p_x = \text{常量} \\ \text{当 } F_y = 0 \text{ 时，} \sum_i m_i v_{iy} = p_y = \text{常量} \\ \text{当 } F_z = 0 \text{ 时，} \sum_i m_i v_{iz} = p_z = \text{常量} \end{cases} \tag{2.24}$$

讨论 4：

常见的“近似”应用动量守恒定律的条件是什么？常见的“部分”应用动量守恒定律的条件是什么？

有时，我们分析系统所受到的外力时，得出系统所受外力的矢量和并不为零，但外力在某一方向的分量之和却为零. 在这种情况下，**尽管系统的总动量不守恒，但总动量在该方向上的分量却是守恒的**，这一结论也具有普遍性，在很多实际问题中常常碰到.

[例 2.6]　一质点的运动轨迹如图 2.11 所示. 已知质点的质量为 20 g，在 A、B 两位置处的速率都为 20 m/s，$\boldsymbol{v}_A$ 与 x 轴成 45°角，$\boldsymbol{v}_B$ 垂直于 y 轴，求质点由 A 点到 B 点这段时间内，作用在质点上外力的总冲量.

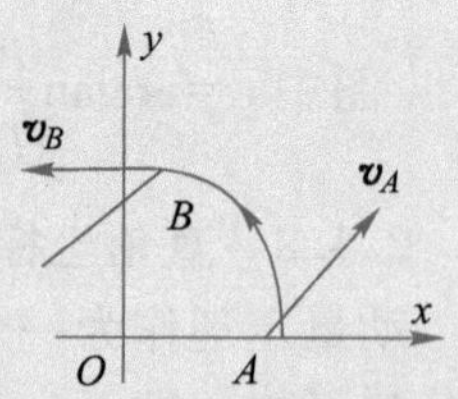

图 2.11　例 2.6 用图

[解]　由动量定理知质点所受外力的总冲量

$$\boldsymbol{I} = \Delta(m\boldsymbol{v}) = m\boldsymbol{v}_B - m\boldsymbol{v}_A$$

由 $A \rightarrow B$ 的过程：

$$I_x = mv_{Bx} - mv_{Ax} = -mv_B - mv_A \cos 45° = -0.683\ \mathrm{kg \cdot m \cdot s^{-1}}$$

$$I_y = 0 - mv_{Ay} = -mv_{Ay} \sin 45° = -0.283\ \mathrm{kg \cdot m \cdot s^{-1}}$$

$$I = \sqrt{I_x^2 + I_y^2} = 0.739\ \mathrm{N \cdot s}$$

方向：$\tan\theta_1 = I_y/I_x$

$\theta_1 = 202.5°$（θ_1 为与 x 轴正向夹角）

［例 2.7］　光滑水平面上有两个质量不同的小球 A 和 B. A 球静止，B 球以速度 $\boldsymbol{v}$ 和 A 球发生碰撞，碰撞后 B 球速度的大小为 $\frac{1}{2}\boldsymbol{v}$，方向与 $\boldsymbol{v}$ 垂直，求碰后 A 球的运动方向.

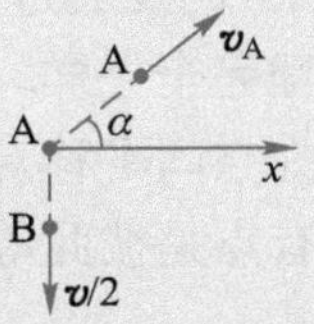

图 2.12　例 2.7 用图

［解］　建坐标如图 2.12 所示. 设球 A、B 的质量分别为 m_A、m_B. 由动量守恒定律可得

$$x \text{ 方向：}\quad m_B v = m_A v_A \cos\alpha \qquad ①$$

$$y \text{ 方向：}\quad m_A v_A \sin\alpha - m_B v/2 = 0 \qquad ②$$

联立解出　$\alpha = 26°34'$

2.4.3　动量守恒定律的近似应用

动量守恒定律的适用条件是物体系不受外力以及虽受外力但严格抵消. 在自然界中不受外力的孤立物体系是不存在的，外力能严格相消的情况也很少见. 在处理实际问题时，只要物体系的内力远大于外力，就可以用动量守恒定律. 例如，打击、碰撞和爆炸等过程中，由于物体间的内力是冲力，作用时间极短，作用力却极强，外力的冲量可忽略不计，因而系统的动量守恒.

［例 2.8］　如图 2.13 所示，质量为 m_0 的木块在光滑的固定斜面上，由 A 点从静止开始下滑，当经过路程 l 运动到 B 点时，木块被一颗水平飞来的子弹射中，子弹立即陷入木块内. 设子弹的质量为 m，速度为 $\boldsymbol{v}$，求子弹射中木块后，子弹与木块的共同速度 $\boldsymbol{v}'$.

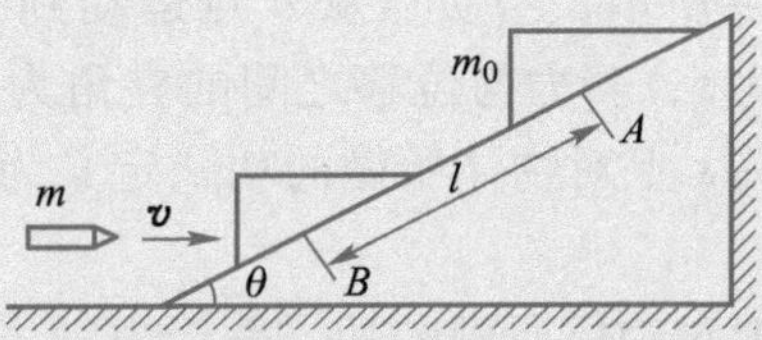

图 2.13　例 2.8 用图

［解］　这个问题有两个物理过程：

第一过程为木块 m_0 沿光滑的固定斜面下滑，到达 B 点时速度的大小为

$$v_1 = \sqrt{2gl\sin\theta}$$

方向：沿斜面向下

第二个过程：子弹与木块作完全非弹性碰撞. 在斜面方向上，内力的分量远远大于外力，动量近似守恒，以斜面向上为正，则有

$$mv\cos\theta - m_0 v_1 = (m+m_0)v'$$

$$v' = \frac{mv\cos\theta - m_0\sqrt{2gl\sin\theta}}{m+m_0}$$

说明：动量守恒定律比牛顿第二定律应用范围更为广泛，如微观领域；动量守恒定律比牛顿定律更具普遍意义，因为它具有更深刻的物理基础；动量守恒反映了空间平移的对称性. 所谓空间平移的对称性是指：任意给定的物理实验(或物理现象)的发展过程与该实验所在的空间位置无关，即换一个地方做实验，进展的过程完全一样. 也就是说，在空间各个位置，物理规律是完全相同的. 这一事实称为空间平移对称性，也叫做空间的均匀性. 它揭示了对于物理规律而言，空间所有点是彼此等价的.

第三节 功和能

上节中，我们从牛顿运动定律出发研究了力对时间的累积效应，并引出冲量、动量等重要概念，最后得到自然界普遍适用的动量守恒定律. 本节将进一步从研究力对空间的累积效应，引出功、能量等重要概念，最后将导出机械能守恒定律并简要介绍能量守恒定律.

3.1 功

3.1.1 恒力对直线运动质点的功

设质点 M 在恒力 $\boldsymbol{F}$ 作用下，沿直线运动，如图 2.14 所示，当质点从 a 点运动到 b 点时，产生的位移为 $\boldsymbol{s}$，若力与位移之间的夹角为 θ，则力 $\boldsymbol{F}$ 在该段位移 $\boldsymbol{s}$ 上对物体所做的功 A 定义为

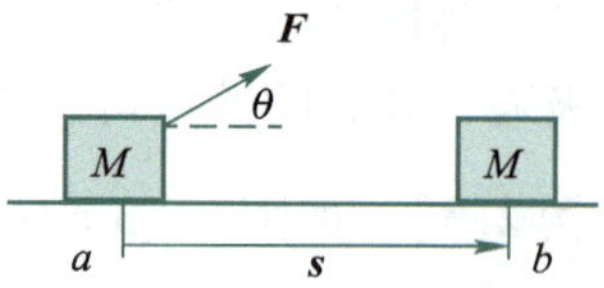

图 2.14 恒力的功

$$A=Fs\cos\theta \tag{2.25}$$

即力对物体所做的功，等于力的大小 F、力作用点位移的大小 s 以及力与位移之间的夹角余弦 $\cos\theta$ 的乘积.

根据矢量标积的定义，式(2.25)可以改写为

$$A=\boldsymbol{F}\cdot\boldsymbol{s} \tag{2.26}$$

上式表明，虽然力和位移都是矢量，但它们的标积——功却是标量，其量值可以为正、负和零. 若力与位移间的夹角为锐角，则做正功，为钝角则做负功，力与位移垂直时不做功.

3.1.2 变力的功

变力是指大小和方向至少有一个会发生变化的力. 在许多问题中，质点受变力作用沿曲线运动，这时不能按(2.25)式或(2.26)式的定义计算功. 我们可以把全部路径分成许多小段，将每小段近似地看成直线，每小段上质点所受的力视为恒力，如图 2.15 所示. 由(2.26)式，在第 i 段，力 $\boldsymbol{F}_i$ 所做的功为

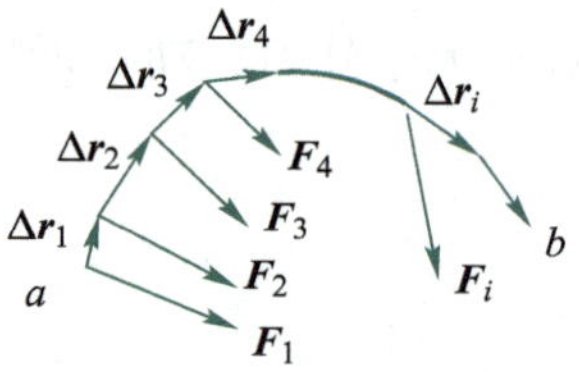

图 2.15 变力的功

$$\Delta A_i = \boldsymbol{F}_i \cdot \Delta \boldsymbol{r}_i$$

当质点沿路径 L 从 a 点运动到 b 点时，力对质点做的总功近似为

$$A = \sum_i \Delta A_i = \sum_i \boldsymbol{F}_i \cdot \Delta \boldsymbol{r}_i$$

令 $\Delta \boldsymbol{r}_i \to \boldsymbol{0}$，求和变成积分，得到总功的精确值，即

$$A = \int_a^b \mathrm{d}A = \int_a^b \boldsymbol{F} \cdot \mathrm{d}\boldsymbol{r} \tag{2.27}$$

上式是功的普遍定义式. 式中 $\mathrm{d}\boldsymbol{r}$ 称为元位移，$\mathrm{d}A$ 称为元功. 这一积分在数学上称为力 $\boldsymbol{F}$ 沿路径 L 从 a 到 b 的线积分. 一般说来，线积分的值与路径有关.

以上我们讨论了一个力对质点所做的功. 如果有几个力 $\boldsymbol{F}_1$，$\boldsymbol{F}_2$，$\boldsymbol{F}_3$，…，$\boldsymbol{F}_N$ 同时作用在质点上，在质点沿路径 L 从 a 点运动到 b 点的过程中，合力 $\boldsymbol{F}$ 对质点做的功为

$$A = \int_a^b \boldsymbol{F} \cdot \mathrm{d}\boldsymbol{r} = \int_a^b \sum_{i=1}^N \boldsymbol{F}_i \cdot \mathrm{d}\boldsymbol{r} = \sum_{i=1}^N \int_a^b \boldsymbol{F}_i \cdot \mathrm{d}\boldsymbol{r} = \sum_{i=1}^N A_i \tag{2.28}$$

(2.28)式表明，合力对质点所做的功等于各分力沿同一路径做功的代数和.

功的单位名称为焦耳，简称焦，符号为 J，1 J = 1 N · m.

3.1.3 功率

在生产实践中，不仅需要知道力做功的多少，还要知道力做功的快慢，为此引入功率的概念. 设在 Δt 时间内力 $\boldsymbol{F}$ 所做的功为 ΔA，比值 $\Delta A/\Delta t$ 反映了力在这段时间内做功的平均快慢程度，称为平均功率，记为 $\overline{P}$，即

$$\overline{P} = \frac{\Delta A}{\Delta t} \tag{2.29}$$

当 $\Delta t \to 0$ 时，$\Delta A/\Delta t$ 的极限值称为瞬时功率，简称功率，即

$$P = \lim_{\Delta t \to 0} \frac{\Delta A}{\Delta t} = \frac{\mathrm{d}A}{\mathrm{d}t}$$

上式表明，功率等于功对时间的一阶导数. 由于 $\mathrm{d}A = \boldsymbol{F} \cdot \mathrm{d}\boldsymbol{r}$，因此上式又可写成

$$P = \frac{\mathrm{d}A}{\mathrm{d}t} = \frac{\boldsymbol{F} \cdot \mathrm{d}\boldsymbol{r}}{\mathrm{d}t} = \boldsymbol{F} \cdot \boldsymbol{v} \tag{2.30}$$

这就是说，功率等于力和速度的标积.

在 SI 单位中，功率的单位名称为瓦特，简称瓦，符号为 W，1 W = 1 J · s^{-1}.

3.1.4 功的计算及解题指导

在一般问题中，若要计算某个变力做功，首先要正确分析质点的受力情况，确定该力随位置变化的关系，然后写出元功表达式，并选定积分变量、确定积分限，最后进行积分运算.

变力做功的计算主要有以下几类：

(1) 已知力的大小、方向，可由 $A = \int_a^b \boldsymbol{F} \cdot \mathrm{d}\boldsymbol{r} = \int_a^b F\cos\theta\,|\mathrm{d}\boldsymbol{r}|$ 直接计算；对恒力做功的情况，$A = F\,|\Delta \boldsymbol{r}|\cos\theta$.

> **讨论 5：**
> 直角坐标系中，一个力所做的功，与它在各坐标轴上的分力所做的功是什么关系？自然坐标系中，一个力与它的切向分力和法向分力所做的功之间是什么关系？

（2）在功的计算中，常常需要将力按坐标轴进行分解，计算各个分力的功之和.

在直角坐标系中，$\boldsymbol{F}$ 和 $\mathrm{d}\boldsymbol{r}$ 都是坐标 x、y、z 的函数，即

$$\boldsymbol{F}=F_x\boldsymbol{i}+F_y\boldsymbol{j}+F_z\boldsymbol{k}$$

和

$$\mathrm{d}\boldsymbol{r}=\mathrm{d}x\boldsymbol{i}+\mathrm{d}y\boldsymbol{j}+\mathrm{d}z\boldsymbol{k}$$

因此(2.27)式亦可写成

$$A=\int_a^b\boldsymbol{F}\cdot\mathrm{d}\boldsymbol{r}=\int_a^b(F_x\mathrm{d}x+F_y\mathrm{d}y+F_z\mathrm{d}z) \tag{2.31}$$

(2.31)式是变力做功的另一数学表达式，它与(2.27)式是等同的.

因此，若已知力是坐标的函数

$\boldsymbol{F}(x,\ y,\ z)=F_x(x,\ y,\ z)\boldsymbol{i}+F_y(x,\ y,\ z)\boldsymbol{j}+F_z(x,\ y,\ z)\boldsymbol{k}$，功的计算公式为

$$A=\int_a^b\boldsymbol{F}\cdot\mathrm{d}\boldsymbol{r}=\int_{(x_a,\ y_a,\ z_a)}^{(x_b,\ y_b,\ z_b)}(F_x\mathrm{d}x+F_y\mathrm{d}y+F_z\mathrm{d}z)$$

在自然坐标系中，力和元位移表示为

$$\boldsymbol{F}=F_\mathrm{t}\boldsymbol{e}_\mathrm{t}+F_\mathrm{n}\boldsymbol{e}_\mathrm{n},\quad \mathrm{d}\boldsymbol{r}=\mathrm{d}s\boldsymbol{e}_\mathrm{t}$$

可得

$$A=\int_a^b\boldsymbol{F}\cdot\mathrm{d}\boldsymbol{r}=\int_a^bF_\mathrm{t}\mathrm{d}s \tag{2.32}$$

由此可见，力对质点做的功等于切向分量对路径的线积分. 由于法向力与路径垂直，因此它不做功.

需要注意的是，(2.31)式和(2.32)式是变力做功在不同坐标系下的数学表达式，它们借助于坐标系，F_x、F_y、F_z、F_t 都是力的分量，都是代数量. (2.31)式、(2.32)式与(2.27)式是等同的.

（3）若给定力是时间的函数：$\boldsymbol{F}(t)=F_x(t)\boldsymbol{i}+F_y(t)\boldsymbol{j}+F_z(t)\boldsymbol{k}$，可由运动方程 $\mathrm{d}\boldsymbol{r}=\boldsymbol{v}\mathrm{d}t=v_x\mathrm{d}t\boldsymbol{i}+v_y\mathrm{d}t\boldsymbol{j}+v_z\mathrm{d}t\boldsymbol{k}$，得到功的计算公式：

$$A=\int_a^b\boldsymbol{F}\cdot\mathrm{d}\boldsymbol{r}=\int_{t_a}^{t_b}(F_xv_x+F_yv_y+F_zv_z)\mathrm{d}t$$

若给定力是速度的函数，通常也由上式计算功，这种情况下需要知道质点的运动方程. 在许多情况下，往往需要由物体的运动情况确定力.

此外，在工程上常用图示法计算功. 如图 2.16 所示，图中曲线表示切向力 F_t 随路径变化的函数关系. 曲线下面的面积等于质点从位置 a 到 b 该力所做的功.

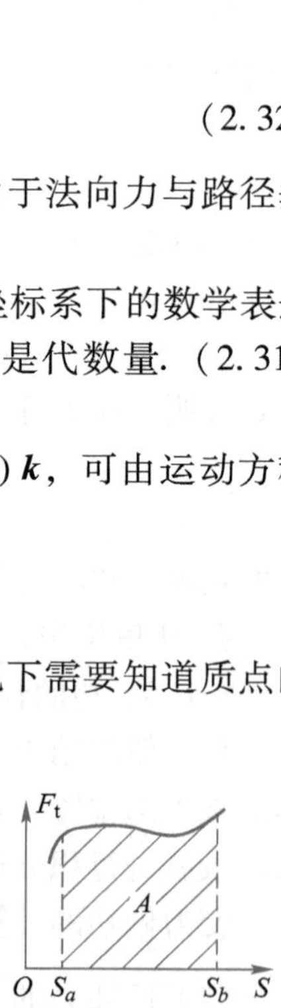

图 2.16 示功图

下面，我们以常见力的功为例来说明功的计算.

（1）重力的功

如图 2.17 所示，设一质量为 m 的质点处在地面附

近的重力场中，从起始位置 $M_1(x_1, y_1, z_1)$，沿路径Ⅰ(L_1)运动到位置 $M_2(x_2, y_2, z_2)$．那么，根据(2.31)式可得重力对该质点在这段曲线路径 M_1M_2 上所做的功为

$$A = \int_{M_1(L_1)}^{M_2} m\boldsymbol{g} \cdot \mathrm{d}\boldsymbol{r} = \int_{z_1}^{z_2} (-mg) \cdot \mathrm{d}z = mg(z_1 - z_2) \tag{2.33}$$

即重力所做的功等于重力的大小乘以质点始末位置的竖直高度差.

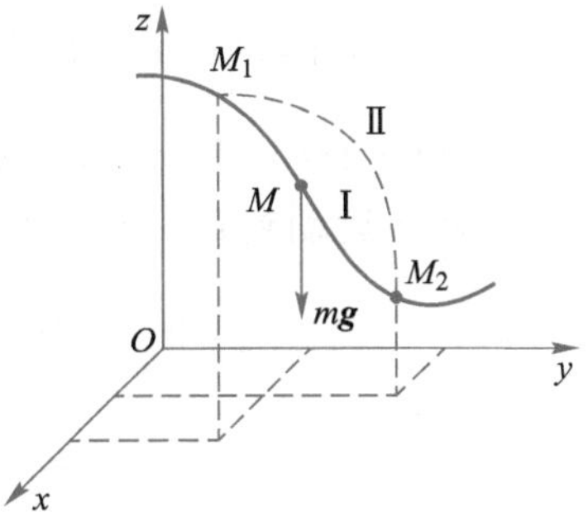

图 2.17　重力的功

(2.33)式表明，重力的功只与物体的始末位置有关，而与路径无关. 因此积分号中的"L_1"也可以略去. 现在我们再让质点沿任意曲线Ⅱ(L_2)回到 M_1，根据(2.33)式可知，重力做功为 $mg(z_2-z_1)$．那么质点沿任意曲线Ⅰ和Ⅱ组成的闭合路径运动一周后，重力对该质点所做的功就为沿Ⅰ和Ⅱ曲线做功的代数和，为零. 由曲线Ⅰ和Ⅱ的任意性知，质点沿任意一闭合路径运动回到初始位置后，重力做的总功必为零.

(2) 弹性力的功

设一轻弹簧一端固定，另一端系一质点 m，置于光滑水平桌面上. 弹簧原长为 l_0，弹性系数为 k. 现计算当质点 m 在弹性力作用下沿水平直线由起始位置 x_a 移动到位置 x_b 的过程中弹性力做的功.

如图 2.18 所示，取弹簧原长时质点所在的位置为坐标原点 O，沿质点运动直线作 Ox 坐标轴. 质点始、末位置坐标分别为 x_a 和 x_b，假定弹簧作用于质点的弹性力服从胡克定律 $F_x=-kx$，显然，力 F_x 在位移元 $\mathrm{d}x$ 上做的元功为

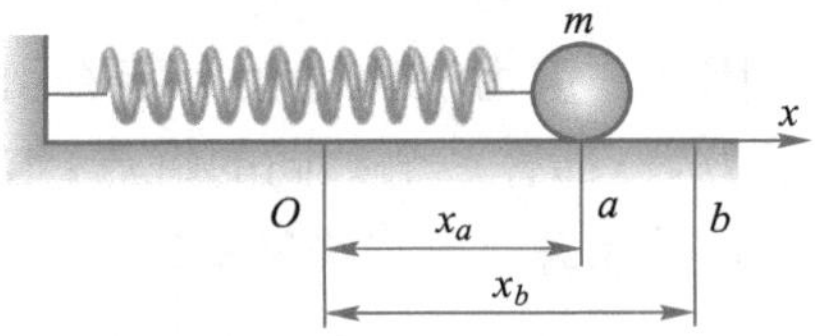

图 2.18　弹性力的功

$$\mathrm{d}A = F_x\mathrm{d}x = -kx\mathrm{d}x$$

在由 x_a 到 x_b 路程上弹性力的功为

$$A = \int_{x_a}^{x_b} (-kx)\,\mathrm{d}x = \frac{1}{2}kx_a^2 - \frac{1}{2}kx_b^2 \tag{2.34}$$

式中，x_a 和 x_b 分别为质点在起始位置 a 和末位置 b 时弹簧的形变量.

这一结果说明，如果 $x_b>x_a$，即弹簧伸长时，弹性力对小球做负功；如果 $x_a>x_b$，即弹簧缩短时，弹性力对小球做正功.

从(2.34)式看出，**弹性力的功也只与始末位置有关，而与具体路径无关**. 因此，在弹性力作用下沿闭合路径运动一周又回到初始位置时，弹性力对该质点所做的功也必为零.

(3) 万有引力的功

两物体质量相差较悬殊时，可以看成一个运动质点受来自固定质点(或以该

质点为参考系）的万有引力作用.

如图 2.19 所示，m 受 m'的引力为

$$\boldsymbol{F}=-G\frac{m'm}{r^3}\boldsymbol{r}$$

m 位移 $\mathrm{d}\boldsymbol{r}$，引力所做元功为

$$\mathrm{d}A=\boldsymbol{F}\cdot\mathrm{d}\boldsymbol{r}=-G\frac{m'm}{r^3}\boldsymbol{r}\cdot\mathrm{d}\boldsymbol{r}$$

因为 $\boldsymbol{r}\cdot\mathrm{d}\boldsymbol{r}=r|\mathrm{d}\boldsymbol{r}|\cos\theta=r\mathrm{d}r$（注意：$|\mathrm{d}\boldsymbol{r}|\neq\mathrm{d}r$），所以 m 从 a 运动到 b，万有引力对 m 做功为

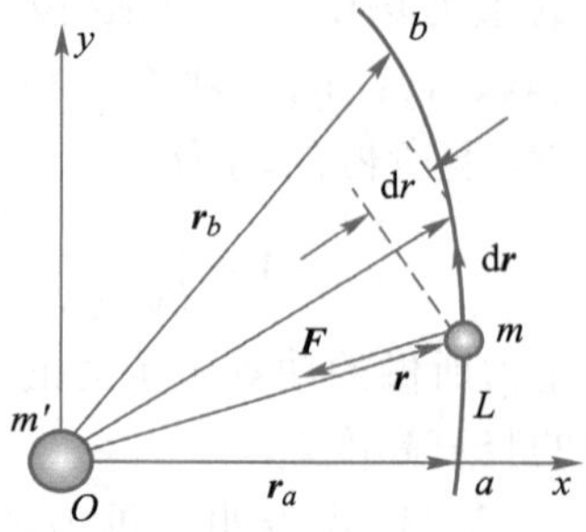

图 2.19 万有引力的功

$$A=\int\mathrm{d}A=\int_{r_a}^{r_b}-G\frac{m'm}{r^3}\boldsymbol{r}\cdot\mathrm{d}\boldsymbol{r}=-Gm'm\int_{r_a}^{r_b}\frac{\mathrm{d}r}{r^2}$$

$$=-\left[\left(-G\frac{m'm}{r_b}\right)-\left(-G\frac{m'm}{r_a}\right)\right] \tag{2.35}$$

同样看到万有引力做功与物体运动路径无关，只取决于物体的始末位置.

（4）摩擦力的功

如图 2.20 所示，把质量为 m 的质点从平面上的 M_1 点移到 M_2 点，在这个过程中，质点 m 所受的摩擦力 $\boldsymbol{F}$ 所做的功为

$$A=\int_{M_1(L)}^{M_2}F\cos\theta\cdot\mathrm{d}s=-\mu mgs$$

可以看出，摩擦力的功不仅与始末位置有关，而且与质点所行的路径有关.

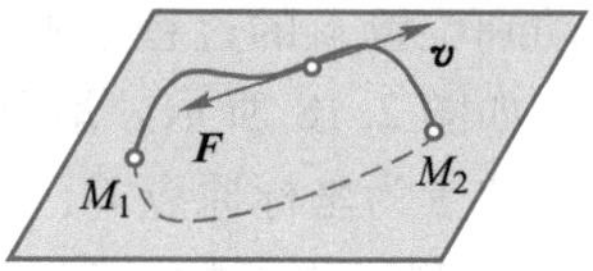

图 2.20 摩擦力的功

因此，重力、弹性力、万有引力（还有静电力、分子力等）都有一个共同的特点：它们对物体所做的功与路径无关，只由物体始末位置所决定. 即物体沿任意闭合路径运动一周力所做的功为零（$\oint_L\boldsymbol{F}\cdot\mathrm{d}\boldsymbol{r}=0$），这类力就叫保守力. 而如摩擦力、黏性力、流体阻力、爆炸力等，都是做功与路径相关的力，就称为非保守力或耗散力.

[例 2.9] 质量为 10 kg 的质点，在外力作用下作平面曲线运动，该质点的速度为 $\boldsymbol{v}=4t^2\boldsymbol{i}+16\boldsymbol{j}$（SI 单位），求质点从 $y=16$ m 到 $y=32$ m 的过程中，外力做的功.

[解]
$$A=\int_{a(L)}^{b}(F_x\mathrm{d}x+F_y\mathrm{d}y+F_z\mathrm{d}z)$$

由 $v_y=\dfrac{\mathrm{d}y}{\mathrm{d}t}=16$ 可得

$$y=16t$$

所以当 $y=16$ m 时，$t=1$ s；当 $y=32$ m 时，$t=2$ s.

由 $v_x=\dfrac{\mathrm{d}x}{\mathrm{d}t}=4t^2$ 可得 $\mathrm{d}x=4t^2\mathrm{d}t$

又有 $F_x=m\dfrac{dv_x}{dt}=80t$，$F_y=m\dfrac{dv_y}{dt}=0.$

所以 $A=\int_{a(L)}^{b}(F_x dx+F_y dy)=\int_{1s}^{2s}(80t\cdot 4t^2)\,dt=1\ 200\ \text{J}$

[例 2.10] 弹性系数为 k 的轻弹簧，一端固定在 A 点，另一端系一质量为 m 的物体靠在光滑的半径为 R 的圆柱体表面上，如图 2.21 所示，弹簧的原长为 AB，在一拉力 $\boldsymbol{F}$ 的作用下，将物体缓慢地沿圆柱体表面从 B 点移动到圆柱体的顶点 C，求拉力 $\boldsymbol{F}$ 对物体所做的功.

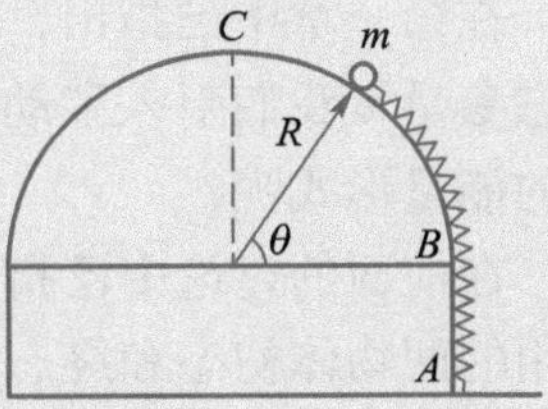

图 2.21　例 2.10 题图

[解] 由于物体 m 缓慢运动，可认为物体在任意时刻的速度、加速度都近似等于零，根据牛顿第二定律，物体在切向的动力学方程为

$$F_t-ks-mg\cos\theta=0$$

其中 F_t 为拉力 $\boldsymbol{F}$ 的切向分量，s 为弹簧在任意时刻的伸长量，其值为 $s=R\theta$. 所以有

$$F_t=kR\theta+mg\cos\theta$$

因此拉力 $\boldsymbol{F}$ 在物体发生元位移 $d\boldsymbol{r}$ 的过程中所做的功为

$$dA=\boldsymbol{F}\cdot d\boldsymbol{r}=F_t ds=(kR\theta+mg\cos\theta)Rd\theta$$

其中 $ds=Rd\theta$ 为元位移 $d\boldsymbol{r}$ 的大小. 物体缓慢地沿圆柱体表面从 B 点移到圆柱体的顶点 C 的过程中拉力 $\boldsymbol{F}$ 对物体所做的功为

$$A=\int_0^{\frac{\pi}{2}}(kR\theta+mg\cos\theta)R\,d\theta=\frac{1}{8}kR^2\pi^2+mgR$$

[例 2.11] 设作用在质量为 2 kg 的物体上的力为 $F=8t$(SI 单位)，如果该物体由静止出发沿直线运动，在开始 2 s 的时间内，这个力做了多少功?

[解] 由牛顿第二定律 $F=ma$，得 $a=\dfrac{F}{m}=\dfrac{8t}{2}=4t$，而 $a=\dfrac{dv}{dt}$，所以

$$v=v_0+\int_0^t a\,dt=\int_0^t 4t\,dt=2t^2$$

所以，这个力做的功为

$$A=\int_{0\,\text{s}}^{2\,\text{s}}F(t)\,v(t)\,dt=\int_{0\,\text{s}}^{2\,\text{s}}8t\cdot 2t^2 dt=64\ \text{J}$$

3.2　动能和势能

3.2.1　动能

质点质量为 m，速度的大小为 v 时，它的**动能**为

$$E_k = \frac{1}{2}mv^2 \tag{2.36}$$

质点的动能是由各时刻质点的运动状态(以速率表征)决定的，由于运动的相对性，速度的大小只有相对的意义，故动能也只有相对的意义.

3.2.2 势能

在第一章中已指出，描述质点机械运动状态的参量是位矢 $\boldsymbol{r}$ 和速度 $\boldsymbol{v}$. 对应于状态参量 $\boldsymbol{v}$ 我们引入了动能 $E_k = E_k(v)$，那么对应于状态参量 $\boldsymbol{r}$，我们能引入什么样的能量形式呢？

在前面的讨论中已指出，保守力做功与质点运动的路径无关，仅取决于相互作用的两物体初态和终态的相对位置. 如公式(2.33)、(2.34)和(2.35)分别所示重力、弹性力、万有引力的功. 可以看出，保守力做功的结果总是等于一个由相对位置决定函数增量的负值(或减少). 而功总是与能量的改变量相联系的. 因此，上述由相对位置决定的函数必定是某种能量的函数形式，称为**势能函数**，简称**势能**，用 E_p 表示. 势能不同于动能，它是一种潜在的能量. 高处的水落下可以用来发电，卷紧的发条逐渐放松可以使钟表运转，这都表明了这种能量的存在.

由于保守力做功与质点间相对位置的变化有关，因此，势能是对两个或两个以上的质点构成的质点系而言的，并且也具有相对性. 因此，要确定质点系在任一给定位形时的势能值，就必须选定某一位形作为参考位形，而规定此参考位形的势能为零. 通常把这一参考位形就叫做**势能零点**.

根据以上阐释，可以定义**质点在某一位置所具有的势能，等于把质点从该位置沿任意路径移至势能零点的过程中保守力所做的功**，即质点在保守力场中任意位置 a 的势能为

$$E_{pa} = \int_a^{\text{势能零点}} \boldsymbol{F}_{\text{保}} \cdot \mathrm{d}\boldsymbol{r} \tag{2.37}$$

根据势能定义式(2.37)，在选取了势能零点之后，可以得到以下势能表达式.

若取离地面高度为 $z=0$ 的点为重力势能零点，则重力势能函数为

$$E_{p\text{重}} = mgz \tag{2.38}$$

对于弹性力，若取弹簧自由伸长端为坐标原点和弹性势能零点，则弹性势能函数为

$$E_{p\text{弹}} = \frac{1}{2}kx^2 \tag{2.39}$$

对万有引力，如取无穷远处($r\to\infty$)为引力势能零点时，引力势能函数为

$$E_{p\text{引}} = -G\frac{mm'}{r} \tag{2.40}$$

3.2.3 机械能

我们把动能和势能之和称为**机械能**，即系统总的机械能为

$$E = E_p + E_k \tag{2.41}$$

3.3 功和能的关系

3.3.1 质点的动能定理

根据牛顿第二定律，作用在质点上的力 $\boldsymbol{F}$ 可以表示为

$$\boldsymbol{F}=m\boldsymbol{a}=m\frac{\mathrm{d}\boldsymbol{v}}{\mathrm{d}t}$$

将该式代入功的定义式(2.27)，得

$$A=\int_a^b \boldsymbol{F}\cdot\mathrm{d}\boldsymbol{r}=\int_a^b F_{\mathrm{t}}\cdot|\mathrm{d}\boldsymbol{r}|=m\int_a^b a_{\mathrm{t}}\cdot|\mathrm{d}\boldsymbol{r}|$$

由于

$$a_{\mathrm{t}}=\frac{\mathrm{d}v}{\mathrm{d}t},\quad |\mathrm{d}\boldsymbol{r}|=v\mathrm{d}t$$

所以

$$A_{ab}=m\int_a^b \frac{\mathrm{d}v}{\mathrm{d}t}v\mathrm{d}t=m\int_{v_a}^{v_b} v\mathrm{d}v$$

通过积分可得

$$A_{ab}=\frac{1}{2}mv_b^2-\frac{1}{2}mv_a^2 \tag{2.42}$$

根据(2.36)式，(2.42)式可以写成

$$A_{ab}=E_{\mathrm{k}b}-E_{\mathrm{k}a} \tag{2.43}$$

(2.42)式或(2.43)式叫做**动能定理**. 它说明：**合力对质点所做的功等于质点动能的增量**. 它给出了合力对质点做功与质点运动状态变化的关系.

动能的单位与功的单位相同，但动能和功是两个不同程度的概念. 从动能定理的导出可以看出，动能是一个状态量，是运动质点自身所具有的量，而功是一个过程作用量，与质点自身没有必然的联系，它不仅与力的大小和方向有关，还与质点运动的路径有关. 功和能由动能定理联系在一起，是质点与外界交换能量的桥梁. 当合力做正功时，质点的动能增加，合力做负功时，质点的动能减小，从这个意义上来说，**功是质点动能变化的量度**. 反过来看，**动能是运动物体对外做功能力的量度**. 因此，本质上来讲，**做功意味着物体之间发生能量转移**.

3.3.2 质点系的动能定理

由有限个或无限个质点组成的系统称为质点系，质点系内所有质点的动能之和称为质点系的动能. 下面我们把质点的动能定理推广到质点系的情况.

现在将某一质点系视为一研究对象，设质点系由 n 个质点组成，在运动过程中，作用于各质点合力的功等于 A_1，A_2，…，A_i，…，A_n，结果使各质点的动能从 $E_{\mathrm{k}10}$，$E_{\mathrm{k}20}$，…，$E_{\mathrm{k}i0}$，…，$E_{\mathrm{k}n0}$ 变成 $E_{\mathrm{k}1}$，$E_{\mathrm{k}2}$，…，$E_{\mathrm{k}i}$，…，$E_{\mathrm{k}n}$. 对每个质点使用动能定理，则有

$$A_i=E_{\mathrm{k}i}-E_{\mathrm{k}i0},\quad i=1,\ 2,\ \cdots,\ n$$

将上式对一切质点取和，并略去角标 i，有

$$\sum_i A_i = \sum_i E_{ki} - \sum_i E_{ki0} = E_k - E_{k0} = \sum_i \frac{1}{2}m_i v_i^2 - \sum_i \frac{1}{2}m_i v_{i0}^2$$

上式表明，质点系从一个状态运动到另一个状态时，质点系动能的增量，等于作用在该质点系上各质点的所有力在这一过程中做功的总和，这就是质点系的动能定理.

讨论 6：

一对内力做功之和是否一定等于0?

式中$\sum A$为作用于质点系一切力所做功的和，可分为两部分：一部分为一切内力所做的总功，用$\sum A_{内}$表示；另一部分为一切外力所做的总功，用$\sum A_{外}$表示.由于作用力与反作用力做功的代数和不一定为零，因此，$\sum A_{内}$不可忽略，于是上式写成

$$\sum_i A_i = \sum_i A_{i外} + \sum_i A_{i内} = E_k - E_{k0} \tag{2.44}$$

即质点系总动能的增量在数值上等于一切外力所做的功与一切内力所做的功的代数和.

讨论：

(1) 内力和为零，内力功的和不一定为零

下面我们来计算一对作用力与反作用力的功.

令m_1，m_2分别代表两个有相互作用的质点，它们相对于某一坐标系原点的位矢分别是$\boldsymbol{r}_1$和$\boldsymbol{r}_2$(如图2.22所示).在某一段时间内，二者分别发生了位移$\mathrm{d}\boldsymbol{r}_1$和$\mathrm{d}\boldsymbol{r}_2$.以$\boldsymbol{F}_1$和$\boldsymbol{F}_2$分别表示$m_1$和$m_2$相互受对方的作用力.在这一段时间内，这一对力做的功之和为

$$\mathrm{d}A=\boldsymbol{F}_1\cdot\mathrm{d}\boldsymbol{r}_1+\boldsymbol{F}_2\cdot\mathrm{d}\boldsymbol{r}_2$$

由于$\boldsymbol{F}_1=-\boldsymbol{F}_2$

所以$\mathrm{d}A=\boldsymbol{F}_2\cdot(\mathrm{d}\boldsymbol{r}_2-\mathrm{d}\boldsymbol{r}_1)=\boldsymbol{F}_2\cdot\mathrm{d}(\boldsymbol{r}_2-\boldsymbol{r}_1)$

由于$\boldsymbol{r}_2-\boldsymbol{r}_1=\boldsymbol{r}_{21}$是$m_2$相对于$m_1$的位矢，所以

$$\mathrm{d}A=\boldsymbol{F}_2\cdot\mathrm{d}\boldsymbol{r}_{21}$$

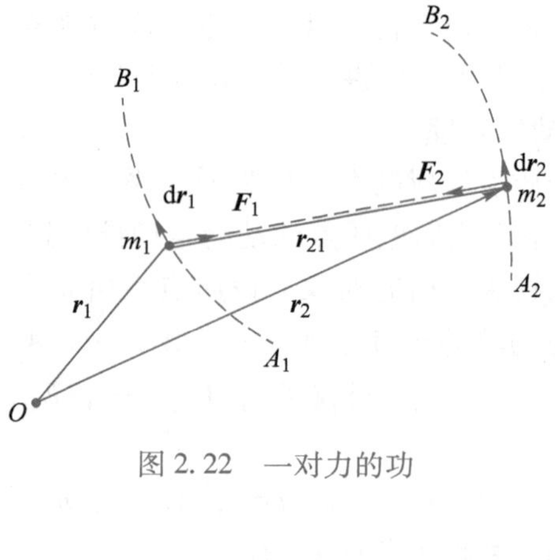

图 2.22 一对力的功

其中 $\mathrm{d}\boldsymbol{r}_{21}$为 m_2相对于 m_1 的元位移. 这一结果说明两个质点间的相互作用力所做的元功之和等于其中一个质点所受的力和此质点相对于另一质点元位移的标积. 当$|\mathrm{d}\boldsymbol{r}_{21}|=\boldsymbol{0}$($m_1$ 与 m_2相对位移为零)或 $\boldsymbol{F}_2$ 与 $\mathrm{d}\boldsymbol{r}_{21}$垂直时，这一对相互作用力所做的功为零；否则，当$|\mathrm{d}\boldsymbol{r}_{21}|\neq 0$，即两质点间存在相对位移时，一对相互作用力做的功不为零.

如果我们把上述两个质点的初始位置状态(m_1 在 A_1，m_2在 A_2)记作初位形 A，经过一段时间以后二者的未知状态(m_1 在 B_1，m_2在 B_2)记作末位形 B，则从初位形 A 到末位形 B 时，它们之间相互作用力做的总功是

$$A_{AB}=\int_A^B \mathrm{d}A=\int_A^B \boldsymbol{F}_2\cdot \mathrm{d}\boldsymbol{r}_{21} \tag{2.45}$$

这一结果说明，**两质点间的“一对力”所做功之和等于其中一个质点受的力沿着该质点相对于另一质点所移动的路径所做的功**. 这就是说，一对力所做的功只决定于两质点的相对路径，因而也就和确定两质点的位置时所选的参考系无关. 这是任何一对作用力和反作用力所做的功之和的重要特点.

(2) 保守内力做功与势能

根据第 3. 2. 2 节所述，保守力做功由系统的势能函数决定. 以 E_{pa}和 E_{pb}分别表示相应于位形 a 和 b 的系统的势能，根据式(2. 37)，则它们和保守力做的功 A_{ab} 的关系可表示为

$$\begin{aligned}A_{ab}&=\int_a^b \boldsymbol{F}_{保}\cdot \mathrm{d}\boldsymbol{r}=\int_a^{势能零点} \boldsymbol{F}_{保}\cdot \mathrm{d}\boldsymbol{r}-\int_b^{势能零点} \boldsymbol{F}_{保}\cdot \mathrm{d}\boldsymbol{r}\\&=E_{pa}-E_{pb}=-\Delta E_{p}\end{aligned} \tag{2.46}$$

这一公式表示：**系统由位形 a 改变到位形 b 的过程中，保守内力做功等于系统势能的减少(或势能增量的负值)**.

如果我们取位形 b 为势能零点，即规定 $E_{pb}=0$，则任意其他位形 a 的势能就是

$$E_{pa}=A_{ab}$$

根据上面所描述的一对力做功的特点可知，一个系统的势能和描述此系统的运动所用的参考系是无关的.

在此说明一下，我们常常谈到能量的“所有者”. 对于动能，很容易而且很合理地就认为它属于运动的质点. 对于势能，由于是以研究一对保守内力的功引进的，所以它应属于以保守力相互作用着的整个质点系统. 它实质上是一种**相互作用能**. 对一个两质点系统，我们无法在这两个质点间按某种比例分配这一势能，更不能说势能只属于某一个质点. 特别要强调的是，对保守内力才能引进势能的概念，对非保守内力，不存在势能的概念，例如，不存在“摩擦势能”等.

3. 3. 3　质点系的功能原理

公式(2. 44)定义了质点系的动能定理，即

$$\sum_i A_{i外}+\sum_i A_{i内}=E_k-E_{k0}$$

内力中可能既有保守力，也有非保守力，因此内力的功 $\sum\limits_i A_{i内}$ 可以写成保守内力

的功 $A_{保内}$ 和非保守内力的功 $A_{非保内}$ 之和，外力的功之和 $\sum_i A_{i外}$ 可以写成 $A_{外}$. 于是有

$$A_{外}+A_{保内}+A_{非保内}=E_k-E_{k0}$$

根据保守内力做功与势能之间的关系式(2.46)，可得

$$A_{外}+(E_{p0}-E_p)+A_{非保内}=E_k-E_{k0}$$

即

$$A_{外}+A_{非保内}=(E_k+E_p)-(E_{k0}+E_{p0}) \tag{2.47}$$

以 E 和 E_0 分别表示系统初、末状态时的机械能，则(2.47)式又可写成

$$A_{外}+A_{非保内}=E-E_0 \tag{2.48}$$

此式表明：质点在运动过程中，它所受的外力的功与系统内非保守力的功的总和等于它的机械能的增量. 这一结论叫做质点系的功能原理.

3.3.4 质点系的机械能守恒定律

在物理学中常讨论的一种重要情况是：在质点系运动过程中，只有保守内力做功，也就是外力的功和非保守内力的功都是零或可以忽略不计. 这样(2.48)式就直接给出

$$E=E_0=常量 \tag{2.49}$$

> 讨论 7：
> 动量守恒和机械能守恒的条件有什么区别？为什么？

这就是说：在只有保守内力做功的情况下，质点系的机械能保持不变. 这一结论叫机械能守恒定律. 在经典力学中，它是牛顿定律的一个推论，因此也只适用于惯性系.

如果系统与外界不发生物质和能量交换，这系统称为孤立系统. 大量事实证明，在孤立系统内，无论发生什么变化过程，各种形式的能量(如内能、电磁能、化学能、生物能及核能等)均可互相转化，但系统总能量保持不变，非保守内力做功之所以造成机械能和其他形式的能量转化，如摩擦力做功使机械能转化成了热能. 能量不可能创造，也不可能消失，只能从一种形式转化为另一种形式或从系统内的一个物体传给另一物体.

在一个孤立系统内，无论发生何种变化过程，各种形式的能量之间无论怎样转化，系统的总能量将保持不变，这就是能量守恒定律.

能量守恒定律是自然界中的普遍规律，它不仅适用于物质的机械运动、热运动、电磁运动、核子运动等物理运动形式，而且也适用于化学运动、生物运动等其他运动形式. 由于运动是物质的存在形式，而能量又是物质运动的度量，因此，能量守恒定律有更深刻的含义，即运动既不能消失也不能创造，它只能由一种形式转化为另一种形式. 能量的守恒在数量上体现了运动的守恒.

3.4 功能关系的应用

以上描述了功和能的定义及功和能之间的关系，我们可以用做功的方法使一个

系统的能量发生变化，而其本质是这个系统与另一个系统之间发生了能量交换，这个能量交换在量值上是用功来描述的，即**功是能量交换或变化的一种量度**.

但必须指出，功和能不能等同视之. 功总与能量交换或变化的过程相联系，而能量代表系统在一定状态所具有的特征，它的量值只取决于系统的状态. 因此，功是过程量，而能量是状态量.

3.4.1　应用动能定理求解问题

对质点或质点系在力的作用下发生位移由初态变化到末态的过程中，涉及功与初、末状态的动能(或速率)之间关系的问题，一般应用动能定理求解. 此类习题的特点是：不涉及物体运动的细节，只涉及力对空间位移的累积作用及始、末状态. 在运动过程的细节不明的情况下应用动能定理处理较为方便.

应用动能定理求解问题的一般思路(步骤)为：

① 确定研究对象；

② 对系统受力分析；

③ 求出各力做的功；

④ 确定初态、末态的动能；

⑤ 应用动能定理求解未知量.

[例 2.12]　一颗子弹速率为 $700\ \text{m}\cdot\text{s}^{-1}$，打穿第一块木板后子弹速率降为 $500\ \text{m}\cdot\text{s}^{-1}$. 如果让子弹打穿第二块完全相同的木板，问：子弹的速率降到多少？该子弹还能否打穿第三块相同的木板？设子弹在木板内受到的阻力恒定，且木板均相对地面固定.

[解]　以子弹作为研究对象. 以地面为参考系. 子弹在木板内受到的阻力恒定，且木板完全相同，所以子弹在每一块木板内运动受到木板的阻力对其所做的功均相同，以 A 表示这个功.

在子弹穿过第一块木板的过程中，子弹射入前的初速率为 $v_0=700\ \text{m}\cdot\text{s}^{-1}$，穿出后的末速率为 $v_1=500\ \text{m}\cdot\text{s}^{-1}$. 设子弹质量为 m，则由动能定理，有

$$A=\frac{1}{2}mv_1^2-\frac{1}{2}mv_0^2$$

在子弹穿过第二块木板的过程中，阻力做的功与穿过第一块木板的过程中做的功相等，也是 A，子弹初速率为 $v_1=500\ \text{m}\cdot\text{s}^{-1}$，设末速率为 v_2，由动能定理：

$$A=\frac{1}{2}mv_2^2-\frac{1}{2}mv_1^2$$

由以上两式可解得子弹打穿第二块完全相同的木板后的速率为

$$v_2=\sqrt{2v_1^2-v_0^2}=100\ \text{m}\cdot\text{s}^{-1}$$

设子弹能穿过第三块完全相同的木板，穿过的过程中阻力做的功也为 A，子弹初速率为 $v_2=100\ \text{m}\cdot\text{s}^{-1}$，设末速率为 v_3，同理，由动能定理可得子弹若打

穿第三块完全相同的木板后的速率 v_3 满足

$$v_3^2=2v_2^2-v_1^2=-2.3\times10^5\ \mathrm{m}^2\cdot\mathrm{s}^{-2}<0$$

速率的平方不可能小于零，故子弹不能打穿第三块完全相同的木板.

3.4.2 应用功能原理求解问题

一个物体系统在内力和外力共同作用下，由初始状态变化到末态，如果内力含有保守力，涉及外力或非保守内力做功与系统初、末状态机械能之间关系时，可用功能原理求解.

应用功能原理求解问题的一般思路(步骤)为：

① 确定研究对象(必须是至少包含有保守力相互作用的两个物体在内的物体系统)；

② 对系统进行受力分析(并区分内力和外力，内力又分为保守力与非保守力)；

③ 计算外力和非保守内力做的功；

④ 确定初、末状态的机械能(一般需先确定各种势能的零点)；

⑤ 由功能原理列方程求解未知量.

[例 2.13] 如图 2.23 所示，弹性系数为 k 的轻弹簧水平放置，一端固定，另一端连接一质量为 m 的物体，物体与水平桌面间的摩擦系数为 μ. 现以恒力 $\boldsymbol{F}$ 将物体自弹簧处于自然状态时的初始位置开始向右拉动(恒力 $F>\mu mg$)，已知物体在初始位置速度为零. 问：

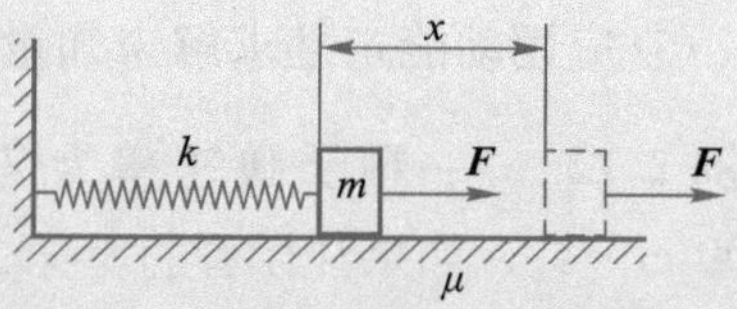

图 2.23 例 2.13 题图

(1) 物体的最大动能是多少？

(2) 系统的最大势能为多少？以弹簧处于自然状态为弹性势能的零点.

[解] 物理过程分析：① 弹簧处于自然状态时，物体受到拉力 $\boldsymbol{F}$ 及摩擦力作用，合力方向向右(因为 $F>\mu mg$)，故物体将从静止开始加速向右运动，弹簧随即被拉伸，物体受到拉力 $\boldsymbol{F}$(向右)、摩擦力(向左)和弹簧的拉力(向左)作用，但只要弹簧伸长量 x 较小，满足：$x<\dfrac{F-\mu mg}{k}$，物体受到的合力 $\sum F=F-\mu mg-kx>0$(向右为正)，合力方向向右，就继续加速，物体的速度增大. ② 当 $x=x_0=\dfrac{F-\mu mg}{k}$时，物体受到的合力 $\sum F=0$，速度达到极大值，此时物体具有最大动能. ③ 当 $x>\dfrac{F-\mu mg}{k}$时，物体受到的合力 $\sum F<0$，方向向左，加速度向左，向右运动的速度减小，当速度减小到零时，弹簧形变达到最大值 s，弹性势能也达到最大值. ④ 此后物体将向左运动.

(1) 物体的最大动能发生在物体受到的合力 $\sum F=F-\mu mg-kx=0$ 处，即 $x=x_0=\dfrac{F-\mu mg}{k}$时. 物体从初始位置到任一点的运动过程中，有拉力、摩擦力和弹簧弹性力做功，以物体和弹簧组成系统，由功能原理知，物体从弹簧处于自然状态时的位置运动到 $x=x_0$ 的位置过程中，拉力和摩擦力这两个外力做功之和等于系统的机械能的增量，即

$$Fx_0-\mu mgx_0=E_{\mathrm{kmax}}+\frac{1}{2}kx_0^2$$

解得物体的最大动能

$$E_{\mathrm{kmax}}=Fx_0-\mu mgx_0-\frac{1}{2}kx_0^2=\frac{(F-\mu mg)^2}{2k}$$

（2）当物体的动能减为零时，弹簧形变达到最大值 s，弹性势能也最大，根据功能原理，物体从弹簧处于自然状态时的位置运动到 $x=s$ 的位置过程中，拉力和摩擦力这两个外力做功之和等于系统的机械能的增量，即有

$$Fs-\mu mgs=\frac{1}{2}ks^2$$

由此可解得弹簧的最大伸长量

$$s=\frac{2(F-\mu mg)}{k}$$

因此，系统的最大势能为

$$E_{\mathrm{pmax}}=\frac{1}{2}ks^2=\frac{2(F-\mu mg)^2}{k}$$

3.4.3 由机械能守恒定律求解问题

如果一个物体系统在某一过程中最多仅有保守内力做功，则系统的机械能守恒. 对于这样的过程，选定初、末两个状态，由机械能守恒定律列出方程，从而解出未知量. 应用机械能守恒定律求解问题的关键是**选取适当的系统，判断守恒条件是否满足**，选取适当的势能零点，有时还需运用运动学等有关知识.

［**例 2.14**］ 如图 2.24(a)所示，两块质量分别为 m_1 和 m_2 的上板和下板用一轻弹簧连接起来，在上板上施一压力 $\boldsymbol{F}$，欲使撤去外力后，上板跳起后恰能将下板提起，问：施加的压力 $\boldsymbol{F}$ 应为多大?

［**解**］ 取弹簧原长状态为弹性势能零点，弹簧原长时上端处 O 点为重力势能零点，并以该点为 x 轴原点，向上为 x 轴正向，如图 2.24(b)所示.

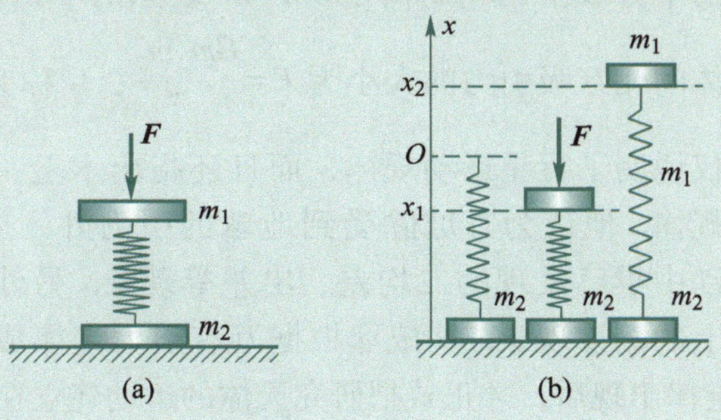

图 2.24

设弹簧的弹性系数为 k，弹簧在上板 m_1 的重力和外力 $\boldsymbol{F}$ 作用下，弹簧压缩量为 Δl，此时弹簧上端的坐标为 $x_1(x_1<0,\ \Delta l=-x_1>0)$，此时有

$$F+m_1g=k\Delta l=-kx_1$$

当外力 $\boldsymbol{F}$ 撤去后，上板在弹簧弹力和重力作用下，运动到最高点时速度减为零. 在此运动过程中，系统（m_1、m_2、弹簧和地球）内仅有重力和弹簧弹性力这两种保守内力做功，故系统的机械能守恒，故有

$$\frac{1}{2}kx_1^2+m_1gx_1=\frac{1}{2}kx_2^2+m_1gx_2$$

其中 x_2 表示上板运动到最高点时的坐标. 联立求解以上两式，可解得

$$x_2=\frac{F-m_1g}{k}$$

若 $F<m_1g$，则 $x_2=\dfrac{F-m_1g}{k}<0$，上板运动过程中弹簧总处于压缩状态，下板受到弹簧作用的弹性力方向总向下，下板不可能离开地面.

当 $F>m_1g$ 时，$x_2=\dfrac{F-m_1g}{k}>0$，上板运动到最高点（$x=x_2$）时，弹簧处于伸长状态，下板受到弹簧作用的弹性力方向向上，且此时弹簧作用于 m_2 向上的弹性力最大，如果此时弹性力大于或等于下板 m_2 所受的重力，则可以将下板提起（等于时恰能提起），即能提起下板的条件为

$$kx_2\geqslant m_2g$$

由此可解得，能将下板提起，施加压力 $\boldsymbol{F}$ 的大小应满足

$$F\geqslant(m_1+m_2)g$$

第四节 工程案例：航天器的三种宇宙速度与火箭发射原理

牛顿在 1687 年出版的《自然哲学的数学原理》一书中首先提出了万有引力定律. 即任何物体之间都有相互吸引力，这个力的大小与各个物体的质量成正比，而与它们之间距离的平方成反比. 如果用 m_1，m_2 表示两个物体的质量，r 表示它们间的距离，则物体间相互吸引力的大小为 $F=\dfrac{Gm_1m_2}{r^2}$，G 称为引力常量. 牛顿利用万有引力定律不仅说明了行星运动规律，而且还指出木星、土星的卫星围绕行星也有同样的运动规律. 他认为月球除受到地球的引力外，还受到太阳的引力，从而解释了月球运动中早已发现的二均差、出差等现象. 另外，他还解释了彗星的运动轨迹和地球上的潮汐现象. 勒威耶根据万有引力定律成功地预言并发现了海王星. 万有引力定律出现后，才正式把研究天体的运动建立在力学理论的基础上，从而创立了天体力学. 两物体间引力的大小与两物体的质量的乘积成正比，与两物

体间距离的平方成反比，而与两物体的化学本质或物理状态以及中间物质无关.

“飞天”一直是人类的梦想，1957 年 10 月 4 日，苏联发射了第一颗人造地球卫星. 1969 年 7 月 6 日，美国发射了“阿波罗 11 号”登月飞船. 2003 年 10 月 15 日，中国“神舟”5 号载人飞船进入太空，实现了中国人的飞天梦. 从嫦娥一号到嫦娥三号，中国探月计划“绕、落、回”三部曲也再度奏响. 人类要实现飞天，发射人造地球卫星或发射完成星际航天的飞行器，就要摆脱地球强大的引力，那如何离开地球呢，这就要使运载飞行器或人造地球卫星的航天飞机或运载火箭的速度达到宇宙速度，那什么是宇宙速度呢?

所谓宇宙速度就是从地球表面发射飞行器，飞行器环绕地球、脱离地球和飞出太阳系所需要的最小速度，分别称为第一宇宙速度、第二宇宙速度、第三宇宙速度. 早期，人们在探索航天途径时，为了估计克服地球引力、太阳引力所需要的最小能量，引入了三个宇宙速度的概念.

假设地球是一个圆环，周围也没有大气，**物体能环绕地球运动**的最低的轨迹就是半径与地球半径相同的圆轨迹. 这时物体具有的速度是**第一宇宙速度**. 地球上的物体要脱离地球引力成为**环绕太阳运动**的人造行星，需要的最小速度是**第二宇宙速度**，地面物体获得这样的速度就能沿一条抛物线轨迹脱离地球. 地球上物体**飞出太阳系**相对地心最小速度称为**第三宇宙速度**，地面上的物体在充分利用地球公转速度情况下再获得这一速度后可沿双曲线轨迹飞离地球，当它到达距地心 9.3×10^5 km 处，便被认为已经脱离地球引力，以后就在太阳的万有引力作用下运动. 这个物体相对太阳的轨迹是一条抛物线，最后会脱离太阳引力场飞出太阳系.

下面来具体分析三种宇宙速度.

(1) 第一宇宙速度

第一宇宙速度为航天器绕地球运动所需的最小速度. 以地心为原点，航天器在距地心为 r 处绕地球作圆周运动的速度为 v_1，地球引力为航天器提供向心力，则有

$$G\frac{mm_{地}}{r^2}=m\frac{v_1^2}{r}$$

$$v_1=\sqrt{G\frac{m_{地}}{r}}=\sqrt{\frac{R^2}{r}g_0}$$

式中 $g_0=G\dfrac{m_{地}}{R^2}$为地球表面处的重力加速度，其中，$m_{地}$ 表示地球质量，R 表示地球半径. 若 $r=R$，则

$$v_1=\sqrt{Rg_0}\approx7.9\ \text{km}\cdot\text{s}^{-1}$$

这就是第一宇宙速度.

(2) 第二宇宙速度

当航天器超过第一宇宙速度 v_1 达到一定值时，它就会脱离地球的引力场而成为围绕太阳运行的人造行星，这个速度就叫做第二宇宙速度，亦称**逃逸速度**. 以地球和航天器为一系统，航天器在地球表面处的引力势能为$-G\dfrac{mm_{地}}{R}$，动能为

$\frac{1}{2}mv_2^2$，航天器能脱离地球时，地球的引力可忽略不计，系统的势能为零，动能的最小量为零，由机械能守恒定律，有

$$\frac{1}{2}mv_2^2-G\frac{mm_{地}}{R}=0$$

$$v_2=\sqrt{2Rg_0}=\sqrt{2}v_1\approx 11.2\ \text{km}\cdot\text{s}^{-1}$$

这就是第二宇宙速度. 由于月球还未超出地球引力的范围，故从地面发射探月航天器，其初始速度不小于 10.848 $\text{km}\cdot\text{s}^{-1}$ 即可.

(3) 第三宇宙速度

从地球表面发射航天器，飞出太阳系，到浩瀚的银河系中漫游所需要的最小速度，就叫做第三宇宙速度，亦称**脱离速度**. 作为近似处理可分为两步进行：第一步，从地球表面把航天器送出地球引力圈，在此过程中略去太阳引力，这一步的计算方法与分析第二宇宙速度类似，所不同的是航天器还必须有剩余动能 $\frac{1}{2}mv^2$，因此有

$$\frac{1}{2}mv_3^2-G\frac{mm_{地}}{R}=\frac{1}{2}mv^2$$

由前讨论知：$\frac{1}{2}mv_2^2=G\frac{mm_{地}}{R}$，代入上式有

$$v_3^2=v_2^2+v^2$$

第二步，航天器由脱离地球引力圈的地点（近似为地球相对于太阳的轨迹上）出发，继续运动，逃离太阳系，在此过程中，忽略地球引力. 以太阳为参考系，地球绕太阳的公转速度（相当于计算地球相对于太阳的第一宇宙速度）为

$$v_1'=\sqrt{G\frac{m_{太}}{r_0}}\approx 30\ \text{km}\cdot\text{s}^{-1}$$

式中 $m_{太}$ 为太阳的质量，r_0 为太阳中心到地球中心的距离. 以太阳参考系计算，逃离太阳引力范围所需的速度（相当于计算地球相对于太阳的第二宇宙速度），即

$$\frac{1}{2}mv_2'^2-G\frac{mm_{太}}{r_0}=0$$

$$v_2'=\sqrt{\frac{2Gm_{太}}{r_0}}=\sqrt{2}v_1'=42\ \text{km}\cdot\text{s}^{-1}$$

为了充分利用地球的公转速度，使航天器以在第二步开始时的速度沿地球绕太阳公转方向公转，这样，在第二步开始时，航天器所需的相对地球速度为

$$v=v_2'-v_1'=12\ \text{km}\cdot\text{s}^{-1}$$

这就是第一步航天器所需的剩余动能所对应的速度. 因此

$$v_3^2=v_2^2-v^2=(11.2^2+12^2)\ \text{km}^2\cdot\text{s}^{-2}=16.4^2\ \text{km}^2\cdot\text{s}^{-2}$$

即

$$v_3 = 16.4\ \text{km} \cdot \text{s}^{-1}$$

这就是第三宇宙速度. 需要注意的是，这是选择航天器入轨速度与地球公转速度方向一致时计算出的值；如果方向不一致，所需速度就要大于 $16.7\ \text{km} \cdot \text{s}^{-1}$ 了. 可以说，航天器的速度是挣脱地球乃至太阳引力的唯一要素.

另外，以上三种宇宙速度仅为理论上的最小速度，没有考虑空气阻力的影响.

那如何才能使运载火箭或航天飞机达到宇宙速度呢?

火箭的飞行是质点系动量定理和动量守恒定律的应用实例. 竖立在发射架上的火箭在发射前总动量为零. 火箭在飞行时，燃料和氧化剂在燃烧室中燃烧后，从尾部喷管高速喷出，使火箭获得向上的动量，从而达到很大的飞行速度.

火箭推力的计算　设火箭在外层空间飞行，空气阻力和重力的影响忽略不计. 因为火箭是变质量系统，不同时刻的喷气相对于地面的速度不同，所以不能以过程的始末状态来考虑. 如图 2.25 所示，为计算推力考察任一时刻 t 到 $t+\mathrm{d}t$ 之间的元过程. 设 t 时刻火箭的质量为 m，速度为 v. 经过 $\mathrm{d}t$ 时间，火箭向后喷出质量为 $\mathrm{d}m$ 的燃气，其喷出速度相对于火箭为 u. 在 $t+\mathrm{d}t$ 时刻，火箭的质量减为 $m-\mathrm{d}m$，速度增为 $v+\mathrm{d}v$，则燃气对地的速度为 $(v+\mathrm{d}v)-u$，所以燃气的动量变化为

$$(v+\mathrm{d}v-u)\,\mathrm{d}m - v\mathrm{d}m = -u\mathrm{d}m + \mathrm{d}m\mathrm{d}v \approx -u\mathrm{d}m$$

上式最后一个等式略去了二阶无穷小量 $\mathrm{d}m\mathrm{d}v$. 按动量定理，$-u\dfrac{\mathrm{d}m}{\mathrm{d}t}$就应等于燃气收到箭体的推力：

$$F = u\frac{\mathrm{d}m}{\mathrm{d}t} \tag{2.50}$$

上式表明，火箭推力正比于喷气速度 u 和喷气质量流量 $\dfrac{\mathrm{d}m}{\mathrm{d}t}$. 例如，运载阿波罗登月飞船的火箭——土星 5 号的第一级的速度 $u = 2\,500\ \text{m} \cdot \text{s}^{-1}$，$\dfrac{\mathrm{d}m}{\mathrm{d}t} \approx 1.4\times10^4\ \text{kg} \cdot \text{s}^{-1}$，由上式可以算出推力为 $F = 3.5\times10^7\ \text{N}$. 随着航天技术的发展，中国“长征”五号火箭的起飞推力也已超过 $1.0\times10^7\ \text{N}$，达到世界先进水平，可以完成近地轨迹卫星、地球同步转移轨迹卫星、太阳同步轨迹卫星、空间站、月球探测器和火星探测器等各类航天器的发射任务.

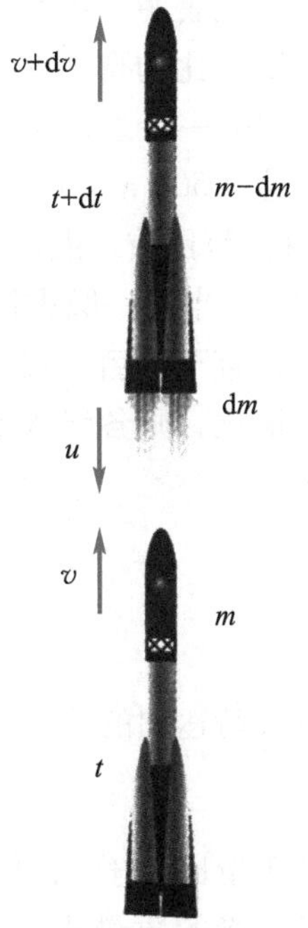

图 2.25　火箭发射原理

火箭的速度公式　由于忽略空气阻力和重力，火箭箭体和喷出的燃气组成的系统的动量守恒，因此有

$$mv = (m-\mathrm{d}m)(v+\mathrm{d}v) + \mathrm{d}m(v+\mathrm{d}v-u)$$

展开上式，可得

$$dv = u\frac{dm}{m}$$

设开始发射时，火箭质量为 m_0，初速度为零，燃料烧完后火箭的质量为 m，达到的速度为 v，对上式积分，则有

$$\int_0^v dv = u\int_{m_0}^{m}\frac{dm}{m}$$

由此可得

$$v = -u\ln\frac{m_0}{m} \tag{2.51}$$

式中负号表示 v 与 u 方向相反.

上式表明，火箭在燃料烧完后所达到的速度与喷气速度成正比，也与火箭的始末质量比的自然对数成正比.

只有一个发动机的火箭叫单级火箭，在目前技术条件下，一般火箭的喷气速度可达 2 500 m·s^{-1}，要使火箭达到 7 900 m·s^{-1}的第一宇宙速度，所需质量比约为 24，而目前一般质量比只能达到 20. 为了克服技术上的困难，一般采用多级火箭技术. 当第一级火箭的燃料耗尽时，其壳体自动脱落，第二级接着点火，如此下去，直至最后一级，从而使被运载的卫星进入轨迹. 设 N_1，N_2，…为各级火箭的质量比，则各级火箭达到的速度大小应为

$$v_1 = u\ln N_1$$
$$v_2 - v_1 = u\ln N_2$$
$$v_3 - v_2 = u\ln N_3$$
$$\cdots\cdots\cdots\cdots$$

最后火箭达到的速度为

$$v = \sum_i u\ln N_i = u\ln(N_1N_2N_3\cdots)$$

由于质量比大于 1，因而当火箭级数增加时，就可获得较高的速度. 例如，一个三级火箭的质量比 $N_1 = N_2 = N_3 = 5$，$u = 2\ 000$ m·s^{-1}，则火箭的最终速度可达到 9.66 km·s^{-1}.

习题

2.1　究竟什么是惯性系，实际情况中能否找到？

2.2　牛顿运动定律的适用范围如何？

2.3　竖直上抛的物体至少以多大的初速抛出，才不会再回到地球？

2.4　在系统的动量变化中，内力起什么作用？有人说：因为内力不改变系统的总动量，所以不论系统内各质点有无内力作用，只要外力相同，则各质点的运动情况就相同. 这种说法对吗？

2.5　使汽车前进的力是什么力？汽车发动机内气体对活塞的推力以及各种

传动部件之间的作用力能使汽车前进吗？

2.6　我国东汉时学者王充在他所著《论衡》一书中记有："奡"(ào)、育，古之多力者，身能负荷千钧，手能决角伸钩，使之自举，不能离地". 说的是古代大力士自己不能把自己举离地面. 这种说法正确吗？为什么？

2.7　一本实习飞行员手册写有下列信息："如果飞机在恒定高度飞行，不爬升也不下降，翅膀上的向上推举力等于飞机的重量. 如果飞机以稳定的速率上升，向上的推举力大于重量；如果飞机以稳定的速率下降，向上的推举力小于重量." 这种描述正确吗？请解释一下.

2.8　两个大小与质量相同的小球，一个是弹性球，另一个是非弹性球. 它们从同一高度自由落下与地面碰撞后，为什么弹性球跳得较高？地面对它们的冲量是否相同？为什么？

2.9　如果不为零的合力施加在运动物体上，有可能对物体做的总功为零吗？请举例解释.

2.10　由于质点动能为 $E_k=\frac{1}{2}mv^2$，动量为 $\boldsymbol{p}=m\boldsymbol{v}$，很容易得到 $E_k=p^2/2m$. 那么是否有可能系统总动量守恒但总动能改变？

2.11　人造地球卫星环绕地球运转的速度为 $v=\sqrt{\frac{gR^2}{r}}$，其中 R 为地球半径，r 为人造地球卫星离地心的距离，这是否意味着将人造地球卫星发射到越远的地方，需要的速度越小？

2.12　两质量分别为 m 和 $m'(m'\neq m)$ 的物体并排放在光滑的水平桌面上，现有一水平力 F 作用在物体 m 上，使两物体一起向右运动，如图所示，求两物体间的相互作用力. 若水平力 F 作用在 m'上，使两物体一起向左运动，则两物体间相互作用力的大小是否发生变化？

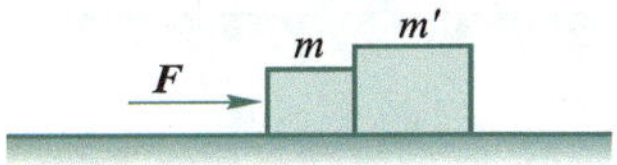

习题 2.12 图

2.13　在一条跨过轻滑轮的细绳的两端各系一物体，两物体的质量分别为 m_1 和 m_2，在 m_2 上再放一质量为 m 的小物体，如图所示，若 $m_1=m_2=4m$，求 m 和 m_2 之间的相互作用力，若 $m_1=5m$，$m_2=3m$，则 m 与 m_2 之间的作用力是否发生变化？

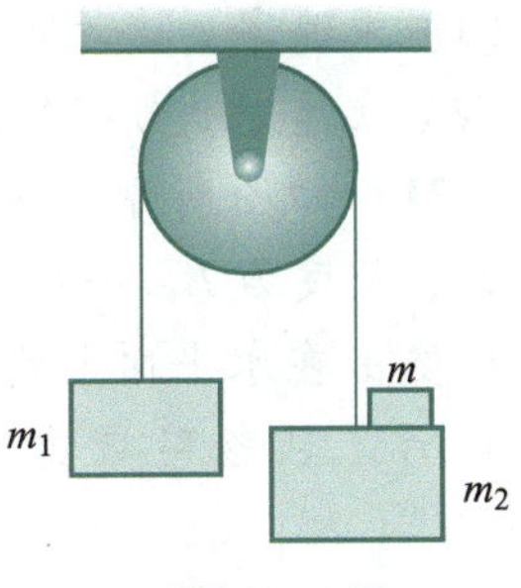

习题 2.13 图

2.14　质量为 m' 的气球以加速度 $\boldsymbol{a}$ 匀加速上升，突然一只质量为 m 的小鸟飞到气球上，并停留在气球上. 若气球仍能向上加速，问气球的加速度减少了多少？

2.15　如图所示，人的质量为 60 kg，底板的质量为 40 kg. 人若想站在底板上静止不动，则必须以多大的力拉住绳子？

2.16　一质量为 m 的物体静置于倾角为 θ 的固定斜面上. 已知物体与斜面间

的摩擦系数为μ. 试问：至少要用多大的力作用在物体上，才能使它运动？指出该力的方向.

2.17 一木块恰好能在倾角θ的斜面上以匀速下滑，现在使它以初速率v_0沿这一斜面上滑，问它在斜面上停止前，可向上滑动多少距离？当它停止滑动时，是否能再从斜面上向下滑动？

2.18 如图所示，一个由绳子悬挂着的物体在水平面内作匀速圆周运动(称为圆锥摆)，有人在重力的方向上求合力，写出$F_T\cos\theta-G=0$. 另有人沿绳子拉力$\boldsymbol{F}_T$的方向求合力，写出$F_T-G\cos\theta=0$. 显然两者不能同时成立，指出哪一个式子是错误的，并说明原因.

2.19 一质量为m的小球最初位于如图所示的A点，然后沿半径为r的光滑圆轨迹$ADCB$下滑，试求小球到达C点时的角速度和对圆轨迹的作用力.

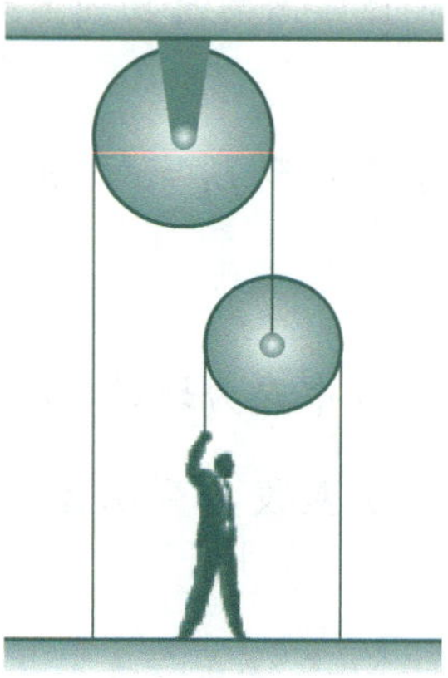

习题 2.15 图

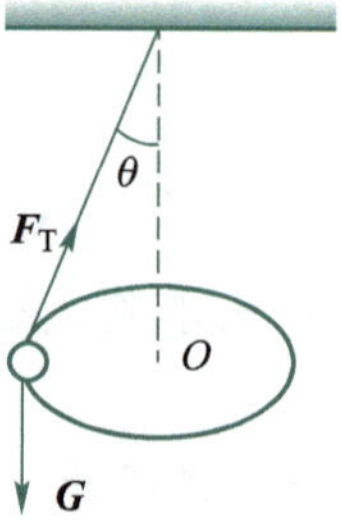

习题 2.18 图

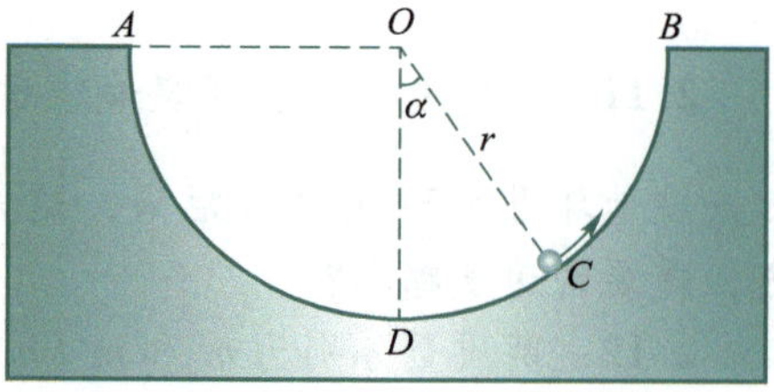

习题 2.19 图

2.20 摩托快艇以速率v_0行驶，它受到的摩擦阻力与速率平方成正比，可表示为$F=-kv^2$(k为正常量). 设摩托快艇的质量为m，当摩托快艇发动机关闭后：

(1) 求速率v随时间t的变化规律；

(2) 求速度v与路程x之间的关系.

2.21 如图所示，一条质量分布均匀的绳子，质量为m、长度为L，一端拴在竖直转轴OO'上，并以恒定角速度ω在水平面上旋转. 设转动过程中绳子始终伸直不打弯，且忽略重力，求距转轴为r处绳中的张力$F(r)$.

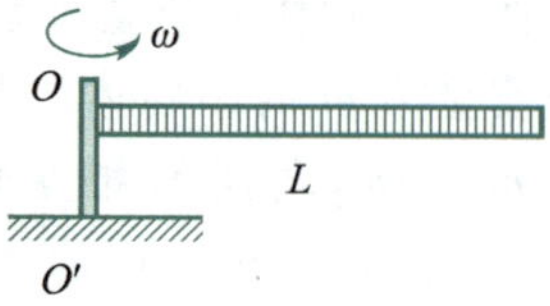

习题 2.21 图

2.22 质量为m的子弹以速度v_0水平射入沙土中，设子弹所受阻力与速度反向，大小与速度成正比，比例系数为K，忽略子弹的重力，求：

(1) 子弹射入沙土后，速度随时间变化的函数式；

(2) 子弹进入沙土的最大深度.

2.23 一质量为0.15 kg的棒球以$v_0=40\ \mathrm{m\cdot s^{-1}}$的水平速度飞来，被棒打击

后，速度仍沿水平方向，但与原来方向成 135°角，大小为 $v=50\ \mathrm{m\cdot s^{-1}}$. 如果棒与球的接触时间为 0.02 s，求棒对球的平均打击力的大小及方向.

2.24 高空作业时系安全带是非常必要的. 假如一质量为 51.0 kg 的人，在操作时不慎从高空竖直跌落下来，由于安全带的保护，最终使他被悬挂起来. 已知此人竖直跌落的距离为 2.0 m，安全带弹性缓冲作用时间为 0.50 s. 求安全带对人的平均冲力.

2.25 质量为 m 的物体，由水平面上 O 点以初速度 v_0 抛出，v_0 与水平面成仰角 α. 若不计空气阻力，求：

(1) 物体从发射点 O 到最高点的过程中，重力的冲量；

(2) 物体从发射点落回至同一水平面的过程中，重力的冲量.

2.26 一个质量为 50 g 的小球以速率 $20\ \mathrm{m\cdot s^{-1}}$ 作平面匀速圆周运动，在 1/4 周期内向心力给它的冲量是多大？

2.27 如图所示，已知绳能承受的最大拉力为 9.8 N，小球的质量为 0.5 kg，绳长为 0.3 m，水平冲量 I 等于多大时才能把绳子拉断(设小球原来静止)？

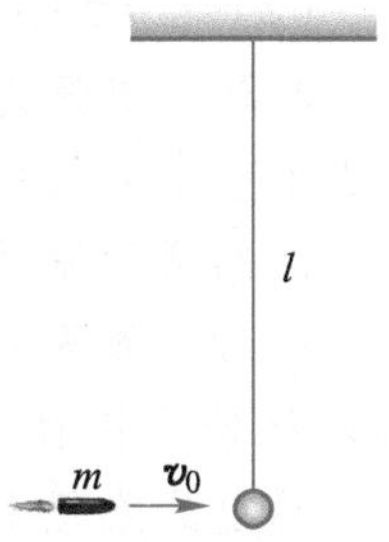

习题 2.27 图

2.28 如图所示，传送带以 3 m/s 的速率水平向右运动，砂子从高 $h=0.8$ m 处落到传送带上，即随之一起运动. 求传送带给砂子的作用力的方向. (g 取 $10\ \mathrm{m/s^2}$.)

2.29 矿砂从传送带 A 落到另一传送带 B(如图所示)，其速度的大小 $v_1=4$ m/s，速度方向与竖直方向成 30°角，而传送带 B 与水平成 15°角，其速度的大小 $v_2=2$ m/s. 如果传送带的运送量恒定，设为 $q_m=2\ 000$ kg/h，求矿砂作用在传送带 B 上的力的大小和方向.

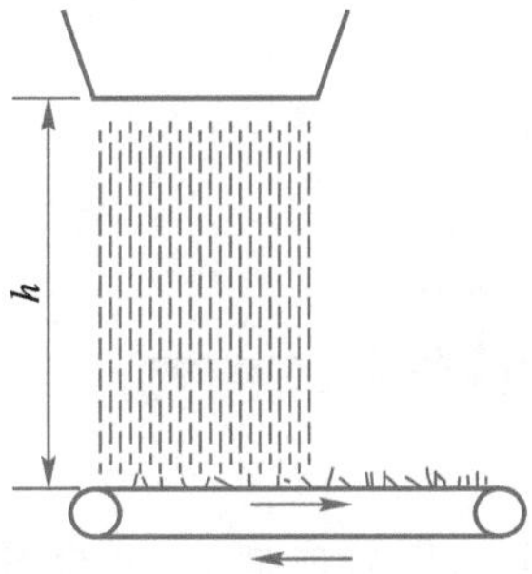

习题 2.28 图

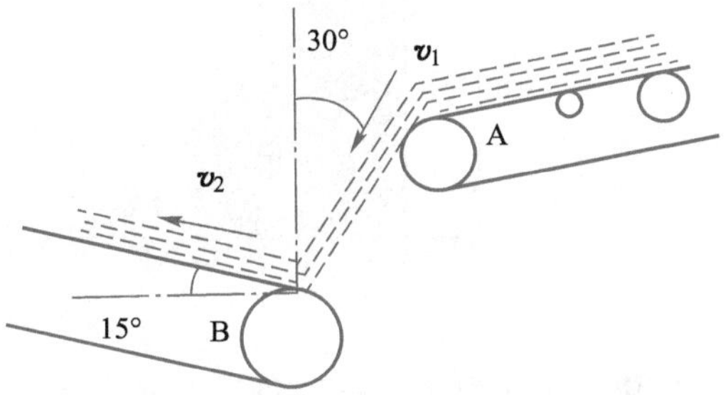

习题 2.29 图

2.30 一物体在介质中按规律 $x=ct^2$ 作直线运动，c 为一常量. 设介质对物体的阻力正比于速度的平方. 试求物体由 $x_0=0$ 运动到 $x=l$ 时，阻力所做的功. (已知阻力系数为 k.)

2.31 一辆卡车能沿着斜坡以 $15\ \mathrm{km\cdot h^{-1}}$ 的速率向上行驶，斜坡与水平面夹角的正切 $\tan\alpha=0.02$，所受的阻力等于卡车重量的 0.04，如果卡车以同样的功率匀速下坡，则卡车的速率是多少？

2.32 一人从 10 m 深的井中提水. 起始时桶中装有 10 kg 的水，桶的质量为 1 kg，由于水桶漏水，每升高 1 m 要漏去 0.2 kg 的水. 求水桶匀速地从井中提到井口，人所做的功.

2.33 一质量为 m、总长为 l 的匀质铁链，开始时有一半放在光滑的桌面上，而另一半下垂. 试求铁链滑离桌面边缘时重力所做的功.

2.34 一辆小汽车，以 $\boldsymbol{v}=v\boldsymbol{i}$ 的速度运动，受到的空气阻力近似与速率的平方成正比，$\boldsymbol{F}=-Av^2\boldsymbol{i}$，$A$ 为常量，且 $A=0.6\ \mathrm{N\cdot s^2\cdot m^{-2}}$.

（1）如小汽车以 $80\ \mathrm{km\cdot h^{-1}}$ 的恒定速率行驶 1 km，求空气阻力所做的功；

（2）问保持该速率，必须提供多大的功率？

2.35 一沿 x 轴正方向的力作用在一质量为 3.0 kg 的质点上. 已知质点的运动方程为 $x=3t-4t^2+t^3$，这里 x 以 m 为单位，时间 t 以 s 为单位. 试求：

（1）力在最初 4.0 s 内做的功；

（2）在 $t=1$ s 时，力的瞬时功率.

2.36 质量为 m 的物体置于桌面上并与轻弹簧相连，最初物体处于使弹簧既未压缩也未伸长的位置，并以速度 v_0 向右运动，弹簧的弹性系数为 k，物体与支承面间的滑动摩擦系数为 μ，求物体能达到的最远距离.

2.37 如图所示，一个固定的光滑斜面，倾角为 θ，有一个质量为 m 小物体，从高 H 处沿斜面自由下滑，滑到斜面底 C 点之后，继续沿水平面平稳地滑行. 设 m 所滑过的路程全是光滑无摩擦的，试求：

（1）m 到达 C 点瞬间的速度；

（2）m 离开 C 点的速度；

（3）m 在 C 点的动量损失.

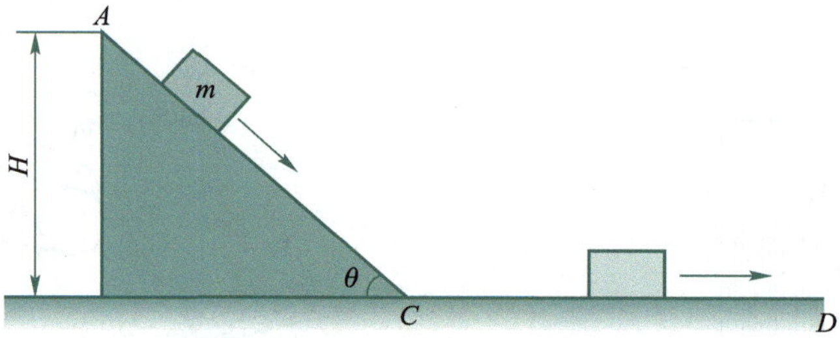

习题 2.37 图

2.38 从地面上以一定角度发射人造地球卫星，发射速度 v_0 应为多大才能使卫星在距地心半径为 r 的圆轨迹上运转？

2.39 一质量 $m=0.8$ kg 的物体 A，自 $h=2$ m 处落到弹簧上. 当弹簧从原长向下压缩 $x_0=0.2$ m 时，物体再被弹回，试求弹簧弹回至下压 0.1 m 时物体的速度.

2.40 质量 $m_1=2.0\times10^{-2}$ kg 的子弹，击中质量为 $m_2=10$ kg 的冲击摆，使摆在竖直方向升高 $h=7\times10^{-2}$ m，子弹嵌入其中，问：

（1）子弹的初速度 v_0 是多少？

（2）击中后的瞬间，系统的动能为子弹初动能的多少倍？

2.41　一弹性系数为 k 的轻质弹簧，一端固定在墙上，另一端系一质量为 m_A 的物体 A，放在光滑水平面上．当把弹簧压缩 x_0 后，再紧靠着 A 放一质量为 m_B 的物体 B，如图所示．开始时，由于外力的作用系统处于静止状态，若除去外力，试求 B 与 A 离开时 B 运动的速度和 A 能到达的最大距离．

2.42　如图所示，气垫导轨是通过向上喷气，在物体和导轨之间形成一层气体，使物体与导轨不直接接触，从而使摩擦力接近 0 的一种力学实验装置．现有一个质量为 0.100 kg 的空气气垫滑行器通过弹性系数为 20.0 N/m 的弹簧与水平空气气垫的一端相连（如图所示）．一开始弹簧未被拉伸且滑行器以 1.50 m/s 的速度向右移动．在下列情况下，求滑行器向右移动的最大距离 d．

（1）空气气垫导轨开启，不存在摩擦力；

（2）空气气垫导轨关闭，存在动摩擦力，摩擦系数为 $\mu_k=0.47$．

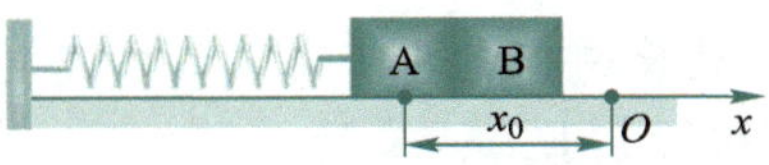

习题 2.41 图

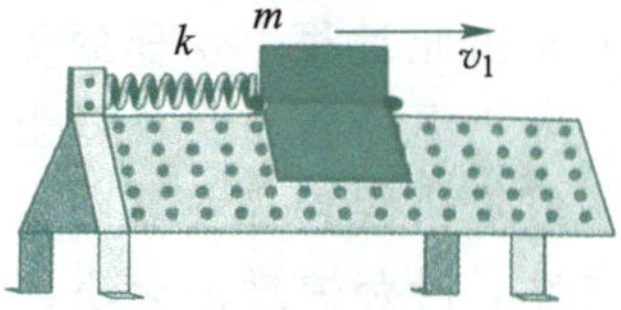

习题 2.42 图

2.43　微处理器芯片控制的切削刀具采用几个力来共同控制，其中一个力表示为 $\boldsymbol{F}=-\alpha xy^2\boldsymbol{j}$，是一个沿 y 轴负方向、大小由刀具所在位置决定的力，常量 $\alpha=2.50$ N/m．假设刀具从坐标原点移到 $x=3.00$ m、$y=3.00$ m 处：

（1）如果刀具沿 $y=x$ 直线运动，求 $\boldsymbol{F}$ 对刀具所做的功．

（2）如果刀具先沿 x 轴从原点移到 $x=3.00$ m、$y=0$ 处，再平行于 y 轴移到 $x=3.00$ m、$y=3.00$ m 处，求 $\boldsymbol{F}$ 对刀具所做的功．

（3）对比 $\boldsymbol{F}$ 沿这两条路径所做的功．$\boldsymbol{F}$ 是保守力还是非保守力？试解释原因．

2.44　一个便携式发电机组的广告声称它的柴油机为 28 000 马力，能够支撑功率为 30 MW 的发电机工作．这可能吗？请解释．（1 马力≈735 kW.）

2.45　一位物理教师将一个保龄球用一根长绳挂在阶梯教室的顶棚上．为了演示能量守恒，他退到讲台一侧，把球拉向该侧直到绳子拉紧，球刚好触及他的鼻尖，然后放手．又大又重的保龄球在讲台上划出一道弧线然后荡回来，恰在这位教师鼻前短暂地停下来．在演示后的一天，教师看到在讲台另一侧一位同学正把球从自己鼻前推出去，想重复这个演示．接下来会发生什么？试分析其中潜在的危险．

2.46　质量为 m 的人造地球卫星在地球上方 h 处进行圆周运动，其重力加速度比地球表面小 5%，由于大气层的摩擦，卫星一年内高度下降了 Δh，且 $\Delta h \ll h$．假设卫星受到的摩擦阻力为 $F=-k\rho Sv^2$，其中卫星有效面积 S 以及比例系数 k 为已知量．请估计此处的空气密度 ρ．

2.47　一艘油轮的发动机熄火了，风吹使得油轮以 1.5 m/s 匀速驶向礁（如图所示). 如果油轮和礁的距离是 500 m，机师重新发动发动机时风停了. 船舵被卡住，所以只能试着向后加速远离礁. 油轮和货物的质量是 3.6×10^7 kg，发动机作用在油轮上的水平力为 8.0×10^4 N. 船会和礁相撞吗？如果相撞，能够保证油轮的安全吗？(假设油轮外壳可以承受小于等于 0.2 m/s 的速度的撞击. 可以忽略水对外壳的阻力.)

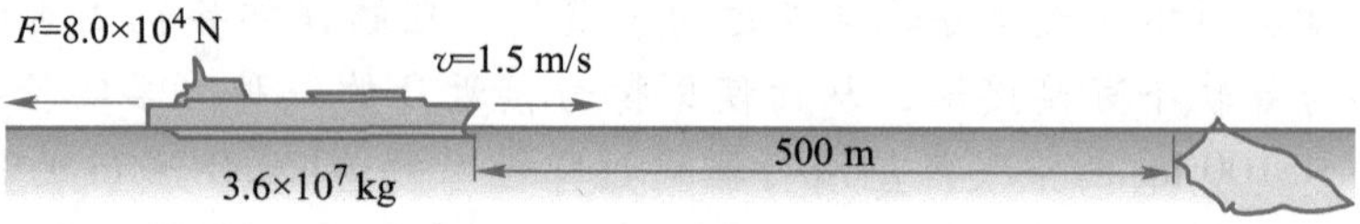

习题 2.47 图

2.48 在正在发射的脱离地球表面的太空船当中，一台 6.50 kg 的仪器被竖直悬挂在里面. 初始时刻太空船静止，15.0 s 内达到 276 m 的高度，加速度是常量.

(1) 作出此过程中仪器的受力分析图. 指出哪个力比较大；

(2) 求出绳子作用在仪器上的力；

(3) 假定该火箭正在登陆，而不是发射，机长调整引擎使得火箭加速度的大小等于它发射时加速度的大小，再次计算(1)和(2)问.

2.49 (1) 汽车在不倾斜的平面上转动，曲线的半径是 R[如图(a)所示]. 如果轮胎与路面之间的静摩擦系数为 μ_s，试进行受力分析，并计算汽车作曲线运动又不打滑的最大速率 v_{max} 是多少.

(2) 为了避免雨雪天气地面湿滑等因素导致的安全事故，工程公司计划重建上述公路，建成具有一定倾斜角度的公路[如图(b)所示]，那么当汽车以一定速度 $\boldsymbol{v}$ 行驶时，不需要摩擦力就能安全转弯，试进行受力分析，并计算公路的倾角 β 应该修成多大.

(3) 上述结果也可以应用在水平飞行的飞机转弯时[如图(c)所示]. 如果飞机在恒定高度沿直线匀速飞行，那么飞机的重量和空气作用在飞机上的升力 $\boldsymbol{L}$ 刚好平衡. 为了使飞机转弯，飞行员将飞机向一侧倾斜，这样升力有一个水平分量，请说明什么力是飞机的升力的反作用力. 试分析高速急转弯时倾角与加速度之间

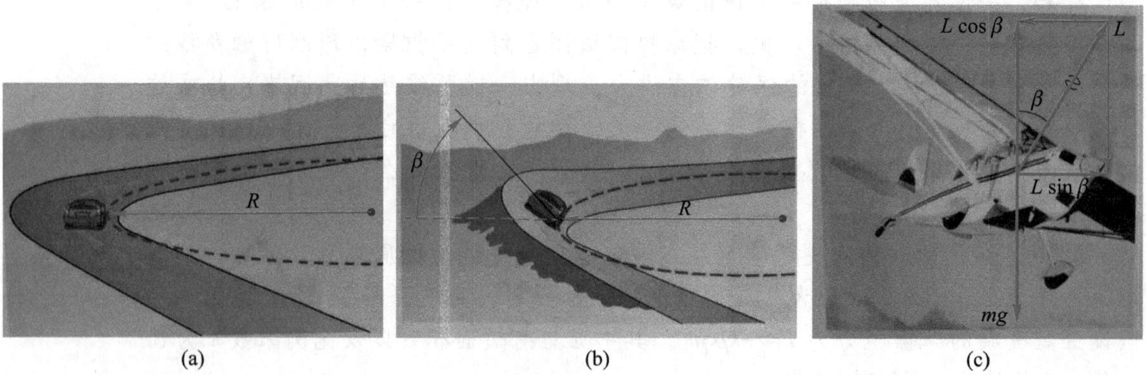

习题 2.49 图

的关系，当转弯加速度过大时，飞行员会头晕，因为人类心脏不能够强大到将加速度过大的血液输送到头部，假设一位飞行员能最多能承受5.8 g 的加速度，那么飞机的最大倾角为多少？

2.50 在一次 α 粒子散射过程中，α 粒子和静止的氧原子核（质量为 m'）发生“碰撞”（如图所示）. 实验测出碰撞后 α 粒子沿与入射方向成 $\theta=72°$ 的方向运动，而氧原子核沿与 α 粒子入射方向成 $\beta=41°$ 的方向“反冲”. 求 α 粒子碰撞后与碰撞前的速率之比.

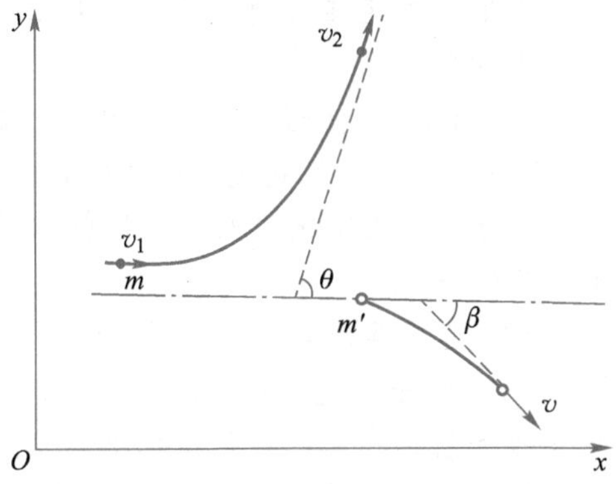

习题 2.50 图

2.51 核反应堆中铀原子核裂变产生高速中子. 在这种中子有效产生更多裂变之前，需要用减速剂使刚由裂变产生的快中子减速成热中子，该减速是通过中子和较轻的核的碰撞而实现的.

(1) 第一个核反应堆（1942 年建立于芝加哥大学）使用碳（石墨）作为减速剂. 假设一个中子（质量为 1.0 u）以 2.6×10^7 m/s 的速度与一个初始静止的碳原子核（${}^{12}_{6}C$ 质量为 12 u）发生弹性正碰撞. 碰撞过程中忽略外力，求碰撞后速度.（1 u 是原子质量单位，等于 1.66×10^{-27} kg.）

(2) 现代核反应堆经常使用重水作为减速剂. 与碳原子相比，重水分子是较好的减速剂还是不好的减速剂？（中子在重水中与 ${}^{2}_{1}H$ 核碰撞减速，${}^{2}_{1}H$ 核质量为2 u.）

(3) 假定每次碰撞前氘核或碳核都是静止的而且碰撞都是对心的弹性碰撞，试问能量是 1 MeV 的快中子经过几次与氘核或碳核碰撞后，变成能量为 0.03 eV 的热中子？

***2.52** 火箭发动机在远离任何星球的外太空开启. 火箭以恒定速率喷射燃烧燃料.

(1) 在点火的第一秒，火箭以 2 400 m/s 相对速率喷射 1/120 初始质量的燃料，求火箭初始加速度；

(2) 假设以上火箭 3/4 初始质量是燃料，燃料以恒定速率在 90 s 内完全耗尽，火箭最终质量为 $m=m_0/4$，如果火箭在坐标系中从静止开始运动，求这段时间后火箭的速率.

2.53 一个原来静止的原子核，放射性衰变时放出一个动量为 $p_1=9.22\times10^{-21}$ kg · m/s 的电子，同时还在垂直于此电子运动的方向上放出一个动量为 $p_2=5.33\times10^{-21}$ kg · m/s 的中微子. 求衰变后原子核的动量的大小和方向.

2.54 运载火箭的最后一级以 $v_0=7\ 600$ m/s 的速率飞行. 这一级由一个质量为 $m_1=290.0$ kg 的火箭壳和一个质量为 $m_2=150.0$ kg 的仪器舱扣在一起. 当扣松开后，两者之间的压缩弹簧使二者分离. 这时二者的相对速率为 $u=910.0$ m/s. 设所有速度都在同一直线上，求这两部分分开后各自的速度.

*2.55 一质量为 2.72×10^{6} kg 的火箭竖直离开地面发射，燃料燃烧速率为 1.29×10^{3} kg/s.

(1) 它喷出的气体相对于火箭体的速率是多大时才能使火箭刚刚离开地面?

(2) 它以恒定相对速率 5.50×10^{4} m/s 喷出废气，全部燃烧时间为 155 s. 它的最大上升速率是多大?

(3) 在(2) 的情形下，当燃料刚燃烧完时，火箭体离地面多高?

*2.56 一架喷气式飞机以 210 m/s 的速度飞行，它的发动机每秒钟吸入 75 kg 空气，在体内与 3.0 kg 燃料燃烧后以相对于飞机 490 m/s 的速度向后喷出. 求发动机对飞机的推力.

2.57 辽宁号航空母舰的质量约为 6.0×10^{7} kg，当引擎启动最大功率 200 000 hp (马力)时，辽宁舰达到最大速度 32 节(1 节 = 1.852 km/h). 如果引擎 70% 的功率能用来推动航母在水中前行，那么在这个速度下水的阻力为多少?

2.58 一架正在飞行的飞机受到空气阻力的影响. 空气阻力和速度 v 的平方成正比. 但是这里有其他的阻力，因为飞机还有机翼. 经过机翼的气流受到向下和向前的力，所以根据牛顿第三定律，空气对机翼和飞机施加的力是向上、向后的力. 向上的力是保持飞机悬空的抬升力，向后的力叫做诱导阻力. 在飞行速度中，诱导阻力和 v 的平方成反比，所以总的空气阻力可以表示成 $F_{\text{air}}=\alpha v^{2}+\beta/v^{2}$，其中 α 和 β 是与飞机形状大小和空气密度相关的正常量. 一种小型单引擎飞机，$\alpha=0.30\ \text{N}\cdot\text{s}^{2}/\text{m}^{2}$ 和 $\beta=3.5\times10^{5}\ \text{N}\cdot\text{m}^{2}/\text{s}^{2}$. 在稳定飞行中，引擎提供的向前的力和空气阻力平衡.

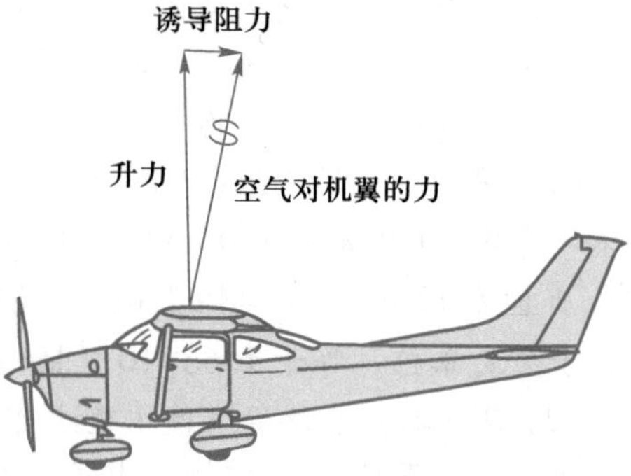

习题 2.58 图

(1) 给定燃料，计算在什么速度(km/h)下飞机能飞得最远;

(2) 计算以什么速度(km/h)飞行时飞机可以在空中停留最长时间.

2.59 两辆质量相同的汽车在十字路口垂直相撞，撞后二者扣在一起又直线滑行了 $s=25$ m 才停下来. 设滑动时地面与车轮之间的动摩擦系数为 $\mu_{\text{k}}=0.80$. 撞后两个司机都声称自己的车速未超过限制(50 km/h)，他们的话可信吗?

2.60 质量为 m 的质子作一维运动. 势能函数为 $U(x)=\alpha/x^{2}-\beta/x$，其中 α 和 β 为正常量. 质子在 $x_0=\alpha/\beta$ 处由静止释放.

(1) 证明势能函数还可以写成 $U(x)=\dfrac{\alpha}{x_0^{2}}\left[\left(\dfrac{x_0}{x}\right)^{2}-\dfrac{x_0}{x}\right]$，作出 $U(x)$ 曲线，计算 $U(x_0)$ 并在途中标出 x_0 的位置;

(2) 计算质子运动速率 $v(x)$，作出 $v(x)$ 曲线，定性描述质子的运动;

(3) x 为何值时质子速率为最小值? x 为何值时质子速率最大?

(4) 质子位于(3) 中位置时所受的力为多少?

（5）若质子在 $x_1=3\alpha/\beta$ 处释放，在 $U(x)$ 图中标出 x_1 的位置，计算 $v(x)$ 并对质子运动进行定性描述；

（6）对于两个不同释放点（$x=x_0$ 和 $x=x_1$），运动达到的最大 x 值和最小 x 值为多少？

2.61　探究性问题：引力定律 $F=G\dfrac{m_1m_2}{r^2}$ 中的常量 G 是基本物理常量之一．但是，由于引力的微弱，引力实验中难以排除各种干扰．试设计实验测量引力常量，写出设计方案．

第三章 刚体力学

第一、第二章讨论了质点力学的内容，质点是最为简单的物体模型，但并不是所有的物体都适合抽象成质点模型. 如讨论地球绕太阳的公转可将地球视为质点，但要研究地球表面不同处被太阳光照射的规律时，就不能将地球视为质点. 在分析子弹的弹道时可将枪支射出的子弹视为质点，但为提高子弹飞行的稳定性，在设计枪支的膛线时就不能将子弹视为质点；在规划交通工具的航（路）线时，可以将交通工具视为质点，在进行交通工具稳定性设计时，不能把交通工具视为质点；第一章已经讲过，即使电子（其半径不大于 1.0×10^{-18} m）在讨论其自旋时，也不能视为质点. 说明研究对象采用什么样的模型，不是看其本身的绝对特性，而是取决于其各种属性在具体研究问题中的重要性. 本章将讨论另一重要的研究力学的物理模型——刚体，第一节介绍刚体模型建立的条件和刚体的概念；第二节研究刚体运动学，在认识刚体运动特点的基础上，重点研究刚体定轴转动的描述；第三、第四、第五、第六节研究与刚体有关的动力学，为适应初学者学习，这里仅讲解定轴转动的刚体的力学问题.

刚体力学研究的是作为实际物体模型的刚体在力的作用下的运动问题. 讨论问题的思想方法与质点力学具有很强的一致性. 先讨论刚体运动的描述；在此基础上讨论改变刚体运动状态的力的形式和力与运动状态改变的关系，也从三个层面上进行：瞬时关系、时间上的累积和空间上的累积. 参照质点力学的知识架构学习刚体力学会带来诸多学习便利.

思考题

1. 研究力学问题时，研究对象处在什么样的场合下，适用于刚体模型？

2. 刚体力学与质点力学的不同主要是研究对象的差异造成的，质点力学中解决问题的方法和思路不仅完全适用于刚体力学中的质点对象，其解决问题的思路与解决刚体问题中的刚体对象也是相通的.

例如：质点力学中，力与运动状态存在 3 类关系，即“瞬时、空间累积、时间累积”，刚体力学中，力矩与转动状态的关系也是这 3 类，只是因要反映刚体的形状因素，对应的物理量形式有相应的改变.

请写出与质点力学中对应的刚体力学中相关物理量（或原理）的名称和表达式：

力和力矩的作用	序号	质点力学中的物理量(或原理)		刚体力学中的物理量(或原理)	
		名称：符号	表达式	名称：符号	表达式
力和力矩与运动状态瞬时关系	1	运动惯性量： 质量 m （例如）	m	转动惯量：J	分立质点系 $J = \sum_{i=1}^{N} m_i r_i^2$ 连续刚体 $J = \int_V r^2 \mathrm{d}m$
	2	力：$\boldsymbol{F}$	$\boldsymbol{F}$		
	3	运动状态量： 加速度 $\boldsymbol{a}$	$\boldsymbol{a}$		
	4	物理原理： 牛顿第二定律	$\boldsymbol{F}=m\boldsymbol{a}$		
力和力矩的空间累积	1	力的形式： 所有力的功 A	$A = \int_L \boldsymbol{F} \cdot \mathrm{d}\boldsymbol{S}$		
	2	运动状态：动能 E_{k}	$E_{\mathrm{k}}=\frac{1}{2}mv^2$		
	3	原理：动能定理	$A=E_{\mathrm{k2}}-E_{\mathrm{k1}}$		
	1′	外力和非保守 内力做功	$\sum_i A_{i外力} + \sum_i A_{i非保守内力}$		
	2′	质点系机械能 E	$E=E_{\mathrm{k}}+E_{\mathrm{p}}$		
	3′	功能原理	$\sum_i A_{i外力} + \sum_i A_{i非保守内力}$ $= E_2 - E_1$		
	1″	外力和非保守 内力做功为零	$\sum_i A_{i外力} + \sum_i A_{i非保守内力}$ $= 0$		
	2″	质点系机械能 E	$E=E_{\mathrm{k}}+E_{\mathrm{p}}$		
	3″	机械能守恒定律	$E=C$(常量)		

续表

力和力矩的作用	序号	质点力学中的物理量(或原理)		刚体力学中的物理量(或原理)	
		名称：符号	表达式	名称：符号	表达式
力和力矩的时间累积	1	力的形式：冲量 $\boldsymbol{I}$	$\boldsymbol{I}=\int_t \boldsymbol{F}\cdot \mathrm{d}t$		
	2	运动状态量：动量 $\boldsymbol{p}$	$\boldsymbol{p}=m\boldsymbol{v}$		
	3	动量定理	$\boldsymbol{I}=\boldsymbol{p}_2-\boldsymbol{p}_1$		
	1′	合外力冲量	$\boldsymbol{I}=\int_t \sum_i \boldsymbol{F}_i\cdot \mathrm{d}t=0$		
	2′	动量 $\boldsymbol{p}$	$\boldsymbol{p}=m\boldsymbol{v}$		
	3′	动量守恒定律	$\boldsymbol{p}=\boldsymbol{C}$(常矢量)		
		i 坐标分量 $I_i=0$	$p_i=C_i$(该坐标分量上动量守恒)		

注：需自己写出不同保守场中的对于势能的表达式.

第一节　刚体的基本认识

1.1　刚体模型

有一类重要而广泛的问题，涉及自然界，如前面所说与地球自转有关的应用问题，与电子的自旋有关的问题等；工程技术领域，如电机的转动、车轮的滚动、炮弹的自旋、车辆运行稳定研究、船舶在水中的颠簸、起动机和桥梁的平衡等问题；艺术领域有杂技节目空中走钢丝手臂水平伸直或者横握一根细长的直杆等各类动作平衡问题. 它们之中存在一个共同特点，就是运动物体的大小、形状(或者说质量分布)，在所研究的问题中十分重要，而物体的微小形变无关大局，可忽略不计. 针对这类问题中的物体，提出了“刚体”这一理想模型. 刚体是任何情况下，形状、大小都不发生变化的力学研究模型. 需要强调的是，一般情况下，任何物体在受外力或外界作用时，都会发生不同程度的形变. 但是，许多常见的固态物体，在外力作用下其形变很小，关键是在所研究的问题中，其作用可以忽略不计(注意：刚体形变可忽略，但产生形变的弹性力却不能忽略).

> **讨论 1：**
> 刚体会受到弹性力的作用吗？

刚体转动的研究是从 18 世纪开始的，当时航海事业发展，面临关于船舶摇摆运动规律的问题. 欧拉(1707—1783)最初的研究就属于这类问题. 天文学中关于建立地球进动以及章动的解释理论也从另一方面推动了刚体转动的研究，此外，这种研究在导弹弹道学中也有重要的意义.

1.2 刚体运动特点

刚体的运动属于机械运动的一个分支，也具有运动的四个特性. 因此描述刚体的运动也是相对的，需要有参考系；描述其运动状态的物理量需要矢量；并且矢量应是时间的函数.

> **讨论 2：**
> 刚体运动的最基本形式有几种？能列举生活中的实例吗？

刚体的运动一般总可以分解为两个独立的运动：质心的平动和绕质心的转动. 我们把确定一个物体在空间所需要的独立的坐标数目称为该物体的自由度(degree of freedom). 对于自由刚体来说(运动不受任何限制)，质心的平动一般需要三个独立的变量来描述，即有 3 个自由度；对于刚体绕其质点的转动，也需要 3 个变量才能充分描述：确定通过质心的转轴的方位可用转轴与 x、y、z 轴的三个夹角 α、β、γ. 由于 $\cos^2\alpha+\cos^2\beta+\cos^2\gamma=1$，因此，$\alpha$、$\beta$、$\gamma$ 这三个量中只有两个独立的变量，换句话说，确定通过质心的转轴的取向只需要 2 个自由度；还需要有一个独立的变量 φ 来确定刚体绕定轴转动的角度，因此刚体的一般运动有 6 个自由度. 刚体质心的平动完全适用于质点力学，可用质点力学的方法求解；刚体绕质心转动时，转轴的方向可能随时间变化，这种转轴称刚体的瞬时转轴；当该转轴方向固定不变时，称刚体作定轴转动. 工科基础物理中只讨论定轴转动的刚体的运动，它也是讨论刚体一般转动的基础.

1.3 刚体的平动

刚体最基本的运动形式是平动和绕轴的转动，如果在运动的过程中，刚体上任意一条直线在各个时刻的位置始终彼此平行，则刚体的这种运动称为平动. 例如，升降机的运动，气缸中活塞的运动，车床上车刀的运动等，都是平动. 如图 3.1(a)所示，刚体作平动，刚体上任意两点 A、B 的连线在各个时刻的位置上始终保持平行. 显然，在刚体平动过程中，刚体上任一点的轨迹、位移、速度和加速度都相同. 从运动学角度看，我们可以选取刚体上任意一点(比如 A 点)作为基点，基点的运动可代表刚体上任一点的运动. 所以我们可以用描述质点运动的方法描述基点的运动，从而描述刚体平动. 刚体作平动时，刚体上任一点的运动轨迹不一定是直线，比如图 3.1(b)中平动刚体上基点 A 就绕 O 点作圆周运动.

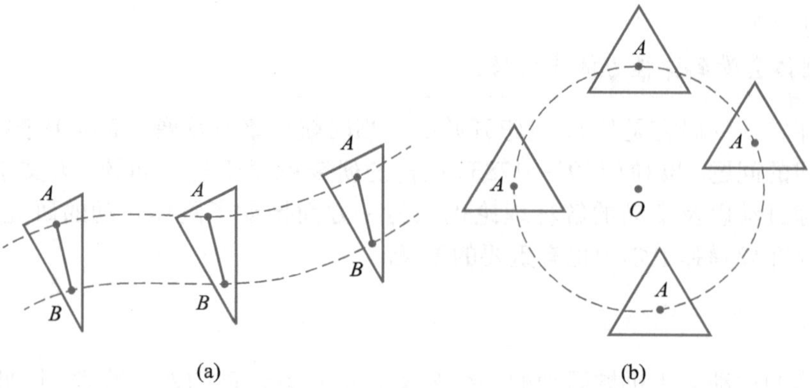

图 3.1 刚体的平动

设刚体 M 作平动，现在刚体 M 上任取两点 A 和 B，如图 3.2 所示，它们的位置分别由位矢 $\boldsymbol{r}_A$ 和 $\boldsymbol{r}_B$ 决定，随着刚体的运动，线段 AB 在时间 t 内由起始位置 AB 移动到 A_nB_n，用 $\boldsymbol{r}_{AB}$ 表示质元 A 指向质元 B 的矢量. 根据刚体的定义，这些线段的长度不变，又因为是平动，这些线段相互平行. 显然：$\boldsymbol{r}_B=\boldsymbol{r}_A+\boldsymbol{r}_{AB}$.

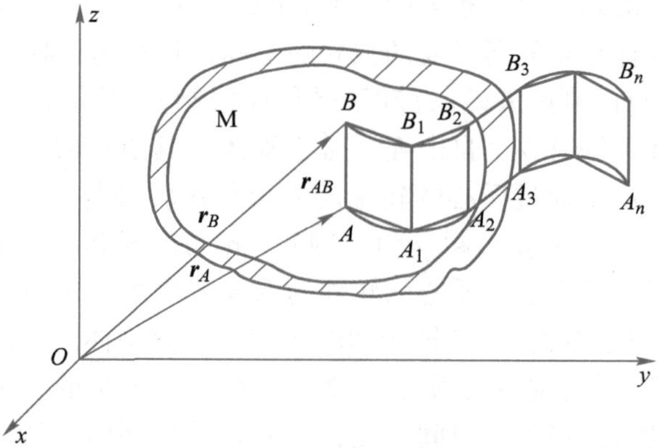

图 3.2 平动时，刚体上各点的位置变化

根据刚体平动的特点，$\boldsymbol{r}_{AB}$ 的方向大小在运动中不变，故 $\boldsymbol{r}_{AB}$ 为常矢量. 将上式对时间分别求一阶和二阶导数，则有

$$\frac{\mathrm{d}\boldsymbol{r}_A}{\mathrm{d}t}=\frac{\mathrm{d}\boldsymbol{r}_B}{\mathrm{d}t}$$

$$\frac{\mathrm{d}^2\boldsymbol{r}_A}{\mathrm{d}t^2}=\frac{\mathrm{d}^2\boldsymbol{r}_B}{\mathrm{d}t^2}$$

即有

$$\boldsymbol{v}_A=\boldsymbol{v}_B,\ \boldsymbol{a}_A=\boldsymbol{a}_B$$

显然，在任意时刻，刚体上各点的速度和加速度都相同.

由此可知，当刚体作平动时，我们只要知道刚体上任意一点的运动，就可以完全确定刚体的运动，也就是说，对刚体平动的研究可归结为质点运动的研究. 通常用刚体质心的运动来代表整个刚体的运动.

第二节 刚体绕定轴转动的描述

2.1 刚体定轴转动的特点

刚体运动时，若刚体上的各个质点均绕与刚体固连的某一轴线作圆周运动，则称刚体绕该轴线转动，该轴线称为转轴. 例如，机床上齿轮的转动、车床上工件的运动、飞机螺旋桨的运动、地球的自转等，都是刚体的转动. 若刚体转轴相对参考系固定不动，则称之为固定轴，刚体绕固定轴的转动称为定轴转动.

> **讨论 3：**
> 作定轴转动的刚体一共有几个自由度？

过刚体上的每点作转轴的垂线，包含该垂线且与转轴垂直的平面，称为该点的转动平面，如图 3.3 所示. 刚体作定轴转动时，刚体上的每个质点都在各自的转动平面内作圆周运动.

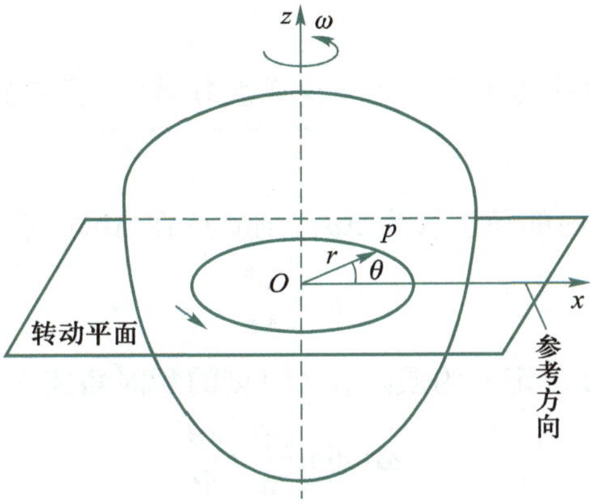

图 3.3 刚体定轴转动的转动平面

刚体上的各点作圆周运动的线位移、线速度和线加速度可能各不相同，但它们的角位移、角速度和角加速度相同，可应用运动的角量描述，与质点的角量描述的差异在于，一是质点只有一个，而刚体可看成相对位置不变的质点系，刚体中各点作圆周运动的半径可能不同；二是为能将定义的角量用于非定轴转动，强调描述运动的角量的矢量性.

2.2 描述刚体转动的物理量

由于作定轴转动的刚体上各点在各自转动平面内作相同角量的转动，因此只需在待研究的刚体上任选一点，研究清楚它在自己转动平面内作圆周运动的情况，就能实现对整个刚体运动状态的描述.

1. 角位置

如图 3.4 所示，当刚体上任选一点 P，在任一时刻的位置相对 $t=0$ 的参考位置 Ox 的角坐标为 θ，θ 能唯一确定刚体所在的位置，称之为角位置. 角位置应该是时间的函数，即

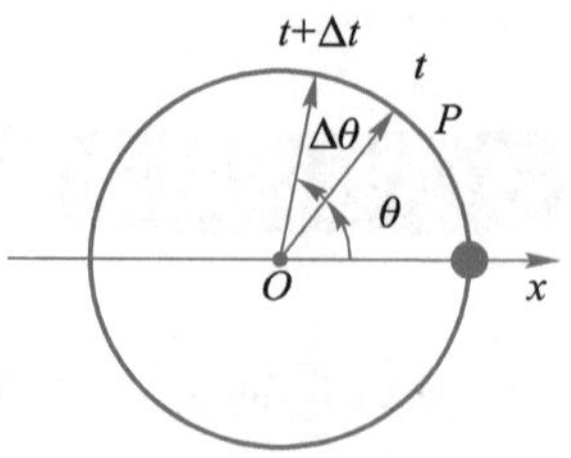

图 3.4 刚体定轴转动时，刚体上任一点作圆周运动的角量描述

$$\theta=\theta(t) \tag{3.1}$$

这就是作圆周运动质点的运动方程.

2. 角位移

设在时刻 t 到 $t+\Delta t$ 的时间内，刚体上任意一点 P 的角位置从角坐标 θ_1 运动到 θ_2，转过了 $\Delta\theta$ 角度，称 $\Delta\theta$ 为质点在这段时间内对 O 点的**角位移**. 显然

$$\Delta\theta=\theta_2-\theta_1 \tag{3.2}$$

角位移可定义成矢量，其方向由以下方法确定：应用右手螺旋定则，伸开右手，使大拇指跟其余四个手指垂直，四指向刚体转动方向弯曲，大拇指所指方向为角位移方向. 对定轴转动来说，角位移方向在转轴上，通常用 $\boldsymbol{k}$ 表示，即

$$\Delta\boldsymbol{\theta}=\Delta\theta\cdot\boldsymbol{k}$$

> **讨论 4：**
> 机械手表秒针的平均角速度为多少弧度每秒？(保留三位小数.)

3. 角速度

若质点在 Δt 时间内的角位移为 $\Delta\theta$，则质点在 Δt 时间内的平均角速度定义为

$$\bar{\boldsymbol{\omega}}=\frac{\Delta\boldsymbol{\theta}}{\Delta t}$$

当 $\Delta t\to0$ 时，上式的极限定义为质点在 t 时刻的**瞬时角速度**，简称**角速度**，即

$$\boldsymbol{\omega}=\lim_{\Delta t\to0}\frac{\Delta\boldsymbol{\theta}}{\Delta t}=\frac{\mathrm{d}\boldsymbol{\theta}}{\mathrm{d}t}$$

定轴转动时角速度的矢量式为

$$\boldsymbol{\omega}=\frac{\mathrm{d}\theta}{\mathrm{d}t}\boldsymbol{k} \tag{3.3}$$

定轴转动时，角速度方向在轴向上. 因此，角速度等于角位置对时间的一阶导数，在 SI 单位中，角速度 ω 的单位为 $\mathrm{rad\cdot s^{-1}}$(弧度每秒).

工程上还常用每分钟转过的圈数 n(简称转速)来描述刚体转动的快慢，其单位符号为 r/min 或 rev/min. 显然，角速度大小 ω 与 n 的关系为

$$\omega=\frac{n\pi}{30} \tag{3.4}$$

4. 角加速度

设质点在 $t\to t+\Delta t$ 时间内，角速度由 $\boldsymbol{\omega}$ 变化到 $\boldsymbol{\omega}+\Delta\boldsymbol{\omega}$，则质点在 Δt 时间内的平均角加速度定义为

$$\boldsymbol{\alpha}=\frac{\Delta\boldsymbol{\omega}}{\Delta t}$$

当 $\Delta t\to 0$ 时，平均角加速度的极限值就是质点在 t 时刻的**瞬时角加速度**，简称**角加速度**，即

$$\boldsymbol{\alpha}=\lim_{\Delta t\to 0}\frac{\Delta\boldsymbol{\omega}}{\Delta t}=\frac{\mathrm{d}\boldsymbol{\omega}}{\mathrm{d}t}=\frac{\mathrm{d}^2\boldsymbol{\theta}}{\mathrm{d}t^2}$$

定轴转动时角加速度的矢量式为

$$\boldsymbol{\alpha}=\frac{\mathrm{d}\omega}{\mathrm{d}t}\boldsymbol{k}=\frac{\mathrm{d}^2\theta}{\mathrm{d}t^2}\boldsymbol{k} \tag{3.5}$$

定轴转动时，角加速度方向也在轴向上，非定轴转动情况下 $\boldsymbol{\alpha}$ 并不一定沿着瞬时轴. 角加速度的 SI 单位是 $\mathrm{rad\cdot s^{-2}}$(弧度每二次方秒).

对于定轴转动的情况，由于角位移、角速度、角加速度的方向都在转轴上，当标定转轴方向后，它们的方向如质点的一维运动，可用代数量的“+”“-”来表示.

2.3 刚体定轴转动解题指导

1. 刚体运动学的两类问题

描述刚体运动的四个物理量的关系可知，刚体的转动也存在与质点运动学中一样的：“两类问题”，即绕定轴转动的运动学方程确定了刚体在任意时刻的位置，由运动学方程可以求出刚体在任意时刻的加速度和角加速度；反之，如果知道 t 时刻加速度的表达式和初始条件，通过积分运算可以求出刚体的角速度和运动学方程.

设 t 时刻刚体定轴转动的角加速度为 α，$t=0$ 时的初始条件为 $\omega=\omega_0$，$\theta=\theta_0$，则

$$\begin{cases}\omega=\omega_0+\int_0^t\alpha\,\mathrm{d}t\\ \theta=\theta_0+\int_0^t\omega\,\mathrm{d}t\\ \omega^2=\omega_0^2+2\int_0^t\alpha\,\mathrm{d}t\end{cases} \tag{3.6}$$

当 α 为常量时，刚体作匀角加速转动，此时有运动学关系：

$$\begin{cases}\omega=\omega_0+\alpha t\\ (\theta-\theta_0)=\omega_0 t+\frac{1}{2}\alpha t^2\\ \omega^2-\omega_0^2=2\alpha(\theta-\theta_0)\end{cases} \tag{3.7}$$

刚体的平动和转动是刚体的两种基本运动形态，刚体的复杂运动可以看成平动与转动的叠加.

［例 3.1］ 一个匀质圆盘由静止开始以恒定角加速度绕通过中心且垂直于盘面的轴转动. 在某一时刻转速为 10 rev/s，再转 60 圈后转速变为 15 rev/s.

（1）求圆盘由静止达到 10 rev/s 所需时间.

（2）求圆盘由静止到 10 rev/s 时圆盘所转的圈数.

［解］ 当刚体定轴的角加速度恒定时，根据(3.7)式可得

（1）$\alpha=\dfrac{\omega_2^2-\omega_1^2}{2\theta}=\dfrac{(15\times2\pi)^2-(10\times2\pi)^2}{2\times60\times2\pi}\text{rad/s}^2=6.54\ \text{rad/s}^2$

因为刚体转一圈转过的角度为 2π，所以：

$$t=\omega/\alpha=(10\times2\pi/6.54)\ \text{s}=9.61\ \text{s}$$

（2）$N=\dfrac{\theta}{2\pi}=\dfrac{1}{2\pi}\dfrac{\omega^2}{2\alpha}=\dfrac{1}{2\pi}\times\dfrac{(10\times2\pi)^2}{2\times6.54}\text{rev}=48\ \text{rev}$

2. 角量与线量的关系

在研究刚体绕定轴转动问题时，往往需要计算刚体上某一点的线速度和线加速度，质点作圆周运动的线量和角量关系，(3.8)式～(3.11)式在此完全适用，即下列关系对刚体中的任意一点成立.

（1）运动方程： $s(t)=r\cdot\theta(t)$ （3.8）

（2）线速率与角速度的大小： $v=r\cdot\omega$ （3.9）

（3）切向加速度和法向加速度的大小为

$$a_t=\frac{dv}{dt}=R\frac{d\omega}{dt}=R\alpha \tag{3.10}$$

$$a_n=\frac{v^2}{R}=R\omega^2 \tag{3.11}$$

［例 3.2］ 一电唱机的转盘以 $n=78$ rev/min 的转速匀速转动.

（1）求转盘上与转轴相距 $r=15$ cm 的一点 P 的线速度 v 和法向加速度 a_n.

（2）在电动机断电后，转盘在恒定的阻力矩作用下减速，并在 $t=15$ s 时停止转动，求转盘在停止转动前的角加速度及转过的圈数 N.

［解］ （1）转盘角速度为

$$\omega=2\pi n=\frac{78\times2\pi}{60}\ \text{rad/s}=8.17\ \text{rad/s}$$

根据(1.32)式和(1.34)式可得，P 点的线速度和法向加速度分别为

$$v=\omega r=8.17\times0.15\ \text{m/s}=1.23\ \text{m/s}$$

$$a_n=\omega^2r=8.17^2\times0.15\ \text{m/s}^2=10\ \text{m/s}^2$$

（2）转盘在恒定的阻力矩作用下作匀减速运动，根据(3.7)式可得

$$\alpha=\frac{0-\omega}{t}=\frac{0-8.17}{15}\ \text{rad/s}^2=-0.545\ \text{rad/s}^2$$

$$N=\frac{1}{2\pi}\frac{\omega t}{2}=\frac{1}{2\pi}\times\frac{8.17\times15}{2}\ \text{rev}=9.75\ \text{rev}$$

[**例 3.3**]　一砂轮在电动机驱动下，以每分钟1 800转的转速绕定轴作逆时针转动，如图 3.5 所示. 关闭电源后，砂轮均匀地减速，经时间 $t=15$ s 而停止转动.

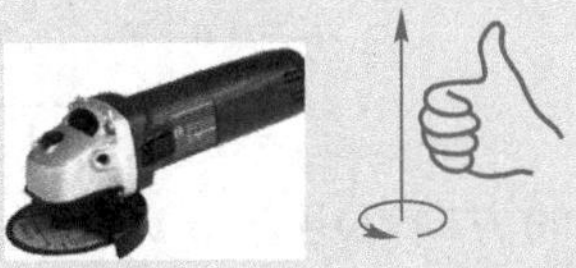

图 3.5　例 3.3 图

（1）求角加速度 α；

（2）到停止转动时，求砂轮转过的转数；

（3）求关闭电源后 $t=10$ s 时砂轮的角速度 ω 以及此时砂轮边缘上一点的速度和加速度.（设砂轮的半径单位为 $r=250$ mm.）

[**解**]　（1）选定循逆时针转向的角量取正值(见图 3.5)；则由题设，初角速度为正，其值为

$$\omega_0=2\pi\times\frac{1\ 800}{60}\ \text{rad}\cdot\text{s}^{-1}=60\pi\ \text{rad}\cdot\text{s}^{-1}$$

按题意，在 $t=15$ s 时，末角速度 $\omega=0$，由匀变速转动的公式得

$$\beta=\frac{\omega-\omega_0}{t}=\frac{(0-60\pi)\ \text{rad}\cdot\text{s}^{-1}}{15\ \text{s}}=-4\pi\ \text{rad}\cdot\text{s}^{-2}=-12.57\ \text{rad}\cdot\text{s}^{-2}$$

β 为负值，即 β 与 ω_0 异号，表明砂轮作匀减速转动.

（2）砂轮从关闭电源到停止转动，其角位移 θ 及转数 N 分别为

$$\begin{aligned}\theta&=\omega_0t+\frac{1}{2}\beta t^2\\&=60\pi\ \text{rad}\cdot\text{s}^{-1}\times15\ \text{s}+\frac{1}{2}\times(-4\pi\ \text{rad}\cdot\text{s}^{-2})\times(15\ \text{s})^2\\&=450\pi\ \text{rad}\end{aligned}$$

$$N=\frac{\theta}{2\pi}=\frac{450\pi\ \text{rad}}{2\pi\ \text{rad}}=225(\text{r})$$

（3）在时刻 $t=10$ s 时砂轮的角速度是

$$\begin{aligned}\omega&=\omega_0+\beta t=60\pi\ \text{rad}\cdot\text{s}^{-1}+(-4\pi\ \text{rad}\cdot\text{s}^{-2})\times10\ \text{s}\\&=20\pi\ \text{rad}\cdot\text{s}^{-1}=62.8\ \text{rad}\cdot\text{s}^{-1}\end{aligned}$$

ω 的转向与 ω_0 相同.

在时刻 $t=10$ s 时，砂轮边缘上一点的速度 v 的大小为

$$v=r\omega=0.25\ \text{m}\times20\pi\ \text{rad}\cdot\text{s}^{-1}=15.7\ \text{m}\cdot\text{s}^{-1}$$

v 的方向如图所示，相应的切向加速度和法向加速度分别为

$$a_t=r\beta=0.25\ \text{m}\times(-4\pi\ \text{rad}\cdot\text{s}^{-2})=-3.14\ \text{m}\cdot\text{s}^{-2}$$

$$a_n=r\omega^2=0.25\ \text{m}\times(20\pi\ \text{rad}\cdot\text{s}^{-1})^2=9.87\times10^2\ \text{m}\cdot\text{s}^{-2}$$

边缘上该点的加速度为 $\boldsymbol{a}=\boldsymbol{a}_t+\boldsymbol{a}_n$；$\boldsymbol{a}_t$ 的方向和 $\boldsymbol{v}$ 的方向相反(为什么?)，$\boldsymbol{a}_n$ 的方向指向砂轮的中心. $\boldsymbol{a}$ 的大小为

$$a=|\boldsymbol{a}|=\sqrt{a_t^2+a_n^2}$$
$$=\sqrt{(-3.14\ \mathrm{m}\cdot\mathrm{s}^{-2})^2+(9.87\times10^2\ \mathrm{m}\cdot\mathrm{s}^{-2})^2}=9.88\times10^2\ \mathrm{m}\cdot\mathrm{s}^{-2}$$

$\boldsymbol{a}$ 的方向可用它与 $\boldsymbol{v}$ 所成的夹角 α 表示，则

$$\alpha=\arctan\frac{a_n}{a_t}=\arctan\frac{9.88\times10^2\mathrm{m}\cdot\mathrm{s}^{-2}}{-3.14\ \mathrm{m}\cdot\mathrm{s}^{-2}}=90.18^\circ$$

第三节　刚体定轴转动定律

参照质点力学的讨论方法，本节将研究定轴转动的刚体运动与受力的瞬时关系. 它与质点的牛顿第二定律有着类同的本质含义.

> **讨论 5：**
> 为什么在研究刚体运动时，要研究力矩的作用？

3.1　力矩的定义

质点的运动状态的改变由其所受的合外力引起，质点所受合外力与运动状态改变的瞬时关系由牛顿第二定律 $\boldsymbol{F}=m\boldsymbol{a}$ 给出；m 是物体的质量，衡量质点运动状态改变的难易程度. 其实刚体转动状态的改变也与其受力有关.

以转动教室的门为例，门的把手为什么都装在离转轴最远的边缘？因为门的有效转动，不仅与施力的大小有关，还与施力的方向、施力点与转轴的距离有关. 为了同时能描述力的大小、方向、离转轴的位置这三个要素，人们定义了力矩的矢量.

如图 3.6 所示，作用在定轴转动刚体上的力，只有在作用点转动平面内的分量才可能改变绕该定轴的转动状态. 图中方向任意的外力 $\boldsymbol{F}$ 作用在刚体上的 P 点，$\boldsymbol{F}$ 平行转轴 z 的分量 $\boldsymbol{F}_{/\!/}$ 不会改变绕转轴 z 的转动状态，只有在 P 点转动平面内的分量 $\boldsymbol{F}_\perp$ 有转动效应. 设 P 点对坐标原点 O 的位矢为 $\boldsymbol{r}$，则力 $\boldsymbol{F}$ 对固定轴 z 的力矩 $\boldsymbol{M}_z$ 可表示为

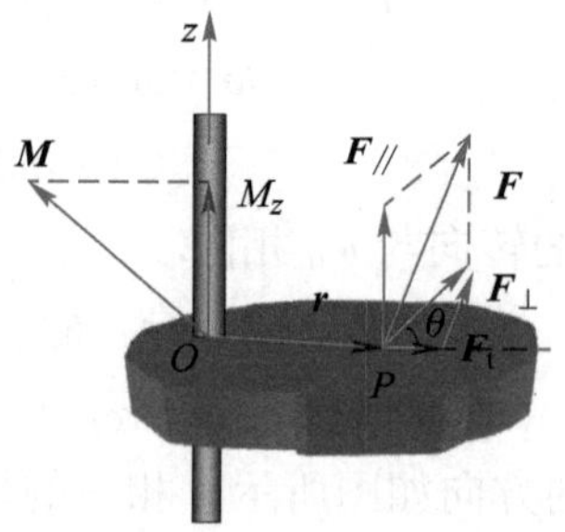

图 3.6　刚体定轴转动时的力矩

$$\boldsymbol{M}_z=\boldsymbol{r}\times\boldsymbol{F}_\perp \qquad (3.12)$$

根据矢量积的定义，力 $\boldsymbol{F}$ 对 O 点的力矩 $\boldsymbol{M}_z$ 的大小为

$$|\boldsymbol{M}_z|=r\cdot F_\perp\cdot\sin\theta \qquad (3.13)$$

式中，θ 为矢径 $\boldsymbol{r}$ 与力 $\boldsymbol{F}_\perp$ 的夹角，$d=r\cdot\sin\theta$ 为转轴到力的作用线垂直距离，称为力对转轴的力臂. 根据矢量积的性质可知，力矩 $\boldsymbol{M}_z$ 的方向在转轴上，只有两个

方向，或沿 z 轴的正向，或沿 z 轴的负向.

讨论 6：

一个有固定轴的刚体，受两个力的作用. 当这两个力的合力为零时，它们对轴的合力矩也一定是零吗？当这两个力对轴的合力矩为零时，它们的合力也一定是零吗？举例说明之.

如图 3.7 所示，在定轴转动中，若刚体受到几个外力的作用，应求合力矩，实验指出，刚体对与同一转轴的合力矩的量值等于这几个力单独作用于刚体的力矩的代数和. 特别指出的是，刚体绕定轴转动时，刚体内各质元之间相互作用的内力，内力对转轴的合力矩为零.

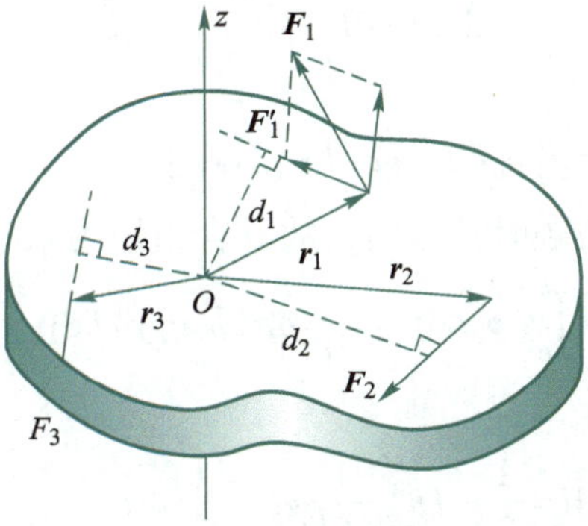

图 3.7　刚体受到几个外力作用的力矩情况

讨论 7：

刚体内各质元间的内力矩之和为什么等于 0？

在国际单位制中，力矩的单位名称是牛顿米，符号为 N · m，力矩的量纲为 ML^2T^{-2}.

［例 3.4］　中国长江三峡大坝是世界上最大的水利工程，其总装机容量为 22 500 MW，坝体挡水前沿总长 2 335 m，坝体总高 185 m，正常蓄水高度为 175 m. 假设水面与三峡大坝表面垂直，如图 3.8(a)所示，求正常蓄水时，水作用在大坝上的力，以及这个力对大坝基点 Q 且与 x 轴平行的轴的力矩.

［解］　如图 3.8(b)所示，设水深为 h、坝长为 L，在坝面上取一面积元 $\mathrm{d}A=L\mathrm{d}y$. 若在此面积元上的压强为 p，则作用在此面积元上的力为

$$\mathrm{d}F=p\mathrm{d}A=pL\mathrm{d}y \tag{1}$$

$\mathrm{d}F$ 的方向与坝面(即 Oxy 平面)垂直. 如果大气压为 p_0，则有

$$p=p_0+\rho g(h-y)$$

式中 ρ 为水的密度，把上式代入式(1)，有

$$\mathrm{d}F=p_0L\mathrm{d}y+\rho g(h-y)L\mathrm{d}y \tag{2}$$

由于作用在坝面上力的方向均相同，所以垂直作用在大坝坝面上的合力为

$$F=\int_0^h p_0 L\mathrm{d}y+\int_0^h \rho g(h-y)L\mathrm{d}y$$

得

$$F=p_0Lh+\frac{1}{2}\rho gLh^2 \tag{3}$$

式中 $p_0=1.01\times10^5\mathrm{Pa}$，代入已知数据得

$$F=\left(1.01\times10^5\times2\ 335\times175+\frac{1}{2}\times1.0\times10^3\times9.8\times2\ 335\times175^2\right)\mathrm{N}\approx3.9\times10^{11}\ \mathrm{N}$$

下面我们来计算此作用力对通过大坝基点 Q 且与 x 轴平行的轴的力矩.

如图 3.8(c)所示，$\mathrm{d}F$ 对通过点 Q 的轴的力矩为

$$\mathrm{d}M=y\mathrm{d}F$$

把式(2) 代入上式，有

$$\mathrm{d}M=y[p_0L\mathrm{d}y+\rho g(h-y)L\mathrm{d}y]$$

由于水作用在大坝上各处的力矩都沿顺时针方向，故其合力矩为

$$M=\int\mathrm{d}M=\int_0^h y\,p_0L\mathrm{d}y+\int_0^h y\rho g(h-y)L\mathrm{d}y$$

得

$$M=\frac{1}{2}p_0Lh^2+\frac{1}{6}\rho gLh^3$$

代入已知数据，得 $M=2.41\times10^{13}\mathrm{N\cdot m}$.

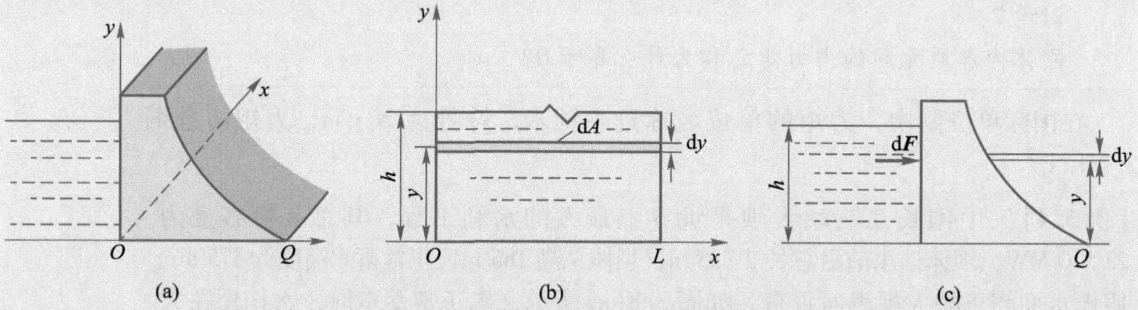

图 3.8 例 3.4 题图

如遇特大洪水袭击，为保证大坝安全，你认为用什么措施可减小大坝所受的力矩？实际大坝迎水面并非平面，一般为凸面，请思考若为凸面，上述计算是否要作大的改动？

3.2 刚体定轴转动定律

本节将讨论影响刚体运动的力矩与刚体定轴转动状态的瞬时关系——刚体定轴转动定律，它与质点力学中的牛顿第二定律相对应.

如图 3.9 所示为一个绕定轴 z 转动的刚体，P 点表示刚体上任意一个质点，其质量为 Δm_i，

P 点离转轴的距离为 r_i. 设刚体绕定轴转动的角速度和角加速度分别为 ω 和 β，此时，质点 P 所受到的合外力为 $\boldsymbol{F}_i$、内力为 $\boldsymbol{F}_i'$，这里的 $\boldsymbol{F}_i'$ 表示刚体中所有其他质点对质点 P 的合力. 为了使问题简化，我们设外力 $\boldsymbol{F}_i$ 和内力 $\boldsymbol{F}_i'$ 都在质点 P 的转动平面内，它们与位矢 $\boldsymbol{r}_i$ 的夹角分别为 φ_i 和 θ_i.

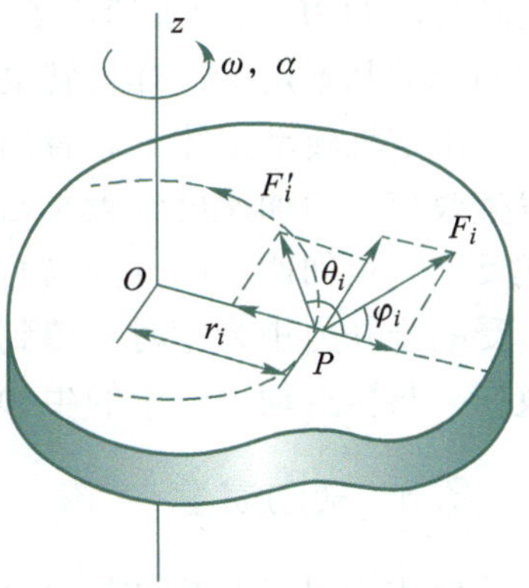

图 3.9 定轴转动刚体上质点的受力

根据牛顿第二定律，可以得出刚体绕定轴转动时，质点 P 的动力学方程为

$$\boldsymbol{F}_i+\boldsymbol{F}_i'=\Delta m_i\frac{\mathrm{d}\boldsymbol{\omega}}{\mathrm{d}t}\times\boldsymbol{r}_i$$

将 $\boldsymbol{F}_i$ 与 $\boldsymbol{F}_i'$ 都在沿 $\boldsymbol{r}_i$ 和垂直 $\boldsymbol{r}_i$ 两方向作正交分解，由于沿 $\boldsymbol{r}_i$ 方向上的力的作用线通过转轴，力矩等于零，能使刚体转动状态发生变化的有效作用分量只有垂直于 $\boldsymbol{r}_i$ 方向上的作用力分量. 考虑有效分量，将上式左边两项投影到垂直 $\boldsymbol{r}_i$ 方向上，并两边同时乘以 $\boldsymbol{r}_i$，则有

$$F_i\sin\phi_i\cdot r_i+F_i'\sin\theta_i\cdot r_i=\Delta m_i r_i^2\beta$$

此式左边的第一项是外力 $\boldsymbol{F}_i$ 对转轴 z 的力矩，而第二项是内力 $\boldsymbol{F}_i'$ 对转轴 z 的力矩，将上式对整个刚体求和，即有

$$\sum F_i\sin\phi_i\cdot r_i+\sum F_i'\sin\theta_i\cdot r_i=\sum\Delta m_i r_i^2\beta$$

由于内力总是成对出现的，而且每对内力大小相等，方向相反，且作用在一条直线上，因此对 z 轴的力矩之和恒为零，故等式左边的第二项为零，等式左边的第一项为刚体所受到的所有外力对轴的力矩的代数和，叫总外力矩，用 M_z 表示总的外力矩. 等式右边的 $\sum\Delta m_i r_i^2$ 只与刚体的形状、质量分布以及转轴的位置有关，也就是说，它只与绕定轴转动的刚体本身的性质和转轴的位置有关，叫做**转动惯量**. 对于绕定轴转动的刚体，它为一常量，以 $\boldsymbol{J}$ 表示，即

$$J=\sum(\Delta m_i r_i^2) \tag{3.14}$$

对于给定的转轴，通常用 J 代替 J_z，这样，就有

$$M_z=J_z\frac{\mathrm{d}\omega}{\mathrm{d}t}=J_z\beta \tag{3.15}$$

讨论 8：

两个同样大小的轮子，质量也相同. 一个轮子的质量均匀分布，另一个轮子的质量主要集中在轮缘，问：

(1) 如果作用在它们上面的外力矩相同，哪个轮子转动的角加速度较大？

(2) 如果它们的角加速度相等，作用在哪个轮子上的力矩较大？

上式表明：刚体绕定轴转动时，刚体对该轴的转动惯量与角加速度的乘积等于作用在刚体上的所有外力对该轴的力矩的代数和. 此式称为**刚体的定轴转动定律**，是刚体转动的动力学基本规律，反映了刚体在合外力矩 M_z 作用时，刚体绕

定轴转动的 M_z 与角加速度 β 之间的瞬时关系，如同牛顿第二定律是解决质点运动问题的基本定律一样，转动定律是解决刚体定轴转动问题的基本定律.

由定轴转动定律不难看出，当刚体所受的合外力矩不为零时，其转动状态会发生改变，角加速度的大小与合外力矩的量值成正比，与刚体对定轴的转动惯量成反比，角加速度的方向与合外力矩的方向一致，都在转轴上. 特别地，当刚体所受的合外力矩为零时，得到 $\beta=0$，故刚体所受合外力矩为零时，其转动状态不改变，与质点动力学中的牛顿第一定律类似.

3.3 转动惯量

把式(3.15)与描述质点运动的牛顿第二定律的数学表达式相对比可以看出，它们的形式很相似：外力矩 $\boldsymbol{M}$ 和外力 $\boldsymbol{F}$ 相对应，角加速度 β 与加速度 $\boldsymbol{a}$ 相对应，转动惯量 J 与质量 m 相对应. 转动惯量的物理意义也可以这样理解：当以相同的力矩分别作用于两个绕定轴转动的不同刚体时，它们所获得的角加速度一般是不一样的，J_z 越大，β 越小，这意味着越难改变其角速度，或者说刚体保持原有转动状态的惯性大；反之，J_z 越小，β 越大，亦即越易改变其角速度，也就是说刚体保持原有转动状态的惯性小，这就表明：转动惯量是描述刚体对定轴转动惯性大小的物理量.

> **讨论 9：**
> 刚体转动惯量的物理意义是什么？它与哪些因素有关？

由 $J=\sum(\Delta m_i r_i^2)$ 可以看出，转动惯量等于刚体上各质元的质量与质元到转轴的距离二次方的乘积之和. 事实上刚体的质量是连续分布的，上述求和可由积分式代替，则：

$$J=\int_V r^2\mathrm{d}m \tag{3.16}$$

式中，r 为刚体质元 $\mathrm{d}m$ 到转轴的垂直距离，转动惯量的单位在国际单位制中为 $\mathrm{kg}\cdot\mathrm{m}^2$，转动惯量的量纲为 ML^2.

分别用 λ、σ 和 ρ 表示刚体的线密度、面密度和体密度，则有：

$$\mathrm{d}m=\begin{cases}\rho\mathrm{d}V & \text{体分布}\\ \sigma\mathrm{d}S & \text{面分布}\\ \lambda\mathrm{d}l & \text{线分布}\end{cases} \tag{3.17}$$

对于转动惯量的理解，我们必须知道转动惯量的概念是相对于某一转轴才有意义，刚体对轴的转动惯量的大小取决于三个因素，即转轴的位置、刚体的质量和质量对轴的分布情况. 转动惯量的这些性质决定了刚体相对一定轴的转动惯量为常量.

必须指出的是，在日常生活和工程实际问题中往往会碰上许多形状复杂的刚体，用理论计算的方法来求解是很困难的，工程实践中都是用实验的方法测定. 但对于一些几何形状规则、质量分布均匀的刚体，我们可以用微积分的思想来分析和求解转动惯量，下面我们举例说明几种简单形状刚体转动惯量的计算.

［例 3.5］ 由长为 l 的轻杆连接的质点，如图 3.10 所示，求质点系对过 A 垂直于该平面的轴的转动惯量.

［解］ 由转动惯量的定义式可得

$$J=2ml^2+3m(2l)^2+(4m+5m)(\sqrt{2}l)^2$$
$$=32ml^2$$

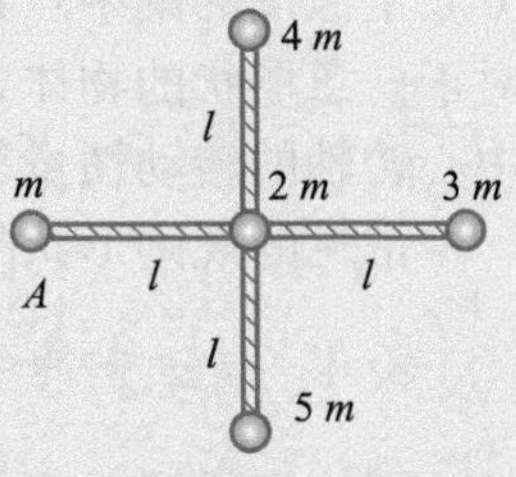

图 3.10 例 3.5 题图

［例 3.6］ 求质量为 m，长为 L 的均匀细棒对下面(1) 和(2) 所给定的转轴的转动惯量：

(1) 转轴通过棒的中心并与棒垂直；

(2) 转轴通过棒的一端并与棒垂直；

［解］ 如图 3.11 所示，在棒上离轴 x 处，取一长度元 dx 如棒的质量线密度为 λ，则长度元的质量 $dm=\lambda dx$，根据转动惯量的定义式有：

(1) 如图 3.11(a)所取坐标，$J_c=\int_{-l/2}^{l/2}x^2\dfrac{m}{l}dx=\dfrac{1}{12}ml^2$

(2) 如图 3.11(b)所取坐标，$J_A=\int_0^l x^2\dfrac{m}{l}dx=\dfrac{1}{3}ml^2$

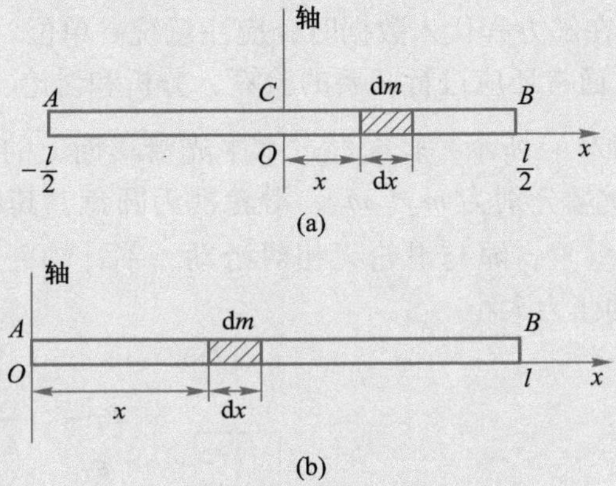

图 3.11 例 3.6 题图

理解刚体的转动惯量应注意几点：

(1) 转动惯量是刚体在转动过程中惯性大小的量度. 这一点与质点动力学中质量 m 的意义类似. 当刚体所受的合外力矩一定时，转动惯量越大，其转动状态就越难改变. 刚体的转动惯量与刚体的质量有关，与质量相对转轴的分布有关，即与刚体的大小和形状有关.

(2) 刚体的转动惯量与转轴的位置有关. 例如，同一根匀质细棒，对不同的转轴，转动惯量有不同的值. 因而转动惯量必须对特定的转轴，若不指明转轴，转动惯量无实在意义.

(3) 工程上常用到与转动惯量有关的回转半径的概念(回转半径是指物体微分质量假设的集中点到转轴的距离，其大小等于转动惯量除以总质量再开平方). 对于任意形状的物体，设想它的全部质量 m 集中在半径为 R 的圆环上，该圆环对中心转轴的转动惯量等于物体对同一轴的转动惯量 J_z.

常见的规则形状的刚体的转动惯量见本章附录.

3.4 转动定律的应用举例

刚体中的转动定律与质点中的牛顿运动定律的地位和作用是相同的，应用转动定律求解刚体问题的思路与牛顿定律求解质点的问题的思路也相同，基本解题步骤相似，可以概括如下：

(1) 隔离物体，分析受力或力矩. 首先根据题意确定研究对象，并分别把每个研究对象与其他物体隔离开来，对质点类研究对象分析受力，而对刚体类研究对象分析受力矩，单独作出每个研究对象的受力或力矩示意图.

(2) 选定坐标，列出方程. 选择合适的坐标系，将给计算带来很大方便. 坐标轴的方向尽可能地与多数矢量平行或垂直. 对质点，根据牛顿第二定律和牛顿第三定律列出方程式；对刚体，则根据转动定律列方程，并就描述运动的角量与线量关系列出方程，所列方程式个数应与未知量的数量相等.

(3) 列辅助方程. 若方程式的数目少于未知量的个数，则应由运动学和几何学的知识列出补充的方程式.

(4) 求解方程. 在解方程代入数据时，应注意统一单位.

(5) 解得结果后通常还应进行必要的验算、分析和讨论.

[例 3.7] 如图 3.12(a)所示，轻绳经过水平光滑桌面上的定滑轮 C 连接两物体 A 和 B，A、B 质量分别为 m_A、m_B，滑轮视为圆盘，其质量为 m_C，半径为 R，AC 水平并与轴垂直，绳与滑轮无相对滑动，不计轴处摩擦，求 B 的加速度，AC、BC 间绳的张力大小.

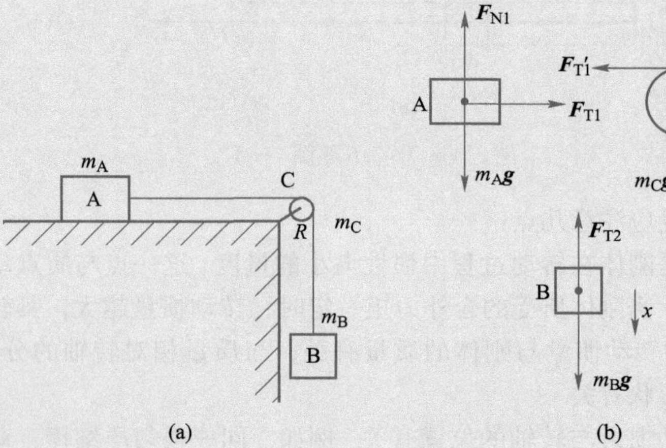

图 3.12 例 3.7 题图

[解]　选题目的：牛顿定律、转动定律及质点运动学知识综合应用.

质点受力、刚体受力矩分析，如图 3.12(b)所示：

m_A：重力 $m_A\boldsymbol{g}$，桌面支持力 $\boldsymbol{F}_{N1}$，绳的拉力 $\boldsymbol{F}_{T1}$；

m_B：重力 $m_B\boldsymbol{g}$，绳的拉力 $\boldsymbol{F}_{T2}$；

m_C：重力 $m_C\boldsymbol{g}$，轴作用力 $\boldsymbol{F}_{N2}$，绳作用力 $\boldsymbol{F}'_{T1}$、$\boldsymbol{F}'_{T2}$.

取物体运动方向为正. 由牛顿运动定律及刚体转动定律得

$$\begin{cases} F_{T1}=m_A a \\ m_B g-F_{T2}=m_B a \\ F'_{T2}R-F'_{T1}R=\dfrac{1}{2}m_C R^2\beta \end{cases}$$

又因为 $F'_{T1}=F_{T1}$，$F'_{T2}=F_{T2}$，$a=R\beta$，

$$\text{解得}\begin{cases} a=\dfrac{m_B g}{m_A+m_B+\dfrac{1}{2}m_C} \\ F_{T1}=\dfrac{m_A m_B g}{m_A+m_B+\dfrac{1}{2}m_C} \\ F_{T2}=\dfrac{\left(m_A+\dfrac{1}{2}m_C\right)m_B g}{m_A+m_B+\dfrac{1}{2}m_C} \end{cases}$$

讨论 10：

不计 m_C，意味着 $J_C=\dfrac{1}{2}m_C R^2=0$，问题退回到质点力学，可得

$$\begin{cases} a=\dfrac{m_B g}{m_A+m_B} \\ F_{T1}=F_{T2}=\dfrac{m_A m_B g}{m_A+m_B} \end{cases}$$

[例 3.8]　如图 3.13(a)所示，一质量为 m、长为 l 的匀质细杆，可绕垂直于竖直平面、穿过 O 点的转轴转动，转轴距 A 端 $l/3$，今使杆从静止开始由水平位置绕 O 点转动，求：

(1) 水平位置时的角速度和角加速度.

(2) 垂直位置时的角速度和角加速度.

[解]　(1) 对杆进行受力矩分析，杆 AB 均匀，可有两种分析其所受力矩思路：

思路一：如图 3.13(b)所示，把 AB 看成整体，重力矩作用在质量中心所在

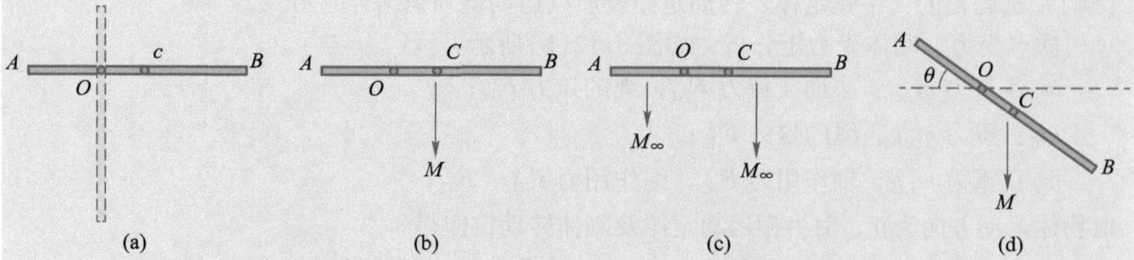

图 3.13　例 3.8 题图

位置 C 处：$M_O=\dfrac{l}{6}mg.$

思路二：如图 3.13(c)所示，从 O 点将杆分成 AO、OB 两部分，杆分别受作用在 AO、OB 中心处的两个方向相反的重力矩作用，此时：

$$M_O=M_{OB}-M_{AO}=\frac{2}{3}mg\cdot\frac{2}{6}l-\frac{1}{3}mg\cdot\frac{1}{6}l=\frac{l}{6}mg$$

两种思路计算的力矩相同.

利用本章附录中的平行轴定理：$J_O=J_C+md^2$，可得

$$J_O=\frac{1}{12}ml^2+m\left(\frac{l}{6}\right)^2=\frac{1}{9}ml^2$$

因杆由静止开始转动，所以角速度：$\omega_0=0$. 根据刚体定轴转动的转动定律 $M_z=J_z\beta$ 可得

$$\beta=\frac{M_O}{J_O}=\frac{mgl/6}{ml^2/9}=\frac{3g}{2l}$$

(2) 设棒在任意时刻位置如图 3.13(d)所示，由转动定律可得

$$mg\,\frac{l}{6}\cos\theta=\frac{1}{9}ml^2\,\frac{\mathrm{d}\omega}{\mathrm{d}t}=\frac{1}{9}ml^2\omega\,\frac{\mathrm{d}\omega}{\mathrm{d}\theta}$$

$$\omega\,\mathrm{d}\,\omega=\frac{3g}{2l}\cos\theta\,\mathrm{d}\,\theta$$

两边积分得

$$\int_0^{\omega}\omega\,\mathrm{d}\,\omega=\int_0^{\frac{\pi}{2}}\frac{3g}{2l}\cos\theta\,\mathrm{d}\,\theta$$

$$\omega=\sqrt{\frac{3g}{l}}$$

因杆在垂直位置时力矩为零，根据转动定律可得角加速度 $\beta=0$.

[例 3.9]　一半径为 R、质量为 m 的均匀圆盘平放在粗糙的水平面上. 若它的初速度为 ω_0，绕中心 O 旋转，问经过多长时间圆盘才停止.（设摩擦系数为 μ.）

[解]　圆盘受力矩分析：撤去外力后，盘在摩擦力矩作用下最终停止转动.

特点是：不同半径处的摩擦力矩不同，根据半径的不同，计算出其摩擦力矩，最后求总摩擦力矩.

圆盘的质量密度为 $\sigma=\dfrac{m}{\pi R^2}$，取半径为 r 宽为 $\mathrm{d}r$ 的质元（如图 3.14 所示），质元的质量 $\mathrm{d}m=\sigma 2\pi r\mathrm{d}r$，它受到的摩擦力矩为

$$\mathrm{d}M=\mathrm{d}F\cdot r=\mu \mathrm{d}mg\cdot r$$

图 3.14　例 3.9 题图

由于：

$$\mathrm{d}m=\frac{m}{\pi R^2}\cdot 2\pi r\cdot \mathrm{d}r=\frac{2mr\mathrm{d}r}{R^2}$$

则

$$\mathrm{d}M=\frac{2m\mu g r^2\mathrm{d}r}{R^2}$$

两边积分可得

$$M=\int \mathrm{d}M=\int_0^R\frac{2\mu mgr^2\mathrm{d}r}{R^2}=\frac{2}{3}\mu mgR$$

由转动定律

$$-M=J\frac{\mathrm{d}\omega}{\mathrm{d}t}$$

$$-\frac{2}{3}\mu mgR=\frac{1}{2}mR^2\frac{\mathrm{d}\omega}{\mathrm{d}t}$$

$$\mathrm{d}t=-\frac{3R}{4\mu g}\mathrm{d}\omega$$

两边积分得

$$\int_0^t \mathrm{d}t=-\int_{\omega_0}^0\frac{3R}{4\mu g}\mathrm{d}\omega$$

$$t=\frac{3R\omega_0}{4\mu g}$$

第四节　刚体定轴转动的动能定理

力作用于质点的空间累积会改变质点运动状态，力矩作用于刚体的空间累积也会改变刚体的转动状态. 本节将讨论力矩作用于刚体上的空间累积的物理量的形式、改变的刚体运动状态的形式及它们之间的相互关系.

4.1 力矩的功

当质点在外力作用下发生位移时，力就对质点做了功. 与之相似，刚体在外力矩作用下转动时，力矩也对刚体做功. 在刚体转动时，作用力可以作用在刚体上不同的点上，只有将各个力所做的功累加起来，才能求得力对刚体所做的功. 由于在转动的研究中，使用角量比线量更为方便，因此，在功的表达式中以力矩的形式出现，力做的功也就变成了力矩的功.

如图 3.15 所示，将力 $\boldsymbol{F}$ 沿平行于 z 轴和与 z 轴垂直(力的作用点所在转动平面内)进行分解，设平行于 z 轴的分力表示为 $\boldsymbol{F}_{/\!/}$，垂直于 z 轴的分力表示为 $\boldsymbol{F}_{\perp}$，如图所示. 由于力 $\boldsymbol{F}_{/\!/}$ 垂直于力作用点的转动平面，也就与作用点运动的位移垂直，故力 $\boldsymbol{F}_{/\!/}$ 不做功. 当刚体转动时，设力 $\boldsymbol{F}$ 的作用点移动的位移元为 $\mathrm{d}\boldsymbol{r}$，对应的元路程为 $\mathrm{d}s$，对应的角位移为 $\mathrm{d}\theta$，则力 $\boldsymbol{F}_{\perp}$ 在元位移 $\mathrm{d}\boldsymbol{r}$ 上的元功为

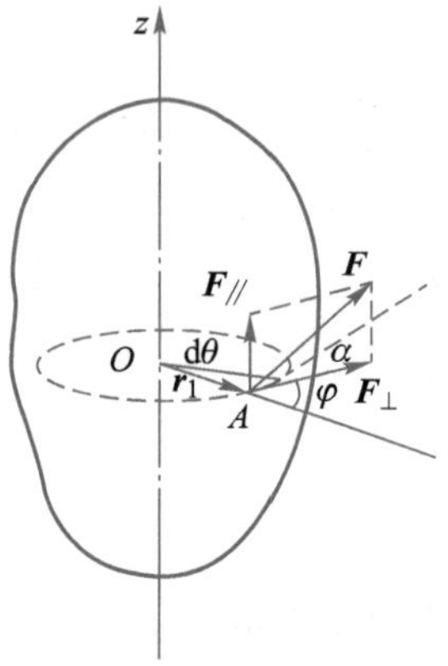

图 3.15 刚体上作用力的分解

$$\mathrm{d}A=\boldsymbol{F}_{\perp}\cdot\mathrm{d}\boldsymbol{r}=F_{\perp}\cos\alpha\cdot\mathrm{d}s$$

因 $\mathrm{d}s=r\mathrm{d}\theta$，$\mathrm{d}\theta$ 表示与 $\mathrm{d}s$ 相对应的角坐标的微分，代入上式得

$$\mathrm{d}A=F_{\perp}\cos\alpha(r\mathrm{d}\theta)=(F_{\perp}\sin\varphi\cdot r)\mathrm{d}\theta$$

式中 φ 是矢径 $\boldsymbol{r}$ 与力 $\boldsymbol{F}_{\perp}$ 之间的夹角，它和 $\boldsymbol{F}_{\perp}$ 与 $\mathrm{d}s$ 之间的夹角 α 互为余角，$M_z=(F_{\perp}\sin\varphi\cdot r)$，故有

$$\mathrm{d}A=M_z\mathrm{d}\theta \tag{3.18}$$

即作用在定轴转动刚体上的力 $\boldsymbol{F}$ 的元功，等于该力对转轴的力矩与刚体的角位移元的乘积，也称为力矩的元功.

定轴转动的刚体角位移由 φ_1 转到 φ_2 的过程中，力矩 M_z 所做的总功为

$$A=\int_{\varphi_1}^{\varphi_2}M_z\mathrm{d}\varphi \tag{3.19}$$

当刚体转动时，力所做的功等于该力对转轴的力矩对角坐标的积分，由于功用力矩和角位移表示，又称力矩的功，本质上仍是力做的功.

若式中的力矩为常量，力矩所做的功为

$$A=M_z\int_{\varphi_1}^{\varphi_2}\mathrm{d}\varphi=M_z\Delta\varphi \tag{3.20}$$

即恒力矩的功等于力矩与角位移的乘积.

将式两边除以 $\mathrm{d}t$，即得到力矩的功率：

$$P=\frac{\mathrm{d}A}{\mathrm{d}t}=M_z\frac{\mathrm{d}\varphi}{\mathrm{d}t}=M_z\omega \tag{3.21}$$

即力矩的功率等于力矩与角速度的乘积.

4.2 刚体定轴转动的动能

刚体在定轴转动时的动能应该是组成刚体的各个质点的动能之和. 设刚体绕定轴 z 转动，转动惯量为 J_z，在某时刻 t 的角速度为 ω、角加速度为 β，刚体由许许多多的质点构成，现研究第 i 个质元，设其质量为 Δm_i，速度为 v_i，离轴的垂直距离为 r_i，则该质点的动能为

$$\frac{1}{2}\Delta m_i v_i^2=\frac{1}{2}\Delta m_i r_i^2\omega^2$$

考虑到刚体定轴转动时，各个质点都作圆周运动，则它的线速度为 $v_i=\omega r_i$.

因此，整个刚体的动能为

$$E_{\mathrm{k}}=\sum_i\frac{1}{2}\Delta m_i v_i^2=\frac{1}{2}\left(\sum_i\Delta m_i r_i^2\right)\omega^2$$

式中，$\sum\Delta m_i r_i{}^2$ 正是刚体对转轴的转动惯量为 J_z，所以刚体定轴转动的动能为

$$E_{\mathrm{k}}=\sum E_{\mathrm{k}i}=\frac{1}{2}J_z\omega^2 \tag{3.22}$$

式中的动能是刚体因转动而具有的动能，因此叫**刚体定轴转动的动能**. 即有刚体绕定轴转动的动能等于刚体对此轴的转动惯量与角速度平方乘积的一半. 与物理平动动能$\frac{1}{2}mv^2$ 相比较，二者形式上十分相似. 其中转动惯量 J_z 与惯性质量 m 对应，角速度 ω 与线速度 v 对应. 由于转动惯量与轴的位置有关，所以转动动能也与轴的位置有关.

4.3 刚体定轴转动的动能定理

根据刚体定轴转动定律，在转动惯量不变的情况下有

$$M_z=J_z\frac{\mathrm{d}\omega}{\mathrm{d}t}=\frac{\mathrm{d}(J_z\omega)}{\mathrm{d}t}$$

将上式两边同时乘以 $\mathrm{d}\theta$，又因为 $\mathrm{d}A=M_z\mathrm{d}\theta$，上式改写为

$$\mathrm{d}A=M_z\mathrm{d}\theta=J_z\omega\mathrm{d}\omega \tag{3.23}$$

如果刚体的角速度由 t_1 时刻的 ω_1 变为 t_2 时刻的 ω_2，则在此过程中总外力矩对刚体所做的总功为

$$A=\int M_z\mathrm{d}\theta=\int_{\omega_1}^{\omega_2}J_z\omega\mathrm{d}\omega=\frac{1}{2}J_z\omega_2^2-\frac{1}{2}J_z\omega_1^2 \tag{3.24}$$

这一公式与质点的动能定理极为相似，我们称其为**刚体绕定轴转动的动能定理**. 它说明，**合外力矩对一个绕固定轴转动的刚体所做的功等于它对轴的转动动能的增量**.

刚体转动的动能定理在工程上的应用很多，为了储能，许多机器都配置有飞轮，转动的飞轮因转动惯量很大，可以把能量以转动的动能的形式储存起来，在需要做功的时候再释放出来. 例如，冲床在钻孔时，冲力很大，如果由电动机直

接带动冲头，电机将无法承受这么大的负荷，因此，中间要减速箱和飞轮储能装置. 电动机通过减速箱带动飞轮转动，使飞轮储有$\frac{1}{2}J_z\omega^2$的动能，在钻孔时，由飞轮带动冲头对钢板冲孔做功，使飞轮转动的动能减少，这就是刚体动能定理的应用. 利用转动飞轮释放能量，可以大大减少电机的负荷，从而解决上述的矛盾.

4.4 刚体的重力势能

如果刚体受到保守力的作用，也可以像质点一样引入势能的概念. 例如，重力场中的刚体就具有一定的重力势能，其重力势能的量值就是它的各质元重力势能的总和. 对于质量为 m 的刚体，它的重力势能为

$$E_p = \sum_i \Delta m_i g h_i = g\sum_i \Delta m_i h_i$$

根据质心的定义，此刚体的质心的高度 h_c应为

$$h_c = \frac{\sum_i \Delta m_i h_i}{m}$$

所以，上式可以写成：

$$E_p = mgh_c \tag{3.25}$$

这一结果表明：刚体的重力势能和它全部质量都集中在质心时所具有的势能一样.

对于包括有刚体的系统，如果在运动过程中，只有保守内力做功，则这个系统的机械能也应该守恒. 下面举例来应用前面所学的知识.

解题指导：与转动定律解题一样，在一般情况下，需通过以下步骤求解：

① 确定研究对象，分析受力或受力矩. 质点进行受力分析、刚体受力矩分析；

② 依据受力或受力矩情况，合理划分物理过程，确定各个过程满足的物理定理（或定律）. 解题时可以重点分析和说明与使用定理（或定律）有关的力和力矩的情况；

③ 元功表达式的建立. 根据物理过程中力随位置变化的关系（或力矩随角位置的变化关系），分别写出力对质点做功的元功表达式、力矩对刚体做功的元功表达式；

④ 计算做功的力（或力矩）. 选定积分变量、确定积分限，最后进行积分运算求出功；

⑤ 应用物理定理（定律）求结果. 按各个分物理过程，对质点和刚体分别用对应确定满足的物理定理列方程求解. 若涉及保守内力做功，刚体的重力势能由其质心的势能变化决定.

[**例 3.10**]　一质量为 m'、半径 R 的圆盘，盘上绕有细绳，一端挂有质量为 m 的物体. 设细绳不伸长且与滑轮间无相对滑动，问物体由静止下落高度 h 时其速度为多大?

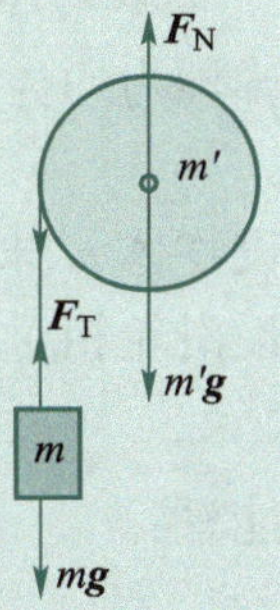

图 3.16　例 3.10 题图

[**解**]　分别对重物和圆盘进行受力和受力矩分析. 重物 m 受重力和向上的绳子的张力 F_T，滑轮受绳子拉力 F_T 的力矩作用，如图 3.16 所示.

对圆盘，根据刚体定轴转动的动能定理:

$$A=\int M_z\mathrm{d}\theta=\int_{\omega_1}^{\omega_2}J_z\omega\mathrm{d}\omega=\frac{1}{2}J_z\omega_2^2-\frac{1}{2}J_z\omega_1^2 \qquad (1)$$

由于圆盘受恒定外力 F_T 作用，力矩为半径 R，所以圆盘力矩大小为 $M_z=F_TR$，可得

$$F_TR\Delta\varphi=\frac{1}{2}J\omega^2-\frac{1}{2}J\omega_0^2 \qquad (2)$$

对物体，由质点动能定理可得

$$mgh-F_Th=\frac{1}{2}mv^2-\frac{1}{2}mv_0^2 \qquad (3)$$

由线量与角量关系：$v=R\omega$，$h=R\Delta\varphi$

初始条件：$v_0=0$，$\omega_0=0$，$J=m'R^2/2$

联立(1)(2)(3)式解得

$$v=2\sqrt{\frac{mgh}{m'+2m}}$$

[**例 3.11**]　如图 3.17 所示，已知滑轮的质量为 m_0，半径为 R. 斜面的倾角为 θ，斜面上物体的质量为 m，物体与斜面间光滑；弹簧的弹性系数为 k. 现将物体从静止释放，释放时弹簧无形变. 设细绳不伸长且与滑轮间无相对滑动，忽略轴间摩擦阻力矩，求物体沿斜面下滑 x 时的速度.（滑轮视作薄圆盘.）

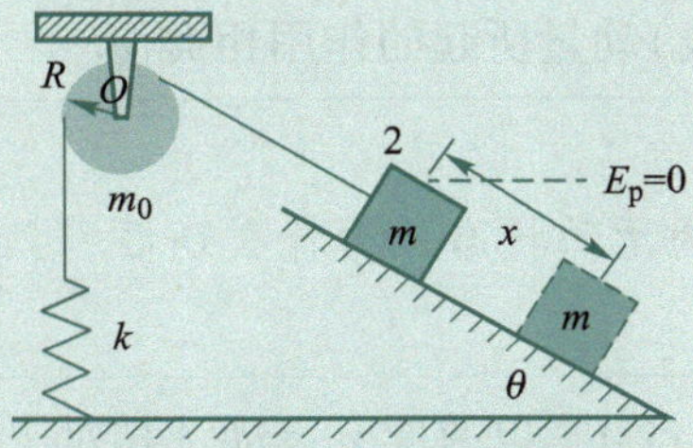

图 3.17　例 3.11 题图

［解］ 选取物体 m、滑轮 m_0、弹簧 k 和地球为系统. 分析受力和力矩：只有重力和弹性力均为系统保守内力，其他外力和非保守内力均不做功，系统机械能守恒.

设物体 m 未释放时为初态，此时重力势能为零. 当 m 下滑 x 后为终态.

设滑轮相对于零势点的重力势能为 E_p'，初态能量为

$$E_{k0}+E_{p0}=0+E_p' \tag{1}$$

终态能量：

$$E_k+E_p=\left(\frac{1}{2}mv^2+\frac{1}{2}J_0\omega^2\right)+\left(\frac{1}{2}kx^2-mgx\sin\theta+E_p'\right) \tag{2}$$

已知：$v=R\omega$，$J_M=\dfrac{1}{2}m_0R^2$

联立式(1)（2）解得

$$v=\sqrt{\frac{4\left(mgx\sin\theta-\dfrac{1}{2}kx^2\right)}{2m+m_0}}$$

第五节 刚体定轴转动的角动量定理和角动量守恒定律

在研究力对质点的作用时，考虑力对时间的累积作用引出动量定理，从而得到动量守恒定律. 力矩对时间的累积同样会改变刚体的转动状态. 本节要讨论表示力矩对时间积累的物理量的形式、与其对应的运动状态表示的物理量及它们之间的关系. 本节先定义质点对给定点的角动量定理和角动量守恒定律.

5.1 质点的角动量定理和角动量守恒定律

在研究物体平动时，我们用动量来描述机械运动的状态，并讨论了在机械运动过程中所遵循的动量守恒定律. 同样，在研究物体转动时，我们也可以用角动量(也称动量矩)来描述物体的运动状态. 角动量是一个很重要的概念，在转动问题中，它所起的作用和(线)动量所起的作用相类似.

讨论 11：

动量可以描述物体的运动状态，为什么还要引入角动量来描述物体的运动状态？

设有一质量为 m 的质点 A，以速度 $\boldsymbol{v}$ 运动，相对于坐标原点 O 的位置矢量为 $\boldsymbol{r}$，如图 3.18 所示，则质点对坐标原点 O 的角动量定义为该质点的位置矢量与动量的矢量积，即

$$L_O=r\times P \qquad (3.26)$$

根据矢量积的定义，质点对 O 点角动量大小为

$$|L_O|=|r|m|v|\sin\alpha \qquad (3.27)$$

式中 α 为质点动量与质点位置矢量的夹角. 质点对 O 点的角动量垂直于 r 与 mv 构成的平面，方向可以用右手螺旋定则来确定，角动量的单位为kg · m²/s.

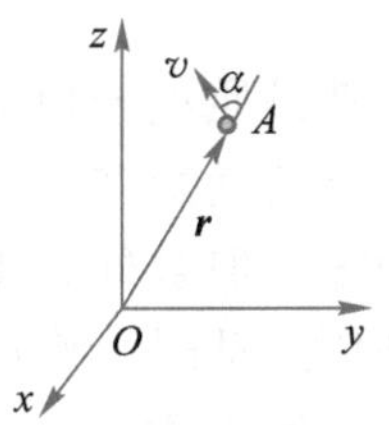

图 3.18　质点的角动量的定义

> **讨论 12：**
> 一个质点作直线运动，它的角动量是否一定等于0?

角动量不仅与质点的运动有关，还与参考点有关. 对于不同的参考点，同一质点有不同的位置矢量，因而角动量也不相同. 因此在说明一个质点的角动量时，必须指明是相对于哪一个参考点而言的. 角动量的定义式 $L=r\times P=r\times mv$ 与力矩的定义式 $M=r\times F$ 形式相同，故角动量有时也称为动量矩——动量对转轴的矩. 在定义了质点的角动量之后，我们将引入质点的角动量定理（讨论质点在力矩的作用下，其角动量如何变化）.

设质点的质量为 m，在合力 F 的作用下，相对于坐标原点 O 的位置矢量为 r，速度为 v，根据质点角动量定义有

$$L=r\times P=r\times mv$$

对上式两边对时间求导则有 $\dfrac{dL}{dt}=\dfrac{d(r\times mv)}{dt}$

即有

$$\frac{d(r\times mv)}{dt}=r\times\frac{d(mv)}{dt}+mv\times\frac{dr}{dt}$$

考虑到：

$$v\times\frac{dr}{dt}=v\times v=0$$

得

$$\frac{dL}{dt}=r\times F=M$$

即

$$M dt=dL \qquad (3.28)$$

(3.28)式称为质点的角动量定理. 我们也将它称为质点的角动量定理的微分形式. 若外力矩 M 从 t_1 到 t_2 作用一段时间，则有

$$\int_{t_1}^{t_2} M dt=\int_{L_1}^{L_2} dL=L_2-L_1 \qquad (3.29)$$

式中，L_1 和 L_2 分别为质点在 t_1 和 t_2 时刻的角动量，$\int_{t_1}^{t_2} M dt$ 称为该时间内质点的冲量矩，或力矩的冲量，又称为角冲量. 我们称(3.29)式为刚体定轴转动的角动量定理的积分形式. 该式表示定轴转动刚体所受的力矩的冲量等于其角动量的增量.

从质点的角动量定理不难看出，当质点所受的对参考点的合外力矩为零时，质点对该参考点的角动量为一常矢量，即 $M=0$，则

$$\boldsymbol{L}=\boldsymbol{r}\times m\boldsymbol{v}=\text{常矢量} \tag{3.30}$$

这就是质点的角动量守恒定律.

质点角动量守恒的条件是$\boldsymbol{M}=\boldsymbol{0}$，这可能有两种情况：一是合力为零；二是合力不为零，但合外力矩为零. 例如，质点作匀速圆周运动就是这种情况. 质点作匀速圆周运动时，作用于质点的合力是指向圆心的所谓有心力，故其对圆心的力矩为零，所以质点作匀速圆周运动时，它对圆心的角动量是守恒的. 不仅如此，只要作用于质点的力是有心力，有心力对力心的力矩总是零，所以，在有心力作用下质点对力心的角动量都是守恒的. 太阳系中行星的轨迹为椭圆，太阳位于两焦点之一，太阳作用于行星的引力是指向太阳的有心力，因此如以太阳为参考点O，则行星的角动量是守恒的.

5.2 刚体定轴转动的角动量定理和角动量守恒定律

当刚体以角速度ω绕定轴转动时，刚体上每个质点都在垂直于z轴的各自转动平面内以相同的角速度绕转轴转动，如图 3.19 所示，在刚体上任取一质点P，其质量设为m_i、速度为$\boldsymbol{v}_i$、到转轴的垂直距离为$\boldsymbol{r}_i$，则它对转轴的角动量为$\boldsymbol{L}_i=m_i r_i^2\omega\boldsymbol{k}$，因此整个刚体对转轴的角动量就是刚体上所有质点对转轴的角动量之和，即

$$L_z=\sum m_i r_i^{\ 2}\omega=\left(\sum m_i r_i^{\ 2}\right)\omega$$

引入转动惯量，刚体的角动量可写成：

$$L_z=J_z\omega \tag{3.31}$$

上式表明绕定轴转动的刚体对z轴的角动量等于刚体对该轴的转动惯量与角速度的乘积. 其方向与角速度的方向一致，与转轴平行.

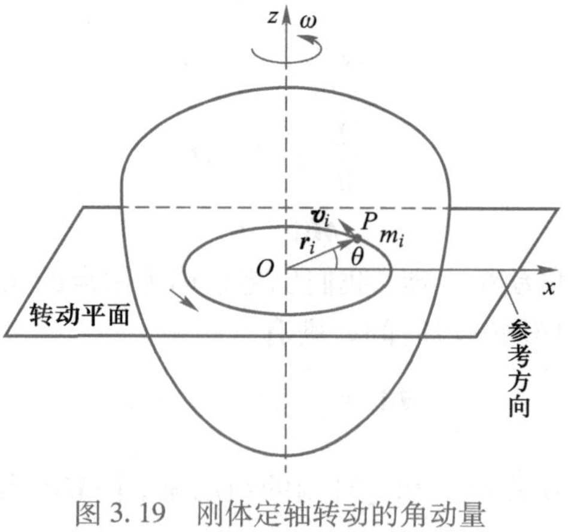

图 3.19 刚体定轴转动的角动量

第二章我们研究了力的时间累积作用使质点的动量发生变化，那么力矩对时间的累积作用对定轴转动的刚体会产生什么效果呢？

设作用在第i个质点m_i上的合力矩$\boldsymbol{M}_{zi}$应等于质点的角动量随时间的变化率，

即 $\boldsymbol{M}_{zi}=\dfrac{\mathrm{d}\boldsymbol{L}_{zi}}{\mathrm{d}t}=\dfrac{\mathrm{d}(m_i r_i^2\boldsymbol{\omega})}{\mathrm{d}t}$式中 $\boldsymbol{M}_{zi}$为包含刚体所受的外力矩和内力矩之和，但对绕定轴转动的刚体来说，刚体内各质点的内力矩之和应为零，故由上式可得作用于绕定轴 z 转动刚体的合外力矩 $\boldsymbol{M}_z$为

$$\boldsymbol{M}_z=\sum\boldsymbol{M}_{外}=\frac{\mathrm{d}(\sum m_i r_i^2\boldsymbol{\omega})}{\mathrm{d}t}\boldsymbol{k}=\frac{\mathrm{d}(J_z\omega)}{\mathrm{d}t}\boldsymbol{k}$$

即刚体绕某定轴转动作用于刚体的合外力矩等于刚体绕此定轴的角动量随时间的变化率. 将上式改写为

$$\boldsymbol{M}_z\mathrm{d}t=\mathrm{d}\boldsymbol{L}_z \tag{3.32}$$

积分得

$$\int_{t_1}^{t_2}\boldsymbol{M}_z\mathrm{d}t=\int_{L_1}^{L_2}\mathrm{d}\boldsymbol{L}_z=\boldsymbol{L}_2-\boldsymbol{L}_1 \tag{3.33}$$

式中$\boldsymbol{L}_1$和$\boldsymbol{L}_2$分别为刚体在时刻 t_1和 t_2的角动量，$\int_{t_1}^{t_2}\boldsymbol{M}_z\mathrm{d}t$ 为刚体在时间间隔 t_1到 t_2内所受的冲量矩.

定轴转动刚体的动量矩在某一时间段内的增量，等于同一时间段内作用在刚体上的冲量矩，这就是刚体定轴转动的角动量定理.

讨论 13：
系统的动量守恒和角动量守恒的条件有何不同？

如若作用在刚体上的所有外力矩矢量和为零，即$\boldsymbol{M}_z\mathrm{d}t=0$，则

$$\boldsymbol{J}_z\cdot\boldsymbol{\omega}=常矢量 \tag{3.34}$$

上式表明：当刚体所受的合外力矩为零，或者不受合外力的作用时，刚体的角动量保持不变，这就是刚体定轴转动的角动量守恒定律.

5.3 角动量定理和角动量守恒定律的应用

解题指导：与转动定律解题一样，在一般情况下，需通过以下步骤求解：

① 确定研究对象，分析受力或受力矩，对质点进行受力分析、对刚体进行受力矩分析；

② 依据受力或受力矩情况，合理划分物理过程，确定各个过程满足的物理定理(或定律). 解题时可以重点分析和说明与使用定理(或定律)有关的力和力矩的情况；

③ 根据题意计算出定理中需用到的相关物理量，对需要求解的内容进行合理的设定；

④ 根据物理定理(定律)列出方程求解，注意方程中的各量应是相对同一转轴的；

⑤ 对结果进行必要的讨论和作答.

[例 3.12] 有一质量为 m_1、长为 l_1 的均匀细棒，静止平放在滑动摩擦系数为 μ 的水平桌面上，它可绕通过其端点 O 且与桌面垂直的固定光滑轴转动. 另有一水平运动的质量为 m_2 的小滑块，从侧面垂直于棒与棒的另一端 A 相碰撞，设碰撞时间极短. 已知小滑块在碰撞前后的速度分别为 $\boldsymbol{v}_1$ 和 $\boldsymbol{v}_2$，如图 3.20 所示，求碰撞后从细棒开始转动到停止转动的过程所需的时间.（已知棒绕 O 点的转动惯量 $J_z=\frac{1}{3}ml_1{}^2$.）

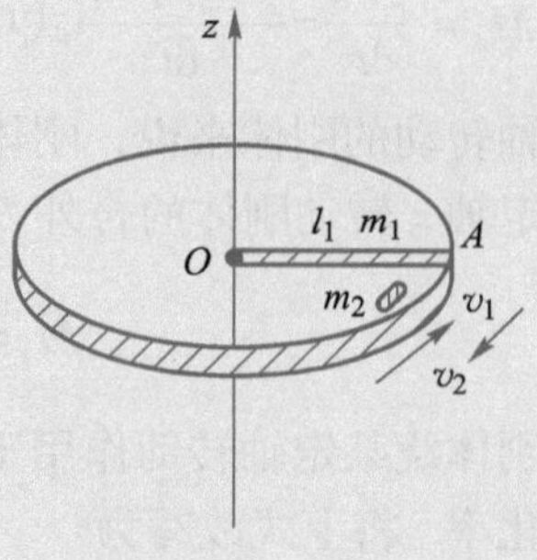

图 3.20 例 3.12 题图

[解] 对棒和滑块系统，在碰撞过程中，由于碰撞时间极短，所以棒所受的摩擦力矩远远小于滑块的冲力矩. 故可认为合外力矩为零，因而系统的角动量守恒，即

$$m_2v_1l_1=-m_2v_2l_1+\frac{1}{3}m_1l_1^2\omega$$

碰后棒在转动过程中所受的摩擦力矩为

$$M_f=\int_0^{l_1}-\mu g\frac{m_1}{l_1}x\mathrm{d}x=-\frac{1}{2}\mu m_1gl_1$$

式中 x 为棒上长度为 $\mathrm{d}x$ 的质量微元到轴的垂直距离，由角动量定理可得：

$$\int_0^t M_f\mathrm{d}t=0-\frac{1}{3}m_1l_1^2\omega$$

联立上式解得

$$t=2m_2\frac{v_1+v_2}{m_1g\mu}$$

[例 3.13] 质量为 m'、长为 $2l$ 的均质细棒，在竖直平面内可绕中心轴转动. 开始棒处于水平位置，一质量为 m 的小球（$m\ll m'$）以速度 $\boldsymbol{u}$ 垂直落到棒的一端上. 设碰撞为弹性碰撞，求碰后小球的回跳速度 $\boldsymbol{v}$ 以及棒的角速度.

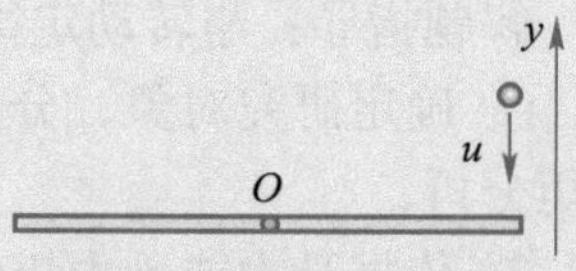

图 3.21 例 3.13 题图

[解] 建立如图 3.21 的坐标系，把棒和小球看成一个系统，因为 $m\ll m'$ 所以小球重力可以忽略，系统受到棒的重力和转轴对棒的支持力，两个力都通过支点，力矩为零，因此，系统角动量守恒，由系统角动量守恒：$-mul=-J\omega+mvl$

在小球下落过程中，对小球与地球系统，只有重力做功，所以系统机械能守恒，根据机械能守恒可得

$$\frac{1}{2}mu^2=\frac{1}{2}mv^2+\frac{1}{2}J\omega^2$$

即有：$v=\dfrac{u(m'-3m)}{m'+3m}$

[例 3.14] 如图 3.22 所示，一长为 l、质量为 m'的杆可绕支点 O 自由转动. 一质量为 m、速度为 $\boldsymbol{v}$ 的子弹射入距支点为 a 的棒内. 棒偏转角为 30°，问子弹的初速度是多少？

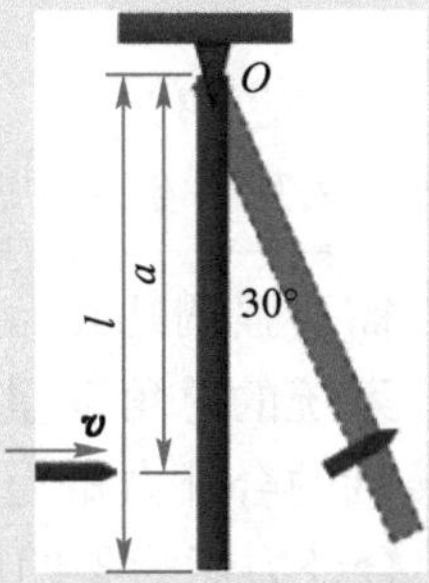

图 3.22 例 3.14 题图

[解] 受力和受力矩分析. 子弹打入杆时，时间很短，子弹与杆的作用力很大，杆几乎还在竖直位置，这个过程若把子弹与杆作为研究对象，对转轴 O 来说只有它们之间的内力矩作用，系统角动量守恒；子弹嵌入到杆中后，子弹与杆受重力矩作用，当把子弹、杆和地球作为研究对象，机械能守恒.

碰撞过程角动量守恒：

$$mva=\left(\frac{1}{3}m'l^2+ma^2\right)\omega$$

向上偏转过程机械能守恒：

$$\frac{1}{2}\left(\frac{1}{3}m'l^2+ma^2\right)\omega^2=mga(1-\cos 30°)+m'g\frac{l}{2}(1-\cos 30°)$$

解得

$$v=\frac{1}{ma}\sqrt{\frac{g}{6}(2-\sqrt{3})(m'l+2ma)(m'l^2+3ma^2)}$$

[例 3.15] 如图 3.23 所示，一半径为 R、质量为 m' 的转台，可绕通过其中心的竖直轴转动，质量为 m 的人站在转台边缘，最初人和台都静止. 若人沿转台边缘跑一周(不计转轴阻力)，相对于地面，人和台各转了多少角度？

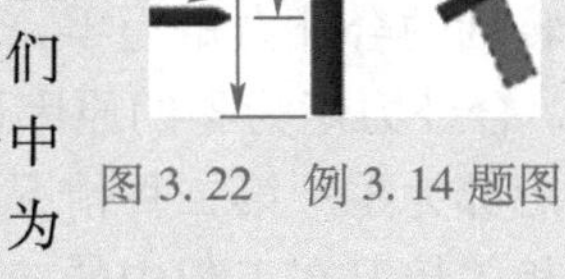

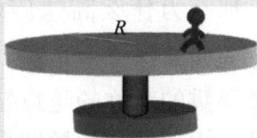

图 3.23 例 3.15 题图

[解] 人在转台上跑动，受人与转台之间的摩擦力矩作用，把它们作为研究对象，系统角动量守恒.

选地面为参考系，设对转轴有

人：J，ω ； 台：J'，ω'

系统对转轴角动量守恒：$J\omega-J'\omega'=0$

$$J=mR^2 \quad J'=\frac{1}{2}m'R^2 \quad \omega'=\frac{2m}{m'}\omega$$

人沿转台边缘跑一周：人相对地面转过的角度：

$$\theta=\int\omega\,\mathrm{d}t=\frac{2\pi m'}{2m+m'}$$

台相对地面转过的角度：

$$\theta' = \int \omega' \mathrm{d}t = \frac{2\pi(2m)}{2m + m'}$$

讨论 14：

试列举生活中应用角动量守恒的现象，并进行简单的讨论.

需要强调几点，第一，角动量守恒定律是对一个过程而言，过程中任意时刻，系统的总角动量都是一个恒定不变的量，合外力矩也必须时刻为零. 第二，对转轴的合外力矩为零，在一般情况下，是指所有外力对转轴的力矩的代数和为零. 合外力矩为零的原因通常有两种：第一种情况是系统本身所受的各个外力的力矩都为零；第二种情况是系统受多个力矩的作用，但合力矩为零. 下面举例说明相关情况在工程中的应用.

第一种情况：对于绕某一定轴转动的刚体. 转动惯量不变，角动量守恒就表现为角速度的大小和方向均不变，这一原理在惯性导航仪定位领域中有重要的应用，比如说惯性陀螺仪的定向性. 陀螺转子在没有转动的情况下，或者低速转动的情况下，陀螺转子的自转轴是可以随意改变的，但是如果我们让这个陀螺转子高速转动起来，大家会发现该自转轴的方位并不随位置的移动和对这个陀螺的作用而发生改变. 这一原理可以用于定向导航，那么为什么高速旋转的陀螺转子的自转轴方向始终保持恒定呢？如图 3.24 所示，惯性陀螺仪是由基座外环、内环以及一个较厚重的对称的陀螺转子组成. 且外环、内环和陀螺转子，可分别绕光滑的外环轴、内环轴和主轴即自转轴转动，由陀螺仪的对称性，外环轴、内环轴与主轴均通过转子的重心，故转子的重力对任意转轴不产生力矩，在忽略空气阻力和摩擦力的情况下. 转子所受到的对主轴的合外力矩近似为零，因此，对转轴的角动量守恒. 当陀螺转子旋转时，其角动量大小和方向几乎保持恒定，这就是惯性陀螺仪的定向原理. 由于这一特性，惯性陀螺仪可以用在飞机、火箭、导弹、舰船、潜艇上起定向与导航作用.

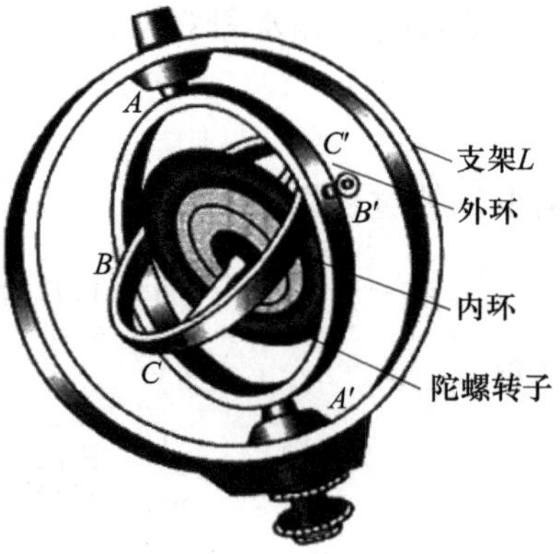

图 3.24 陀螺仪的结构

第二种情况：对于共轴的刚体系，如果刚体系受到的合外力矩为零，那么，刚体系总的角动量守恒. 当系统中的一个刚体的角动量发生变化，另一个刚体的角动量必然有一个与之等值异号的改变，从而使总的角动量保持不变. 这一原理在直升机的运行中有重要应用，单旋翼直升机由机身主旋桨和尾桨构成. 主旋桨由机身内的电机驱动. 直升机的重心正好位于该竖直轴上. 机身和主旋桨可以绕着竖直轴作无摩擦转动. 根据角动量守恒，当把主旋桨的电机打开时，机身将和主旋桨产生方向相反的转动. 机身转动这必然会存在安全隐患，为了保持机身的稳定，直升机上还有一个尾桨，尾桨的旋转在水平面内产生了一个推力，可以平衡单旋翼所产生的机身扭转作用，使机身保持稳定. 还可以通过调节尾桨的转速，控制飞机的航向. 另外，还可以采用对旋的顶桨，利用对旋的顶桨分别沿相反方向旋转时，各自的发动机对机身产生的扭力矩相抵消，来保持机身平衡或者改变机身方向，这就是共轴刚体的角动量守恒.

第三种情况：共轴的非刚体系，它的转动惯量是可以改变的. 角动量守恒就表现为转动惯量增大时角速度减小，转动惯量减小时角速度就会增大. 在芭蕾舞表演中也处处体现了角动量守恒，在芭蕾舞表演中，由于摩擦力以及空气阻力都很小，运动员在旋转的过程中，其重力方向沿自身轴竖直向下，因此表演者对竖直轴的合外力矩为零，它对竖直轴的角动量守恒. 所以当他们的手臂和腿伸展时，自身转动惯量变大，自转的速度就会减慢. 当手臂和腿收拢时，自身转动惯量变小，自转的速度就会加快，从而呈现给观众很多优美的舞姿. 所以芭蕾舞是艺术美、人体美、物理美的相互结合.

讨论 15：

开普勒第二定律指出："太阳系里的行星在椭圆轨道上运动时，在相等的时间内，太阳到行星的位矢扫过的面积是相等的"，请用质点的角动量守恒定律加以证明.

第六节　工程案例：战斗机推力矢量技术

战斗机推力矢量技术是指战斗机根据需要在不限于发动机轴线的可变方向上获得并利用推力的技术. 通过综合控制发动机矢量喷管和飞机操纵舵面，可极大地扩展战斗机使用包线，提升飞行安全性，增强作战能力. 同时，飞/发一体化的推力矢量设计还能有效降低飞机目标特性. 第四代战斗机如 F-22、苏-57 等均采用了推力矢量技术. 可以说推力矢量是先进战斗机的典型标志之一，是航空领域重要关键技术.

战斗机推力矢量技术涉及气动、发动机、进排气和飞行控制等多个领域，工作包线突破传统禁区向极限扩展，设计条件更加严酷苛刻，是一项跨领域、紧耦合、高风险的系统工程. 鉴于其不可替代作用和技术难度，各国对此项技术都有相对严格的技术保护措施. 美国、俄罗斯等自 20 世纪 70 年代起[1]持续开展了大量的理论研究、试验探索、集成验证和工程应用. 美国实施了以 F-16MATV、F-15ACTIVE、F-18HARV 为代表的一批飞行演示验证项目，俄罗斯则在苏-27 系列的改进发展中不断验证并持续提升推力矢量技术，基于以上成果，美国、俄罗斯在过失速飞行领域取得了突出的技术和能力优势，有力加速了推力矢量技术向战斗机实装能力的转化.

中国自“九五”计划开展推力矢量预先研究以来，历经了作战使用、气动设计、风洞试验、矢量喷管、飞行控制和飞/发交联等方面的长期积累，取得了丰富的技术成果，但限于在实际飞行条件下完成技术综合和工程实践的难度，至“十二五”结束时，战斗机推力矢量技术仍处于地面研究和试验阶段.“十三五”期间，国内通过实施歼-10B战斗机推力矢量演示验证项目，攻克了一系列关键技术，并全面实现了空中过失速飞行验证，完成了国外用多年时间、在多个项目上完成的研究内容. 2018年11月6日，歼-10B轴对称推力矢量验证机(单发、鸭式布局、放宽静稳定性)在第12届珠海航展上一气呵成地完成“眼镜蛇”等5种国际公认的典型过失速机动飞行展示，标志着中国战斗机推力矢量核心关键技术和工程能力取得重大突破，并在综合飞/发控制等关键技术上达到国际领先水平.

推力矢量对飞机飞行特性大致有两种作用：力效果和力矩效果. 通过发动机喷流的偏转与飞机构型的相应改变(偏转水平鸭翼或垂直侧力控制面等)，可以达到直接力控制的目的. 飞机在起飞、拉升及转弯等机动中均可利用推力矢量的直接力效果；低速飞行时，控制发动机喷流的偏转，利用推力矢量的力矩效果，可以弥补气动面操纵效率的不足.

因此，推力矢量技术原理，是在常规喷气推进系统基础上，接触于机械构件或合理的空气动力结构布局，来改变喷气流方向使之产生附加力矩，进而操纵和控制飞机的. 根据受力分析，如图3.25所示，飞机的质心到发动机的距离为L，如果把矢量发动机的喷口向下(a)倾斜改变φ角，矢量发动机的推力$\boldsymbol{F}$就会分解成与飞机轴线平行和垂直的两个分力，其中垂直于飞机轴线方向的分力

$$F_{\varphi}=F\sin\varphi$$

这一分力产生垂直于竖直平面的力矩

$$M_{\varphi}=F_{\varphi}L=(F\sin\varphi)L$$

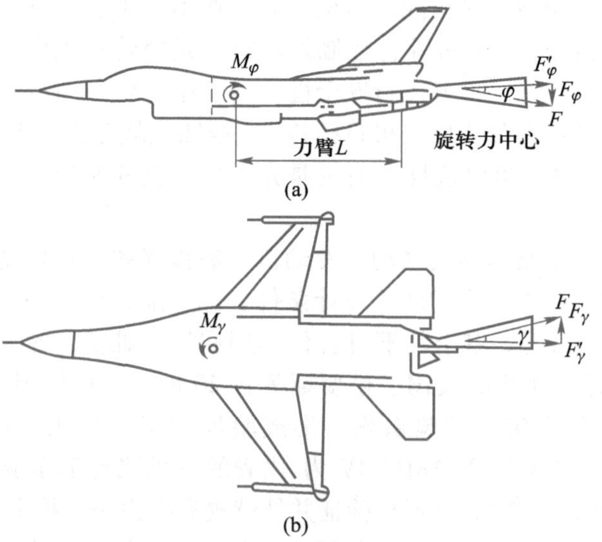

图3.25 推力矢量技术原理

那么飞机就可以在竖直平面内，绕过质心的转轴顺时针方向旋转使机头仰起，拉动机身上扬.

与飞机轴线平行的分力 F_φ'小于发动机喷口没有倾斜时的推力 F'（根据作用力和反作用力，F'的大小等于 F）. 这样，喷口向下倾斜，会使飞机的推力减小，造成推力损失，损失的推力大小为 $\Delta F=F-F\cos\varphi=F(1-\cos\varphi)$.

如果把矢量发动机的喷口方向左右偏转，当排气流产生力 $\boldsymbol{F}$ 的方向与飞机轴线的右侧偏转角为 γ 时，如图 3.25(b)所示，便在水平面内产生一个与飞机轴线垂直的分力

$$F_\gamma=F\sin\gamma$$

这一分力产生改变飞机左右偏转方向的偏转力矩

$$M_\gamma=F_\gamma L=(F\sin\gamma)L$$

同样，由于偏转角 γ 的存在，飞机的推力减小，也造成推力损失.

以上的分析说明，采用这种推力矢量控制的推进系统除具备能使飞机前进的功能外，还能在俯仰、偏航、横滚、反推力方向上为飞机提供发动机的内部推力，从而补充或代替通常利用飞机舵面或其他操纵装置所产生的外部空气动力，以此来操纵和控制飞机.

参考文献：王海峰. 战斗机推力矢量关键技术及应用展望[J]. 航空学报，2020，41(6)：524057

附录　转动惯量

一、几种形状规则的刚体的转动惯量

附表 3-1 中列出若干密度均匀、形状规则物体的转动惯量，均可用积分方法求出，读者可作为练习自己计算.

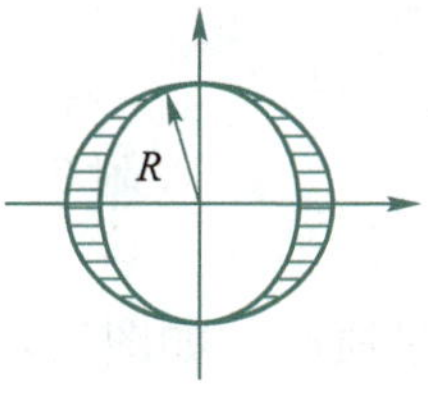	薄圆环对中心轴线 $J=mR^2$	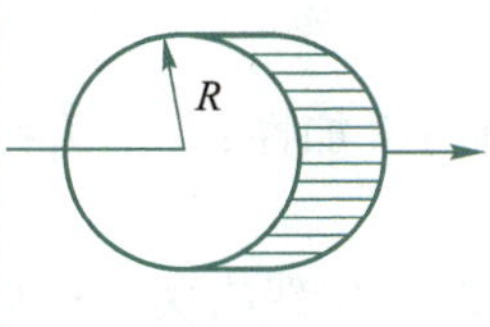	圆柱体对柱体轴线 $J=\frac{1}{2}mR^2$
	圆柱环对柱体轴线 $J=\frac{1}{2}m(R_1^2+R_2^2)$	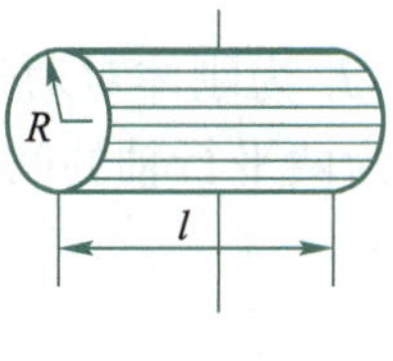	实圆柱体对中心直径 $J=\frac{1}{4}mR^2+\frac{1}{12}ml^2$

续表

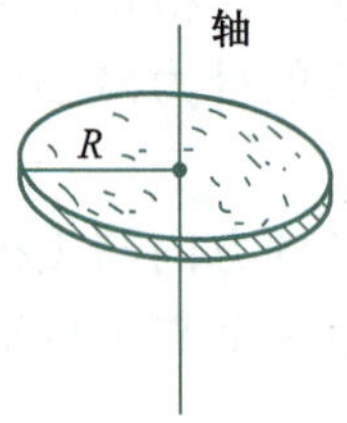	均匀圆盘对中心轴线 $J=\frac{1}{2}mR^2$	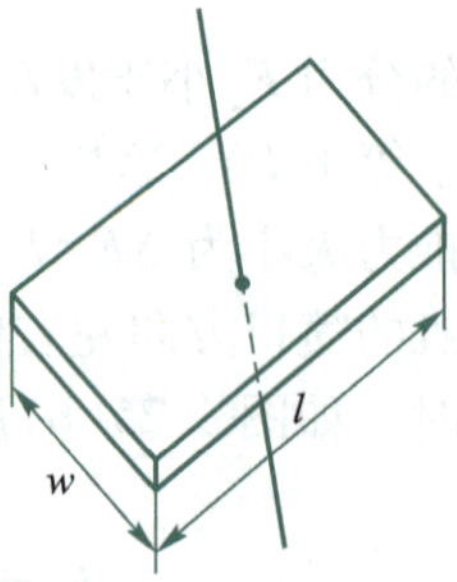	均匀长方形板 对中心轴线 $\frac{1}{12}m(l^2+w^2)$
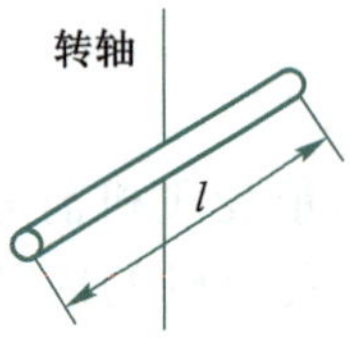	细棒转轴通过 中心与棒垂直 $J=\frac{1}{12}ml^2$	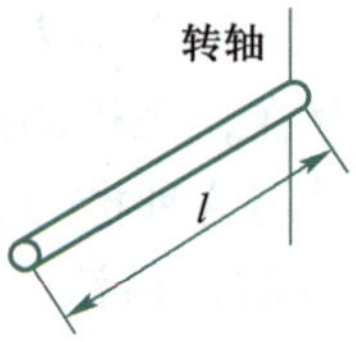	细棒转轴通过 端点与棒垂直 $J=\frac{1}{3}ml^2$
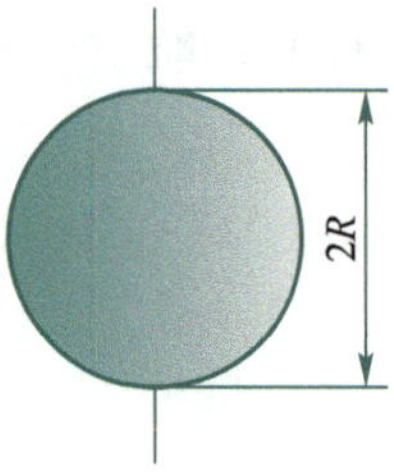	实球体对任意直径 $J=\frac{2}{5}mR^2$	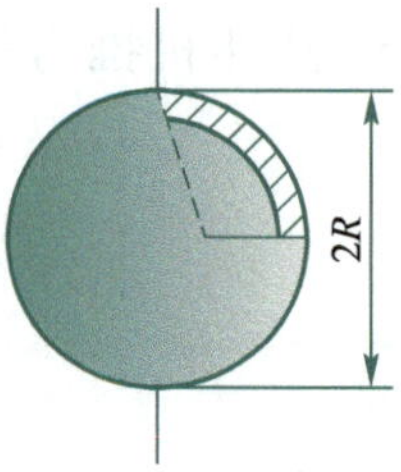	薄球壳对任意直径 $J=\frac{2}{3}mR^2$

二、转动惯量的性质

本章例题及上表给出的刚体定轴转动的转动惯量都是通过转动惯量的定义运用微积分求解而得. 另外，我们也可以通过转动惯量的性质及刚体定轴转动的定理、定律求解. 下面我们将介绍转动惯量的几条性质.

1. 叠加性

对同一轴 J_z 具有可叠加性： $J_z=\sum J_{iz}$ （附 3. 1）

2. 平行轴定理

刚体转动惯量与轴的位置有关. 若两轴平行，其中一轴通过质心，如图所示，则刚体对两轴转动惯量有下列关系：

$$J_z=J_c+md^2 \quad （附 3. 2）$$

式中 m 为刚体的质量，J_c 为刚体对通过质心的转轴的转动惯量，J_z 为对另一平行轴 z 轴的转动惯量，d 为两平行轴的间距. 上式即平行轴定理.

[附例 3.1] 如附图 3.1 所示，匀质圆盘质量为 m，半径为 R，转轴通过圆盘中心且与盘面垂直的转动惯量为 J_c，求转轴通过盘边沿且垂直盘面的转动惯量 J_z.

[解] 由例 2-4 可得

$$J_c=\frac{1}{2}mR^2$$

根据平行轴定理有

$$J_z=\frac{1}{2}mR^2+mR^2=\frac{3}{2}mR^2$$

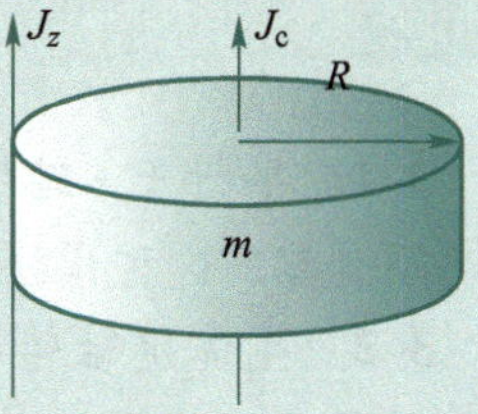

附图 3.1

由平行轴定理可知，在刚体对平行轴的不同转动惯量中，对质心轴的转动惯量最小.

3. 垂直轴定理

设刚体为厚度无穷小的薄板，如附图 3.2 所示建立坐标系 $Oxyz$，z 轴与薄板面垂直，Oxy 坐标面在薄板平面内，如图所示. 刚体对 z 轴的转动惯量 J_z 为

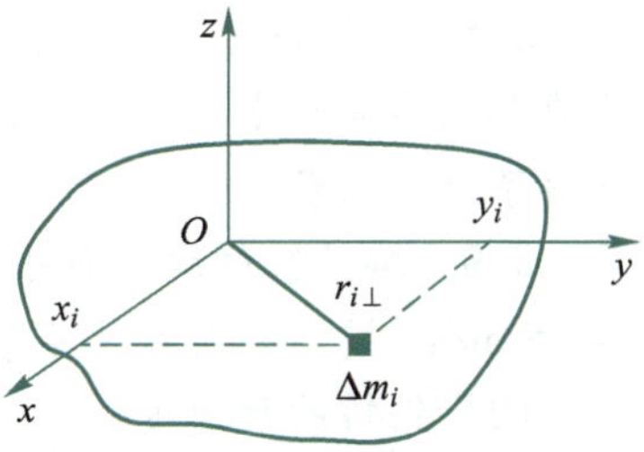

附图 3.2

$$J_z=\sum m_i r_i^2=\sum m_i x_i^2+\sum m_i y_i^2$$

等号右边两部分依次表示的是刚体对 x 轴和 y 轴的转动惯量，即

$$J_z=J_x+J_y \tag{附 3.3}$$

上式说明：薄板形状的刚体对于板面内两条正交轴的转动惯量之和等于过该两轴交点并垂直于板面的轴的转动惯量，这就叫垂直轴定理.（注意：本定理对于有限厚度的板不成立.）

[附例 3.2] 如附图 3.3 所示：匀质等厚度的薄圆板的质量为 m，半径为 R，板的厚度远小于半径，求对过圆心且在板面内的轴的转动惯量.

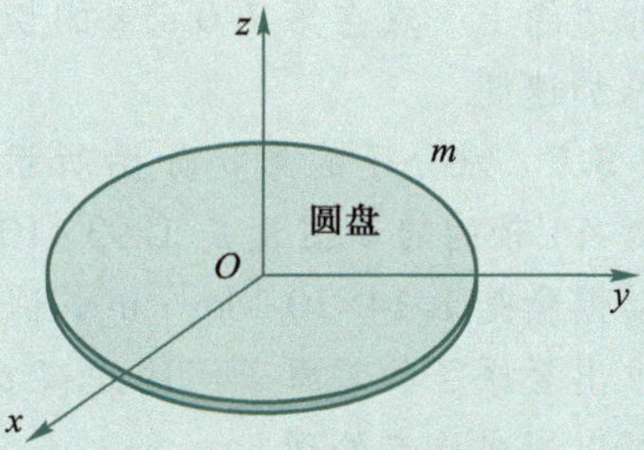

附图 3.3

[解] 因板的厚度远小于半径，故可视为无穷小厚度的薄板，可应用垂直轴定理. 建立直角坐标系原点在圆心 O，x 轴，y 轴在板面，根据对称性，$J_x=J_y$，由垂直轴定理有，

$$J_z=J_x+J_y=2J_x$$

因为

$$J_z=\frac{1}{2}mR^2$$

得

$$J_x=J_y=\frac{1}{4}mR^2$$

习题

3.1 平行于 z 轴的力对 z 轴的力矩一定是零，垂直于 z 轴的力对 z 轴的力矩一定不是零. 这种说法对吗?

3.2 刚体定轴转动时，它的动能的增量只取决于外力对它做的功而与内力的作用无关. 对于非刚体也是这样吗? 为什么?

3.3 有些矢量是相对于一定点(或轴)而确定的，有些矢量是与定点(或轴)的选择无关的. 请指出下面这些矢量各属于哪一类: ① 位矢; ② 位移; ③ 速度; ④ 动量; ⑤ 角动量; ⑥ 力; ⑦ 力矩.

3.4 花样滑冰运动员想高速旋转时，她先把一条腿和两臂伸开，并用脚蹬冰使自己转动起来，然后她再收拢腿和臂，这时她的转速就明显地加快了，这是利用了什么原理?

3.5 掷铁饼的运动员手持铁饼转动 1.25 圈后松手，此刻铁饼的速度值达到 $v=25$ m/s. 设转动时铁饼沿半径为 $R=1.0$ m 的圆周运动并且均匀加速. 求:

(1) 铁饼的加速度;

(2) 铁饼在手中加速的时间(把铁饼视为质点).

3.6 一汽车发动机的转速在 7.0 s 内由 200 r/min 均匀地增加到 3 000 r/min.

(1) 求在这段时间内的初角速度和末角速度以及角加速度;

(2) 求这段时间内转过的角度;

(3) 发动机轴上装有一半径为 $r=0.2$ m 的飞轮，求它的边缘上一点在第 7.0 s 末的切向加速度、法向加速度和总加速度.

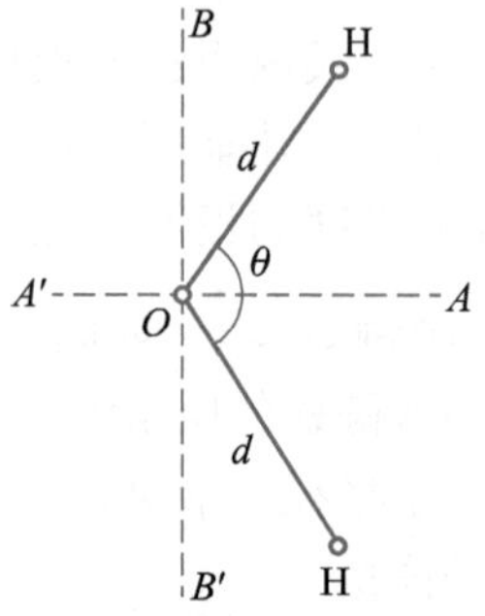

习题 3.7 图

3.7 水分子的形状如图所示. 从光谱分析得知水分子对 AA' 轴的转动惯量是 $1.93\times10^{-47}\ \text{kg}\cdot\text{m}^2$，对 BB' 轴的转动惯量是 $1.14\times10^{-47}\ \text{kg}\cdot\text{m}^2$. 试由此数据和各原子的质量求出氢原子和氧原子间的距离 d 和夹角 θ. 假设各原子都可以当成质点处理.

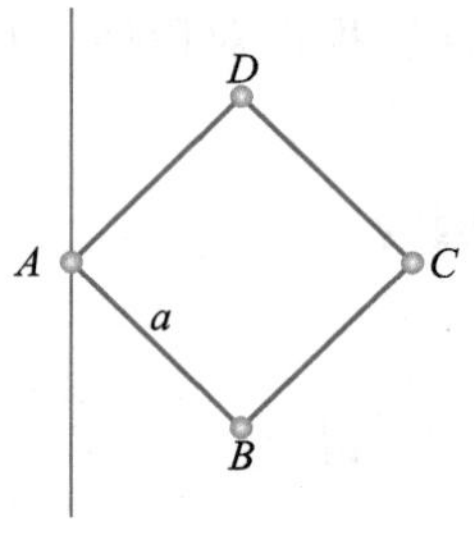

习题 3.8 图

3.8 如图所示，在边长为 a 的正方形的顶点上，分别有质量为 m 的 4 个质点，质点之间用轻质杆连接，求此系统绕下列转轴的转动惯量:

(1) 通过其中一个质点 A，并平行于对角线 BD 的转轴;

(2) 通过质点 A 并垂直于质点所在平面的转轴.

3.9 如图所示，一根均匀细铁丝，质量为 m，长度为 L，在其中点 O 处弯成 $\theta=120°$ 角，放在 Oxy 平面内，求铁

丝对 Ox 轴、Oy 轴、Oz 轴的转动惯量.

3.10 电风扇开启电源后经过 5 s 达到额定转速，此时角速度为 $5\ \mathrm{r\cdot s^{-1}}$，关闭电源后经过 16 s 风扇停止转动，已知风扇转动惯量为 $0.5\ \mathrm{kg\cdot m^2}$，且摩擦力矩 M_f 和电磁力矩 M 均为常量，求电机的电磁力矩 M.

3.11 一质量为 m 的物体悬于一条轻绳的一端，绳另一端绕在一轮轴的轴上，如图所示. 轴水平放置且垂直于轮轴面，其半径为 r，整个装置架在光滑的固定轴承之上. 当物体从静止释放后，在时间 t 内下降了一段距离 s. 试求整个轮轴的转动惯量(用 m、r、t 和 s 表示).

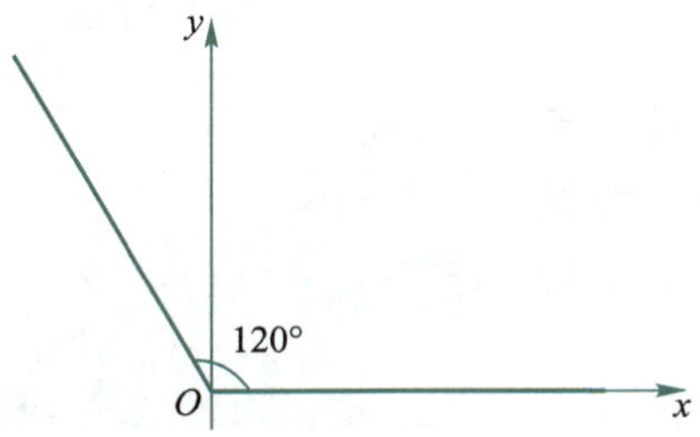

习题 3.9 图

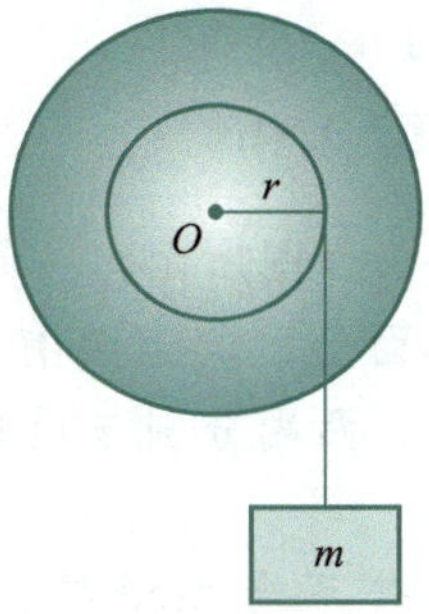

习题 3.11 图

3.12 一轴承光滑的定滑轮，质量为 $m'=2.00\ \mathrm{kg}$，半径为 $R=0.100\ \mathrm{m}$，一根不能伸长的轻绳，一端固定在定滑轮上，另一端系有一质量为 $m=5.00\ \mathrm{kg}$ 的物体，如图所示. 已知定滑轮的转动惯量为 $J=\dfrac{1}{2}m'R^2$，其初角速度为 $\omega_0=10.0\ \mathrm{rad\cdot s^{-1}}$，方向垂直纸面向里. 求：

(1) 定滑轮的角加速度的大小和方向；

(2) 定滑轮的角速度变化到 $\omega=0$ 时，物体上升的高度；

(3) 当物体回到原来位置时，定滑轮的角速度的大小和方向.

3.13 如图所示，质量为 m 的物体与绕在质量为 m' 的定滑轮上的轻绳相连，设定滑轮质量 $m'=2m$，半径为 R，转轴光滑，设 $t=0$ 时 $v=0$，求：

(1) 下落速度 v 与时间 t 的关系；

(2) $t=4$ s 时，m 下落的距离；

(3) 绳中的张力 F_T.

3.14 如图所示，一个组合滑轮由两个匀质的圆盘固接而成，大盘质量 $m_1'=10\ \mathrm{kg}$，半径 $R=0.10\ \mathrm{m}$，小盘质量 $m_2'=4\ \mathrm{kg}$，半径 $r=0.05\ \mathrm{m}$. 两盘边缘上分别绕有细绳，细绳的下端各悬质量 $m_1=m_2=2\ \mathrm{kg}$ 的物体，此物体由静止释放，求两物体 m_1、m_2 的加速度大小及方向.

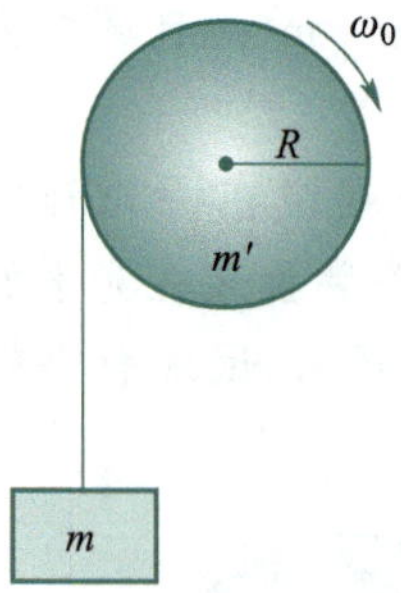

习题 3.12 图

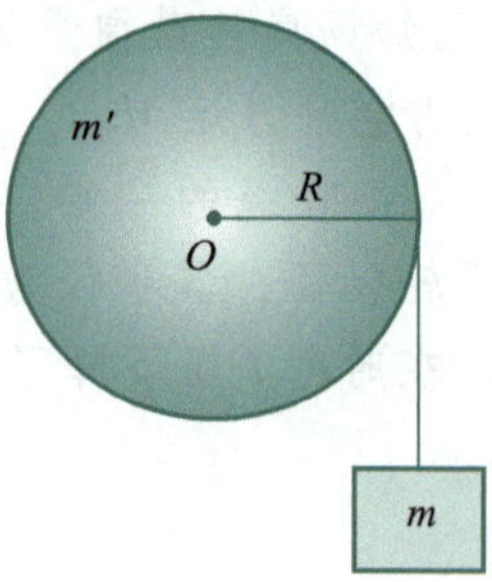

习题 3.13 图

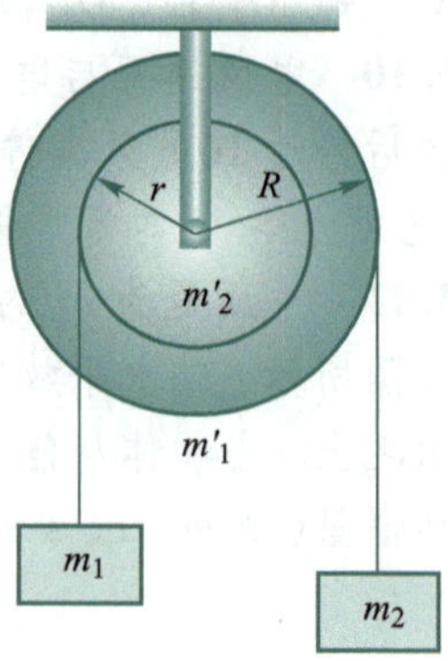

习题 3.14 图

3.15 如图所示，一倾角为30°的光滑斜面固定在水平面上，其上装有一个定滑轮，若一根轻绳跨过它，两端分别与质量都为 m 的物体 1 和物体 2 相连.

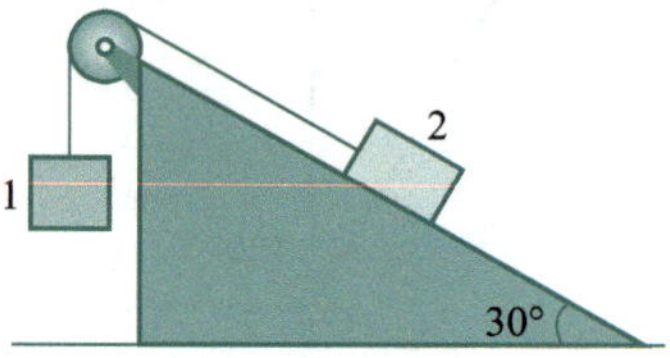

习题 3.15 图

(1) 若不考虑滑轮的质量，求物体 1 的加速度.

(2) 若滑轮半径为 r，其转动惯量可用 m 和 r 表示为 $J=kmr^2$(k 是已知常量)，绳子与滑轮之间无相对滑动，再求物体 1 的加速度.

3.16 一飞轮直径为 0.3 m，质量为 5.0 kg，边缘绕有绳子，现用恒力拉绳子的一端，使其由静止均匀地绕中心轴加速，经 0.5 s 转速达 $10\ \mathrm{r\cdot s^{-1}}$，假定飞轮可看成实心圆柱体，求：

(1) 飞轮的角加速度及在这段时间内转过的转数；

(2) 拉力及拉力所做的功；

(3) 从拉动后 $t=10$ s 时飞轮的角速度及轮边缘上一点的速度和加速度.

3.17 物体质量为 3 kg，$t=0$ 时刻位于 $\boldsymbol{r}=4\boldsymbol{i}$ m，$\boldsymbol{v}=(\boldsymbol{i}+6\boldsymbol{j})\ \mathrm{m\cdot s^{-1}}$，如一恒力 $\boldsymbol{F}=5\boldsymbol{j}$N 作用在物体上，求 3 s 后：

(1) 物体动量的变化；

(2) 角动量相对 z 轴的变化.

3.18 水平面内有一静止的长为 L、质量为 m 的细棒，可绕通过棒一末端的固定点在水平面内转动. 今有一质量为$\frac{1}{2}m$、速率为 v 的子弹在水平面内沿棒的垂直方向射向棒的中点，子弹穿出时速率减为$\frac{1}{2}v$，当棒转动后，设棒上单位长度受到的阻力正比于该点的速率(其中比例系数为 k)，试问：

(1) 子弹穿出时，棒的角速度 ω_0 为多少？

(2) 当棒以 ω 转动时，受到的阻力矩 M_f 为多大？

(3) 棒从 ω_0 变为$\frac{1}{2}\omega_0$ 时，经历的时间为多少？

3.19 如图所示，在光滑水平面上有一木杆，其质量为 $m_1=1.0\ \mathrm{kg}$，长为 $l=40\ \mathrm{cm}$，可绕通过其中心并与之垂直的轴转动．一质量为 $m_2=10\ \mathrm{g}$ 的子弹，以 $v=2.0\times10^2\ \mathrm{m\cdot s^{-1}}$ 的速度射入杆端，其方向与杆及轴正交．若子弹陷入杆中，试求杆的角速度．

3.20 如图所示，一质量为 m 的小球由一绳索系着，以角速度 ω_0 在无摩擦的水平面上作半径为 r_0 的圆周运动．如果在绳的另一端作用一竖直向下的拉力，使小球作半径为 $r_0/2$ 的圆周运动．试求：

（1）小球新的角速度；

（2）拉力所做的功．

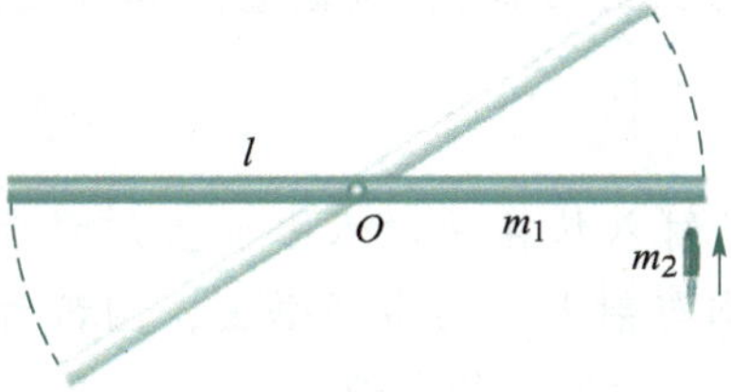

习题 3.19 图

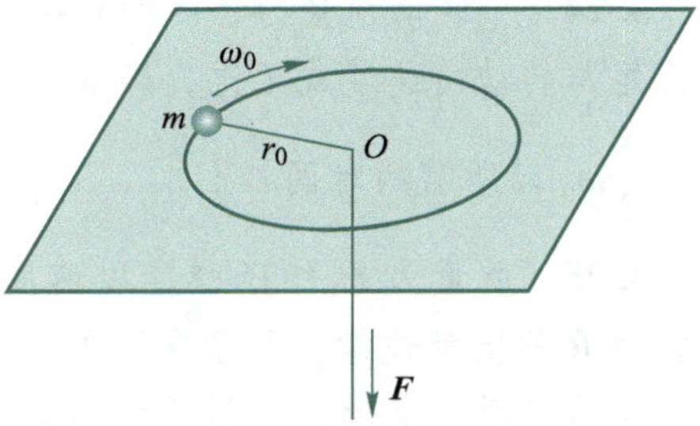

习题 3.20 图

3.21 如图所示，一长为 $2l$、质量为 m' 的匀质细棒，可绕棒中点的水平轴 O 在竖直面内转动，开始时棒静止在水平位置，一质量为 m 的小球以速度 $\boldsymbol{u}$ 垂直下落在棒的端点，设小球与棒作弹性碰撞，问：碰撞后小球的反弹速度 v 及棒转动的角速度 ω 各为多少？

3.22 一长为 L、质量为 m 的匀质细棒，如图所示，可绕水平轴 O 在竖直面内旋转，若轴光滑，今使棒从水平位置自由下摆（设转轴位于棒的一端时，棒的转动惯量为 $J=\dfrac{1}{3}mL^2$）．求：

（1）在水平位置和竖直位置棒的角加速度 α；

（2）棒转过 θ 角时的角速度．

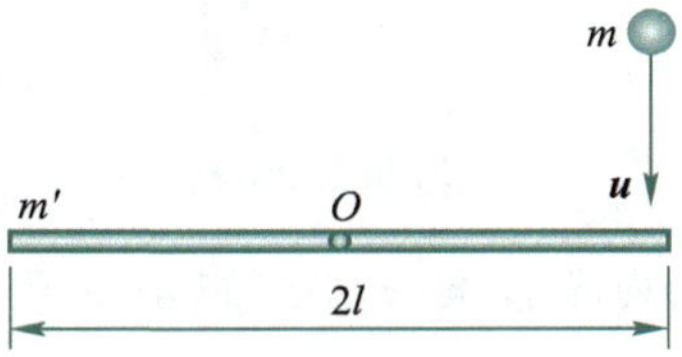

习题 3.21 图

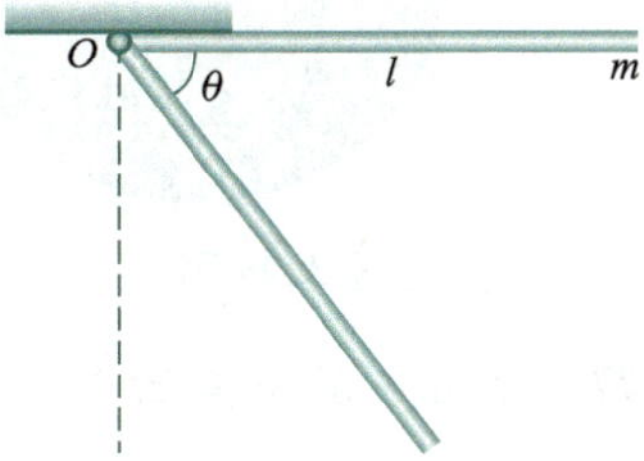

习题 3.22 图

3.23 弹簧、定滑轮和物体如图所示放置，弹簧弹性系数 k 为 $2.0\ \mathrm{N\cdot m^{-1}}$；物体的质量 m 为 $6.0\ \mathrm{kg}$. 滑轮和轻绳间无相对滑动，开始时用手托住物体，弹簧无伸长.

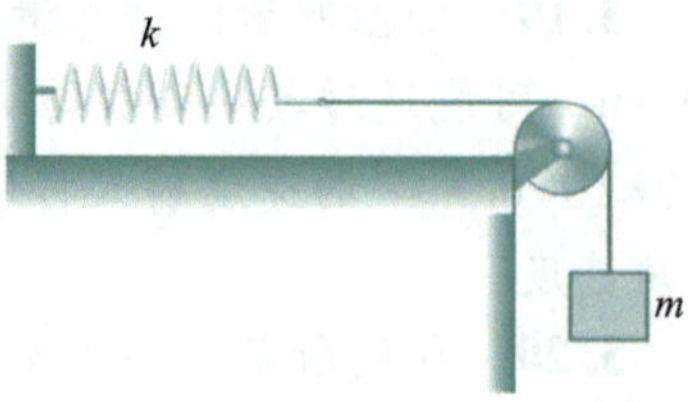

习题 3.23 图

(1) 若不考虑滑轮的转动惯量，手移开后，弹簧伸长多少时，物体处于受力平衡状态？此时弹簧的弹性势能为多少？

(2) 设定滑轮的转动惯量为 $0.5\ \mathrm{kg\cdot m^2}$，半径 r 为 $0.3\ \mathrm{m}$，手移开后，物体下落 $0.4\ \mathrm{m}$ 时，它的速度为多大？

3.24 一转动惯量为 J 的圆盘绕一固定轴转动，起初角速度为 ω_0. 设它所受阻力矩与转动角速度成正比，即 $M=-K\omega$（K 为正的常量），求圆盘的角速度从 ω_0 变为 $\dfrac{1}{2}\omega_0$ 时所需的时间.

3.25 质量为 m 的子弹，以速度 v_0 水平射入放在光滑水平面上质量为 m_0、半径为 R 的圆盘边缘，并留在该处，v_0 的方向与射入处的半径垂直，圆盘盘心有一竖直的光滑固定轴，如图所示，试求子弹射入后圆盘的角速度 ω.

3.26 一匀质细杆，长 $L=1\ \mathrm{m}$，可绕通过一端的水平光滑轴 O 在竖直面内自由转动，如图所示. 开始时杆处于竖直位置，今有一子弹沿水平方向以 $v=10\ \mathrm{m\cdot s^{-1}}$ 的速度射入细杆. 设入射点离 O 点的距离为 $\dfrac{3}{4}L$，子弹的质量为杆质量的 $\dfrac{1}{9}$，试求：

(1) 子弹和杆开始共同运动的角速度.

(2) 子弹和杆共同摆动能达到的最大角度.

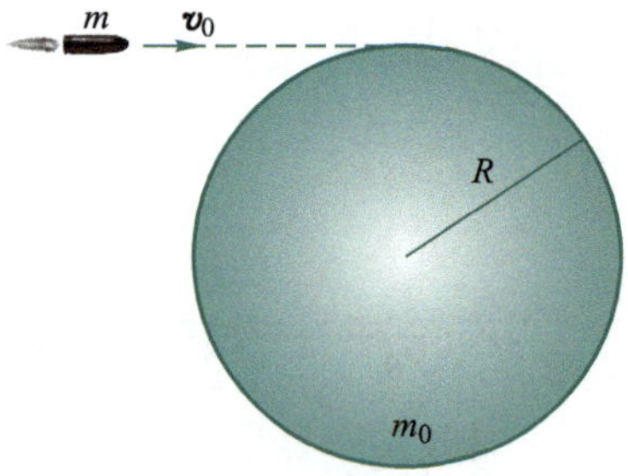

习题 3.25 图

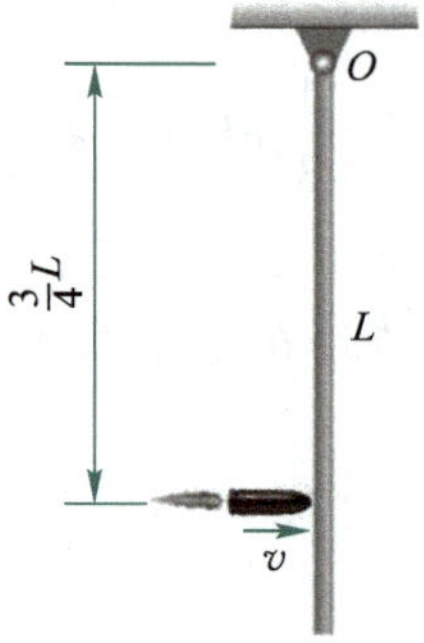

习题 3.26 图

3.27 宇宙飞船中有三个宇航员绕着船舱内壁按同一方向跑动以产生人造重力.

(1) 如果想使人造重力等于他们在地面上时受到的自然重力，那么他们跑动的速率应多大？设他们的质心运动的半径为 $2.5\ \mathrm{m}$，人体当质点处理.

(2) 如果飞船最初未动，当宇航员按上面速率跑动时，飞船将以多大角速度旋转？设每个宇航员的质量为 $70\ \mathrm{kg}$，飞船体对于其纵轴的转动惯量为 $3\times10^5\ \mathrm{kg\cdot m^2}$.

（3）要使飞船转过30°，宇航员需要跑几圈？

3.28 两辆质量都是1 200 kg的汽车在平直公路上都以72 km/h的速度高速迎面开行．由于两车质心轨迹间距太小，仅为0.5 m，因而发生碰撞，碰后二车扣在一起，此残体对于其质心的转动惯量为2 500 $kg\cdot m^2$，求：

（1）二车扣在一起时的旋转角速度；

（2）由于碰撞而损失的机械能．

3.29 蟹状星云中心是一颗脉冲星，代号PSR 0531+21．它以十分确定的周期（0.33 s）向地球发射电磁波脉冲．这种脉冲星实际上是转动着的中子星，由中子密聚而成，脉冲周期就是它的转动周期．实测还发现，上述中子星的周期以1.26×10^{-5} s/a的速率增大．

（1）求此中子星的自转角速度

（2）设此中子星的质量为1.5×10^{30} kg（近似太阳的质量），半径为10 km．求它的转动动能以多大的速率（以J/s计）减小．（这减小的转动动能就转变为蟹状星云向外辐射的能量．）

（3）若这一能量变化率保持不变，该中子星经过多长时间将停止转动？设此中子星可作均匀球体处理．

3.30 地球对自转轴的转动惯量是$0.33\,mR^2$，其中m是地球的质量，R是地球的半径．求地球的自转动能．

由于潮汐对河岸的摩擦作用，地球自转的速度逐渐减小，每百万年自转周期增加16 s．这样，地球自转动能的减小相当于摩擦消耗多大的功率？潮汐对地球的平均力矩多大？（提示：$dE_k/E_k=2d\omega/\omega=-2dT/T$．）

第四章　相对论基础

19 世纪末，人们普遍认为物理学已发展到相当完善的阶段. 研究机械运动的牛顿力学、研究热运动的热力学和统计力学、研究电磁运动的麦克斯韦电磁场理论，都已有了各自的理论体系，这些理论统称为经典物理. 当时，众多学者认为经典物理已是终极理论. 但是，随着实验技术的进步，当物理学的研究深入高速和微观领域后，用经典物理不能得到圆满解释的问题不断出现，如迈克耳孙-莫雷实验的零结果、热辐射的紫外灾难以及光电效应、原子的光谱线系等. 正是这些问题的出现，引发了20 世纪的一场物理学革命，并由此促进了以相对论和量子力学为主的近代物理理论体系的建立.

从解决问题的方法和手段看，相对论讨论的问题是：不同条件下，不同坐标系中描述同一物理问题的参量变换关系，其本质反映的是时空特性. 经典相对性原理是在低速运动下，不同惯性系中描述同一物体运动参量之间的变换关系，是绝对时空观的反映；狭义相对论讨论的是高速运动时，忽略引力的情况下，不同惯性系中描述同一物体运动参量之间的变换关系，反映的是相对时空观；广义相对论讨论的是高速运动的物体，存在引力的情况下相关物理问题的描述变换问题.

适用于高速运动的相对论和适用于微观体系的量子力学是近代物理的两大理论支柱. 它们已广泛应用于物理学各学科，如固体物理、原子物理、原子核物理、粒子物理等，这些都属于近代物理学范畴.

思考题

1. 试阐述狭义相对论的两条基本假设；

2. 请用洛伦兹变换来说明同时性的相对性、时间延缓和长度收缩；

3. 写出狭义相对论中的质量公式、能量公式、动能公式，并说明静止质量、静止能量是相对哪个坐标系来说的.

第一节　伽利略相对性原理与牛顿绝对时空观

1.1　经典力学的相对性描述

为了揭示狭义相对论与经典理论的不同，先认真审视一下经典力学对不同坐标系下的相对运动的描述.

1.1.1　力学相对性原理

牛顿力学认为质点的质量是与运动状态无关的常量，即质量具有绝对性. 设有两个惯性坐标系 S′和 S 系，相对运动速度为 $\boldsymbol{u}$，则恒有 $m'=m$，由牛顿运动定律可知存在：

$$\boldsymbol{F}=m\boldsymbol{a},\qquad \boldsymbol{F}'=m\boldsymbol{a}'$$

结果表明，当由惯性系 S 变换到惯性系 S′时，牛顿力学方程的形式不变，即牛顿力学方程在两惯性系中具有不变式. 也就是说，**在所有惯性系中，牛顿力学的规律具有相同的表达形式**. 或者说，**所有惯性系对力学规律来说都是等价的**. 这一规律称为力学相对性原理，该原理在宏观、低速范围内是与实验结果相符的.

按照力学相对性原理，没有一个惯性系处于特别优越的地位，因而就不可能通过在一个惯性系中所做的力学实验来确定该惯性系本身相对于其他惯性系的运动状态. 伽利略的一段关于在一条理想的大船中所能观察到的实验现象的描述很形象地说明了这一点.

在伽利略之前，曾有地动派和地静派的两派之争. 地动派主张地球是运动的，而地静派则反之. 当时，地静派用于反对地动派的一个强硬理由是“既然地球在高速地运动，为什么地面上的人一点也感觉不出来?”对于这个使地动派感到为难的质疑，伽利略通过一条定名为“萨尔维阿帝”大船(图 4.1)的封闭船舱中进行的实验，给出了令人信服的回答. 他指出，当船以任何速度行驶时，只要船是匀速的，也不左右摇摆，那么，与船静止时相比，“所有上述现象丝毫没有变化，你无法从其中任何一个现象来确定船是在行驶还是停着不动的”. 即使船走得很快，“在跳跃时，你跳过的距离仍同船静止时一样，跳向船尾不会比跳向船头远些，虽然当你跳到空中时，脚下的船舱底板在向前移动”；你扔东西给朋友，不论他在船头或船尾，只要你自己站在他对面，“你也无需用更多的力”；从吊在船舱顶部的瓶中滴下的水，会竖直落入正下方的罐子里，“一滴也不会偏向船尾，虽然当水滴在空中时，船在行驶着”……

图 4.1　萨尔维阿帝大船

上述匀速而不摇摆的萨尔维阿帝大船，实际上就是一个惯性系. 在这个惯性系中进行的所有实验都表明，地球和大船这两个惯性系对力学规律来说是等价的，人们无法通过这些实验来判断船自身相对于地面是在运动还是静止的. 只有当你打开船舱见到外界的参考物体时，你才能知道船是在行驶还是停止不前.

如果把人们脚下的地球比作航行于太阳系中的大船，那么在"地球船"中也会像在萨尔维阿帝船中一样，是不能通过在地球上所做的力学实验来判断地球相对于太阳的运动状态的，虽然地球一直在太阳系中快速地运动着.

在西汉时代的《尚书纬·考灵曜》中就有这样的记述："地恒动而人不知，譬如人在大舟中，闭牖而坐，舟行而不觉也."这体现了力学相对性原理的思想.

1.1.2 伽利略变换

伽利略利用"萨尔维阿帝大船"很好地说明了惯性系中，低速运动的力学相对性原理，伽利略变换是其数学表示. 在第一章相对运动部分，我们曾介绍过在不同惯性系中同一质点的速度、加速度的关系，属于伽利略变换的部分内容. 现在再进行进一步的讨论.

设 S 和 S′系是两个相对作匀速直线运动的惯性系. 为了便于定量讨论，我们对 S 和 S′系作如下约定：在 S 和 S′系中分别建立直角坐标系 $Oxyz$ 和 $O'x'y'z'$，相应的坐标轴保持平行，且 Ox 和 $O'x'$轴共线；S′系相对于 S 系以速度 u 沿 Ox 轴正向作匀速直线运动；当原点 O 和 O'重合时，两系中的时钟各自开始计时，即此时 $t=t'=0$. 符合上述约定的 S 和 S′系或相应的一对坐标系称为约定系统，如图 4.2 所示. 如无特别说明，本章的变换式都是对约定系统而言的.

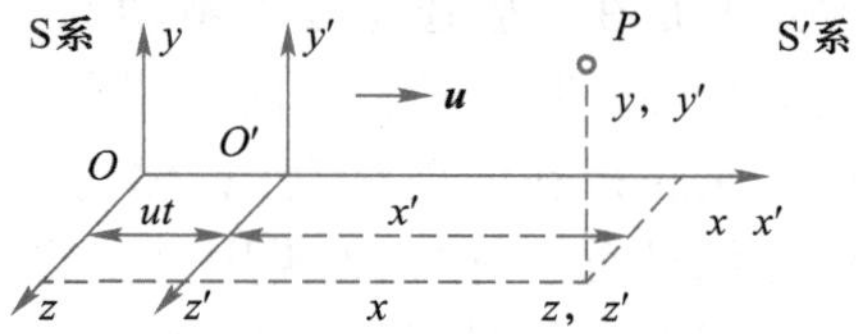

图 4.2 相对作匀速直线运动的两个参考系 S 和 S′

按习惯说法，在 S 系中，一个质点 t 时刻位于(x, y, z)点，而在 S′系中，是在 t' 时刻位于(x', y', z')点. 现在我们说成：在 S 系中有一个事件 P 发生于(x, y, z, t)，同一事件在 S′系中则发生于(x', y', z', t'). 四维时空坐标(x, y, z, t)和(x', y', z', t')分别由 S 系和 S′系的观测者记录. 这里的"事件"一词是相对论常用的术语，它是从物质运动中抽象出来的，比如列车的出站和进站，光的发射和接收等都可称为事件. 特别需要强调的是，日常生活中，一个事件是在一段时间内发生，因此，一个事件在事件坐标轴上对应的是一段时间，而相对论中，事件是指发生在一个时间点上的事，在时间轴上对应的是时刻.

牛顿力学认为，时间和空间的量度都是绝对的，与参考系无关. 因此，同一事件在约定系统中，S 系和 S′系记录的时间总是相同的，恒有 $t=t'$，空间坐标则恒有 $y=y'$，$z=z'$，而 $x'=x-ut$(如图 4.2 所示). 上述关系就是 S 系和 S′系之间的时空坐标变换式，即

$$\mathrm{S}\to\mathrm{S}'\begin{cases}x'=x-ut\\y'=y\\z'=z\\t'=t\end{cases}\qquad \mathrm{S}'\to\mathrm{S}\begin{cases}x=x'+ut\\y=y'\\z=z'\\t=t'\end{cases}\tag{4.1}$$

(4.1)式称为伽利略时空坐标变换式. 利用变换式可由已知的一组时空坐标求得同一事件的另一组时空坐标.

速度分量是坐标对时间的一阶导数，注意到 $\mathrm{d}t'=\mathrm{d}t$，则可由(4.1)式对时间求导数，得到 S 系与 S′系之间的伽利略速度变换式，即

$$\mathrm{S}\to\mathrm{S}'\begin{cases}v_x'=v_x-u\\v_y'=v_y\\v_z'=v_z\end{cases}\qquad \mathrm{S}'\to\mathrm{S}\begin{cases}v_x=v_x'+u\\v_y=v_y'\\v_z=v_z'\end{cases}\tag{4.2}$$

式中 $v_x'=\mathrm{d}x'/\mathrm{d}t'$，$v_x=\mathrm{d}x/\mathrm{d}t$，其他分量与此类似. 将(4.2)式写成矢量式，从 S→S′则为 $\boldsymbol{v}=\boldsymbol{v}'+\boldsymbol{u}$，这正是第一章第三节中的变换关系式(1.41). 显然，在不同的惯性系中的质点的速度是不尽相同的.

将(4.2)式再对时间求导数，注意到 u = 常量，得到加速度关系式：

$$\begin{cases}a_x'=a_x\\a_y'=a_y\\a_z'=a_z\end{cases}\tag{4.3}$$

其矢量式为 $\boldsymbol{a}'=\boldsymbol{a}$. 可见，在不同惯性系中质点的加速度总是相同的，即加速度对于伽利略变换来说是一个不变量.

1.1.3　伽利略变换与牛顿绝对时空观

本节分析伽利略变换反映出的时间和空间特性，即时空观. 由约定系统可知，若两个事件 P_1 和 P_2 在 S 系中发生于同一时刻，则 $t_1=t_2$. 根据伽利略变换式 $t'=t$，可得 $t_1'=t_2'$. 结果表明在 S′系中观察，这两个事件也是同时发生的. 由此可以推断，在一个惯性系中同时发生的两个事件，在其他惯性系中观察也是同时发生的，即同时性是绝对的.

若两个事件 P_1 和 P_2 在 S 系中先后发生，其事件间隔 $\Delta t=t_2-t_1$. 由变换式 $t'=t$ 可以得到这两个事件在 S′系中的时间间隔 $\Delta t'=t_2'-t_1'=\Delta t$. 这说明在不同的惯性系中，时间间隔的测量具有绝对性.

为讨论长度测量的绝对性，我们先说明长度的定义及对长度测量的基本要求. 如图 4.3(a)所示，当杆沿 S 系的 Ox 轴放置时，其两端点坐标分别为 x_1 和 x_2，则坐标差 x_2-x_1 就是该杆在 S 中的长度. 这就是说，杆的长度由其两端点的坐标差值确定.

对于静止于 S 系的杆，由于端点坐标不随时间变化，因此两端点坐标可以在不同时刻测量. 但是，当杆相对于 S 系沿 Ox 轴运动时，只有同时测量端点坐标 x_1 和 x_2，所得的差值才是杆的长度，如图 4.3(b)所示. 如果不是同时测量，则由图 4.3(c)可见，x_2-x_1 就不是杆的长度了. 所以，测量动杆长度时，必须同时测量

两端点的坐标.

根据上述关于长度的定义，设杆静止于 S′系的 $O'x'$轴，S′系测得长度为 $l'=x_2'-x_1'$. 在约定系统中由于杆随 S′系相对于 S 系运动，S 系应同时测出 x_1 和 x_2，设测量时刻为 t，则由伽利略变换式(4.1)，得

$$x_1'=x_1-ut,\quad x_2'=x_2-ut$$

因此 S 系测得的此杆长度为

$$l=x_2-x_1=x_2'-x_1'=l'$$

这一结果表明，在彼此作相对运动的惯性系中，测得同一杆的长度总是相同的，因而长度的测量具有绝对性.

由上述讨论可知，伽利略变换实质上以数学形式反映了牛顿力学的绝对时空观. 这种时空观认为自然界存在着与物质运动无关的绝对时间和绝对空间，时间和空间也彼此独立. 于是，同时性、时间间隔和空间间隔都具有绝对性，它们均与参考系的相对运动无关.

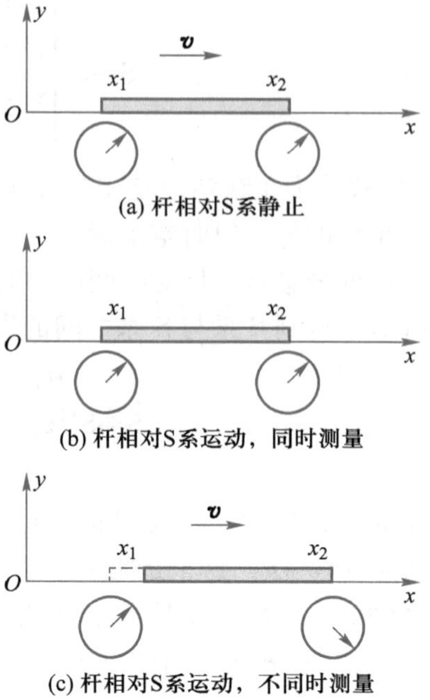

图 4.3 长度的测量

1.2 经典相对性理论无法诠释的物理现象

*1.2.1 迈克耳孙-莫雷实验

1887 年，阿尔伯特·迈克耳孙(后来成为美国第一个诺贝尔物理学奖获得者)和爱德华·莫雷在克利夫兰的卡思应用科学学校进行了非常仔细的实验. 目的是测量地球在以太中的速度(即以太风的速度).

如果以太存在，且光速在以太中的传播服从伽利略速度叠加原理：假设以太相对于太阳静止，仪器在实验坐标系中相对于以太以公转轨道速度向右运动. 光源发光经分光镜分光成两束光，光束 1 经反光镜 M_1反射再经分光镜投射到观测屏. 实验装置如4.4 图所示，光束 2 经反光镜 M_2反射再经分光镜投射到观测屏，与光束 1 形成干涉. 光在以太中传播速度为 c，地球相对以太的速度为 v. 光束 1 从 M_1返回和到达 M_1的传播速度是不同的，分别为 $c+v$ 和 $c-v$，完成往返路程所需时间为：$\dfrac{d}{c+v}+\dfrac{d}{c-v}$. 光束 2 完成来回路程的时间为：$\dfrac{2d}{\sqrt{c^2-v^2}}$，光束 2 和光束 1 到达观测屏的光程差为

$$c\left(\frac{d}{c+v}+\frac{d}{c-v}-\frac{2d}{\sqrt{c^2-v^2}}\right)\approx\frac{dv^2}{c^2}$$

然后让实验仪器整体旋转 90°，则光束 1 和光束 2 到达观测屏的时间互换，使得已经形成的干涉条纹产生移动. 光程改变的量为

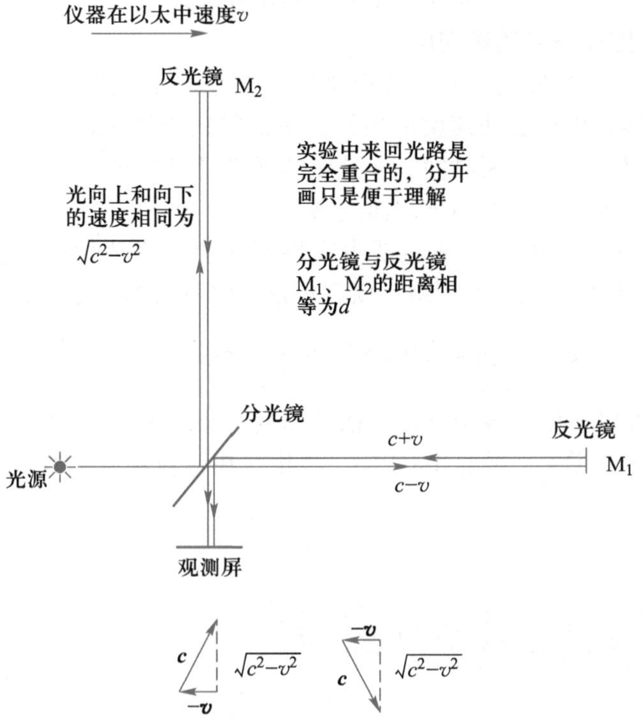

图 4.4　迈克耳孙-莫雷实验原理

$$\Delta L=\frac{2dv^2}{c^2}$$

移动的条纹数为：

$$\frac{\Delta L}{\lambda}$$

实验中用钠光源，$\lambda=5.9\times10^{-7}$ m；地球的公转轨道运动速率为 $v\approx1\times10^{-4}c$；干涉仪光臂（分光镜到反光镜）$d=11$ m，应该移动的条纹为

$$\Delta N=2\times11\times(1\times10^{-4})^2\div(5.9\times10^{-7})=0.37$$

迈克耳孙和莫雷将干涉仪装在十分平稳的大理石上，并让大理石漂浮在水银槽上，可以平稳地转动. 当整个仪器缓慢转动时连续读数，这时该仪器的精确度为 0.01%，即能测到 1/100 条条纹移动，用该仪器测条纹移动应该是很容易的. 迈克耳孙和莫雷设想：如果让仪器转动 90°，光通过 OM_1、OM_2 的时间差应改变，干涉条纹要发生移动，从实验中测出条纹移动的距离，就可以求出地球相对以太的运动速度，从而证实以太的存在. 但实验结果是：未发现任何条纹移动. 在此之后的许多年，迈克耳孙-莫雷实验又被重复了许多次，所得结果都是零.

因实验中两光臂在地球上是相互垂直的，这两个方向相对太阳的运动速度明显不同. 因此，本实验的结果也可以看成两个相对于太阳坐标系具有不同运动速度的近似的惯性坐标系中，光速大小的实验比较结果.

1.2.2 电磁场研究的新问题

到18世纪末已经发现一些电磁现象与经典物理概念相抵触，除迈克耳孙-莫雷实验观测到具有相对运动速度的惯性系中测得的光速相同. 其他还有，运动物体的电磁感应现象表现出相对性——是磁体运动还是导体运动其效果一样；电子的惯性质量随电子运动速度的增加而变大.

事实上，1864年10月，麦克斯韦在皇家学会上讲述他的"电磁场的动力理论"的论文中给出的电磁场方程组，就在理论上暗示着惯性系中光速为一常量：

$$c=\frac{1}{\sqrt{\varepsilon_0\mu_0}}=2.998\times10^8\,\text{m}\cdot\text{s}^{-1}\approx3\times10^8\,\text{m}\cdot\text{s}^{-1}$$

这表明光在真空中沿各个方向传播的速度大小与光源和观测者的相对运动无关，亦即与参考系无关，并且1904年，洛伦兹在解释麦克斯韦方程组时推导出洛伦兹变换式.

第二节 狭义相对论的运动学

2.1 狭义相对论的创立及其研究对象

爱因斯坦于1905年提出狭义相对论，又于1915年建立广义相对论.

2.1.1 狭义相对论的基本原理

爱因斯坦坚信世界的统一性和合理性. 他在深入研究牛顿力学和麦克斯韦电磁场理论的基础上，对各种实验和观测资料进行充分分析后，选择了一条独特的道路，大胆摆脱了经典时空观的束缚，于1905年在题为《论动体的电动力学》的论文中，提出了狭义相对论的两条基本假设：

（1）**爱因斯坦狭义相对性原理：在所有惯性系中，物理定律的表达式都相同.**

爱因斯坦推广了相对性原理，说明它不仅适用于力学规律，而且也适用于至少包括电磁学在内的物理规律. 这就表明，所有惯性系对物理规律的描述都是等价的，不论设计力学实验，还是电磁学实验，去寻找特殊惯性系是没有意义的.

（2）**光速不变原理：在所有惯性系中，光在真空中的速率都等于常量 c.**

光速不变原理表明，真空中的光速具有绝对性，它与光源或观察者的运动以及光的传播方向都无关，即光速不依赖于惯性系的选择. 显然，这个结论与伽利略变换是不相容的.

2.1.2 洛伦兹变换式

由于伽利略变换与狭义相对论的基本原理不相容，因此需要寻找一个新的时空坐标变换式. 根据狭义相对论的两条基本原理，爱因斯坦导出了这个变换式.

设在约定系统中，惯性系 S 系中有一事件 P 发生于(x, y, z, t)，同一事件在惯性系 S′系中则发生于(x', y', z', t'). 在 S 系和 S′系之间该事件的时空坐标变换式为

$$S\to S'\begin{cases}x'=\gamma(x-ut)\\ y'=y\\ z'=z\\ t'=\gamma\left(t-\dfrac{ux}{c^2}\right)\end{cases}\qquad S'\to S\begin{cases}x=\gamma(x'+ut')\\ y=y'\\ z=z'\\ t=\gamma\left(t'+\dfrac{ux'}{c^2}\right)\end{cases}\tag{4.4}$$

式中 γ 称为**相对论因子**. 令 $\beta=u/c$，则 γ 可写成

$$\gamma=\frac{1}{\sqrt{1-\dfrac{u^2}{c^2}}}=\frac{1}{\sqrt{1-\beta^2}}\tag{4.5}$$

通常把 S→S′的变换称为正变换，而 S′→S 的变换称为逆变换.

可以看出，正变换和逆变换表达形式相同，符合相对性原理. $\pm u$ 的差别是因为 S′系相对 S 系以速度 $\boldsymbol{u}$ 沿 Ox 轴运动，等价于 S 系相对于 S′系以速度 $-\boldsymbol{u}$ 沿 Ox' 轴运动. 因此只要把正变换中的 u 改为 $-u$，把带撇和不带撇的量作对应交换后，便可得到逆变换.

2.1.3 狭义相对论研究对象

狭义相对论研究两个相对高速运动的惯性系，就同一物体运动描述时，对应物理量之间的变换关系.

讨论 1：

(1) 所谓高速是与真空中的光速比较. 当运动速度远小于光速，即 $u\ll c$ 时，$\gamma\approx 1$，洛伦兹变换式即还原为伽利略变换式. 这说明经典的伽利略变换是洛伦兹变换在低速条件下的近似. 洛伦兹变换是一种普适的时空坐标变换，它既适用于高速运动，也适用于低速运动，但伽利略变换只适用于低速运动.

(2) 在洛伦兹变换式中，$\sqrt{1-\beta^2}$ 必须是实数才有意义，这就要求 $\beta=u/c\leqslant 1$，即 $u\leqslant c$. 由于参考系总是借助于一定的物体(或物体组)而确定的，由此可知：**任何实际物体都不能作超光速运动. 或者说，真空中光速是一切实际物体运动的极限速度.**

讨论 2：

洛伦兹变换与伽利略变换的关系.

狭义相对论中引力可被忽略，用惯性系即可描述物体运动；如果所研究的问题不能忽略引力，则属于广义相对论范畴.

2.2 基于狭义相对论的运动学参量的洛伦兹变换

讨论时仍然基于上文定义的约定系统，且应用包括时间在内的四维时空坐标. 洛伦兹变换式(4.4)给出了两坐标系之间位置坐标的变换关系，在此不再赘述.

2.2.1 时、空间隔的洛伦兹变换关系

设在约定系统中，惯性系 S 系中有一事件 P 发生于(x, y, z, t)，同一事件在惯性系 S′系中则发生于(x', y', z', t'). 该事件在 S 和 S′系之间的时空间隔变换式由(4.4)式可推导为

$$S\to S'\begin{cases}\Delta x'=\dfrac{\Delta x-u\Delta t}{\sqrt{1-\dfrac{u^2}{c^2}}}\\ \Delta t'=\dfrac{\Delta t-\dfrac{u}{c^2}\Delta x}{\sqrt{1-\dfrac{u^2}{c^2}}}\end{cases}\qquad S'\to S\begin{cases}\Delta x=\dfrac{\Delta x'+u\Delta t'}{\sqrt{1-\dfrac{u^2}{c^2}}}\\ \Delta t=\dfrac{\Delta t'+\dfrac{u}{c^2}\Delta x'}{\sqrt{1-\dfrac{u^2}{c^2}}}\end{cases}\tag{4.6}$$

其中，$\Delta x=x_2-x_1$，$\Delta t=t_2-t_1$，$\Delta x'=x_2'-x_1'$，$\Delta t'=t_2'-t_1'$，这表明，两个事件的时空间隔的测量具有相对性. 在没有相对运动速度的方向上存在：$\Delta y=\Delta y'$，$\Delta z=\Delta z'$.

2.2.2 洛伦兹速度变换式

利用洛伦兹时空坐标变换式可以得到洛伦兹速度变换式，以替代伽利略速度变换式.

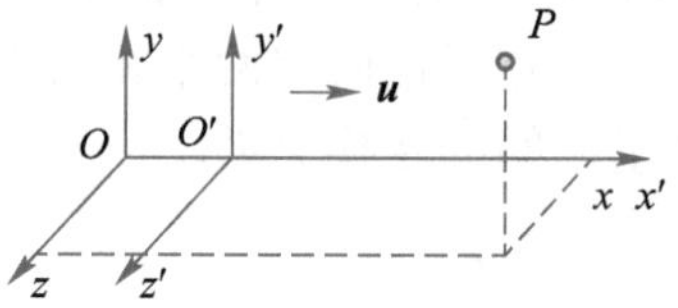

图 4.5 两个坐标系的关系

如图 4.5 所示，设有惯性参考系 S′和 S，且 S′以速度 $\boldsymbol{v}$ 相对于 S 沿 xx'轴运动. 考虑一点 P 在空间运动. 从 S 系来看，点 P 的速度为 $\boldsymbol{u}(u_x, u_y, u_z)$；从 S′系来看，其速度为 $\boldsymbol{u}'(u_x', u_y', u_z')$. 通过对(4.4)式求微商，可得它们的速度分量之间关系分别为

$$S\to S'\begin{cases}u_x'=\dfrac{u_x-v}{1-\dfrac{v}{c^2}u_x}\\ u_y'=\dfrac{u_y}{\gamma\left(1-\dfrac{v}{c^2}u_x\right)}\\ u_z'=\dfrac{u_z}{\gamma\left(1-\dfrac{v}{c^2}u_x\right)}\end{cases}\qquad S'\to S\begin{cases}u_x=\dfrac{u_x'+v}{1+\dfrac{v}{c^2}u_x'}\\ u_y=\dfrac{u_y'}{\gamma\left(1+\dfrac{v}{c^2}u_x'\right)}\\ u_z=\dfrac{u_z'}{\gamma\left(1+\dfrac{v}{c^2}u_x'\right)}\end{cases}\tag{4.7}$$

(4.7)式叫做洛伦兹速度变换式. 将(4.7)式与(4.2)式相比较可以看出，相对论力学中的速度变换公式与经典力学中的速度变换公式不同，不仅速度的 x 分量要变换，而且 y 分量和 z 分量也要变换. 但在 $v\ll c$ 的情况下，(4.7)式将转换为

(4.2)式. 所以(4.2)式仅适用于低速运动的物体.

现在不妨来对比一下，经典力学与相对论力学是如何看待光在真空中的速度的. 设一光束沿 xx'轴运动，已知光对 S 系的速度是 c，即 $u_x=c$. 那么，根据洛伦兹速度变换式，光对 S′系的速度为

$$u_x'=\frac{u_x-v}{1-\frac{u_x v}{c^2}}=\frac{c-v}{1-\frac{cv}{c^2}}=c$$

也就是说，光对于 S 系和对于 S′系的速度相等. 这个结论显然与伽利略速度变换的结果不同，但却符合光速不变原理和迈克耳孙-莫雷实验事实.

狭义相对论的加速度变换，比较复杂，在此不作解释.

2.3　洛伦兹变换与狭义相对论的时空观

在相对性原理和光速不变原理这两个基本假设的基础上，爱因斯坦建立起了他独特的时空观. 与前人的时空观不同的是，爱因斯坦认为时间和空间都是相对的，彻底抛弃了牛顿力学的绝对时空概念. 下面我们就分别从时间和空间的相对性方面来简单介绍一下爱因斯坦的时空观.

2.3.1　同时性的相对性

牛顿的时空观采用“绝对时间”概念，认为宇宙各处都有一个普适时间，无须特别对“同时性”作讨论. 然而在 1905 年的著名论文中，爱因斯坦写道：“我们应该考虑到：凡是时间在里面起作用的我们的一切判断，总是关于同时的事件的判断. 比如我们说，‘那列火车 7 点钟到达这里’，这也就是说，‘我的表的短针指到 7 与火车到达是同时的两个事件’.”由于狭义相对论中采用“光速不变”作为基本假设之一，这就必然引发“同时性”的相对性. 也就是说，同时测量的结果也可能是不同的. 更确切地说，在某一惯性系中同时发生的两个事件，在相对于此惯性系运动的另一个惯性系中观察，并不一定是同时发生的. 这就是同时性的相对性.

为了说明这个问题，让我们首先来看看何谓两个事件“同时”发生，或者说什么情况才能称作为“同时”？爱因斯坦根据他的光速不变原理，提出了一个异地对钟的准则. 假定我们要核对 A，B 两地的钟，则在 A，B 两地连线的中点 C 处设置一个光信号的发送站，在 A 和 B 处各设置一个接收站，由 C 向 A，B 两地发射对钟的光信号，A，B 收到此光信号的时刻被认为是“同时”.

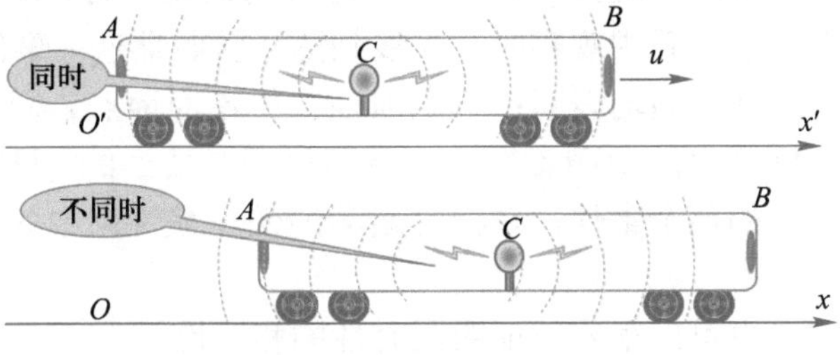

图 4.6　同时性的相对性

有了这个异地对钟准则以后，让我们设想这样一个实验，在如图 4.6 所示的两个惯性参考系 S(站台)和 S′(火车)中，在坐标系 S′中的 x'轴上的 A，B 两点各放置一个接收器，每个接收器旁各有一个静止于 S′的钟，在 AB 的中点 C 上有一个光源. 今设光源发出一闪光，由于 $|AC|=|BC|$，根据光速不变性，向各个方向的光速都是一样的，所以，在 S′参考系中观察 A 和 B 应该是同时收到 C 发出的光信号的. 换句话说，就是光信号到达 A 和 B 这两个事件在 S′参考系中是同时发生的.

现在换过来在 S 参考系中观察这两个同样的事件，其结果又如何呢？对于 S 参考系而言，由于 S′参考系相对 S 参考系以速度 $\boldsymbol{u}$ 沿 x 轴正向运动，根据运动的相对性，在 S 参考系中观察 S′参考系里的 A 点和 B 点都沿 x 轴正向运动. 因此，当光源 C 发出闪光后，S 参考系中看到的 B 点正在背着光线移动而 A 点则迎向光线运动，也就是说，在 S 参考系中光线由 C 到 B 所经历的路程要大于 BC 的实际距离，而光线由 C 到 A 的路程则要小于 AC 间的实际距离，然而由于 $|AC|=|BC|$，所以光必定先到达 A 而后到达 B，或者说光线到达 A 和光线到达 B 这两个事件在 S 参考系中观察并不是同时发生的！这就说明，同时性是相对的，是跟参考系有关的.

讨论 3：
如果光速值较小或无限大，“同时”的相对性会怎样？

同样，如果光源 C 和 A，B 两个接收器固定在 S 参考系中，用同样的分析可知，在 S 参考系中同时发生的两个事件，在 S′参考系中观察则不是同时发生的. 分析这两种情况还可以得出下一个结论：沿两个惯性系相对运动方向发生的两个事件(如在本例中，两个惯性系相对运动方向是沿着 x 轴方向的，而对于两个事件——光线到达 A，B 两个接收器，光线的运动方向正好也是平行于 x 轴方向即惯性系的相对运动方向的)，在其中一个惯性系中表现为同时的，则在另一个惯性系中观察时，总是在前一惯性系运动的后方的那一事件先发生. 这个结论揭示了在不同的参考系下判断几个在惯性系运动方向上的不同事件间(假定这些事件间没有因果联系)发生顺序的准则. 对于本例而言，在 S′参考系中两个事件是同时的，在 S 参考系中，由于 S′相对 S 以速度 $\boldsymbol{u}$ 运动，即沿 x 轴正向运动，所以由图 4.6 可知，在 S 参考系里观察，对于 S′参考系的运动而言，A 点就是所谓的运动的后方，所以在 S 参考系中观察时，光线到达 A 接收器这一事件先发生.

狭义相对论理论和实验均表明：**一个惯性系中不同地点，同时发生的事件在相对运动的任一惯性系中的观测者看来，并不是同时发生的. 只有一个惯性系中同一地点、同时发生的两个事件，在相对运动的任一惯性系中的观测者看来，才是同时发生的.**

由洛伦兹变换，也可以很容易证明同时性的相对性.

若两事件 1 和 2，在 S 系中的坐标分别为(x_1, y_1, z_1, t_1)和(x_2, y_2, z_2, t_2)，

在 S′系中的坐标分别为(x_1', y_1', z_1', t_1')和(x_2', y_2', z_2', t_2')，则这两个事件在 S 系和 S′系中的时间间隔分别为(t_2-t_1)和$(t_2'-t_1')$，由洛伦兹变换式的时空间隔(4.6)式得

$$x_2'-x_1'=\frac{(x_2-x_1)-u(t_2-t_1)}{\sqrt{1-\frac{u^2}{c^2}}}$$

$$t_2'-t_1'=\frac{(t_2-t_1)-\frac{u}{c^2}(x_2-x_1)}{\sqrt{1-\frac{u^2}{c^2}}}$$

由上式可以看出，如果两事件在 S 系中观测是在不同地点同时发生的，即 $x_2 \neq x_1$，$t_2=t_1$，则 $t_2' \neq t_1'$，$x_2' \neq x_1'$，这说明这两个事件在 S′系中认定不是同时发生的两异地事件. 反之亦然：如果两事件在 S′系中观测，$x_2' \neq x_1'$，$t_2' \neq t_1'$，则 $t_2 \neq t_1$，$x_2 \neq x_1$. 可见两异地事件的同时性具有相对的意义.

在相对论中，不但同时性是相对的，而且发生两事件的先后次序原则上也是相对的，这可直接由(4.6)式得到，对于两个互相无关的独立事件，在 S 系中，t_2-t_1，x_2-x_1 均可为任意值. 若设 $t_2-t_1>0$，则在 S 系中观测，事件 1 先于事件 2 发生，但对于不同的 x_2-x_1，$t_2'-t_1'$，可以等于、小于或大于零，即在 S′系中观测，事件 1 和事件 2 可能同时发生，也可能先于事件 2 发生，还可能后于事件 2 发生，两事件的时序可能出现颠倒的情况. 需要指出的是，在相对论中，有因果关系的关联事件，如父母出生在先，儿女出生在后；一列电磁波发射在先，接收在后，它们的时序对任何惯性参考系都不会颠倒，具有绝对性. 下面以电磁波的发射和接收为例加以说明. 设 S 系中电磁波的发射为事件 1，接收为事件 2，且 $t_2>t_1$，假设在 S′系中测得这两个关联事件的时序颠倒，接收先于发射，即 $t_1'>t_2'$，则由(4.6)式有

$$(t_2-t_1)-\frac{u}{c^2}(x_2-x_1)<0$$

即

$$\frac{x_2-x_1}{t_2-t_1}u>c^2$$

对电磁波的传播来说，$\frac{x_2-x_1}{t_2-t_1}=c$，而 $u>c$ 不可能，因为 $u>c$ 与光速 c 是物体的极限速率相矛盾. 所以 $t_1'>t_2'$的假设不能成立，即一切有关联的事件的时序对所有惯性系都不可能颠倒，具有绝对性.

2.3.2　时间延缓

我们仍以上述例子说明时间量度的相对性. 如果 S′参考系相对 S 参考系的速度增加，则在 S 参考系中观察可得 A 迎着光线前进的速度更大，而 B 背离光线的速度也更大，也就是说光线到达 A 的时间更短而到达 B 的时间更长，因此两个事

件的时间间隔也变长. 由此我们可以得到一个结论，对于不同的参考系，沿相对速度方向发生的同样的两个事件之间的时间间隔是不同的. 换句话说就是，**时间的量度是相对的.**

现在，我们来推导时间量度和参考系相对速度之间的定量关系. 设想如下的一个理想实验：取如图 4.7(a)所示的两个惯性参考系 S 和 S′，在 S′系中的一个固定点 A'处设置一个光源，其旁设置一个在 S′系校准的钟，在沿 y'轴方向离 A'距离为 d 处放置一面反射镜，可使由 A'发出的光脉冲经反射后沿原路返回. 对于光脉冲由 A'发出再经反射镜返回到 A'这两个事件的时间间隔，在 S′参考系中测量得

$$\Delta t'=\frac{2d}{c}$$

现在在 S 系中观察，由于 S′系相对于 S 系以速度 $\boldsymbol{u}$ 运动，也就是说固定于 S′系中的 A'点的光源也相对 S 系沿 x 方向以速度 $\boldsymbol{u}$ 运动，因此在 S 系中观测到的光线路径如图 4.7(b)所示. 此时光线由发出到返回并非原来的沿同一直线进行的，而是沿一条折线进行的.

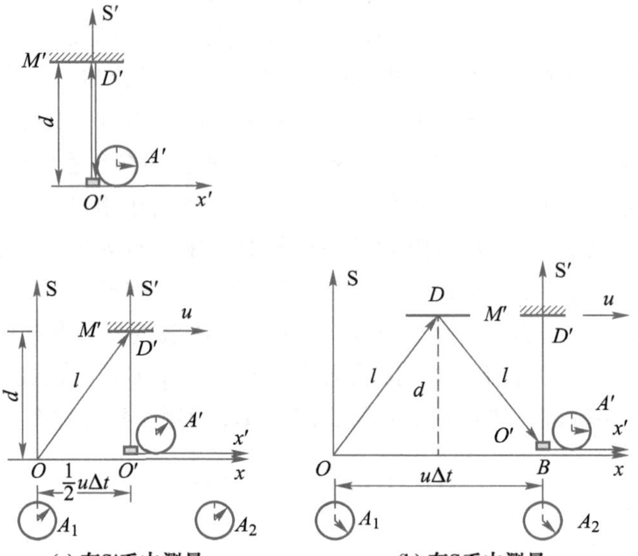

(a) 在S′系中测量　　(b) 在S系中测量

图 4.7　时间量度与参考系相对速度的关系

现在我们计算光经过这条折线的时间，若在 S 系中测得的光经过的路程为 $2l$. 根据图示的几何关系，光源在 Δt 时间内运动了 $u\Delta t$，因此，满足

$$l=\sqrt{d^2+\left(\frac{u\Delta t}{2}\right)^2}$$

由于光速不变，所以有

$$\Delta t=\frac{2l}{c}=\frac{2}{c}\sqrt{d^2+\left(\frac{u\Delta t}{2}\right)^2}$$

由此式解得

$$\Delta t=\frac{2d}{c}\frac{1}{\sqrt{1-\frac{u^2}{c^2}}}$$

比较两坐标系中的时间间隔，可得

$$\Delta t=\frac{\Delta t'}{\sqrt{1-\frac{u^2}{c^2}}}=\frac{\Delta t'}{\sqrt{1-\beta^2}}=\gamma\Delta t'$$

式中，$\beta=\frac{u}{c}$，$\gamma=\frac{1}{\sqrt{1-\beta^2}}$.

测量时间的实验在 S′参考系进行，我们把 S′参考系中测得的时间称固有时间，常用 τ_0 表示，而相对于 S′做高速运动的 S 中测得的时间称观测时间，常用 τ 表示，则上式可写成：

$$\tau=\frac{\tau_0}{\sqrt{1-\frac{u^2}{c^2}}} \tag{4.8}$$

根据 γ 的定义可知，$\gamma>1$，则 $\tau>\tau_0$. 因此，在一个惯性系中，运动系中的时间大于静止系中的时间. 这种效应就叫时间延缓，固有时最短. 而 S′系称为该装置的静止系. 我们应充分认识固有时是一个很基本的量. 因为对于某一物理现象，例如时钟的摆动、粒子的衰变等，物体(如时钟、粒子)的静止系只有一个，却存在着无限多个惯性系不是静止系. 这些惯性系中测得现象经历的时间都比固有时来得长.

当然，作为一种新兴理论，相对论必然要“向下兼容”那些千百年来被证实的理论、现象. 考虑当 $u\ll c$ 时，此时 $\gamma\approx1$，则 $\Delta t\approx\Delta t'$. 这种情况下，同样的两个事件之间的时间间隔在各个参考系下测量的结果都是一样的，即时间的测量与参考系是无关的，这就又回到了牛顿的绝对时空观在参考系之间的相对速度非常小时的一个近似结果.

另外，需要注意的是运动是相对的，因此，所谓的时间延缓概念也是相对的. 在上例中，用钟变慢来说明的话，就是 S 参考系的人认为 S′参考系里的钟变慢了，而反过来在 S′参考系里的人也同样会觉得 S 参考系里的钟变慢了.

解题指导：应用时间延缓公式(4.8)式解题的关键是该事件是在静止系中同地点发生，否则需用时间间隔计算公式(4.7)式求解.

[例 4.1]　带电 π 介子(π^+或 π^-)静止时的平均寿命是 2.6×10^{-8} s，某加速器射出的带电 π 介子的速率为 2.4×10^8 m/s，试求：

(1) 在实验室中测得的这种粒子的平均寿命；

(2) 上述 π 介子衰变前在实验室中通过的平均距离.

[解]　(1) 由于带电 π 介子相对实验室系的速率 $u=2.4\times10^8$ m/s$=0.8c$，故在实验测得这种 π 介子的平均寿命为

$$\tau=\left(2.6\times10^{-8}\sqrt{1-0.8^2}\right)\text{ s}=4.33\times10^{-8}\text{s}$$

（2）上述 π 介子衰变前在实验室中所通过的平均距离为

$$l=u\tau=2.4\times10^{8}\times4.3\times10^{-8}\ \mathrm{m}=10.4\ \mathrm{m}$$

这一结果与实验符合得很好，从而证实了时间延缓效应.

2.3.3 长度收缩

上面我们谈的是光速不变所带来的时间量度的相对性问题. 除此之外，光速不变原理还会带来空间量度的相对性问题. 也就是说，同一物体的长度，在不同的参考系中进行测量，会得到不同的结果. 通常，在某个参考系里，一个静止的物体的长度可以由一个静止的观测者用尺去测量，但要测量一个运动的物体就不能用这个办法了. 因为如果还是按照这个办法，就必须要让物体和观测者保持静止. 要达到这个目的无非两种办法：一是让物体停下来和观测者保持静止；一是观测者追上去和物体保持静止. 不论是哪种办法，测量的都是测量者所在的参考系下的物体的静止长度. 而对于相对被测量的物体运动的测量者来说，要正确测量出物体的长度，合理的办法是，在同一时刻测量物体的两个端点位置坐标. 这里必须强调同时的重要性. 由前所述，同时性具有相对性，因此，长度的测量同样也具有相对性.

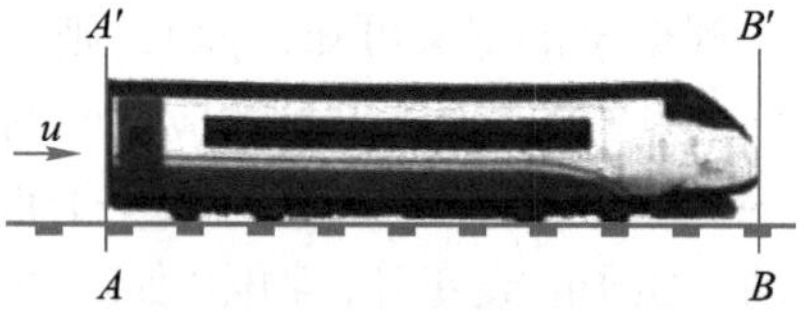

图 4.8 长度测量

为了说明这一点，我们设想下面的一个测量列车长度的实验. 如图 4.8 所示，一辆列车以匀速自左向右通过站台. 在站台的参考系中同时记录下列车的两端位置 A 和 B，从而得到站台参考系下列车的长度为 $|AB|$，根据同时性的相对性，同时地记录下 A、B 两点的位置这两个事件只是对于站台参考系而言是同时的，而在列车参考系里，根据不同惯性系下事件的发生顺序的判定准则，站台惯性系相对列车参考系向左侧运动，那么运动的后方的事件也就是 B 和 B' 重合首先发生，而事件 A 和 A' 重合发生在后. 换句话说，在 B 和 B' 重合时，列车的最后端 A' 点还在站台 A 点的左方，所以在列车参考系里测量得到的列车长度要大于站台参考系下测量得到的长度. 因此，长度的测量同样和惯性系有关，具有相对性.

讨论 4：

长度的量度和同时性有什么关系？为什么长度的量度会和参考系有关？长度收缩效应是否因为棒的长度受到了实际的压缩？

为了加深理解，假设从 A 到 B 刚好是一条隧道，那么地面参考系的人认为隧道和车一样长，而按照上面的分析，列车上的人却会认为车比隧道长. 那么，这两种说法都正确吗？如果当车刚好处在隧道内时，在隧道口 B 和隧道尾 A 同时打下两个雷，那么躲在隧道内的车能安然无恙吗？正确地理解长度的相对性问题，关键仍在于同时性的相对性. 所谓的同时打下两个雷，是对谁同时呢？显然是对地面参考系的. 那么对地面参考系而言，由于车长等于隧道长，所以车当然是安然无恙的；而对于列车参考系而言，这两个雷就不是同时打的，出口的 B 处打雷的时

候，车头还在隧道里，所以雷打不到车头，而虽然车尾还在隧道外，但此时隧道入口 A 处的雷还没有打，等到 A 处的雷打下的时候，车尾已经开到隧道里了，车头虽然探出隧道，但那里的雷已经打过了，所以在列车参考系里车仍然安然无恙. 因此，不管在哪个参考系中，车都是安然无恙的. 可见，由长度测量相对性引起表面上似乎相互矛盾的说法，只不过是同一客观事物的不同反映和描述而已. 与物体保持静止的参考系所测量的长度称为物体的**固有长度**. 在本例中，在列车参考系测量得到的 $|A'B'|$ 即列车的固有长度. 根据上面的分析，可以得出：$|A'B'|>|AB|$，也就是说，物体的固有长度大于它在运动时的长度，即物体的**固有长度最长**.

> **讨论 5：**
> 相对论的时间和空间概念与牛顿力学的有何不同？有何联系？

在定性地介绍了由光速不变所带来的空间量度的相对性的问题以后，下面定量地描述高速运动情况下的长度测量问题.

设一细杆 AB 静止于 S′系，并沿 $O'x'$ 轴放置. 如图 4.9 所示，细杆端点的坐标分别为 x_1' 和 x_2'，则杆的长度为 $l_0=x_2'-x_1'$. l_0 是在相对物体静止的惯性系中测得的长度，通常称为**固有长度**（或原长）. 因杆相对 S 系运动，所以 S 系应同时测出两端点坐标. 设测量时刻为 t，l 称观测长度. 由洛伦兹变换，有

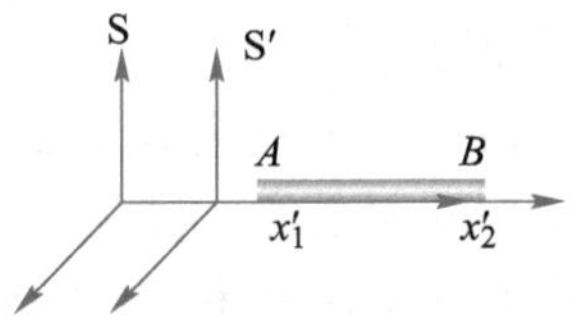

图 4.9 细杆 AB 静止于 S′系

$$x_1'=\gamma(x_1-ut),\quad x_2'=\gamma(x_2-ut)$$

于是 S 系测得的杆长 $l=x_2-x_1=(x_2'-x_1')/\gamma$，即

$$l=l_0\sqrt{1-\frac{u^2}{c^2}} \tag{4.9}$$

上式即长度的相对论公式. 公式表明，长度是相对的. 相对于物体静止的惯性系中测得的长度（固有长度）最长，而在相对该物体运动的惯性系中测得的长度为固有长度的 $1/\gamma$，即运动杆的长度缩短了. 这种效应称为**长度收缩**，或洛伦兹收缩. 一般情况下，物体的形状及其运动方向都是任意的，这时只是沿物体运动方向的长度发生收缩，垂直运动方向的长度不发生收缩.

应该指出的是，长度收缩也是一种相对效应. 静止于 S 系中沿 x 方向放置的长为 l_0 的棒，在 S′系中测量 l'，$l_0>l'$，即其长度也要收缩.

解题指导：应用长度收缩公式(4.9)式解题的关键是要求相对被测物运动的参考系测量时需同时读出物体两端的坐标，否则只能用空间间隔公式(4.7)式解题.

［例 4.2］ 一艘飞船，其静止长度为 10 m，当它在太空中相对于地球以 $u=0.6\,c$ 的速率飞行时，地面上观测者测得其长度 l 是多少？

［解］ 由式(4.9)，有

$$l=l_0\sqrt{1-u^2/c^2}=10\sqrt{1-(0.6)^2}\ \text{m}=8\ \text{m}$$

即在地球上的观测者测得其长度缩短了.

2.4 解题指导

利用洛伦兹变换解题：

① 需明确在哪两个坐标系下讨论问题；

② 描述的研究对象是什么物体的运动；

③ 已知和需求解的物理量分别属于哪个坐标系的描述；

④ 找到两坐标系相对运动的速度方向，确定 S 系和 S′系；

⑤ 判断问题的求解是否需跨坐标系进行物理量的变换；

⑥ 对需要跨坐标系的物理量之间的变换用相应的变换公式，而在同一坐标系中的物理量的计算，继续用经典力学的原理求解.

[**例 4.3**] 地面上测得高能粒子由出发点甲处沿直线到达相距 100 m 的乙点处，其经历的时间为 10 μs = 10^{-5}s. 问：如果从一个与粒子运动方向相同的假想的速率为 $u=0.6c$ 的宇宙飞船中观测，粒子由甲处运动到乙处走过的路程、时间间隔和速率各为多少？

[**解**] 分析：需在地面取为 S 系，飞船取为 S′系，飞船沿 S 系的 x 轴方向运动，设 S′系的 x'轴与其平行；研究高能粒子的运动；已知量为 S 系中的参量；所求量在 S′系中；设粒子在甲处为事件一、乙处为事件二，依题意，S 系中的已知可表示为

$$\Delta x=x_2-x_1=10^2\ \text{m},\ \Delta t=t_2-t_1=10^{-5}\ \text{s}$$

求粒子在 S 系中的速度，为同一坐标系中的参量运算，不需要坐标变换，即

$$v=\frac{\Delta x}{\Delta t}=\frac{10^2}{10^{-5}}\ \text{m/s}=10^7\ \text{m/s}$$

求飞船坐标系 S′中的参量，需要用到 S 系中的参量，需要用到(4.4)洛伦兹变换式作变换[也可以直接用时、空间隔变换式(4.6)]，两事件在 S′系的空间间隔和时间间隔分别为

$$\Delta x'=\frac{\Delta x-u\Delta t}{\sqrt{1-u^2/c^2}}=-2\ 150\ \text{m}$$

$$\Delta t'=\frac{\Delta t-\dfrac{u}{c^2}\Delta x}{\sqrt{1-u^2/c^2}}=1.23\times10^{-5}\ \text{s}$$

在已知飞船坐标系 S′中的空间间隔 $\Delta x'$和时间间隔 $\Delta t'$，求 S′系中的粒子速度时，又是在同一坐标系中参量的求解了，无需用洛伦兹变换，即有

$$v'=\frac{\Delta x'}{\Delta t'}=-1.74\times10^8\ \text{m}\cdot\text{s}^{-1}=-0.58\ c$$

$\Delta x'<0$ 和 $v'<0$，表明在飞船坐标系中观测，粒子是沿 x'轴负向由甲地向乙地运动的，经历路程为 2 150 m，时间为 1.23×10^{-5}s，速度为 0.58c.

［例 4.4］ 假定一个粒子在 $x'y'$ 平面内以 $\frac{c}{4}$ 的恒定速度相对惯性参考系 S′运动，它的轨道与 x' 轴成 60°角. 如果 S′系沿 x'（或 x）轴相对于惯性参考系 S 的运动速度是 0.8c，试求在 S 系中所确定的粒子运动方程（设 $t=0$ 时粒子位于原点）.

［解］ 分析：题目已经明确，讨论的坐标系为 S 和 S′系，研究对象为运动粒子，已知 S′系中的参量，所求参量为 S 系.

由已知参量写出 S′中的运动方程，因在同一坐标系中求解，无需洛伦兹变换，有

$$x'=u_x't'=\left(\frac{c}{4}\cos 60°\right)t' \tag{1}$$

$$y'=u_y't'=\left(\frac{c}{4}\sin 60°\right)t' \tag{2}$$

但所求的是 S 系中的运动方程，需用 S 系中参量表征，存在两坐标系之间的参量传递，需运用洛伦兹变换.

对上述(1)式，依(4.4)式：

$$x'=\frac{x-ut}{\sqrt{1-u^2/c^2}},\qquad t'=\frac{t-\frac{u}{c^2}x}{\sqrt{1-u^2/c^2}}$$

代入(1)式有

$$\frac{x-ut}{\sqrt{1-u^2/c^2}}=\left(\frac{c}{4}\cos 60°\right)\cdot\frac{t-\frac{u}{c^2}x}{\sqrt{1-u^2/c^2}}$$

整理得

$$x=0.841ct$$

对上述(2)式，依(4.4)式中：

$$y=y',\qquad t'=\frac{t-\frac{u}{c^2}x}{\sqrt{1-u^2/c^2}}$$

代入(2)式有

$$y=\left(\frac{c}{4}\sin 60°\right)\frac{t-\frac{u}{c^2}x}{\sqrt{1-u^2/c^2}}$$

整理得

$$y=0.118ct$$

所以，在 S 系中粒子的运动方程为：

$$x=0.841ct,\qquad y=0.118ct$$

消去参量 t 后，得轨迹方程为

$$y=0.140x$$

仍为直线，但与 x 轴夹角为

$$\theta=\arctan 0.140=8°$$

说明在参考系 S 看来，粒子的运动方向(指与 x 轴的夹角)发生了转动.

[例 4.5] π^0介子在高速运动中衰变，衰变时辐射出光子. 如果 π^0介子的运动速度为 0.999 75c，求它向运动的正前方辐射的光子的速度.

[解] 分析：本题涉及的两个坐标系为实验室坐标系和π^0介子坐标系，在此分别设为 S 系和 S′系，研究对象为光子，已知π^0介子辐射出的光子的速度为相对 S′系速度为 c，即 $v_x'=c$，所求为该辐射光子相对实验室坐标 S 系的速度，需用洛伦兹变换，依题意取π^0介子和光子沿 S 系的 x 轴正向运动，根据洛伦兹速度变换公式(4.7)中的逆变换公式有

$$v_x=\frac{v'_x+u}{1+\dfrac{u}{c^2}v'_x}=\frac{c+u}{c+u}\cdot c=c$$

本题也可以直接用爱因斯坦狭义相对论的第二条假设，真空中的光速不变原理.

需要说明的是：

(1)“时间延缓”效应是时间间隔变换的特例，当两事件在发生的坐标系同一地点发生时，时间间隔变换公式就退化为“时间延缓”公式.

(2)“长度缩短”效应是沿两坐标运动方向时间间隔变换的特例，当相对物体运动的坐标系测量物体两端为同时读数时，空间间隔公式退化为“长度缩短”公式.

因此，对这两类问题的求解思路同上. 其实这一解题思路也适用于狭义相对论动力学.

第三节 狭义相对论的动力学

3.1 相对论质量

我们已经指出，经典力学的基本定律在伽利略变换下形式不变，然而这些定律在洛伦兹变换下不是不变的，也就是说，经洛伦兹变换后，这些定律在不同惯性参考系中具有不同形式. 但是按相对论基本假设，在不同的惯性参考系中，力学规律应有同样的形式. 因此，必须按狭义相对论的要求，对经典的动量、质量、能量等概念和动力学基本规律作必要的修正. 我们可以设想相对论中新的动力学规律应该满足以下三个条件：① 它们的表达式在洛伦兹变换下必须具有不变性；

② 当物体的运动速度 v 较光速 c 小得多($v \ll c$)时，这些定律应还原为经典力学的形式；③ 只要可能，在相对论中仍应把质量守恒定律、动量守恒定律、能量守恒定律这些普遍规律保存下来，必要时可将“动量”和“能量”这两个重要物理量的含义和表达式适当加以修正. 在牛顿力学中，质量 m 被当成一个不变量. 按照这一认识，当质点受到与其运动方向一致的力持续作用时，其速度最终可以超过光速 c，这与洛伦兹变换给出 c 是一切物体的极限速度相矛盾. 因此，经典动力学要作相应的改变.

相对论认为物体的质量不是不变量，它要随物体运动速率的改变而改变. 相对论在承认系统的总质量守恒和总动量守恒为物理学普遍定律的前提下，可由洛伦兹变换导出这种质量随速率变化的关系式. 为简便起见，我们用一个特殊的完全非弹性碰撞过程进行讨论，这并不影响结果的普遍性.

设有两个全同粒子，相对于观测者为静止时的质量为 m_0，相对于观测者以速度 v 运动时，测得它的质量为 m，如图 4.10(a)所示. 若在 S 系中测到两粒子的速度大小均为 v 且方向相反，碰撞后变成一个质量为 m_f 的大粒子，显然为满足动量守恒定律，大粒子的速度应为零. 于是，在 S 系中，根据质量守恒要求，有

$$m_f = m + m = 2m$$

在与右边那个粒子固定在一起的惯性系 S′中看[图 4.10(b)]，左边粒子的质量为 m'，它的速度大小由(4.6)式可得

$$v' = \frac{v+v}{1+v^2/c^2} = \frac{2v}{1+v^2/c^2}$$

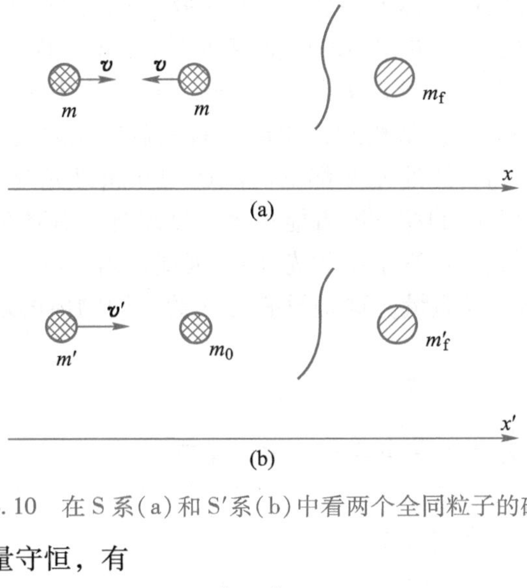

图 4.10　在 S 系(a)和 S′系(b)中看两个全同粒子的碰撞

在 S′系中，根据质量守恒，有

$$m'_f = m' + m_0$$

在 S′系中，根据动量守恒，有

$$m'_f v = m' v'$$

将上述三式联立可解出

$$v=\frac{m'v'}{m'+m_0}=\frac{m'}{m'+m_0}\cdot\frac{2v}{1+v^2/c^2}$$

所以

$$1+\frac{v^2}{c^2}=\frac{2m'}{m'+m_0},\quad v=c\sqrt{\frac{m'-m_0}{m'+m_0}}$$

> **讨论 6：**
> 牛顿力学中的变质量问题（如火箭的推进）和相对论中的质量变换有何不同？

将上两式代入前三式中的第一式，可得

$$v'=c\sqrt{1-\left(\frac{m_0}{m'}\right)^2}$$

从中可解得

$$m'=\frac{m_0}{\sqrt{1-v'^2/c^2}}$$

即

$$m=\frac{m_0}{\sqrt{1-v^2/c^2}}=\gamma m_0 \tag{4.10}$$

上式为相对论**质速关系**，它是相对论动力学的一个重要结果. 式中 m_0 是物体相对观测者静止时的质量，称为**静质量**. m 是物体相对观测者以速率 v 运动时的质量，称为**相对论质量**. 可见物体的质量随其速率的增大而增大.

由质速关系不难看出，当 $v\ll c$ 时，$m\approx m_0$，还原为牛顿力学的质量；当 $v\to c$ 时，$(1-v^2/c^2)\to 0$，$m\to\infty$，即相对论质量 m 逐渐趋于无限大，此时再使质点加速就很困难，这就是一切物体的速率都不可能达到和超过光速 c 的动力学原因. 实验证明，在高能加速器中的粒子随着能量大幅度增加，其速率只是越来越接近光速，而从来没有达到或超过真空中的光速 c. 因此，当 $v=c$ 时，只有 $m_0=0$ 才有意义；当 $v>c$ 时，将出现虚质量，这是没有意义的，即物体的运动速率不可能超过光速.

> **讨论 7：**
> 相对论力学与经典力学中的动能有何异同？

3.2 相对论动力学基本方程

在牛顿力学中，质点的质量是不依赖于速度的常量，并且在不同惯性系中，质点的速度遵从伽利略变化. 但在狭义相对论中，质量与速度有关，质点的速度遵从相对论速度变换. 若使动量守恒表达式在高速运动情况下仍然保持不变，根据狭义相对论的相对性原理，应将动量表达式修正为

$$\boldsymbol{p}=m\boldsymbol{v}=\frac{m_0\boldsymbol{v}}{\sqrt{1-\frac{v^2}{c^2}}}=\gamma m_0\boldsymbol{v} \tag{4.11}$$

对洛伦兹变换保持形式不变的相对论质点动力学方程为

$$\boldsymbol{F}=\frac{\mathrm{d}\boldsymbol{p}}{\mathrm{d}t}=\frac{\mathrm{d}}{\mathrm{d}t}\left(\frac{m_0}{\sqrt{1-v^2/c^2}}v\right) \tag{4.12}$$

在狭义相对论中，如果仍沿用力的概念，那么动量的时间变化率就应该写成上面的形式. 上式还可进一步写成

$$\boldsymbol{F}=m\frac{\mathrm{d}\boldsymbol{v}}{\mathrm{d}t}+\boldsymbol{v}\frac{\mathrm{d}m}{\mathrm{d}t}$$

显然，因为 m 随 v 而改变，所以不能像经典力学那样，把牛顿第二定律写成 $\boldsymbol{F}=m\boldsymbol{a}$ 的形式. 但是，不难看出，在 $v\ll c$ 的情况下，(4.11)式和(4.12)式都与经典力学中对应的关系式相同，说明经典力学是相对论力学在低速条件下的近似.

3.3 相对论能量

3.3.1 相对论动能

在经典力学中，质量为 m_0、速度为 v 的物体，其动能为 $E_\mathrm{k}=\frac{1}{2}m_0v^2$，式中 m_0 为常量，并且质点动能的增量等于合外力对质点所做的功. 在相对论力学中，我们仍像在经典物理学中那样，定义功能为在力 F 作用下，使粒子由静止到达末速度 v 时所做的总功，由此可导出相对论中质点动能的表达式.

设曲线弧元为 $\mathrm{d}s$，切向力为 $\boldsymbol{F}_\mathrm{t}$，则

$$E_\mathrm{k}=\int_0^s F_\mathrm{t}\mathrm{d}s=\int_0^s\frac{\mathrm{d}(mv)}{\mathrm{d}t}\mathrm{d}s=\int_0^v v\mathrm{d}(mv)$$

利用分部积分法，得

$$\begin{aligned}E_\mathrm{k}&=mv^2-m_0\int_0^v\frac{v\mathrm{d}v}{\sqrt{1-\frac{v^2}{c^2}}}\\&=\frac{m_0v^2}{\sqrt{1-\frac{v^2}{c^2}}}+m_0\sqrt{1-\frac{v^2}{c^2}}\Bigg|_0^v\\&=\frac{m_0v^2}{\sqrt{1-\frac{v^2}{c^2}}}+m_0c^2\sqrt{1-\frac{v^2}{c^2}}-m_0c^2\\&=\frac{m_0c^2}{\sqrt{1-\frac{v^2}{c^2}}}-m_0c^2\end{aligned}$$

即

$$E_k = mc^2 - m_0c^2 \tag{4.13}$$

在(4.13)式中，动能是 mc^2 与 m_0c^2 两项之差，与经典动能形式有明显差别，但当 $v \ll c$ 时，有 $(1-v^2/c^2) \approx 1+\frac{1}{2}\left(\frac{v^2}{c^2}\right)$，代入(4.13)式即得质点做低速运动时的动能为 $E_k=\frac{1}{2}m_0v^2$，可见经典力学的动能公式仅适用于低速运动($v \ll c$)的质点. 爱因斯坦把 m_0c^2 称为粒子的静止能量(简称静能)，把 mc^2 称为粒子的相对论总能量，分别用 E 和 E_0 表示

$$\begin{cases} E = mc^2 \\ E_0 = m_0c^2 \end{cases} \tag{4.14}$$

(4.14)式称为爱因斯坦质能关系式，这是狭义相对论的重要结论之一，它反映物质的基本属性——质量与能量的不可分割的关系.

3.3.2　相对论动量和能量的关系

经典力学中，一质点的动能与动量之间的关系是

$$E_k = \frac{1}{2}mv^2 = \frac{p^2}{2m}$$

在相对论中，由 $p=\frac{m_0v}{\sqrt{1-v^2/c^2}}$ 和 $E=\frac{m_0c^2}{\sqrt{1-v^2/c^2}}$ 消去 v，可得物体的总能量与动量之间的关系为

$$E^2 = (m_0c^2)^2 + (pc)^2 = E_0^2 + p^2c^2 \tag{4.15}$$

此式表示，静能、动量乘以 c 和总能量三者构成直角三角形的勾股弦关系. 这就是相对论中同一质点的动量和能量之间的关系式.

把质速关系式 $m=\frac{m_0}{\sqrt{1-v^2/c^2}}$ 改写成 $m_0=m\sqrt{1-v^2/c^2}$，可以看出，对于速率为 c 的光子来说，应有 $m_0=0$，可见光子的静止质量为零，因而它的静止能量也为零，光子的能量即等于它的动能，由动量能量关系式(4.15)可知光子的动量 $p=E/c$. 光子没有静质量和静能，但光子有运动质量、动量和能量，这是光子的物质性的具体表现.

狭义相对论的创立动摇了经典的时空概念，确立了崭新的时空概念. 狭义相对论的两个基本假设及其运动学和动力学的结果，自它发表(1905 年)到现在已获得大量的实验证实，它已成为现代物理学中的一个重要支柱.

解题指导：通常把被研究物体和实验室看成 S′系和 S 系.

[例 4.6]　电子静止质量 $m_0=9.11\times10^{-31}$ kg.

(1) 试用 J 和 eV 为单位，表示电子静能；

(2) 静止电子经过 10^6 V 的电压加速后，其质量、速率各为多少？

[解]　(1) 电子静能

$$E_0=m_0c^2=9.11\times10^{-31}\times9\times10^{16}\ \mathrm{J}=8.20\times10^{-14}\ \mathrm{J}$$

$$E_0=\frac{8.20\times10^{-14}}{1.60\times10^{-19}}=0.51\times10^6\ \mathrm{eV}=0.51\ \mathrm{MeV}$$

（2）静止电子经过 10^6V 的电压加速后，动能为

$$E_k=1.0\times10^6\,\mathrm{eV}=1.60\times10^{-13}\,\mathrm{J}$$

由于 $E_k\approx2E_0$，因此必须考虑相对论效应，电子质量为

$$m=\frac{E}{c^2}=\frac{E_0+E_k}{c^2}=\frac{8.20\times10^{-14}+1.60\times10^{-13}}{9\times10^{16}}\mathrm{kg}=2.69\times10^{-30}\ \mathrm{kg}$$

可见 $m\approx3m_0$，又由质速关系式得电子速率

$$v=\sqrt{1-\left(\frac{m_0}{m}\right)^2}\,c=\sqrt{1-\left(\frac{9.11\times10^{-31}}{2.69\times10^{-30}}\right)^2}\,c=0.94c$$

[**例 4.7**]　一颗含有 20 kg 钚的核弹爆炸，爆炸后生成物的静止质量比原来小万分之一. 求此核爆炸释放了多少能量. 如果爆炸仅在 1 μs 内完成，那么爆炸的平均功率是多少？这颗核弹爆炸的能量相当于多少 kWh 电？

[**解**]　在核反应中，以 m_{01} 和 m_{02} 分别表示反应粒子和生成粒子的总的静止质量，以 E_{k_1} 和 E_{k_2} 分别表示反应前后它们的总动能，利用能量守恒定律，则有

$$m_{01}c^2+E_{k_1}=m_{02}c^2+E_{k_2}$$

移项后，得

$$E_{k_2}-E_{k_1}=(m_{01}-m_{02})c^2$$

上式中 $E_{k_2}-E_{k_1}$ 表示核反应后粒子总动能的增量，就是核反应后所释放的能量，通常以 $\Delta E_{放}$ 表示. $m_{01}-m_{02}$ 表示经过反应后粒子的总的静止质量的减少，即质量亏损，以 Δm_0 表示，于是有

$$\Delta E_{放}=\Delta m_0c^2=20\times10^{-4}\times(3\times10^8)^2\mathrm{J}=1.8\times10^{14}\mathrm{J}$$

平均功率为

$$N=\frac{\Delta E_{放}}{t}=\frac{1.8\times10^{14}}{10^{-6}}\ \mathrm{W}=1.8\times10^{20}\mathrm{W}$$

因为 1 kWh 电的能量为 3.6×10^6J，所以这些能量相当于 5×10^7 kWh 电.

第四节　狭义相对论的实验验证及工程应用举例

4.1　狭义相对论的实验验证

由狭义相对论得到了不同于经典力学的崭新结论，这些结论以丰厚的实验证

明作其基础，以下仅举几例.

π 介子的质量约为电子的 270 倍，它可以利用高能加速器中的高能质子打击适当的靶子来产生，也出现在大气层高空的宇宙射线中，π 介子是一种不稳定的粒子，带电的 π 介子经常在很短时间内衰变成另外两种粒子——μ 子和中微子，μ 子的固有寿命为 2×10^{-6}s，倘若没有时间膨胀效应，以高速飞行的 μ 子的平均寿命仍为 2×10^{-6}s. 则它在衰变为其他粒子之前所通过的平均路程不能超过 600 m，这与很大一部分 μ 子能到达地面这个事实相矛盾. 如果考虑到时间膨胀效应，依据相对论的时间膨胀公式(4. 8)，则 τ 比 τ_0 要长出 90 多倍，因此，μ 子在衰变前走完的平均路程就要比 600 m 长出数十倍，这就是从高空产生的大量 μ 子仍可到达地面的原因，读者也可用长度收缩效应来解释这一现象.

相对论的速度变换规律的一个“惊人”结论是：粒子的能量无论增大到多少，它的速度值都永远不能超过在真空中的光速 c 这一极限值. 这个结论可以通过高能物理实验证实. 例如，在使电子通过加速器获得很大能量时，假定我们逐步地提高电子的能量，使电子的能量每提高一次都增加相同的数量，这时电子的速率虽然也是逐渐增大的，但当能量增大一定值时，速率的增大值却并不是每次都相同，而是越来越小，速率的总值总是逐渐趋近于光速 c 而不能超过它.

比如在美国斯坦福大学的高能加速器，可以使电子在一次加速中获得 10 GeV 的能量，当电子在一次加速后，其速度可达 $0.999\,999\,999c$. 如果有产生能量更高的加速器，利用它再给电子增加 10 GeV 的能量，它的速度将增加得更少，仍然不能使电子速度达到光速 c，这一实验证实了从洛伦兹变换得出的关于光速 c 是物体运动速度的极限.

中国科学院高能物理研究所负责建造和运行的高海拔宇宙线观测站(LHAASO，拉索)于 2022 年 2 月利用其观测的高能伽马射线事例对极端高能条件下洛伦兹对称性进行了检验，再次验证了爱因斯坦相对论时空对称的正确性. 2022 年 10 月 9 日，LHAASO 又在国际上首次打开了 10 TeV 波段的伽马射线暴观测窗口，与慧眼卫星和高能爆发探索者(HEBS)观测通过天地联合，同时探测到迄今为止最亮的编号为 GRB 221009A 的伽马射线暴. 这次观测打破了多项伽马射线暴的观测记录，包括最亮伽马射线和伽马射线暴光子最高能量，对于揭示伽马射线暴的爆发机制具有重要价值. 在 GRB 221009A 伽马射线暴发生后，中科院高能所的研究团队迅速展开数据分析，向国际同行发布初步观测与分析结果. 目前，国际上已经有大量相关研究迅速展开，涌现出了关于新物理可能性的许多讨论.

质能关系式在原子核反应等过程中得到证实. 在核反应中，裂变反应和聚变反应是较重要的两类，在这两类核反应中会发生静止质量减少的现象，称为**质量亏损**，从而能够释放大量能量. 原子弹、氢弹、核反应堆和核电站等均为质能关系的实际应用，在正、负电子对湮没成光子的过程中，正、负电子的全部与静质量相对应的静能变为光子的动能，还有其他一些粒子的物理过程，也为质能关系提供了有力的证据.

*4.2　狭义相对论的实际应用

相对论效应与卫星导航精度. 我国北斗导航系统的授时精度已经优于 20 ns，定位精度平均为 2.34 m，最高已达厘米量级. 2020 年 6 月 23 日，北斗三号最后一颗(第 55 颗)全球组网卫星在西昌卫星发射中心点火升空，北斗导航定位是依靠卫星上面的原子钟提供的精确时间来实现的，而导航定位的精度取决于原子钟的准确度. 由于卫星钟被安置在高速运动的卫星上，按照狭义相对论的观点会产生时间延缓现象. 若卫星在地心惯性坐标系中的运动速度为 v_s，根据狭义相对论时间延缓的理论可知，安置在该卫星上的卫星钟的周期 T_s 与固有周期频率 T_0 的关系为

$$T_s=\frac{T_0}{\sqrt{1-\left(\frac{v_s}{c}\right)^2}}$$

频率与周期互为倒数，可得卫星钟的频率 f_s 将变成

$$f_s=f_0\left[1-\left(\frac{v_s}{c}\right)^2\right]^{1/2}\approx f_0\left(1-\frac{v_s^{\ 2}}{2c^2}\right)$$

即

$$\Delta f_s=f_s-f_0=-\frac{v_s^2}{2c^2}$$

式中，f_0 为同一台钟在惯性坐标系中的固有频率；c 为真空中的光速. 将导航卫星的平均运动速率 $\overline{v}_s=3\ 874\ \mathrm{m/s}$ 及 $c=299\ 792\ 458\ \mathrm{m/s}$ 代入上式得，$\Delta f=-0.885\times10^{-10}f_0$. 按理说，由于地球自转，接收机的钟也会产生相对论效应，其数值取决于接收机所处的纬度. 但由于数值较小，而且在一个点上为某一常量，因而在数据处理中会自动被吸收到接收机的钟差中，不必另行考虑. 因此，由于狭义相对论效应使卫星钟相对于接收机钟产生的频率偏差即可视为 $\Delta f_1=-0.885\times10^{-10}f_0$.

*广义相对论则告诉我们，若人造地球卫星所在处的重力位为 W_s，地面观测站所在处的重力位为 W_T，那么同一台钟放在卫星上和放在地面上时频率将相差 $\Delta f_1=\frac{W_s-W_T}{c^2}f_0$.

由于广义相对论效应数量很小，因而在计算时完全可以把地面的重力位看成一个质量位，同时略去太阳、月亮的引力位，这样就得到了计算 Δf_2 的实用公式：

$$\Delta f_2=\frac{\mu}{c^2}\left(\frac{1}{R}-\frac{1}{r}\right)f_0$$

式中，μ 为万有引力常量 G 和地球质量 m 的乘积，其数值为 $\mu=3.986\ 005\times10^{14}\ \mathrm{m^3/s^2}$；$R$ 为接收机离地心的距离，取值为 $R=6\ 378\ \mathrm{km}$；r 为卫星离地心的距离，取 $r=26\ 560\ \mathrm{km}$. 代入数值可算得由广义相对论效应所产生的频率误差

$$\Delta f_2=5.284\times10^{-10}f_0$$

由此可见，对导航系统的卫星而言，广义相对论效应的影响比狭义相对论的影响大得多，且两者符号相反，所产生的总的频率误差为

$$\Delta f=\Delta f_1+\Delta f_2=4.449\times10^{-10}f_0$$

这就意味着相对论效应会使一台钟放到卫星上去后，频率比在地面时增加 $4.449\times10^{-10}f_0$. 这就是用户接收机的频率若为 $f_0=10.23$ MHz，厂家生产时，卫星钟的频率必须为 $f-\Delta f$ 的道理. 若测得 Δf，也可得知相对速度. 由此可见，考虑相对论效应，可以进一步提高卫星导航系统的测量精度.

原子弹. 原子核在受中子轰击时，分裂成两个质量大致相等的中等核(个别时候也会分裂成三块、四块)，同时释放出能量和中子，这就是核裂变反应. $^{235}U+n\rightarrow{}^{236}U\rightarrow X+Y$ 表示慢中子轰击 ^{235}U 发生裂变反应的情况. X 和 Y 代表裂开的两块碎核，其质量一般不等，裂变碎核含过多的中子，因此不稳定，会随即放出 2~3 个中子，这些中子被附近的铀核吸收，又会发生裂变反应，产生第二代中子，中子又被吸收，再发生裂变，产生第三代中子，如此继续下去. 这种过程称为链式反应. 链式反应的速度很快，因而能在瞬间释放出巨大的能量，这就是原子弹爆炸的基本原理. 原子弹爆炸将产生高温高压、裂变碎片以及各种射线，最终形成冲击波、光辐射、早期核辐射、放射性沾染和电磁脉冲等杀伤破坏因素，对现代战争的战略战术产生了重大影响.

氢弹. 两个轻核发生反应聚合成较重核的过程称为轻核聚变. 在此过程中释放出的能量称为核聚变能. 由于原子核带正电，两个原子核要聚合在一起，必须克服它们之间的静电斥力，原子序数越大的核，静电斥力越大，因此最轻的核进行聚变反应最容易. 目前，认为比较适宜的聚变材料有氢的同位素氘(^2_1H 或 D)、氚(^3_1H 或 T)，氦的同位素 ^3_2He、锂的同位素 ^6_3Li. 以下是较易实现的核聚变反应：

$$D+D\rightarrow{}^3He+n+3.25\text{ MeV}$$
$$D+D\rightarrow T+p+4.00\text{ MeV}$$
$$T+D\rightarrow{}^4He+n+17.6\text{ MeV}$$
$$^3He+D\rightarrow{}^4He+p+18.3\text{ MeV}$$
$$^6Li+D\rightarrow2\,^4He+22.4\text{ MeV}$$
$$^7Li+p\rightarrow2\,^4He+17.3\text{ MeV}$$

氢弹爆炸的基本过程，就是原子弹爆炸的过程加上轻核聚变的过程. 原子弹起爆后，加热聚变材料的同时，放出的中子击中氘化锂的锂核，产生氦和氚，氚与氘化锂的氘核发生聚变反应，放出更多的中子和能量. 放出的中子又和锂核作用，又产生氚，再一次氚-氘反应，如此循环，直至爆炸. 由于在相同质量下，轻核聚变反应所释放的能量是重核裂变反应所释放能量的 4 倍，因此尽管氢弹杀伤破坏因素与原子弹相同，但威力比原子弹大得多.

第五节 广义相对论基础

狭义相对论的建立给人们留下了两个问题：第一，自然界中怎样的参考系才是惯性系？为何惯性系如此特殊？第二，在牛顿引力理论中，引力的相互作用具有瞬时性. 两个具有一定质量的物体间的引力正比于物体的质量，反比于两个物体的位置(同一确定的时间). 但狭义相对论对于不同惯性系中同时性的概念有所不同. 而牛顿万有引力定律需要一个特殊且唯一的参考系才成立. 在这一点上牛顿引力理论和狭义相对论相矛盾. 如何解决这一矛盾？换而言之，怎样才能建立一个相对论性的引力理论？

对于第一个问题，爱因斯坦认为所有参考系(包括惯性系和非惯性系)在描述物理规律上都应平等. 为了使这一想法成立，就必须推广引力的概念. 于是两个问题就联系了起来. 爱因斯坦就沿着这样的思路建立了广义相对论.

5.1 广义相对论基础

5.1.1 引力质量和惯性质量的等同性

牛顿力学中引入过两个质量的概念，一个从牛顿第二定律

$$F=ma \tag{4.16}$$

引入，其中 m 称作**惯性质量**. 另一个从万有引力定律

$$F=\frac{Gm_1m_2}{r^2} \tag{4.17}$$

引入，其中 m_1 和 m_2 称作**引力质量**. 从基本概念讲，两种质量本质上是不同的物理量. 但实验告诉我们一个事实：量值上，引力质量等于惯性质量. 此即引力质量和惯性质量的等同性.

反映两个质量等同性的第一个事实为伽利略的自由落体实验. 该实验告诉我们："在引力场中同一地点，一切物体都具有相同的加速度". 但伽利略没有想过为什么会有这样的事实. 第一个验证等同性的是牛顿，他利用单摆，测得了惯性质量 m_I 和引力质量 m_G 的比值. 按照实验精度比值为

$$\frac{m_I}{m_G}=1+O(10^{-3}) \tag{4.18}$$

在此之后，最著名的就是 Eötvös 的扭摆实验，他从 1890 年开始持续做了 25 年实验，他的实验结果是

$$\frac{m_I}{m_G}=1+O(10^{-8}) \tag{4.19}$$

后续还有 Dicke(1964 年)、Braginsky 和 Panov(1971 年)、Su 等人(1994)都在更高的精度上验证了引力质量和惯性质量量值上的等同性. 而至于理论上为什么会相等，这引起了爱因斯坦的思考.

5.1.2 等效原理

模仿爱因斯坦，考虑一个没有窗户的密封火箭内的观察者. 内部的观察者无法直接观察到火箭与外部的相对运动. 他们通过内部的实验发现一条规律：火箭内一切物体都会自由下落，下落的速度与物体的固有属性无关. 由此，火箭内部的观察者可以作出以下两个判断：

(1) 火箭静止或匀速直线运动在引力场中，物体在引力作用下作加速运动($F_G=m_Gg$)，如图 4.11(a)所示.

(2) 火箭在没有引力场的太空中向上作加速运动，由于惯性力物体相对于火箭向下做加速运动($F_I=m_Ig$)，如图 4.11(b)所示.

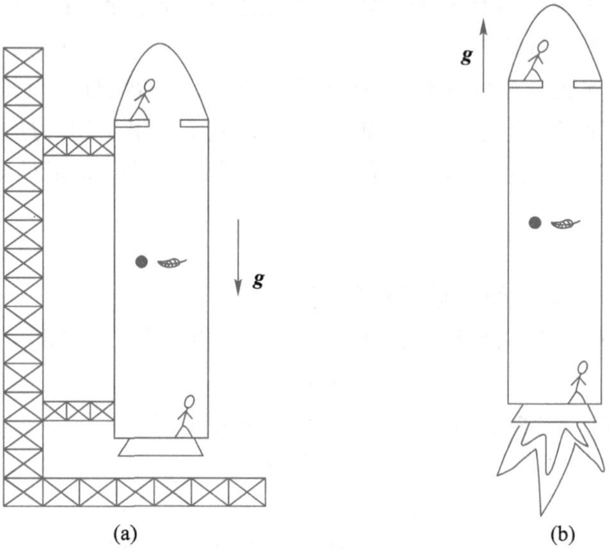

图 4.11

由于惯性质量与引力质量的等同性(即 $m_G=m_I$)，因此火箭内部的观察者无法通过任何力学实验区分以上两种情况. 换而言之，对于一个局部的观察者，无法通过力学实验区分引力和惯性力，这样的等效性称为**弱等效原理**.

如果进一步假设对于局部的观察者，一切物理实验(包含力学、电磁和其他实验)都不能区分引力和惯性力的效果，此即**强等效原理**. 对于强等效原理更准确的表述为：在任何引力场中任一时空点，人们总能建立一个自由下落的局域参考系，在这一参考系中狭义相对论所确立的物理规律全部有效.

5.1.3 广义相对性原理

狭义相对论认为一切惯性系都是等价的，而物理规律都应该在洛伦兹变换下保持不变. 但宇宙中是否真的存在严格的惯性系呢?

实际上狭义相对论无法严格定义惯性系，而且真实的宇宙中也并不存在严格的惯性系. 所以我们无法避免研究非惯性系中的物理规律. 惯性系只是作为一种近似. 例如弱引力场下，空间可以看成是平坦的，故可以近似地引入惯性系；在一般引力场中，对于一个自由下落的参考系中的观测者而言，可以将这个参考系近似成一个局部的惯性系.

基于以上事实，爱因斯坦将狭义相对性原理推广，得到了广义相对性原理：一切参考系都是等价的，换而言之，客观真实的物理规律应该在任何坐标变换下形式不变.

从广义相对性原理可以看出：① 等效原理与广义相对性原理表明惯性系与其他一切参考系平权；② 物理规律必须考虑引力场的影响.

5.2 引力与几何

物理学家惠勒(John Wheeler)对于广义相对论曾这样描述：时空告诉物质如何运动，物质告诉时空如何弯曲. 这一个简单的描述告诉了我们引力和时空几何之间的关系. 下面我们将要通过研究测试粒子的运动，以调查物质的什么属性引发了引力. 再介绍爱因斯坦的方程——它将物质的属性和时空的弯曲联系到一起.

5.2.1 引力场

为了理解一个物体的引力，我们需要先理解物理学家所说的探测器或者测试粒子：一个粒子被引力影响，但却足够小、足够轻，因而我们可以忽视粒子本身的引力现象. 假设在没有其他作用力的情况下，一个测试粒子正进行匀速直线运动. 在时空中，这意味着这个测试粒子正沿着时空中笔直的世界线移动. 但是考虑了引力之后，时空就不再是欧几里得几何(平直时空)了，或者说弯曲了. 在这样的时空中，笔直的世界线可能并不存在. 相反，测试粒子沿着测地线运动.

在大地测量学中，测地线是连接地球表面两点的最短距离. 近似地，这条线是一个大圆上的弧，比如经线和赤道. 这些路径显然不是直的，因为它们沿着地球弯曲的表面延伸.

测地线的性质与直线不同. 例如，在平面中，平行线没有交点，但是地球表面的测地线却有交点——在赤道(图 4.12 中蓝线表示赤道)处平行的经线(图 4.12 中灰线表示经线)在极点处相交. 类似地，自由下落的测试粒子的世界线是时空中的测地线. 它们和狭义相对论的没有引力的时空中真正的直线之间有着决定性的区别. 在狭义相对论中，平行线永远保持平行，但在有潮汐现象的引力场中，通常是不正确的. 例如，如果两个物体刚开始是相对静止的，然后坠落向地球的引力场，它们会一边落向地球中心，一边相互靠近.

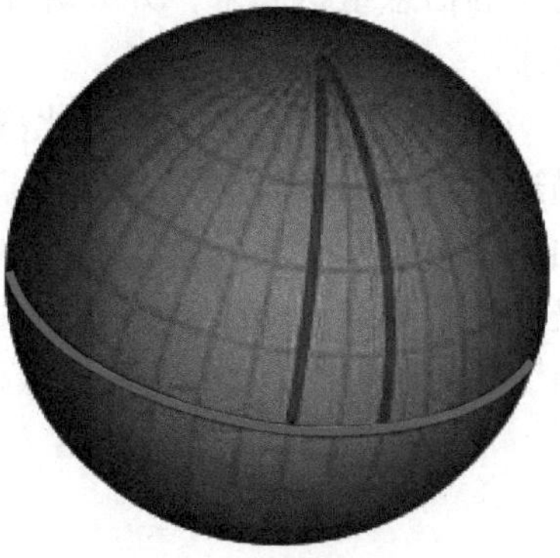
图 4.12　测地线

与行星和其他天体相比，我们日常生活中见到的物体(人、汽车、房子，甚至山)的质量都非常小. 所以我们完全可以用描述测试粒子的定律来描述关于这些物体在地球引力场中的现象. 注意：为了将一个测试粒子从测地线上移开，必须施加一个额外的力. 一个坐在椅子上的人正尝试沿着测地线运动，就是朝地球中心自由下落. 但是椅子给他施加了一个额外的向上的力阻止他落下. 这样，广义相对论解释了我们日常生活中在地球表面感受到的引力并非由于地球给我们的向下的力，而是由于一个额外的支持力，这些力使地球上的物体没有沿着它们的测地线运动，而是在地面保持静止. 对于那些质量很大而不能忽视它们的引力的物体，虽然它们的运动定律要比测试粒子复杂些，但“时空告诉物质如何运动”这个说法仍然正确.

5.2.2 引力的来源

在牛顿万有引力定律中，引力来自物质. 更精确地说，引力来自物质的特定属性：质量. 在爱因斯坦的理论以及基于相对论的其他引力理论中，物质的存在造成了时空的弯曲. 这里，质量也是一个决定引力的重要属性，但是在相对论中，质量不是引力的唯一来源. 相对论将质量和能量联系起来，而能量和动量又联系在一起.

质量和能量的等价已经通过 $E=mc^2$ 表示出来，这也许是狭义相对论中最著名的公式. 在相对论中，质量和能量是描述同一个物理量的两种不同方法. 如果一个物理系统有能量，那么它也有与之等价的质量，反之亦然. 一个物体的所有属性都能联系到它的能量，比如温度或者原子、分子等系统中的结合能. 所以这些属性又通过能量同质量联系在一起，综合起来形成引力.

在狭义相对论中，能量和动量紧密联系在一起. 就像时间和空间通过相对论联系在一起形成一个统一的整体，称为时空；能量和动量联系在一起形成一个统一的四维的物理量，物理学家称它为四维动量. 于是，如果能量是引力的来源，那么动量也是. 对于那些直接联系到能量和动量的物理量，比如压强和张力，也影响到引力. 综上所述，在广义相对论中，质量、能量、动量、压强、张力都是引力的来源. 它们解释了物质如何让时空弯曲. 在理论的数学方程中，这些量都是但又只是一个范围更广的物理量的一部分，它叫做能量-动量张量.

5.2.3 爱因斯坦场方程

爱因斯坦场方程是广义相对论的核心，它使用数学语言精确地描述了物质的性质和时空之间的联系. 更具体地，它使用了黎曼几何中的概念和方法. 在黎曼几何中，空间(或者时空)的几何性质被一个叫做度量张量的量描述. 度量张量将需要的信息组织起来，并计算出弯曲的空间(或者时空)中角和距离的基本的几何概念.

度量张量函数和它的变化率可以用来定义另一个几何量：黎曼曲率张量，它描述了空间(或者时空)在每一点处如何弯曲. 在广义相对论中，度量张量和黎曼曲率张量是定义在时空中的每一点的量. 就像我们已经提到的，时空中的物质定义了另一个量：能量-动量张量，“时空告诉物质如何运动，物质告诉时空如何弯曲”的原理意味着这些量必须互相联系. 爱因斯坦引力场方程可以表示成：

$$R_{\mu\nu}-\frac{1}{2}Rg_{\mu\nu}=-\frac{8\pi G}{c^4}T_{\mu\nu} \tag{4.20}$$

其中方程左边的 $R_{\mu\nu}-\frac{1}{2}Rg_{\mu\nu}$ 可以用爱因斯坦张量 $G_{\mu\nu}$ 来表示，它用来描述时空的弯曲. 方程右边的 $T_{\mu\nu}$ 为能量-动量张量，它用来描述物质. 另外，G 是在牛顿的引力理论中的引力常量；c 是光速，是狭义相对论的关键物理量；π 是最基本的几何常数之一.

爱因斯坦引力场方程的解描述了特定的时空，例如，施瓦西解描述了恒星、黑洞等球形的不旋转的大质量物体附近的时空，克尔解描述了旋转的黑洞. 还有些解能够描述引力波，弗里德曼-勒梅特-罗伯孙-沃尔克解描述了膨胀的宇宙.

另外，爱因斯坦引力场方程在一些条件下可以回到经典理论. 在弱引力场条件下，广义相对论可以回到狭义相对论的结果；在引力场很弱且物质运动速度很低时，场方程可以回到牛顿引力的形式.

5.3　广义相对论的验证

1915 年，爱因斯坦发表了广义相对论. 当时，广义相对论能正确地解释水星近日点的进动问题. 并且在哲学上，它能很好地协调万有引力定律和狭义相对论. 除此之外，广义相对论并没有得到其他有效的实验证据支持. 1919 年，正如广义相对论预测的那样，在天文观测中，人们发现光线在引力场中的轨迹会发生弯曲. 直到 1959 年，一系列精确实验才得以开展. 随后的实验表明不论是太阳系中的弱引力场，还是脉冲星系统中的更强的引力场，广义相对论的理论预测都与实验数据相符.

5.3.1　光线在太阳附近的偏折

1784 年和 1801 年，卡文迪什(Henry Cavendish)和索尔德纳(Johann Von Soldner)通过牛顿力学分别预测了光线经过大质量天体时会发生偏折. 1915 年，爱因斯坦使用广义相对论得到了光线经过太阳的偏折角为牛顿力学计算结果的两倍. 1919 年爱丁顿(Arthur Stanley Eddington)等人通过比较背景恒星在接近太阳时的位置，发现了光线的偏折，如图 4.13 所示. 同样的观测同时在巴西和非洲进行，均得到了一致的结果. 随后这一发现被刊登在各大报纸的头版，爱因斯坦的广义相对论因此闻名.

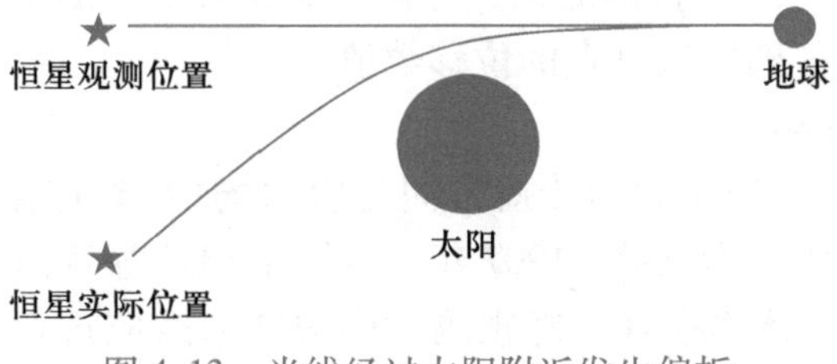

图 4.13　光线经过太阳附近发生偏折

由于最初的观测数据准确度较低，所以有部分学者质疑观测的结果，但经过对原始数据的重新分析，结果支持了爱丁顿当初的分析，即光线在太阳附近发生了偏折. 后续人们做了大量的重复的观测实验，直到 1960 年，最终证实了光线偏折的程度完全符合广义相对论的预测. 爱因斯坦成了第一位正确计算出光线在大质量天体附近发生偏折角度的物理学者.

5.3.2 水星近日点进动

在牛顿力学中，一个独立的行星围绕太阳公转时，由行星和太阳组成的系统成为两体系统. 行星运动的轨迹为一个椭圆，太阳位于椭圆轨迹的焦点(图 4.14). 轨迹上行星和太阳最接近的点成为近日点. 如果不考虑其他行星以及太阳的形状产生等效应，近日点的位置固定. 但如考虑以上效应，那么近日点会发生进动.

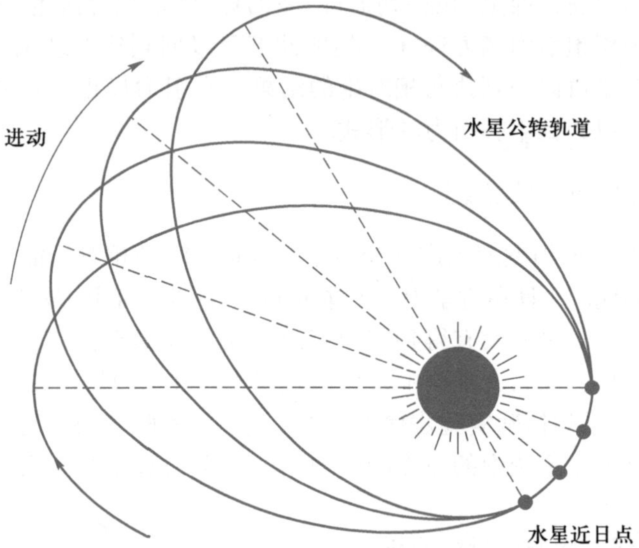

图 4.14 水星轨道近日点进动

水星的实际轨迹和牛顿力学所预测的有所偏差. 这一偏差是于 1859 年由勒维耶(Urbain Jean Joseph Le Virrer)首先发现的. 他分析了从 1697 至 1848 年的水星凌日的时间记录，计算出进动，发现计算值和牛顿力学预测的数值相差 38 弧秒. 解释这一偏差的论述有很多，但它们解释的同时会伴生许多问题，所以一直没有被学术界接受.

引力的产生是由于时空的弯曲. 通过这一机制，爱因斯坦解释了椭圆轨迹在轨迹平面上改变取向(进动)的原因，并用广义相对论预测出水星近日点进动的数值完全符合观测所得到的近日点的位移数值.

5.3.3 引力红移

如图 4.15 所示，当光波的传播方向与引力场(恒星产生)相反时，光波会发生红移，该现象称为引力红移. 1907 年，爱因斯坦从等效原理推导了光的引力红移效应. 但当时的天体物理观测却很难对引力红移效应进行观测，直到 1959 年，庞德(Pound)和雷布卡(Rebka)才通过实验观测到了引力红移效应. 该实验的结果完美地验证了广义相对论.

以上三个实验都是验证广义相对论的经典实验. 验证广义相对论的实验还有很多，例如：引力透镜、引力时间延迟、强引力场下脉冲双星近星点进动、引力波、宇宙学相关实验等. 综上所述，广义相对论已具有坚实的实验证据.

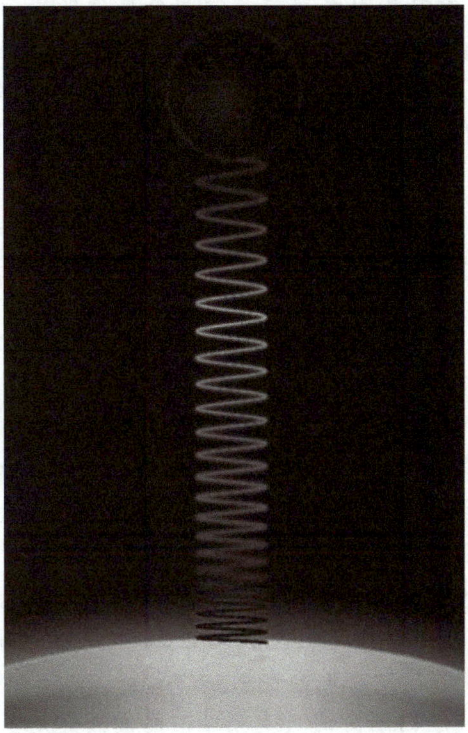

图 4.15 光波的引力红移

习题

4.1 如果在 S′系中两事件的 x' 坐标相同，那么当在 S′系中观察到这两个事件同时发生时，在 S 系中观察它们是否也同时发生？

4.2 站在铁路旁边，忽然一辆车厢经过我们. 在车厢内一装备良好的工人从车厢前面向它的后面发射一束激光脉冲.

(1) 我们对脉冲速率测定的结果大于、小于还是等于工人测定的？

(2) 他测量的脉冲飞行时间是固有的吗？

(3) 他测量的和我们测量的结果之间是什么关系？

4.3 (1) 对某观察者来说，发生在某惯性系中同一地点、同一时刻的两个事件，对于相对该惯性系作匀速直线运动的其他惯性系中的观察者来说，它们是否同时发生？

(2) 在某惯性系中发生于同一时刻、不同地点的两个事件，它们在其他惯性系中是否同时发生？

4.4 两个惯性系 K 与 K′坐标轴相互平行，K′系相对于 K 系沿 x 轴作匀速运动，在 K′系的 x' 轴上，相距为 L' 的 A'、B' 两点处各放一只已经彼此对准了的钟，试问在 K 系中的观测者看这两只钟是否也是对准了？为什么？

4.5 在一个惯性系中互为因果关系的两个事件能否存在另一个惯性系，在其中它们的因果关系颠倒？为什么？

4.6 一宇航员要到离地球为 5 l. y. 的星球去旅行. 如果宇航员希望把这路程缩短为 3 l. y.，则他所乘的火箭相对于地球的速度应是多少？（c 表示真空中的光速.）

4.7 已知惯性系 S′相对于惯性系 S 系以 0.5 c 的匀速度沿 x 轴的负方向运动，若从 S′系的坐标原点 O'沿 x 轴正方向发出一光波，则 S 系中测得此光波在真空中的波速为多少？

4.8 一观察者测得一沿米尺长度方向匀速运动着的米尺的长度为 0.5 m. 则此米尺以多大的速度接近观察者？

4.9 μ 子是一种粒子，在相对于 μ 子静止的坐标系中测得其寿命为 $\tau_0=2\times10^{-6}$ s. 如果 μ 子相对于地球的速度为 $v=0.988c$（c 为真空中的光速），则在地球坐标系中测出的 μ 子的寿命 τ 为多少？

4.10 一电子以 0.99 c 的速率运动（电子静止质量为 9.11×10^{-31} kg），则电子的总能量是多少？电子的经典力学的动能与相对论动能之比是多少？

4.11 一艘宇宙飞船的船身固有长度为 $L_0=90$ m，相对于地面以 $v=0.8\ c$（c 为真空中的光速）的匀速度在地面观测站的上空飞过.

（1）观测站测得飞船的船身通过观测站的时间间隔是多少？

（2）宇航员测得船身通过观测站的时间间隔是多少？

4.12 在惯性系 S 中，有两事件发生于同一地点，且第二事件比第一事件晚发生 $\Delta t=2$ s；而在另一惯性系 S′中，观测第二事件比第一事件晚发生 $\Delta t'=3$ s. 那么在 S′系中发生两事件的地点之间的距离是多少？

4.13 宇宙射线与大气相互作用时能产生 π 介子衰变，此衰变在大气上层放出叫做 μ 子的粒子. 这些 μ 子的速度接近光速（$v=0.998\ c$）. 由实验室内测得的静止 μ 子的平均寿命为 2.0×10^{-6}s，试问在 8 000 m 高空由 π 介子衰变放出的 μ 子能否飞到地面？

4.14 地球的半径约为 $R_0=6\ 376$ km，它绕太阳的速率约为 $v=30\ \text{km}\cdot\text{s}^{-1}$，在太阳参考系中测量地球的半径在哪个方向上缩短得最多？缩短了多少？（假设地球相对于太阳系来说近似于惯性系.）

4.15 半人马星座 α 星是距离太阳系最近的恒星，它距离地球为 $s=4.3\times10^{16}$ m. 设有一宇宙飞船自地球飞到半人马星座 α 星，若宇宙飞船相对于地球的速度为 $v=0.999\ c$，按地球上的时钟计算要用多少年时间？如以飞船上的时钟计算，所需时间又为多少年？

4.16 一个不稳定的高能粒子进入一探测器并在衰变前留下一条长 1.05 mm 的径迹. 它对探测器的相对速率是 0.992c. 它的固有寿命是多长？如果它相对于探测器是静止的，它在衰变前能存在多久？

4.17 一只装有无线电发射和接收装置的飞船，正以$\frac{4}{5}c$ 的速度飞离地球. 当宇航员发射一无线电信号后，该信号经地球反射，60 s 后宇航员才收到返回信号.

（1）在地球反射信号的时刻，从飞船上测得的地球离飞船多远？

（2）当飞船接收到反射信号时，地球上测得的飞船离地球多远？

4.18 一宇宙飞船沿 x 方向离开地球(S 系，原点在地心)，以速率 $u=0.8c$ 航行，宇航员观察到在自己的参考系中(S′系，原点在飞船上)，在时刻 $t'=-6.0\times10^8$ s，$x'=1.80\times10^{17}$ m，$y'=1.20\times10^{17}$ m，$z'=0$ 处有一超新星爆发，他把这一观测通过无线电发回地球，在地球参考系中该超新星爆发事件的时空坐标如何？假定飞船飞过地球时其上的钟与地球上的钟的示值都指零.

4.19 原则上，一个人在正常寿命内能从地球飞到约 23 000 l. y. 远的星系中心吗？用时间延缓或长度收缩解释.

4.20 质子在加速器中被加速，当其动能为静止能量的 4 倍时，其质量为静止质量的多少倍？

4.21 一个电子运动速度 $v=0.99c$，它的动能是多少？(电子的静止能量为 0.51 MeV.)

4.22 一电子以 $v=0.99c$(c 为真空中光速)的速率运动. 试问：

（1）电子的总能量是多少？

（2）电子的经典力学的动能与相对论动能之比是多少？(电子静止质量 $m_e=9.11\times10^{-31}$ kg.)

4.23 已知 μ 子的静止能量为 105.7 MeV，平均寿命为 2.2×10^{-8} s. 试求动能为 150 MeV 的 μ 子的速度 v 是多少？平均寿命 τ 是多少？

4.24 要使电子的速度从 $v_1=1.2\times10^8$ m/s 增加到 $v_2=2.4\times10^8$ m/s，必须对它做多少功？(电子静止质量 $m_e=9.11\times10^{-31}$ kg.)

4.25 广东的阳江核电站采用我国自主品牌的压水堆核电技术，是目前全球最大的在运轻水压水堆核电基地，2020 年发电量居全国第一，上网电量约 4.25×10^{10}kWh，它等于 15.3×10^{16} J 的能量，如果这是由核材料的全部静能量转化产生的，则需要消耗的核材料的质量为多少？

4.26 在北京正负电子对撞机中，电子可以被加速到动能为 $E_k=2.8\times10^9$ eV.

（1）这种电子的速率和光速相差多少？

（2）这样的一个电子动量多大？

（3）这种电子在周长为 240 m 的储存环内绕行时，它受的向心力多大？

4.27 太阳发出的能量是由质子参与一系列反应产生的，其总结果相当于下述热核反应：

$$^1_1\mathrm{H}+^1_1\mathrm{H}+^1_1\mathrm{H}+^1_1\mathrm{H}\rightarrow^4_2\mathrm{He}+2^0_1\mathrm{e}$$

已知一个质子($^1_1$H)的静质量是 $m_p=1.6726\times10^{-27}$kg，一个氦核($^4_2$He)的静质量是 $m_{He}=6.6447\times10^{-27}$kg. 一个正电子($^0_1$e)的静质量是 $m_e=9.11\times10^{-31}$kg.

（1）这一反应能释放多少能量？

（2）消耗 1 kg 质子可以释放多少能量？

（3）目前太阳辐射的总功率为 $P=3.9\times10^{26}$ W，它 1 s 消耗多少质子？

(4) 目前太阳含有 $m=1.5\times10^{30}\,\mathrm{kg}$ 质子. 假定它继续以上述(4) 求得的速率消耗质子，这些质子可供其消耗多长时间?

4.28 在折射率为 n 的静止连续介质中，光速 $u_0=c/n$. 已知水的折射率为 $n=1.3$，试问当水管中的水以速率 v 流动时，沿着水流方向通过水的光速 u 多大?(斐索流水实验. 为了考察介质的运动对在其中传播的光速有何影响，斐索将顺水流和逆水流的两束光进行干涉，观察其光程差. 结果表明，光好像是被运动介质所拖曳，但又不是完全拖曳，只是运动介质速率的一部分 $k=1-\dfrac{1}{n^2}$ 加速到了光速 $u_0=c/n$. 1851 年，斐索从实验上观测到了这个效应，然而直到相对论出现以后，该效应才得到了满意的解释.)

4.29 在雨天乘坐公共汽车或火车的时候，你会发现雨水在车辆玻璃上的痕迹是倾斜的，从车辆前进方向的上端斜向玻璃的下端. 同样的道理，由于天文观测者在地球上，他随地球一起运动，这时他看到的星光方向，就与假设地球不动时所看到的方向不一样，而是倾向于天文观测者或者说地球运动的方向. 也就是说，光速有限以及观测者和天体的横向运动引起了天体视方向的变化. 这一现象是英国天文学家 J. 布拉德雷在 1725—1727 年间发现的. 天体视方向的变化表现为天体在星空中的位移，用天体视方向与真方向之间的夹角量度，其值甚小. 由太阳系在宇宙空间运动所造成的光行差位移称为长期光行差，是一个常量，但无法观测到，通常也忽略不计. 地球绕日公转造成的光行差位移称为周日光行差，约 0.32″. 在天体的光传到地球期间，天体本身的运动会产生一种附加的横向位移，称为行星光行差. 它是天文常量之一，在精细的天文观测计算中，需要考虑这种光行差引起的星星视位置的影响. 光行差是由观测者运动引起的，光行差常量可以通过天文观测来确定，主要方法有：① 观测和研究恒星视位置的变化；② 观测和研究恒星的视向速度；③ 长期持续地观测和研究测站的纬度变化.

导航及其发展简史

地球的公转速度为 u，星光速度大小为 c，请由此估算考虑光行差带来的角度变化.

4.30 用动量-能量的相对论变换式证明 $E^2-c^2p^2$ 是一不变量. (即在 S 系和 S′系中此式的数值相等：$E^2-c^2p^2=E'^2-c^2p'^2$.)

第二篇

电磁学篇

电磁现象是自然界的一种普遍现象，如：雷电、光、构成物质基本结构的带电粒子及带电粒子运动产生的效应——磁场等．应该说地球上的电磁现象远早于人类的出现．雷电和光参与的光合作用，使地球上的小分子有机物进化成大分子，最后才有各种生物和人类的出现．电磁现象及其应用也是现代科技的基础，电能是当今社会的重要能源，其使用方便、便于输送，以至于其他形式的能源大多被转化成电能加以应用，如热能、风能、太阳能、水的动能和势能等，而将其他形式的能量转化成电能的重要装置之一——发电机，是依据电磁规律的原理工作的；电动机是工业社会的主要动力装置，其工作原理也是电磁规律，没有电能就不可能出现现代工业．

电磁场是现代通信信息的载体，从麦克风、放大器到喇叭、音响；从广播、电话到收录机、电视机；从电报、电话到多媒体终端手机和计算机等，不仅它们之间传送的信息需要由电磁波来搭载，这些装置或设备系统的元器件也是依据电磁学的原理进行工作的．可以毫不夸张地说，没有电磁现象和电磁规律的运用，就不会有信息时代的来临．

除此之外，军事领域的雷达、导航领域的卫星系统、交通领域的磁悬浮列车、医疗诊断领域的核磁共振仪等，都是人们应用电磁原理开发的服务人类的电磁装置的典范．

历史上，由于受到认识局限性的影响，曾经有一种观点，即将电荷与电荷之间、磁极与磁极之间、磁极与电流之间不用接触，就能发生力的作用的现象，视为一种特殊的“超距力”．法拉第等人经研究后提出，电荷与电荷之间的作用是通过电荷在其周围激发的电场传递的，磁极与磁极之间、磁极与电流之间的作用是通过它们在周围空间激发的磁场传递的．经过进一步研究，人们认识到了这种弥漫地分布在空间的特殊的物质形态——场物质．作为场物质，不论电场还是磁场都弥漫在一定空间中，具有看不见和不易感知的特点，但电场对场中的带电体有力的作用，磁场对场中磁性物体和运动电荷有力的作用，因此，研究电场和磁场只能采用探测性实验的方法进行．

第五章　真空中的静电场

思考题

1. 为什么要描述电场?
2. 根据电场强度的定义式计算电场强度的基本思路是怎样的?
3. 真空中的静电场具有什么样的性质?

第一节　电现象的基本认识及研究对象

人类认识电现象，开始于对摩擦起电现象的观察，中国的古书有“琥珀拾芥”的记载，描述的是经过摩擦的琥珀能够吸起轻小的物体. 后来，人们又发现摩擦毛皮后的橡胶棒和摩擦丝绸后的玻璃棒也具有能吸起轻小物体的性质，人们把这种性质说成它们带了电，或说它们有了电荷.

1.1　电荷的基本认识

物体能产生电磁现象，现在都归因于物体带上了电荷以及这些电荷的运动. 通过对电荷(包括静止的和运动的电荷)的各种相互作用和效应的研究，人们现在认识到电荷的基本性质有以下几方面.

1. 电荷的种类

美国物理学家富兰克林(1706—1790 年)在实验的基础上指出，自然界只存在两种电荷，并分别取名为正电荷、负电荷加以区分，同种电荷相互排斥，异种电荷相互吸引. 宏观带电体所带电荷种类的不同源于组成它们的微观粒子所带电荷种类的不同：电子带负电荷，质子带正电荷，中子不带电荷. 现代物理实验证实，电子的电荷集中在半径小于 10^{-18} m 的小体积内. 因此，电子被当成一个无内部结构而有有限质量和电荷的“点”. 质子中只有正电荷，都集中在半径约为 10^{-15} m 的体积内. 中子内部也有电荷，靠近中心为正电荷，靠外为负电荷，正负电荷量相等，所以对外不显带电性.

带电体所带电荷的多少称为电荷量. 谈到电荷量，就涉及如何测量它的问题. 一个电荷的量值大小只能通过该电荷所产生的效应来测量. 电荷量常用 Q 或 q 表示，在国际单位制中，它的单位名称为库仑，符号为 C. 正电荷电荷量取正值，负电荷电荷量取负值. 一个带电体所带总电荷量为其所带正负电荷量的代数和.

2. 电荷的量子性

实验证明，在自然界中，电荷总是以一个基本单元的整数倍出现，电荷的这

个特性叫做电荷的量子性. 电荷的基本单元就是一个电子所带电荷量的绝对值，常用 e 表示. 经测定,

$$e=1.602\ 176\ 634\times10^{-19}C$$

电荷具有基本单元的概念最初是根据电解现象中通过溶液的电荷量和析出物质的质量之间的关系提出的. 法拉第(Faraday, 1791—1867 年)、阿累尼乌斯(Arrhenius, 1859—1927 年)等都为此做过重要贡献. 他们的结论是：一个离子的电荷量只能是一个元电荷的电荷量的整数倍. 直到 1890 年斯通尼(John Stone Stoney, 1826—1911 年)才引入“电子”(electron)这一名称来表示带有负的元电荷的粒子. 其后，1913 年密立根(Robert Anolvews Millikan, 1868—1953 年)设计了有名的油滴实验，直接测定了此元电荷. 微观粒子所带元电荷数常叫做它们各自的电荷数，都是正整数或负整数.

本书电磁学中大部分章节讨论电磁现象的宏观规律，所涉及的电荷常常是元电荷的许多倍. 在这种情况下，我们将只从平均效果上考虑，认为电荷连续地分布在带电体上，而忽略电荷的量子性所引起的微观起伏. 尽管如此，在阐明某些宏观现象的微观本质时，还是要从电荷的量子性出发.

在以后的讨论中经常用到**点电荷**这一概念. 当一个带电体本身的线度比所研究的问题中所涉及的距离小很多时，该带电体的形状与电荷在其上的分布状况均无关紧要，该带电体就可视为一个带电的点，叫**点电荷**. 由此可见，点电荷是个相对的概念. 至于带电体的线度比问题所涉及的距离小多少时，它才能被当成点电荷，这要依问题所要求的精度而定. 当在宏观意义上谈论电子、质子等带电粒子时，完全可以把它们视为点电荷.

3. 电荷守恒

实验指出，对于一个系统，如果没有净电荷出入其边界，则该系统的正、负电荷的电荷量的代数和将保持不变，这就是电荷守恒定律. 宏观物体的带电、电中和以及物体内的电流等现象实质上是微观带电粒子在物体内运动的结果. 因此，电荷守恒实际上也就是在各种变化中，系统内粒子的总电荷数守恒.

4. 电荷的相对论不变性

实验证明，一个电荷的电荷量与它的运动状态无关. 较为直接的实验例子是比较氢分子和氦原子的电中性. 氢分子和氦原子都有两个电子作为核外电子，这些电子的运动状态相差不大. 氢分子还有两个质子，它们是作为两个原子核在保持相对距离约为 0.07 nm 的情况下转动的. 氦原子中也有两个质子，但它们组成一个原子核，两个质子紧密地束缚在一起运动. 氦原子中两个质子的能量比氢分子中两个质子的能量大得多(约一百万倍的数量级)，因而两者的运动状态有显著的差别. 如果电荷的电荷量与运动状态有关，氢分子中质子的电荷量就应该和氦原子中质子的电荷量不同，但两者的电子的电荷量是相同的，因此，两者就不可能是电中性的，它们内部正、负电荷在数量上的相对差异都小于 $1/20^{20}$. 这就说明，质子的电荷量是与其运动状态无关的.

还有其他实验，也证明电荷的电荷量与其运动状态无关. 另外，根据这一结

论导出的大量结果都与实验结果相符合，这也反过来证明了这一结论的正确性.

由于在不同的参考系中观察，同一个电荷的运动状态不同，所以电荷的电荷量与其运动状态无关，也可以说，在不同的参考系内观察，同一带电粒子的电荷量不变. 电荷的这一性质叫电荷的相对论不变性.

1.2　电荷之间力的认识：库仑定律与叠加原理

在发现电现象后的两千多年的长时期内，人们对电的认识一直停留在定性阶段. 从 18 世纪中叶开始，不少人着手研究电荷之间作用力的定量规律，最先研究了静止电荷之间的作用力. 研究静止电荷之间的相互作用的理论叫静电学. 它是以 1785 年法国科学家库仑(Charles Augustin de Coulomb，1736—1806 年)通过实验总结出的规律——库仑定律——为基础的. 这一定律表述如下：相对于惯性系观察，自由空间(或真空)中两个静止的点电荷之间的作用力(斥力或吸力，统称库仑力)与这两个电荷所带电荷量的乘积成正比，与它们之间距离的平方成反比，作用力的方向沿着这两个点电荷的连线. 这一规律用矢量公式表示为

$$\boldsymbol{F}_{12}=k\frac{q_1q_2}{r_{12}^2}\boldsymbol{e}_\mathrm{r} \tag{5.1}$$

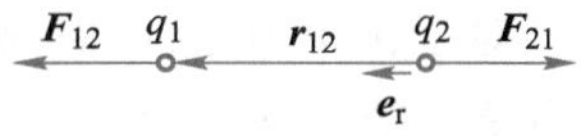

图 5.1　点电荷之间的库仑力

式中 q_1 和 q_2 分别表示两个点电荷的电荷量(带有正、负号)，r_{12}表示两个点电荷之间的距离，$\boldsymbol{e}_\mathrm{r}$ 表示从电荷 q_2 指向 q_1 的单位矢量(如图 5.1 所示)；k 为比例常量，$\boldsymbol{F}_{12}$表示电荷 q_1 受电荷 q_2 的作用力. 当两个电荷同号时，$\boldsymbol{F}_{12}$与 $\boldsymbol{e}_\mathrm{r}$ 同方向，并表明 q_1 受 q_2 的斥力；当两个电荷反号时，$\boldsymbol{F}_{12}$与 $\boldsymbol{e}_\mathrm{r}$ 方向相反，表示 q_1 受 q_2 的引力. 由此还可以看出，两个静止的点电荷之间的作用力符合牛顿第三定律，即

$$\boldsymbol{F}_{12}=-\boldsymbol{F}_{21} \tag{5.2}$$

(5.1)式中的单位矢量 $\boldsymbol{e}_\mathrm{r}$ 表示两个静止点电荷之间的作用力沿着它们的连线的方向. 对于本身没有任何方向特征的静止的点电荷来说，也只可能是这样. 因为自由空间是各向同性的(我们也只能这样认为或假定)，对于两个静止的点电荷来说，只有它们的连线才具有唯一确定的方向. 由此可知，库仑定律反映了自由空间的各向同性，也就是空间对于转动的对称性.

在国际单位制中，距离 r 用 m 作单位，力 F 用 N 作单位，实验测定比例常量 $k\approx9\times10^9\ \mathrm{N\cdot m^2/C^2}$.

令 $k=\dfrac{1}{4\pi\varepsilon_0}$，则真空中的库仑定律形式就可写成

$$\boldsymbol{F}_{12}=\frac{q_1q_2}{4\pi\varepsilon_0r_{12}^2}\boldsymbol{e}_\mathrm{r} \tag{5.3}$$

这里引入的 ε_0 称为真空中的介电常量或真空电容率，在国际单位制中，它的数值和单位是

$$\varepsilon_0=8.85\times10^{-12}\ \mathrm{C^2/N\cdot m^2}$$

在库仑定律表示式中引入“4π”因子的做法，称为**单位制的有理化**. 这样做的虽然使库仑定律的形式变得复杂些，但却使以后经常用到的电磁学规律的表达式因不出现“4π”因子而变得简单. 这种做法的优越性，在今后学习中读者是会逐步体会到的.

实验证实，点电荷放在空气中时，其相互作用的电力和在真空中的相差极小，故(5.3)式的库仑定律对空气中的点电荷亦成立.

库仑定律只讨论两个静止的点电荷间的作用力，当考虑两个以上的静止的点电荷之间的作用时，就必须补充另一个实验事实：两个点电荷之间的作用力并不因第三个点电荷的存在而有所改变. 因此，两个以上的点电荷对一个点电荷的作用力等于各个点电荷单独存在时对该点电荷的作用力的矢量和. 这个结论叫**电场力的叠加原理**.

图 5.2 给出了两个点电荷 q_1 和 q_2 对第三个点电荷 q_3 的作用力的情况，电荷 q_1 和 q_2 单独作用在 q_3 上的力分别为 $\boldsymbol{F}_1$ 和 $\boldsymbol{F}_2$，它们共同作用在 q_3 上的力 $\boldsymbol{F}$ 就是这两个力的合力，即

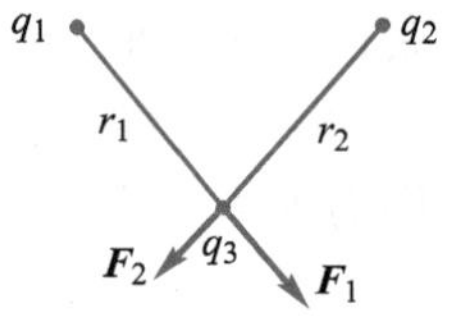

图 5.2 电场力的叠加原理

$$\boldsymbol{F}=\boldsymbol{F}_1+\boldsymbol{F}_2$$

对于由 n 个点电荷 q_1，q_2，…，q_n 组成的电荷系，若以 $\boldsymbol{F}_1$，$\boldsymbol{F}_2$，…，$\boldsymbol{F}_n$分别表示它们单独存在时对另一点电荷 q_0 上的电力，则由电场力的叠加原理可知，q_0 受到的总电场力应为

$$\boldsymbol{F}=\boldsymbol{F}_1+\boldsymbol{F}_2+\cdots+\boldsymbol{F}_n=\sum_i\boldsymbol{F}_i \tag{5.4}$$

在 q_1，q_2，…，q_n 和 q_0 都静止的情况下，$\boldsymbol{F}_i$ 都可以用库仑定律(5.3)式计算，因而可得

$$\boldsymbol{F}=\sum_i\frac{1}{4\pi\varepsilon_0}\frac{q_0q_i}{r_i^2}\boldsymbol{e}_{\mathrm{r}} \tag{5.5}$$

式中 r_i 为 q_0 和 q_i 之间的距离，$\boldsymbol{e}_{\mathrm{r}}$ 为从点电荷 q_i 指向 q_0 的单位矢量.

[例 5.1] 如图 5.3 所示，已知两杆电荷线密度为 λ，长度均为 L，相距也为 L，求两带电直杆间的电场力.

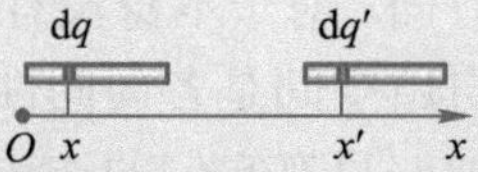

图 5.3 例 5.1 题图

[解] 利用电场力的叠加原理，在两杆上 x 和 x'处分别取微元长度 $\mathrm{d}x$ 和 $\mathrm{d}x'$，所带电荷分别为 $\mathrm{d}q$ 和 $\mathrm{d}q'$，可以看成两个静止的点电荷，即

$$\mathrm{d}q=\lambda\mathrm{d}x$$

$$\mathrm{d}q'=\lambda\mathrm{d}x'$$

$$\mathrm{d}F=\frac{\lambda\mathrm{d}x\lambda\mathrm{d}x'}{4\pi\varepsilon_0(x'-x)^2}$$

$$F=\int_{2L}^{3L}\mathrm{d}x'\int_0^L\frac{\lambda^2\mathrm{d}x}{4\pi\varepsilon_0(x'-x)^2}=\frac{\lambda^2}{4\pi\varepsilon_0}\ln\frac{4}{3}$$

1.3　研究对象：真空中的静电场

电荷之间的相互作用是如何实现的呢？在 19 世纪 30 年代以前，人们普遍认为静电力与质点之间的万有引力一样，属于一种超距作用，即不需时间且不借助任何中间介质来传递. 后来，法拉第提出了另一种观点，他认为静电力同样是物质之间的相互作用，这种特殊的物质是由电荷产生的，叫做电场. 电荷和电荷之间是通过电场这种物质传递相互作用的，这种相互作用可以表示为

电荷⇔场⇔电荷

近代物理的理论与实验证明了这种观点的正确性. 同时，电场被证实是一种客观存在的物质，以有限的速度运动或传播，也具有和实物一样的能量、动量和质量等重要性质. 但电场与其他实物也有不同，几个电场可以同时占据同一空间，所以电场是一种特殊形式的物质.

相对于观察者静止的带电体周围存在的电场称为**静电场**. 静电场对外的表现主要有：

（1）处于电场中的任何带电体都受到电场所作用的力.

（2）当带电体在电场中移动时，电场所作用的力将对带电体做功.

作为面向初学者的工科基础物理，先从相对于实验室静止的电荷在真空中产生的电场——“真空中的静电场”出发，研究电场的描述方法及其规律. 需要指出的是，这里的静电场还隐含电场不随时间变化的意思. 真空中的静电场要解决的问题包括：静电场的描述方法、性质与电荷的相互作用及其应用.

第二节　真空中静电场的描述

电场是一种矢量场，矢量场的场量在空间各点上既有不同的量值也有不同的方向. 为了对电场进行深入研究，首先需对它进行描述.

2.1　电场强度及其对电场的描述

2.1.1　电场强度的定义

基于前面对电场的认识，电场是弥漫在一定空间、看不见、摸不着的场物质，要实现对其描述，只能根据电场对外的表现入手，而静电场对场中的电荷有力的作用就是电场一种重要的外在表现形式，因此可以在电场中引进试验电荷的方法来着手描述电场. 电场强度的概念正是利用试验电荷受电场力来引出描述电场的. 试验电荷 q_0，试验电荷的条件为：线度小，以便能测到场中的具体位置，需为点电荷；电荷量足够小，以便能忽略它的电场对原电场的影响.

讨论 1：

试验电荷为什么要求是点电荷并且电荷量很小？

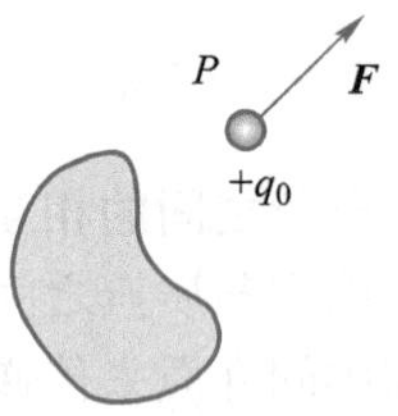

图 5.4 电场强度的定义

如图 5.4 所示，试验电荷 q_0(点电荷且 $|q_0|$很小)，放入 P 点，它受的电场力为 $\boldsymbol{F}$，试验发现，将 q_0 加倍，则其受的电场力方向不变，但大小也增加为相同的倍数，即$\dfrac{\boldsymbol{F}}{q_0}$为一常矢量. 因此$\dfrac{\boldsymbol{F}}{q_0}$反映了 P 点处电场的性质，称为电场强度，简称场强，一般用 $\boldsymbol{E}$ 来表示，即

$$\boldsymbol{E}=\frac{\boldsymbol{F}}{q_0} \tag{5.6}$$

当 q_0 为一个单位正电荷时，即电场中任一点处的电场强度等于单位正电荷在该点处所受的静电力. 在国际单位制(SI)中，电场强度的单位为 N/C(牛顿每库仑)，或 V/m(伏特每米).

一般情况下，电场中的不同点，其电场强度的大小和方向是各不相同的，要完整地描述整个电场，必须知道空间各点的电场强度分布，即求出矢量场函数 $\boldsymbol{E}=\boldsymbol{E}(\boldsymbol{r})$. 如果知道在空间各点的电场，我们就有了对整个系统完整的描述，并可由它揭示出所有电荷的位置和大小. 这种局域性场的引入是物理概念上的重要发展.

> **讨论 2：**
> 静电场的电场力叠加原理和电场强度叠加原理有什么关系？

2.1.2 电场强度叠加原理(场强叠加原理)

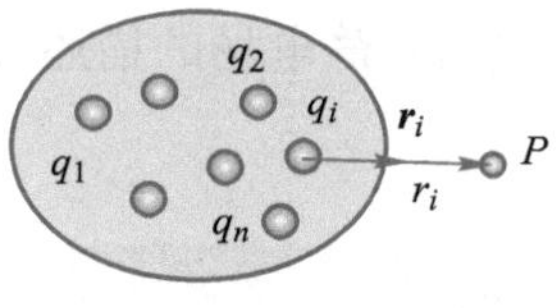

图 5.5 点电荷系的电场

如图 5.5 所示，试验电荷放在点电荷系 q_1、q_2、q_3、…、q_n 所产生电场中的 P 点，实验表明 q_0 在 P 处受的电场力 $\boldsymbol{F}$ 是各个点电荷各自对 q_0 作用力 $\boldsymbol{F}_1$、$\boldsymbol{F}_2$、$\boldsymbol{F}_3$、…、$\boldsymbol{F}_n$的矢量和，即

$$\boldsymbol{F}=\boldsymbol{F}_1+\boldsymbol{F}_2+\boldsymbol{F}_3+\cdots+\boldsymbol{F}_n$$

按场强定义：

$$\boldsymbol{E}=\frac{\boldsymbol{F}}{q_0}=\frac{\boldsymbol{F}_1}{q_0}+\frac{\boldsymbol{F}_2}{q_0}+\frac{\boldsymbol{F}_3}{q_0}+\cdots+\frac{\boldsymbol{F}_n}{q_0}=\boldsymbol{E}_1+\boldsymbol{E}_2+\boldsymbol{E}_3+\cdots\boldsymbol{E}_n$$

$$\boldsymbol{E}=\sum_{i=1}^{n}\boldsymbol{E}_i \tag{5.7}$$

上式表明，点电荷系电场中任一点处的总场强等于各个点电荷单独存在时在该点产生的场强矢量和，这称为场强叠加原理. 任何带电体都可以看成许多点电荷的集合，因而由该原理可计算任意带电体产生的电场强度.

2.1.3 电场强度的计算

如果场源电荷分布状况已知，那么根据电场强度叠加原理，原则上可以求得其电场分布.

1. 点电荷的电场

如图 5.6 所示，设真空中有一个点电荷 q，假设 P 处有试验电荷 q_0，从 q 到 P

点的径矢为 $\boldsymbol{r}$，q 受力为 $\boldsymbol{F}$，有 q 在 P 处产生的场强为

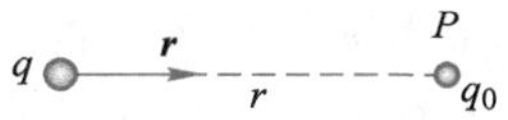

图 5.6　点电荷的电场计算

$$\boldsymbol{E}=\frac{\boldsymbol{F}}{q_0}=\frac{1}{q_0}\cdot\frac{qq_0}{4\pi\varepsilon_0 r^3}\boldsymbol{r}=\frac{1}{q_0}\cdot\frac{qq_0}{4\pi\varepsilon_0 r^2}\boldsymbol{e}_{\rm r}$$

即
$$\boldsymbol{E}=\frac{q}{4\pi\varepsilon_0 r^3}\boldsymbol{r}=\frac{q}{4\pi\varepsilon_0 r^2}\boldsymbol{e}_{\rm r} \tag{5.8}$$

其中，$\boldsymbol{e}_{\rm r}$ 为 $\boldsymbol{r}$ 方向的单位矢量，当 $q>0$ 时，$\boldsymbol{E}$ 与 $\boldsymbol{r}$ 同向，即 $\boldsymbol{E}$ 由 q 指向场点 P；当 $q<0$ 时，$\boldsymbol{E}$ 与 $\boldsymbol{r}$ 反向，即 $\boldsymbol{E}$ 由场点 P 指向 q，空间电场关于点电荷 q 呈球对称分布. 在各向同性的自由空间内，一个本身无任何方向特征的点电荷的电场分布必然具有这种对称性. 因为对任一场点来说，只有从点电荷指向它的径矢方向具有唯一确定的意义，而且距点电荷等远的各场点，场强大小应该相等.

2. 点电荷系的电场(利用场强叠加原理及矢量合成运算)

将点电荷场强公式(5.8)式代入(5.7)式可得点电荷系 q_1、q_2、q_3、…、q_n 的电场中任一点的场强为

$$\boldsymbol{E}=\sum_{i=1}^{n}\boldsymbol{E}_i=\sum_{i=1}^{n}\frac{q_i}{4\pi\varepsilon_0 r_i^2}\boldsymbol{e}_{\rm r} \tag{5.9}$$

式中，r_i 为 q_i 到场点的距离，$\boldsymbol{e}_{\rm r}$ 为从 q_i 指向场点的单位矢量.

用(5.9)式计算合场强实际上是矢量合成，若是两个矢量合成，可用平行四边形法则，三个或三个以上合成时，可以建立适当坐标系，先将各点电荷的电场强度矢量分解到各坐标分量上，在各坐标上用叠加原理求出分量和，再由坐标分量合成为总的矢量. 在直角坐标系中，(5.9)式的分量式就为

$$\begin{cases}E_x=\sum\limits_{i=1}^{n}E_{ix}\\ E_y=\sum\limits_{i=1}^{n}E_{iy}\\ E_z=\sum\limits_{i=1}^{n}E_{iz}\end{cases}$$

3. 连续带电体的电场强度

如图 5.7 所示，把连续带电体分成无限多个电荷元 $\mathrm{d}q$，看成点电荷，可用点电荷场强公式写出 $\mathrm{d}q$ 在 P 点产生的场强：

$$\mathrm{d}\boldsymbol{E}=\frac{\mathrm{d}q}{4\pi\varepsilon_0 r^2}\boldsymbol{e}_{\rm r}$$

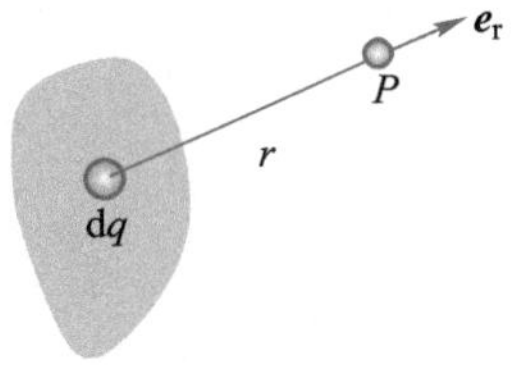

图 5.7　连续带电体的电场强度

$\boldsymbol{e}_{\rm r}$ 为电荷元 $\mathrm{d}q$ 到 P 点的径矢 $\boldsymbol{r}$ 方向上的单位矢量，根据场强叠加原理，带电体在 P 点的总场强为

$$\boldsymbol{E}=\int_V\mathrm{d}\boldsymbol{E}=\int_V\frac{1}{4\pi\varepsilon_0}\frac{\mathrm{d}q}{r^2}\boldsymbol{e}_{\rm r} \tag{5.10}$$

若电荷连续分布在一立方体内，用 ρ 表示电荷体密度，则(5.10)式中 $\mathrm{d}q=\rho\mathrm{d}V$；若电荷连续分布在一曲面或平面上，用 σ 表示电荷面密度，则 $\mathrm{d}q=\sigma\mathrm{d}S$；若

电荷连续分布在一曲线或直线上，用 λ 表示电荷线密度，则 $\mathrm{d}q=\lambda\mathrm{d}l$. 相应地，计算 $\boldsymbol{E}$ 的积分分别为体积分、面积分和线积分. 具体计算时，更多的是通过进行分量的积分来求出 $\boldsymbol{E}$ 的各个分量.

计算连续分布的带电体的场强时，一般可采用以下步骤：

(1) 分析带电体的对称性，定性地了解电场的分布情况；

(2) 根据对称性，合理选择坐标系，如直角坐标系使需积分计算的坐标分量最少；根据积分参量的变化特点，在带电体上选取微元 $\mathrm{d}q$，依点电荷的场强公式，写出所求场点的 $\mathrm{d}\boldsymbol{E}=\dfrac{\mathrm{d}q}{4\pi\varepsilon_0 r^2}\boldsymbol{e}_r$；

(3) 将 $\mathrm{d}\boldsymbol{E}$ 沿坐标轴分解，得到各坐标分量上的表达式，如直角坐标系中的 $\mathrm{d}E_x$，$\mathrm{d}E_y$，$\mathrm{d}E_z$；

(4) 利用已知条件或图中的几何关系统一积分变量，并确定积分上下限；

(5) 按坐标分量计算积分，如直角坐标系中积分可得 E_x、E_y、E_z；

(6) 根据题意将电场强度表示成矢量形式，并作相应的结果说明.

[例 5.2] 两个等量异号的点电荷 $+q$ 和 $-q$ 组成点电荷系，当它们之间距离 l 比起所讨论问题中涉及的距离 r 小得多时，这一点电荷系称为电偶极子. 由负电荷 $-q$ 指向正电荷 $+q$ 的径矢 $\boldsymbol{l}$ 称为电偶极子的轴，$q\boldsymbol{l}$ 为电偶极矩，简称电矩，用 $\boldsymbol{p}$ 表示，即 $\boldsymbol{p}=q\boldsymbol{l}$，如图 5.8 所示. 在一正常分子中有相等的正负电荷，当正、负电荷的中心不重合时，这个分子构成了一个电偶极子. 试计算电偶极子轴的延长线上一点 A 和轴的中垂线上一点 B 的电场强度.

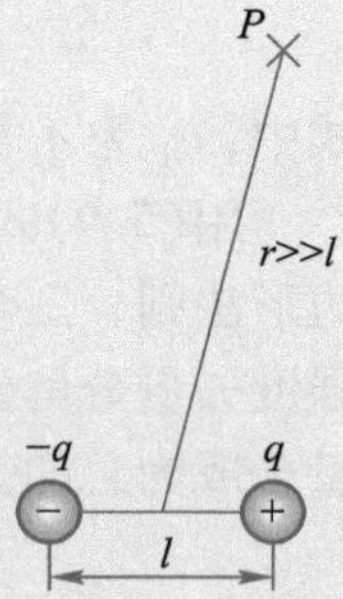

图 5.8 电偶极子

分析：点电荷系电场的电场强度计算. 电偶极子是极性分子的带电模型，分子之间的距离远小于宏观距离，将坐标系的原点设在两点电荷中间，方便后面的近似计算.

[解] (1) 如图 5.9 所示，取 $-q$ 和 $+q$ 连线中点为坐标原点，沿电偶极矩的方向建立 Ox 坐标轴.

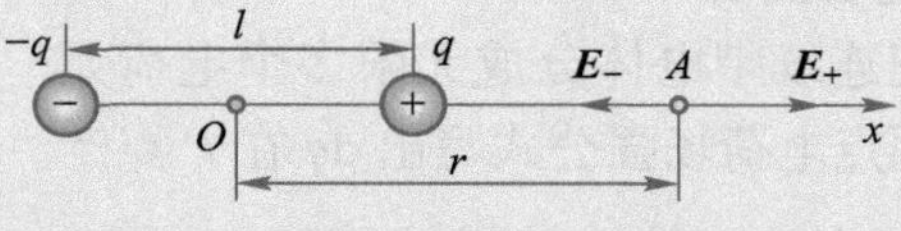

图 5.9 电偶极子轴线上的电场强度分析

$$\boldsymbol{E}_A=\boldsymbol{E}_++\boldsymbol{E}_-$$

$$\begin{cases} E_+=\dfrac{q}{4\pi\varepsilon_0\left(r-\dfrac{l}{2}\right)^2} \\ E_-=\dfrac{q}{4\pi\varepsilon_0\left(r+\dfrac{l}{2}\right)^2} \end{cases}$$

$$E_A=E_+-E_-=\frac{q_0}{4\pi\varepsilon_0}\left[\frac{1}{\left(r-\frac{l}{2}\right)^2}-\frac{1}{\left(r+\frac{l}{2}\right)^2}\right]=\frac{q_0}{4\pi\varepsilon_0}\cdot\frac{\left(r+\frac{l}{2}\right)^2-\left(r-\frac{l}{2}\right)^2}{\left(r-\frac{l}{2}\right)^2\left(r+\frac{l}{2}\right)^2}$$

$$=\frac{q}{4\pi\varepsilon_0}\cdot\frac{2lr}{r^4\left(1-\frac{l}{2r}\right)^2\left(1+\frac{l}{2r}\right)^2}\overset{r\gg l}{=\!=\!=}\frac{2ql}{4\pi\varepsilon_0 r^3}=\frac{2p}{4\pi\varepsilon_0 r^3}$$

$$\Rightarrow \boldsymbol{E}_A=\frac{2\boldsymbol{p}}{4\pi\varepsilon_0 r^3}(\boldsymbol{E}_A\text{ 与 }\boldsymbol{p}\text{ 同向})$$

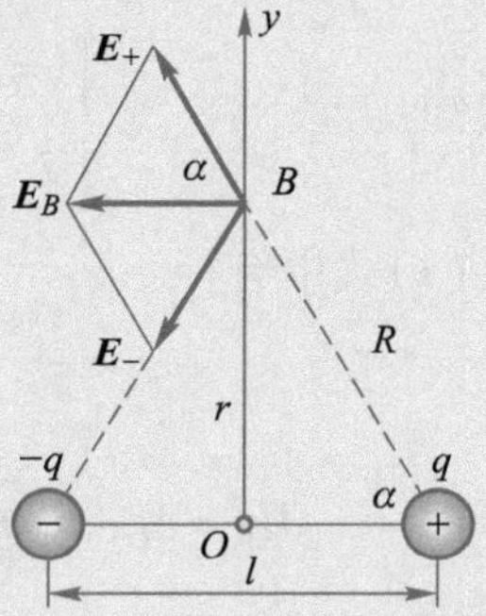

图 5.10　电偶极子中垂线上的电场强度分析

（2）如图 5.10 所示，取$-q$ 和$+q$ 连线中点为坐标原点，沿中垂线方向建立 y 轴

$$\boldsymbol{E}_B=\boldsymbol{E}_++\boldsymbol{E}_-$$

$$\begin{cases}E_+=\dfrac{q}{4\pi\varepsilon_0 R^2}=\dfrac{q}{4\pi\varepsilon_0\left(r^2+\dfrac{l^2}{2^2}\right)}\\ E_-=E_+\end{cases}$$

$$E_{Bx}=-(E_+\cos\alpha+E_-\cos\alpha)=-2E_+\cos\alpha$$

$$=-2\cdot\frac{q}{4\pi\varepsilon_0\left(r^2+\frac{l^2}{4}\right)^2}\cdot\frac{\frac{l}{2}}{\sqrt{r^2+\frac{l^2}{4}}}=\frac{-gl}{4\pi\varepsilon_0\left(r^2+\frac{l^2}{4}\right)^{\frac{3}{2}}}$$

$$\overset{r\gg l}{=\!=\!=}\frac{-gl}{4\pi\varepsilon_0 r^3}=\frac{-p}{4\pi\varepsilon_0 r^3}$$

$$E_{By}=0$$

$$\boldsymbol{E}_B=\boldsymbol{E}_{Bx}=-\frac{\boldsymbol{p}}{4\pi\varepsilon_0 r^3}$$

[例 5.3]　有一均匀带电直线，长为 l，电荷量为 q，求距它为 r 处 P 点的场强.

分析：电荷分布在直线上，是一维分布，就电场在空间的分布而言，是关于带电直线轴对称的，对于场中的具体单个场点来说，根据电场定义及矢量叠加性，电场只可能分布在场点与带电直线所在的平面内；为便于积分，取 x 轴与电荷分布的直线重合，垂直 x 轴过场点的射线为 y 轴的正方向，x 轴、y 轴交点为坐标原点，建立平面坐标系，如图 5.11 所示.

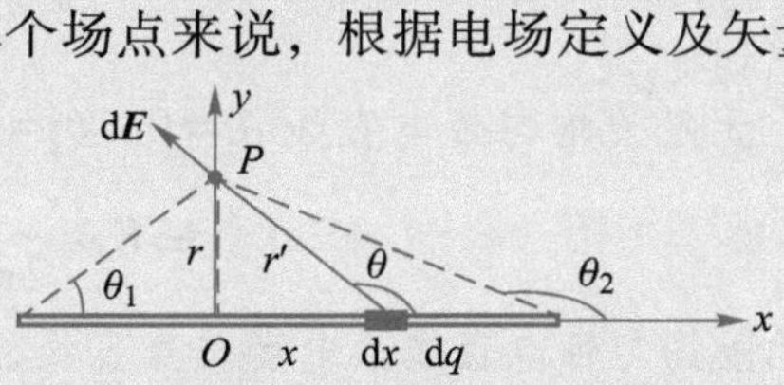

图 5.11　带电直线附近的电场强度分析

［**解**］ 如图所示取坐标，把带电体分成一系列点电荷，dx 段在 P 处产生的场强为

$$\mathrm{d}E=\frac{\mathrm{d}q}{4\pi\varepsilon_0 r'^2}=\frac{\lambda\mathrm{d}x}{4\pi\varepsilon_0(x^2+r^2)}\quad\left(\lambda=\frac{q}{l}\right)\tag{1}$$

统一积分变量时，选择由带电体指向场点的径矢与 x 轴正向的夹角 θ 为积分变量，是为了后面方便将结果推广到无限长直导线的情况，而统一积分变量还是基于图中变量的几何关系进行的.

由图知：
$$\begin{cases}x=r\tan\left(\theta-\dfrac{\pi}{2}\right)=-r\tan\left(\dfrac{\pi}{2}-\theta\right)=-r\cot\theta\\ \mathrm{d}x=r\csc^2\theta\mathrm{d}\theta\end{cases}$$

代入(1)式中有

$$\mathrm{d}E=\frac{\lambda\mathrm{d}x}{4\pi\varepsilon_0 r'^2}$$

$$\mathrm{d}E_y=\mathrm{d}E\cos\left(\theta-\frac{\pi}{2}\right)=\mathrm{d}E\cos\left(\frac{\pi}{2}-\theta\right)=\mathrm{d}E\sin\theta=\frac{\lambda\mathrm{d}x}{4\pi\varepsilon_0 r'^2}\sin\theta$$

因为
$$x=r\tan\left(\theta-\frac{\pi}{2}\right)=-r\tan\left(\frac{\pi}{2}-\theta\right)=-r\cot\theta$$

$$\mathrm{d}x=r\csc^2\theta\mathrm{d}\theta,\ r'=\frac{r}{\sin\theta}$$

所以

$$\mathrm{d}E_y=\frac{\lambda r\csc^2\theta\mathrm{d}\theta}{4\pi\varepsilon_0 r^2}\sin^2\theta$$

同理
$$\mathrm{d}E_x=\frac{\lambda\cos\theta}{4\pi\varepsilon_0 r}\mathrm{d}\theta$$

$$E_y=\int\mathrm{d}E_y=\int_{\theta_1}^{\theta_2}\frac{\lambda\sin\theta\mathrm{d}\theta}{4\pi\varepsilon_0 r}=\frac{\lambda}{4\pi\varepsilon_0 r}(\cos\theta_1-\cos\theta_2)$$

$$\mathrm{d}E_x=\mathrm{d}E\cos\theta$$

$$E_x=\int\mathrm{d}E_x=\int_{\theta_1}^{\theta_2}\frac{\lambda\cos\theta}{4\pi\varepsilon_0 r}\mathrm{d}\theta=\frac{\lambda}{4\pi\varepsilon_0 r}(\sin\theta_2-\sin\theta_1)$$

可得
$$\boldsymbol{E}=E_x\boldsymbol{i}+E_y\boldsymbol{j}$$

讨论 3：

无限长均匀带电直线 $\theta_1=0$，$\theta_2=\pi$，

$$\Rightarrow E_y=\frac{\lambda}{2\pi\varepsilon_0 r},\ E_x=0.$$

即无限均匀带电直线，电场垂直直线，$\lambda>0$，$\boldsymbol{E}$ 背向直线；$\lambda<0$，$\boldsymbol{E}$ 指向直线.

［**例 5.4**］ 设电荷 q 均匀分布在半径为 R 的圆环上，计算在环的轴线上与环心相距 x 的 P 点的场强.

分析：连续带电体的电场强度计算. 因电荷分布关于圆环的轴对称，轴线上的电场只存在沿轴方向上的分量，以轴为 x 轴，原点在圆心处，如图所示. 在圆环上取一微元记为 $\mathrm{d}l$，该微元对 P 点产生的场强可以分解为水平与竖直方向，由于 P 点位于圆环中垂线上，通过矢量叠加原理可知在竖直方向上的场强相消，即计算出该微元在水平方向上的场强再通过积分便可得出 P 点处的电场强度.

[解]　如图 5.12 所示取坐标，x 轴在圆环轴线上，把圆环分成一系列点电荷，$\mathrm{d}l$ 部分在 P 点产生的电场为

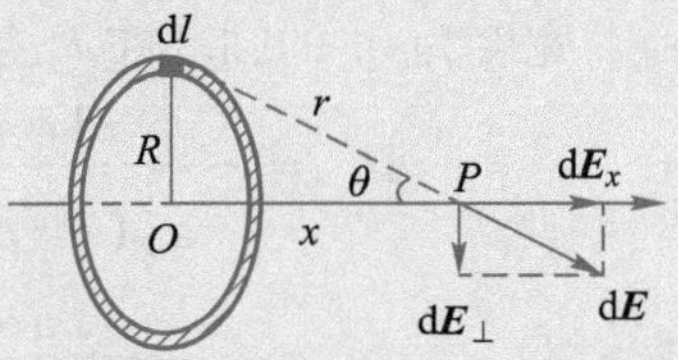

图 5.12　带电圆环轴线上的电场强度分析

$$\mathrm{d}E=\frac{\lambda\mathrm{d}l}{4\pi\varepsilon_0 r^2}=\frac{\lambda\mathrm{d}l}{4\pi\varepsilon_0(x^2+R^2)}$$

$$\lambda=\frac{q}{2\pi R}=\text{电荷线密度}$$

将 $\mathrm{d}E$ 分解成平行于 x 轴的分量和垂直于 x 轴的分量：

$$\mathrm{d}E_{/\!/}=\mathrm{d}E_x=\mathrm{d}E\cos\theta=\frac{\lambda x\mathrm{d}l}{4\pi\varepsilon_0\,(x^2+R^2)^{\frac{3}{2}}}$$

$$E_{/\!/}=\int_0^{2\pi R}\frac{\lambda x\mathrm{d}l}{4\pi\varepsilon_0\,(x^2+R^2)^{\frac{3}{2}}}=\frac{(\lambda\cdot 2\pi R)\,x}{4\pi\varepsilon_0\,(x^2+R^2)^{\frac{3}{2}}}=\frac{qx}{4\pi\varepsilon_0\,(x^2+R^2)^{\frac{3}{2}}}$$

根据对称性可知，$E_{\perp}=0$，所以有

$$E=E_{/\!/}=E_x=\frac{qx}{4\pi\varepsilon_0\,(x^2+R^2)^{\frac{3}{2}}}$$

$$q\begin{cases}>0\text{：}\boldsymbol{E}\text{ 沿 }x\text{ 轴正向}\\<0\text{：}\boldsymbol{E}\text{ 沿 }x\text{ 轴负向}\end{cases}$$

（x 轴上 $\boldsymbol{E}$ 关于原点对称.）

结论：$\boldsymbol{E}$ 与圆环平面垂直，环中心处 $\boldsymbol{E}=\boldsymbol{0}$，也可用对称性判断. $x\gg R$，$E=\dfrac{q}{4\pi\varepsilon_0 x^2}$.

此时，该圆环与电荷量为 q 的点电荷在 x 处产生的电场强度相等.

讨论 4：

如何理解点电荷产生的电场强度大小 $E=\dfrac{q}{4\pi\varepsilon_0 x^2}$，当所求场点与点电荷之间的距离 $x\to 0$ 时，$E\to\infty$？

[例 5.5]　半径为 R 的均匀带电圆盘，电荷面密度为 σ，计算轴线上与盘心相距 x 的 P 点的场强.

分析：对于圆盘的轴线，电荷具有轴对称分布特点，与圆环情况相同，只有沿圆盘轴线的电场；圆盘可以看成一系列半径不同的圆环“拼接”而成，根据电场叠加原理，求场强需对电荷所在区域进行积分，为将面积分(通常为二重积分)简化，可利用环形带电体的结果，所以在此以环形带电圆环为积分微元，求解整个圆盘场强；为此建立以圆环圆心为原点，沿圆盘轴线为 x 轴的一维坐标系.

[解] 如图 5.13 所示，x 轴在圆盘轴线上，把圆盘分成一系列的同心圆环，半径为 r、宽度为 $\mathrm{d}r$ 的圆环在 P 点产生的场强为

$$\mathrm{d}E_{/\!/}=\frac{x\mathrm{d}q}{4\pi\varepsilon_0(x^2+r^2)^{\frac{3}{2}}}=\frac{x\cdot\sigma 2\pi r\mathrm{d}r}{4\pi\varepsilon_0(x^2+r^2)^{\frac{3}{2}}}=\frac{\sigma}{2\varepsilon_0}\cdot\frac{xr\mathrm{d}r}{(x^2+r^2)^{\frac{3}{2}}}$$

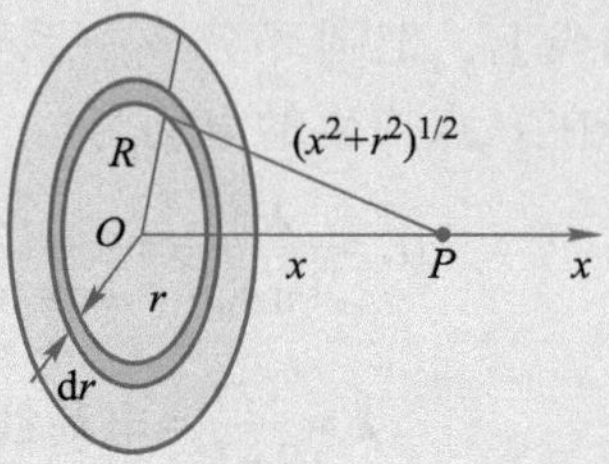

图 5.13 带电圆盘轴线上的电场强度分析

因为各环在 P 点产生场强方向均相同，所以整个圆盘在 P 点产生场强为

$$\begin{aligned}E_{/\!/}&=\int\mathrm{d}E_{/\!/}=\int_0^R\frac{\sigma}{2\varepsilon_0}\cdot\frac{xr\mathrm{d}r}{(x^2+r^2)^{\frac{3}{2}}}\\&=\frac{\sigma x}{2\varepsilon_0}\int_0^R\frac{r\mathrm{d}r}{(x^2+r^2)^{\frac{3}{2}}}\\&=\frac{\sigma x}{2\varepsilon_0}\cdot\frac{1}{2}\int_0^R\frac{\mathrm{d}(x^2+r^2)}{(x^2+r^2)^{\frac{3}{2}}}\\&=\frac{\sigma x}{2\varepsilon_0}\cdot\frac{1}{2}\cdot\frac{1}{-\frac{1}{2}}\cdot\frac{1}{(x^2+r^2)^{\frac{1}{2}}}\Bigg|_0^R\\&=\frac{\sigma x}{2\varepsilon_0}\left(\frac{1}{x}-\frac{1}{\sqrt{x^2+R^2}}\right)\\&=\frac{\sigma}{2\varepsilon_0}\left(1-\frac{x}{\sqrt{x^2+R^2}}\right)\end{aligned}$$

$$\sigma\begin{cases}>0\text{：背离圆盘}\\<0\text{：指向圆盘}\end{cases}$$

即 $\boldsymbol{E}$ 与盘面垂直($\boldsymbol{E}$ 关于盘面对称).

讨论 5：

$R\to\infty$时，变成无限大带电薄平板，$E_{/\!/}=\dfrac{\sigma}{2\varepsilon_0}$，方向与带电平板垂直.

[**例 5.6**]：有一无限大均匀带电平面，电荷面密度为 σ，求在平面附近任一点的场强.

分析：与例 5.3 和 5.4 的关系类似，我们也可以利用例 5.5 的推广结论来求解本题，本题的带电平板可看成由许多无限长直导线"拼接"而成，这样的好处是能将面积分(二重积分)转换成一维(一重)的积分.

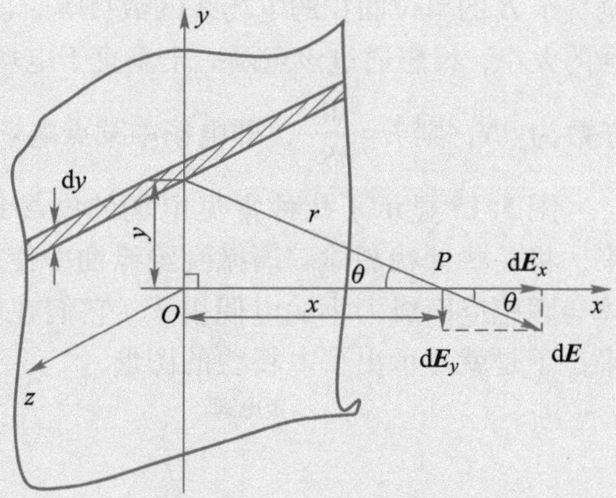

图 5.14　无限大带电平板的电场强度分析

[**解**]　如图 5.14 所取坐标，x 轴垂直带电平面，把带电平面分成一系列平行于 z 轴的无限长窄条，阴影部分在 P 点产生的场强为(无限长均匀带电直线结果)

$$\mathrm{d}E=\frac{\lambda}{2\pi\varepsilon_0 r}=\frac{\sigma(\mathrm{d}y\cdot 1)}{2\pi\varepsilon_0 r}$$

$$\mathrm{d}E_x=\mathrm{d}E\cos\theta=\frac{\sigma\mathrm{d}y}{2\pi\varepsilon_0\,(x^2+y^2)^{\frac{1}{2}}}\cdot\frac{x}{\sqrt{x^2+y^2}}=\frac{\sigma x\mathrm{d}y}{2\pi\varepsilon_0\,(x^2+y^2)}$$

$$E_x=\int\mathrm{d}E_x=\int_{-\infty}^{+\infty}\frac{\sigma x\mathrm{d}y}{2\pi\varepsilon_0\,(x^2+y^2)}=\frac{\sigma x}{2\pi\varepsilon_0}\int_{-\infty}^{+\infty}\frac{\mathrm{d}y}{(x^2+y^2)}$$

$$=\frac{\sigma x}{2\pi\varepsilon_0}\cdot\frac{1}{x}\arctan\frac{y}{x}\bigg|_{-\infty}^{+\infty}=\frac{\sigma}{2\pi\varepsilon_0}\left[\frac{\pi}{2}-\left(-\frac{\pi}{2}\right)\right]=\frac{\sigma}{2\varepsilon_0}$$

$$E_y=\int\mathrm{d}E_y=0(\text{由对称性可知})$$

结论：无限大均匀带电平面产生均匀场，大小为$\dfrac{\sigma}{2\varepsilon_0}$，

$$\sigma\begin{cases}>0, & \text{背离平面}\\<0, & \text{指向平面}\end{cases}$$

这一结果与例题 5.5 的推导一致.

> **讨论 6**：
> 举例说明什么情况下的带电体可以看成无限大均匀带电平面.

2.2　电场的图形描述

电场中每一点的电场强度 $\boldsymbol{E}$ 都有一定的方向，为了形象直观地描述电场分布，可以在电场中描绘一系列连续的、有方向的曲线，使这些曲线上每一点的切线方向都与该点电场强度的方向一致，这些曲线叫**电场线**. 为了使电场线不仅表示电场中电场强度的方向，而且还表示电场强度的大小，还规定：在电场中任一点处，通过

垂直于 $\boldsymbol{E}$ 的单位面积的电场线的数目等于该点处 $\boldsymbol{E}$ 的大小．为了表示电场中某点场强的大小，设想通过该点画一个垂直于电场方向的面元 $\mathrm{d}S_{\perp}$，通过此面元的电场线条数为 $\mathrm{d}N$，则 $E=\dfrac{\mathrm{d}N}{\mathrm{d}S_{\perp}}$，即电场中某点电场强度的大小等于该点处电场线数密度．

图 5.15 显示了几种常见电场的电场线．电场线图形也可以通过实验显示出来，将一些针状晶体碎屑撒到绝缘油中使之悬浮起来，加以外电场后，这些小晶体会因感应而成为小的电偶极子．它们在电场力的作用下就会沿电场方向排列起来，于是就显示出了电场线的图形．

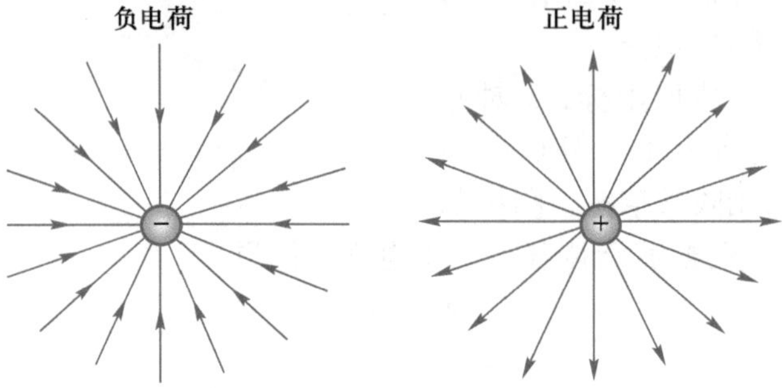

单个点电荷的电场线模拟图

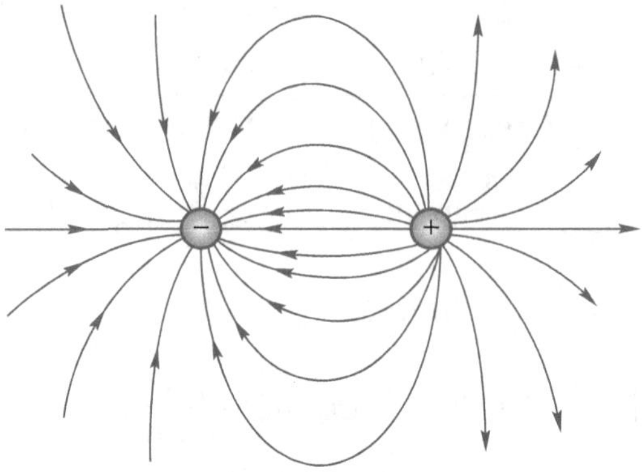

一对等量正点电荷的电场线模拟图

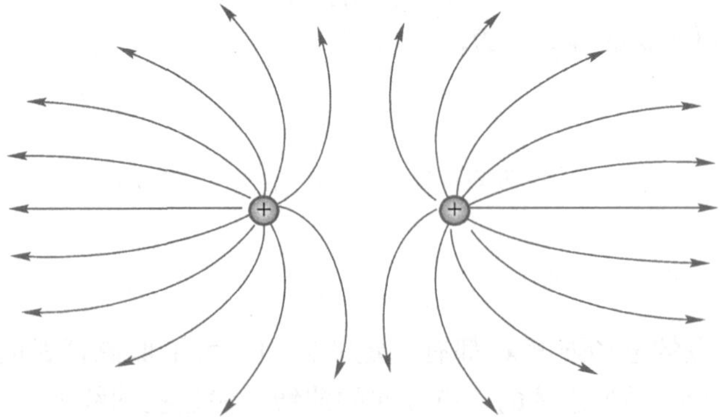

一对等量异号点电荷的电场线模拟图

图 5.15　几种常见电场的电场线

静电场的电场线有以下性质：

(1) 在静电场中，电场线起始于正电荷(或无限远处)，终止于负电荷(或无限远处)，不形成闭合曲线也不中断；

(2) 任何两条电场线不相交，即静电场中每一点的电场强度是唯一的.

第三节　真空中静电场的性质

3.1　真空中静电场的高斯定理

本小节从静电场的通量方面，讨论反映静电场基本性质的高斯定理.

> **讨论 7：**
> 为什么电场线在空间不能相交？

3.1.1　电场强度通量

通过电场中任一给定面的电场线数称为通过该面的电场强度通量，用符号Φ_e表示.

如图 5.16(a)所示，在均匀电场$\boldsymbol{E}$中，通过与$\boldsymbol{E}$方向垂直的平面S的电场强度通量为

$$\Phi_e = ES$$

> **讨论 8：**
> 电场线、电场强度通量和电场强度的关系如何？电场强度通量的正、负表示什么意义？

如图 5.16(b)所示，若平面S的法线$\boldsymbol{n}$与$\boldsymbol{E}$方向的夹角为α，则S在垂直于$\boldsymbol{E}$的方向上的投影面积为$S_\perp = S\cos\alpha$，很明显，通过S和$S_\perp$的电场线的条数是一样的，可得通过平面S的电场强度通量为

$$\Phi_e = ES_\perp = ES\cos\alpha = \boldsymbol{E}\cdot\boldsymbol{S}$$

式中，面积矢量$\boldsymbol{S}=S\boldsymbol{e}_n$，$\boldsymbol{e}_n$为法线方向上的单位矢量.

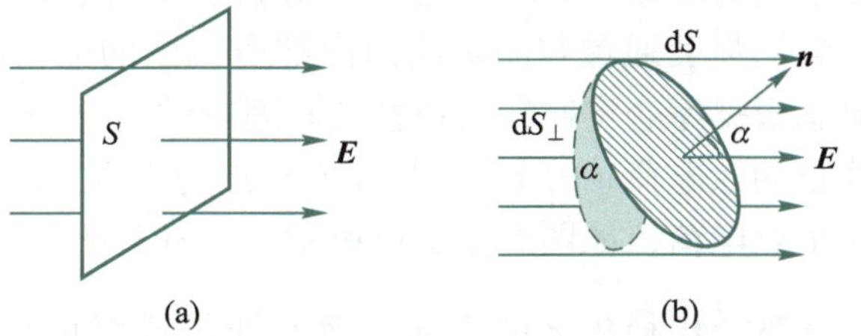

图 5.16　均匀电场的电场强度通量

如图 5.17 所示，计算非均匀电场中通过任意曲面的电场强度通量时，要把该曲面划分为无限多个面元. 一个无限小的面元 d$\boldsymbol{S}$ 的法线 $\boldsymbol{n}$ 与电场强度 $\boldsymbol{E}$ 的夹角为α，则通过面元 d$\boldsymbol{S}$ 的电场强度通量为

$$\mathrm{d}\Phi_{\mathrm{e}}=\boldsymbol{E}\cdot\mathrm{d}\boldsymbol{S}$$

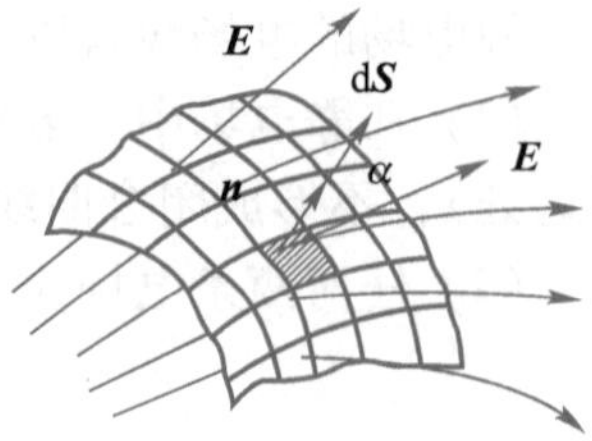

图 5.17 非均匀电场的电场强度通量

注意：由此式给出的电场强度通量 dΦ_{e}有正、负之别. 当 $0\leqslant\alpha\leqslant\dfrac{\pi}{2}$时，d$\Phi_{\mathrm{e}}$为正；当$\dfrac{\pi}{2}\leqslant\alpha\leqslant\pi$ 时，dΦ_{e}为负.

通过整个曲面 S 的总电场强度通量等于各面元的电场强度通量的总和，即

$$\Phi_{\mathrm{e}}=\int_S\mathrm{d}\Phi_{\mathrm{e}}=\int_S\boldsymbol{E}\cdot\mathrm{d}\boldsymbol{S}\tag{5.11}$$

这样的积分在数学上叫**面积分**，积分号下标 S 表示此积分遍及整个曲面.

如图 5.18 所示，当 S 为闭合曲面时，上式可写成

$$\Phi_{\mathrm{e}}=\oint_S\boldsymbol{E}\cdot\mathrm{d}\boldsymbol{S}\tag{5.12}$$

积分符号"$\oint$"表示对整个闭合曲面进行面积分. 由于闭合曲面使整个空间划分成内、外两部分，所以一般规定**自内向外**的方向为各处面元法向的正方向. 因此，当电场线从内部穿出时，$0\leqslant\alpha\leqslant\dfrac{\pi}{2}$，d$\Phi_{\mathrm{e}}$为正；当电场线从外面穿入时，$\dfrac{\pi}{2}\leqslant\alpha\leqslant\pi$，d$\Phi_{\mathrm{e}}$为负. (5.12)式中表示的通过整个闭合曲面的电场强度通量Φ_{e}就等于穿出与穿入闭合曲面的电场线的条数之差，也就是**净穿出闭合曲面**的电场线的总条数.

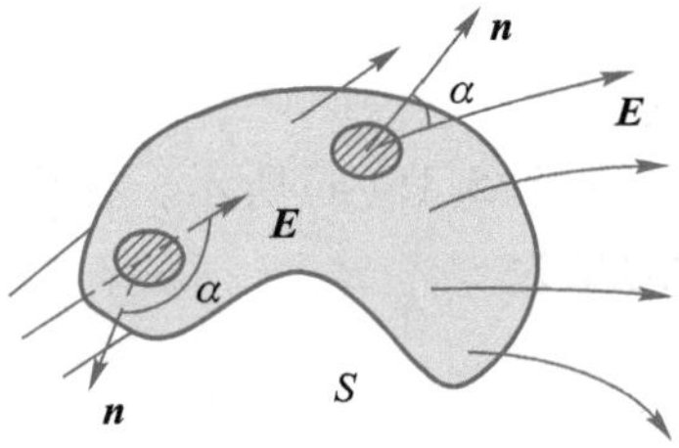

图 5.18 闭合曲面的电场强度通量

3.1.2 真空中静电场的高斯定理

高斯(K. F. Gauss，1777—1855 年)是德国物理学家和数学家，他在实验物理和理论物理以及数学方面都做出了很多贡献，他导出的高斯定律是电磁学的一条重要规律.

高斯定律是用电场强度通量表示的电场和场源电荷关系的定律，它给出了通过任一闭合曲面的电场强度通量与闭合曲面内部所包围的电荷的关系. 下面利用电场强度通量的概念根据库仑定律和场强叠加原理来讨论这个关系.

先讨论一个静止的点电荷 q 的电场. 以 q 所在点为中心，取任意长度 r 为半径作一球面 S 包围这个点电荷，如图 5.19(a)所示. 球面上任一点的电场强度 $\boldsymbol{E}$ 大小都是$\dfrac{q}{4\pi\varepsilon_0 r^2}$，方向都沿着径矢 $\boldsymbol{r}$ 的方向，而处处与球面垂直. 根据(5.12)式，可得通过这球面的电场强度通量为

$$\Phi_e = \oint_S \boldsymbol{E} \cdot d\boldsymbol{S} = \oint_S \frac{q}{4\pi\varepsilon_0 r^2} dS = \frac{q}{4\pi\varepsilon_0 r^2} \oint_S dS = \frac{q}{4\pi\varepsilon_0 r^2} 4\pi r^2 = \frac{q}{\varepsilon_0}$$

此结果与球面半径 r 无关，只于它所包围的电荷的电荷量有关. 这意味着对以点电荷 q 为中心的任意球面来说，通过它们的电场强度通量都一样，都等于$\frac{q}{\varepsilon_0}$. 用电场线的图像来说，这表示通过各球面的电场线总条数相等，或者说，**从点电荷 q 发出的电场线连续地延伸到无限远处**. 这实际上是上节中指出的可以用连续的线描绘电场分布的依据.

现在设想另一个任意的闭合曲面 S'，S'与球面 S 包围同一个点电荷 q，如图 5.19(b)所示，由于电场线的连续性，可以得出通过闭合曲面 S 和 S'的电场线数目是一样的. 因此通过任意形状的包围点电荷 q 的闭合曲面的电场强度通量都等于$\frac{q}{\varepsilon_0}$.

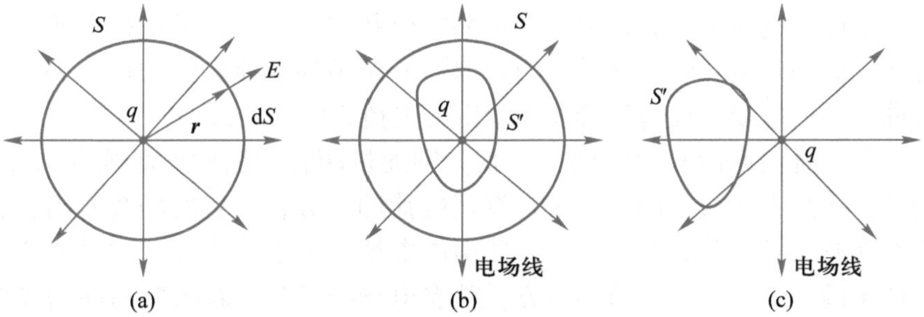

图 5.19　高斯定理

如果闭合曲面 S'不包围点电荷 q，如图 5.19(c)所示，则由电场线的连续性可知，由一侧进入 S'的电场线条数一定等于从另一侧穿出 S'的电场线条数，所以净穿出闭合曲面 S'的电场线的总条数为零，亦即通过 S'面的电场强度通量为零. 用公式并表示，就是

$$\Phi_e = \oint_S \boldsymbol{E} \cdot d\boldsymbol{S} = 0$$

以上是关于单个点电荷的电场的结论. 对于一个由点电荷 q_1，q_2，…，q_n 等组成的电荷系来说，在它们的电场中的任意一点，由场强叠加原理可得

$$\boldsymbol{E} = \boldsymbol{E}_1 + \boldsymbol{E}_2 + \cdots + \boldsymbol{E}_n$$

其中 $\boldsymbol{E}_1$，$\boldsymbol{E}_2$，…，$\boldsymbol{E}_n$ 为单个点电荷产生的电场，$\boldsymbol{E}$ 为总电场. 这时通过任意闭合曲面 S 的电场强度通量为

$$\Phi_e = \oint_S \boldsymbol{E} \cdot d\boldsymbol{S} = \oint_S \boldsymbol{E}_1 \cdot d\boldsymbol{S} + \oint_S \boldsymbol{E}_2 \cdot d\boldsymbol{S} + \cdots + \oint_S \boldsymbol{E}_n \cdot d\boldsymbol{S} = \Phi_{e1} + \Phi_{e2} + \cdots + \Phi_{en}$$

其中Φ_{e1}，Φ_{e2}，…，Φ_{en}为单个点电荷的电场通过闭合曲面的电场强度通量. 由上述关于单个点电荷的结论可知，当 q_i 在闭合曲面内时，$\Phi_{ei} = q_i/\varepsilon_0$；当 q_i 在闭合曲面外时，$\Phi_{ei} = 0$，所以上式可以写成

$$\Phi_e = \oint_S \boldsymbol{E} \cdot d\boldsymbol{S} = \frac{1}{\varepsilon_0} \sum q_{int} \qquad (5.13)$$

式中，$\sum q_{\mathrm{int}}$表示在闭合曲面内的电荷量的代数和，(5.13)式就是高斯定理的数学表达式，它表明：**在真空中的静电场内，通过任意闭合曲面的电场强度通量等于该闭合曲面所包围的电荷的电荷量的代数和的 $1/\varepsilon_0$.**

> **讨论 9：**
> 高斯面内没有电荷，高斯面上的电场强度是否一定处处为 0？穿过高斯面上 dS 面积上的电场强度通量是否一定为 0？高斯面上总的电场强度通量是否一定为 0？

对高斯定理的理解，应注意以下几点：

(1) 穿过闭合曲面的电场强度通量只与面内电荷有关，与面外电荷无关，与面内电荷如何分布无关. 即只有闭合曲面内的电荷才对这一电场强度通量有贡献，而闭合曲面外的电荷对这一总电场强度通量无贡献.

(2) 虽然电场强度通量只与高斯面内电荷有关，但是高斯面上的电场强度$\boldsymbol{E}$却与面内、面外电荷都有关，它是由全部电荷共同产生的合场强；高斯定理说明了通过闭合曲面的电场强度通量与闭合曲面所包围的电荷之间的量值关系，而不是闭合曲面上的电场强度与闭合曲面包围的电荷之间的关系.

(3) 若闭合曲面内有净剩的正电荷，则通过闭合曲面的电场强度通量为正，这说明正电荷是电场线的源头，凡是有正电荷的地方，就有电场线发出；若闭合曲面内有净剩的负电荷，则通过闭合曲面的电场强度通量为负，这说明负电荷是电场线的尾闾，凡是有负电荷的地方，就有电场线汇集；若闭合曲面内没有净剩的电荷，则通过闭合曲面的电场强度通量为零，这说明有多少电场线穿入，就有多少电场线穿出，在没有电荷的区域内电场线不会中断. 该定理说明了**静电场是有源场**，这是静电场的基本性质之一.

上面利用库仑定律(已暗含了空间的各向同性)和场强叠加原理导出了高斯定理，在电场强度定义之后，也可以把高斯定理作为基本定理结合空间的各向同性而导出库仑定律来(见下面小节中的例 5.7). 这说明，对静电场来说，库仑定律和高斯定理并不是互相独立，而是用不同形式表示的电场与场源电荷关系的同一客观规律. 二者具有“相逆”的意义：库仑定律可以在已知电荷分布的情况下求出场强分布；而高斯定理可以在已知电场强度分布的情况下，求出任意区域内的电荷. 尽管如此，当电荷分布具有某种对称性时，也可用高斯定理求出该电荷系统的电场分布，而且，这种方法在数学上比用库仑定律简便得多.

可以附带指出，如上所述，对于静止电荷的电场，可以说库仑定律与高斯定理二者等价. 但在研究运动电荷的电场或一般随时间变化的电场时，人们发现，库仑定律不再成立，而高斯定理却仍然有效. 所以说，高斯定理是关于电场的普遍的基本规律.

3.1.3 高斯定理应用举例

高斯定理除揭示了静电场是有源场的性质外，当在一个参考系内，静止的电荷分布具有某种对称性时，高斯定理还可用于计算电场强度.

解题指导：高斯定理计算场强的条件：产生电场的电荷具有某种对称性，使得电场强分布也具有高度的对称性. 用高斯定理计算场强的关键点在于选取合适的闭合曲面(高斯面)，使高斯定理等号左边的积分便于计算；通常的做法是：在分析了电荷分布的特点的基础上，选取的过所求场点的高斯面上的积分为与该处面积成正比的常量，其他部分高斯面上的积分也是便于计算的形式.

具体地说，高斯定理通常用于计算电荷具有点对称、轴对称、面对称分布的带电体的场强，对应地选取的高斯面型为：以对称中心为球心，球面经过场点的球面为高斯面；以对称轴为轴线，柱体的侧面经过所求场点的圆柱面为高斯面；以对称面的法线为轴，一个底面经过所求场点的圆柱面为高斯面. 这样的高斯面在对应的电场中积分是很容易计算的.

下面介绍应用高斯定理计算几种简单而又有对称性的场强方法. 可以看到，应用高斯定理求场强比前面介绍的方法更为简单.

讨论 10：
应用高斯定理求场强需要注意什么问题？高斯面应如何选取？

[例 5.7]　试由高斯定理求在点电荷 q 静止的参考系中自由空间内的电场分布.

[解]　由于自由空间是均匀而各向同性的，因此，点电荷的电场应具有以该电荷为中心的球对称性，即各点的场强方向应沿从点电荷引向各点的径矢方向，并且在与点电荷等距离的所有点上，场强的大小应该相等. 据此，可以选择一个以点电荷所在点为球心，半径为 r 的球面为高斯面 S. 通过 S 面的电场强度通量为

$$\Phi_e = \oint_S \boldsymbol{E} \cdot \mathrm{d}\boldsymbol{S} = \oint_S E\mathrm{d}S = E\oint_S \mathrm{d}S$$

最后的积分就是球面的总面积 $4\pi r^2$，所以

$$\Phi_e = E \cdot 4\pi r^2$$

S 面包围的电荷为 q. 高斯定理给出

$$E \cdot 4\pi r^2 = \frac{1}{\varepsilon_0}q$$

由此得出

$$E = \frac{q}{4\pi\varepsilon_0 r^2}$$

由于 $\boldsymbol{E}$ 的方向沿径向，所以此结果又可以用下一矢量式表示：

$$\boldsymbol{E} = \frac{q}{4\pi\varepsilon_0 r^2}\boldsymbol{e}_r$$

这就是点电荷的场强公示.

若将另一电荷 q_0 放在距电荷 q 为 r 的一点上，则由场强定义式可求出 q_0 受

的力为

$$\boldsymbol{F}=\boldsymbol{E}q_0=\frac{qq_0}{4\pi\varepsilon_0 r^2}\boldsymbol{e}_r$$

此式正是库仑定律. 这样，我们就由高斯定律导出了库仑定律.

[**例 5.8**] 一均匀带电球面，半径为 R，电荷为 $+q$，求：球面内、外任一点场强.

分析：电荷均匀地分布在球面上，电荷分布的对称中心为球心，根据电荷激发电场的特点，球面上的电荷激发的电场也是关于球心对称的. 若以电荷对称中心为球心，作球面为高斯面，不论此高斯面在带电球内，还是在带电球外，同一球面上的各点对带电球面上的全部电荷来说，都是相同的；若以场点所在的半径与带电球面的交点为中心，在带电球面上选取球冠进行对称分析可知，电场方向只可能存在于沿球的半径方向，且同一球面上的电场强度大小应该相等.

[**解**] 如图 5.20(a)所示.

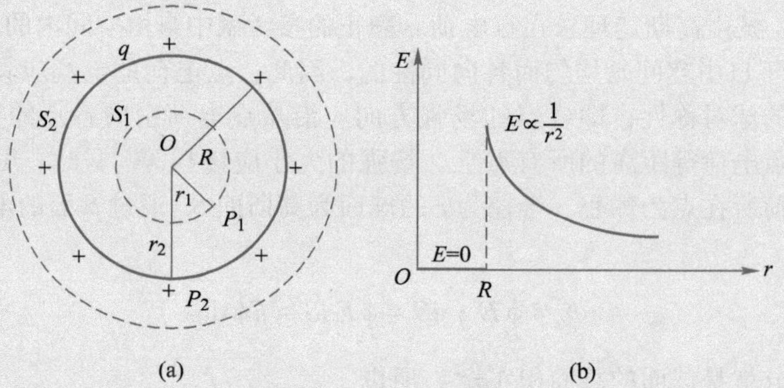

图 5.20 例 5.8 题图

(1) 求球面内任一点 P_1 的场强

以 O 为圆心，通过 P_1 点作半径为 r_1 的球面 S_1 为高斯面，由高斯定理：

$$\oint_{S_1}\boldsymbol{E}\cdot \mathrm{d}\boldsymbol{S}=\frac{1}{\varepsilon_0}\sum_{S_{1内}}q$$

由本题分析可知，$\boldsymbol{E}$ 与 $\mathrm{d}\boldsymbol{S}$ 同向，且 S_1 上 $\boldsymbol{E}$ 值不变，则高斯定理等号左边有

$$\oint_{S_1}\boldsymbol{E}\cdot \mathrm{d}\boldsymbol{S}=\oint_{S_1}E\cdot \mathrm{d}S=E\oint_{s_1}\mathrm{d}S=E\cdot 4\pi r_1^2$$

又因为 S_1 面内无电荷，于是高斯定理等号右边有

$$\frac{1}{\varepsilon_0}\sum_{S_{1内}}q=0$$

代入高斯定理，得

$$E \cdot 4\pi r_1^2 = 0$$

所以有

$$E = 0$$

即均匀带电球面内任一点 P_1 场强为零.

注意：1）不是每个面元上电荷在球面内产生的场强为零，而是所有面元上电荷在球面内产生场强的矢量和等于 **0**.

2）非均匀带电球面在球面内任一点产生的场强不可能都为零.（在个别点有可能为零）

（2）求球面外任一点 P_2 的场强

以 O 为圆心，通过 P_2 点作半径 r_2 的球面 S_2 作为高斯面，由高斯定理有

$$\oint_{s_2} \boldsymbol{E} \cdot \mathrm{d}\boldsymbol{S} = \frac{1}{\varepsilon_0} \sum_{S_{2内}} q$$

由本题分析可知，$\boldsymbol{E}$ 与 $\mathrm{d}\boldsymbol{S}$ 同向，且 S_2 上 $\boldsymbol{E}$ 值不变，则高斯定理等号左边有

$$\oint_{s_2} \boldsymbol{E} \cdot \mathrm{d}\boldsymbol{S} = \oint_{s_2} E \cdot \mathrm{d}S = E \oint_{s_2} \mathrm{d}S = E \cdot 4\pi r_2^2$$

又因为 S_2 面内的电荷为 q，于是高斯定理等号右边有

$$\frac{1}{\varepsilon_0} \sum_{S_{2内}} q = \frac{q}{\varepsilon_0}$$

代入高斯定理有

$$E \cdot 4\pi r_2^2 = \frac{1}{\varepsilon_0} q$$

$$E = \frac{q}{4\pi\varepsilon_0 r^2}$$

方向：沿 $\boldsymbol{OP}_2$ 方向.（若 $q<0$，则沿 $\boldsymbol{PO}$ 方向.）

结论：均匀带电球面外任一点的场强，如同电荷全部集中在球心处的点电荷在该点产生的场强一样.

因此，均匀带电球面的电场强度分布如图 5.20(b)所示，即

$$E = \begin{cases} 0, & (r<R) \\ \dfrac{q}{4\pi\varepsilon_0 r^2}, & (r>R) \end{cases}$$

讨论 11：

从例 5.8 得到带电球面的场强随与球心距离变化，即 $E-r$ 曲线，可以看出场强值在球面($r=R$)上是不连续的，如何理解这种不连续性？

[**例 5.9**] 有均匀带电的球体，半径为 R，电荷量为$+q$，求球内外场强. 铀核可视为带有 $92e$ 的均匀带电球体，半径为 7.4×10^{-15} m，求其表面的电场强度.

分析：均匀带电球体的电荷也是关于球心为点对称分布的，可选取以对称中心为球心，过所求场点的球面为高斯面. 根据所求场点的场强特点，可以在带电体上以过场点的半径为对称轴，选取对称的两个带电微元分析，可知电场方向也只存在于半径方向，且同一球面上各点的场强大小应该相等.

[**解**] 由分析可知，电荷分布具有球对称性，电场也具有球对称分布，场强方向由球心向外辐射，在以 O 为圆心的任意球面上各点的 $|\boldsymbol{E}|$ 相同. 如图 5.21(a) 所示.

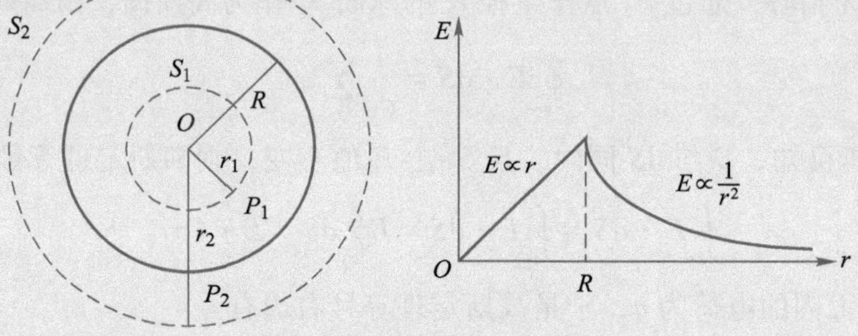

图 5.21 例 5.9 题图

(1) 求球内任一点 P_1 的 $\boldsymbol{E}$

以 O 为球心，过 P_1 点作半径为 r_1 的高斯球面 S_1，根据高斯定理有

$$\oint_{s_1}\boldsymbol{E}\cdot \mathrm{d}\boldsymbol{S}=\frac{1}{\varepsilon_0}\sum_{S_{1内}}q$$

因为 $\boldsymbol{E}$ 与 $\mathrm{d}\boldsymbol{S}$ 同向，且 S_1 上各点 $|\boldsymbol{E}|$ 值相等，高斯定理等号左边为

$$\oint_{s_1}\boldsymbol{E}\cdot \mathrm{d}\boldsymbol{S}=\oint_{s_1}E\cdot \mathrm{d}S=E\oint_{s_1}\mathrm{d}S=E\cdot 4\pi r_1^2$$

高斯定理等号右边为

$$\frac{1}{\varepsilon_0}\sum_{S_{1内}}q=\frac{q}{\varepsilon_0\,\frac{4}{3}\pi R^3}\cdot\frac{4}{3}\pi r_1^3=\frac{q}{\varepsilon_0 R^3}r_1^3$$

$$\Rightarrow E\cdot 4\pi r_1^2=\frac{q}{\varepsilon_0 R^3}r_1^3$$

所以有

$$E=\frac{q}{4\pi\varepsilon_0 R^3}r_1，\ 即\ E\propto r_1$$

$\boldsymbol{E}$ 的方向由 O 指向 P_1.（若 $q<0$，则 $\boldsymbol{E}$ 由 P_1 指向 O.）

注意：不要认为 S_1 外任一电荷元在 P_1 处产生的场强为 0，而是 S_1 外所有电荷

元在 P_1 点产生的场强的叠加为 0.

(2) 求球外任一点 P_2 的 $\boldsymbol{E}$

以 O 为球心，过 P_2 点作半径为 r_2 的球形高斯面 S_2，根据高斯定理有

$$\oint_{s_2} \boldsymbol{E} \cdot \mathrm{d}\boldsymbol{S} = \frac{1}{\varepsilon_0}\sum_{S_{2内}} q$$

同理有

$$E \cdot 4\pi r_2^2 = \frac{1}{\varepsilon_0}q \Rightarrow E = \frac{q}{4\pi\varepsilon_0 r_2^2}$$

$\boldsymbol{E}$ 的方向沿 $\boldsymbol{OP}_2$ 方向.

由此可知，均匀带电球体外任一点的场强，如同电荷全部集中在球心处的点电荷产生的场强一样.

$$结论：E=\begin{cases}\dfrac{qr_1}{4\pi\varepsilon R^3}，(r_1<R)\\[2ex]\dfrac{q}{4\pi\varepsilon_0 r_2^2}，(r_2\geqslant R)\end{cases}$$

E-r 曲线如图 5.21(b)所示. 注意：在球体表面上，场强的大小是连续的.

由 $E=\dfrac{q}{4\pi\varepsilon_0 R^3}r_1$ 可得铀核表面的电场强度为

$$E=\frac{92e}{4\pi\varepsilon_0 R^2}=\frac{92\times1.6\times10^{-19}}{4\pi\times8.85\times10^{-12}\times(7.4\times10^{-15})^2}\text{N/C}=2.4\times10^{21}\text{N/C}$$

[例 5.10] 一无限长均匀带电直线，设电荷线密度为 $+\lambda$，求直线外任一点场强.

输电线上均匀带电，电荷线密度为 4.2 nC/m，求距离电线 0.50 m 处的电场强度.

分析：电荷分布以带电直线为轴的轴对称分布，高斯面选为以对称轴为轴，侧面过所求场点的圆柱面为高斯面. 从所求场点作带电直线的垂线，将带电体分成上下两段；在上下两段中选与此垂线为对称的电荷，分析场点的电场特点可知，所在场点的场强只可能存在于圆柱面上的场点所在的圆的半径方向上，且同一圆柱面上的场强大小相等.

[解] 由分析可知，这里的电场是关于直线轴对称的，$\boldsymbol{E}$ 的方向垂直直线. 在以直线为轴的任一圆柱面上的各点场强大小是等值的. 如图 5.22 所示，以直线为轴线，过考察点 P 作半径为 r、高为 h 的圆柱高斯面，上底为 S_1、下底为 S_2，侧面为 S_3.

由高斯定理有

$$\oint_S \boldsymbol{E} \cdot \mathrm{d}\boldsymbol{S} = \frac{1}{\varepsilon_0}\sum_{S内} q$$

在此，有

$$\oint_S \boldsymbol{E} \cdot \mathrm{d}\boldsymbol{S} = \oint_{s_1} \boldsymbol{E} \cdot \mathrm{d}\boldsymbol{S} + \oint_{s_2} \boldsymbol{E} \cdot \mathrm{d}\boldsymbol{S} + \oint_{s_3} \boldsymbol{E} \cdot \mathrm{d}\boldsymbol{S}$$

因为在 S_1、S_2 上各面元 $\mathrm{d}\boldsymbol{S}\perp\boldsymbol{E}$，所以前两项积分为0. 又在 S_3 上 $\boldsymbol{E}$ 与 $\mathrm{d}\boldsymbol{S}$ 方向一致，且 E=常量，所以有

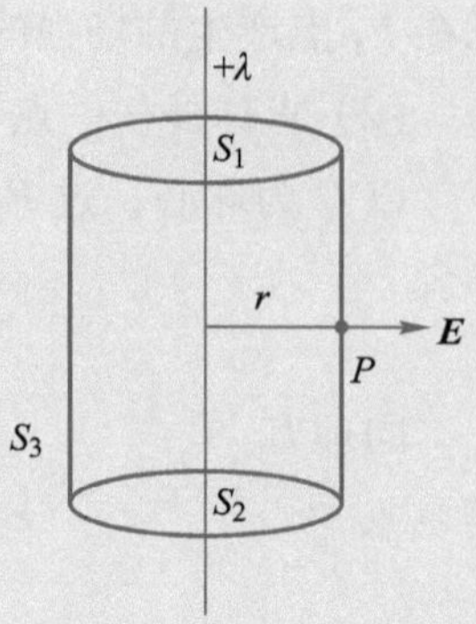

图 5.22 例 5.10 题图

$$\oint_s \boldsymbol{E} \cdot \mathrm{d}\boldsymbol{S} = \oint_{s_3} \boldsymbol{E} \cdot \mathrm{d}\boldsymbol{S} = \int_{s_3} E\mathrm{d}S = E\int_{s_3} \mathrm{d}S = E \cdot 2\pi rh$$

$$\frac{1}{\varepsilon_0}\sum_{S内} q = \frac{1}{\varepsilon_0}\lambda h \Rightarrow E \cdot 2\pi rh = \frac{1}{\varepsilon_0}\lambda h$$

即

$$E = \frac{\lambda}{2\pi\varepsilon_0 r}$$

$\boldsymbol{E}$ 由带电直线指向考察点.（若 $\lambda<0$，则 $\boldsymbol{E}$ 由考察点指向带电直线.）

上面结果与例 5.3 结果一致. 由此可见，当条件允许时，利用高斯定理计算场强分布要简便得多.

题中所述输电线周围 0.50 m 处的电场强度为

$$E = \frac{\lambda}{2\pi\varepsilon_0 r} = \frac{4.2\times10^{-9}}{2\pi\times8.85\times10^{-12}\times0.50}\mathrm{N/C} = 1.5\times10^2\mathrm{N/C}$$

[例 5.11] 无限长均匀带电圆柱面，半径为 R，电荷面密度为 $\sigma>0$，求柱面内外任一点场强.

分析：这种带电体的电荷的还是关于带电圆柱体的轴线对称的轴对称分布，可以选以对称轴为轴的圆柱面为高斯面. 要分析柱面上一点的电场特点，可以以所求场点与对称轴确定的平面为对称面，在对称面的两侧选取对称的长直带电线，并利用上一题分析的结果可知，所求场点的电场方向只能沿所求场点的半径方向，且同一圆柱面的各点上的电场强度的大小也是相等的.

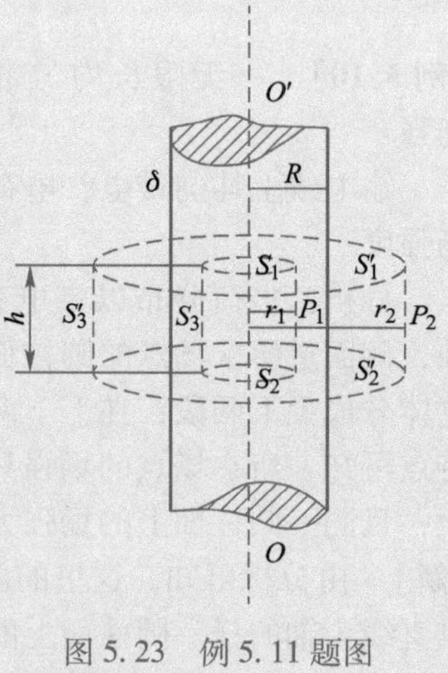

图 5.23 例 5.11 题图

[解] 分析题意知，柱面上的电场具有轴对称性，场强方向由柱面轴线向外辐射，并且任意以柱面轴线为轴的圆柱面上各点 $\boldsymbol{E}$ 值相等，如图 5.23 所示.

（1）求带电圆柱面内任一点 P_1 的 $\boldsymbol{E}$

以 OO'为轴，过 P_1 点作以 r_1 为半径、高为 h 的圆柱高斯面，上底为 S_1，下

底为 S_2，侧面为 S_3. 由高斯定理有

$$\oint_s \boldsymbol{E} \cdot \mathrm{d}\boldsymbol{S} = \frac{1}{\varepsilon_0}\sum_{S_内} q$$

在此，有

$$\oint_s \boldsymbol{E} \cdot \mathrm{d}\boldsymbol{S} = \int_{s_1} \boldsymbol{E} \cdot \mathrm{d}\boldsymbol{S} + \int_{s_2} \boldsymbol{E} \cdot \mathrm{d}\boldsymbol{S} + \int_{s_3} \boldsymbol{E} \cdot \mathrm{d}\boldsymbol{S}$$

因为在 S_1、S_2 上各面元 $\mathrm{d}\boldsymbol{S}_1 \perp \boldsymbol{E}$，所以上式前两项积分为 0，又在 S_3 上 $\mathrm{d}\boldsymbol{S}$ 与 $\boldsymbol{E}$ 同向，且 E=常量，所以有

$$\oint_s \boldsymbol{E} \cdot \mathrm{d}\boldsymbol{S} = \int_{s_3} E\mathrm{d}S = E\int_{s_3} \mathrm{d}S = E \cdot 2\pi r_1 h$$

$$\frac{1}{\varepsilon_0}\sum_{S_内} q = 0 \Rightarrow E \cdot 2\pi r_1 h = 0$$

所以

$$E=0$$

结论：无限长均匀带电圆筒内任一点场强等于 0.

(2) 求带电柱面外任一点场强 $\boldsymbol{E}$

以 OO' 为轴，过 P_2 点作半径为 r_2、高为 h 的圆柱形高斯面，上底为 S_1'，下底为 S_2'，侧面为 S_3'. 由高斯定理有

$$E \cdot 2\pi r_1 h = \frac{1}{\varepsilon_0} \cdot \sigma 2\pi R h$$

$$E = \frac{\sigma \cdot 2\pi R}{2\pi\varepsilon_0 r_2}$$

因为 $\sigma \cdot 2\pi R = \sigma \cdot [2\pi R \cdot 1]$，为单位长柱面的电荷(电荷线密度)，常用 λ 表示，所以 $E = \dfrac{\lambda}{2\pi\varepsilon_0 r_2}$，$\boldsymbol{E}$ 由轴线指向 P_2. $\sigma<0$ 时，$\boldsymbol{E}$ 沿 P_2 指向轴线.

结论：无限长均匀带电圆柱面在其外任一点的场强，如全部电荷都集中在带电柱面的轴线上的无限长均匀带电直线产生的场强一样.

[例 5.12]　无限大均匀带电平面，电荷面密度为 $+\sigma$，求平面外任一点场强.

分析：本题的电荷分布为面对称分布，可选取一圆柱面为高斯面，圆柱面的母线与带电平面的法线方向平行，轴线为带电平面法线，两底面关于电荷对称分布的对称面对称，其中一底面过所求场点，如图 5.24(a)所示.

场强特点分析：过所求场点 P，作带电平面的垂线，通过该垂线再作一参考平面与带电面相交，如图 5.24(b)所示，设交线为 AB，在 AB 两侧对称处取两狭长带电面元 $\mathrm{d}S$ 和 $\mathrm{d}S'$，利用长直带电直线的场强计算结果可知，它们在 P 点叠加的合场强的方向与带电平板过 P 点的法线方向一致，而带电平板上各个地方的电荷都可以看成在关于直线 AB 对称的一对具有对称关系的长直带电直线上. 由此可知，所求场点的场强只存在沿带电平面法线方向的电场，且到带电平面距离相等的圆柱面底面上的电场强度大小相等.

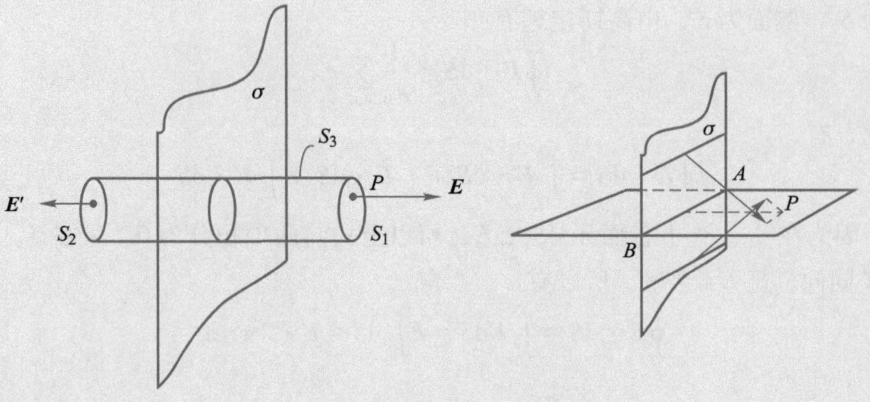

(a) (b)

图 5.24 例 5.12 题图

[**解**] 由分析知，平面两侧产生的电场是关于平面对称的，场强方向垂直平面，距平面相同的任意两点处的 $\boldsymbol{E}$ 值相等. 设 P 为考察点，过 P 点作一底面平行于平面的关于平面又对称的圆柱形高斯面，右端面为 S_1，左端面为 S_2，侧面为 S_3，由高斯定理有

$$\oint_s \boldsymbol{E}\cdot \mathrm{d}\boldsymbol{S}=\frac{1}{\varepsilon_0}\sum_{S_{内}} q$$

由高斯定理得左边：

$$\oint_s \boldsymbol{E}\cdot \mathrm{d}\boldsymbol{S}=\oint_{s_1} \boldsymbol{E}\cdot \mathrm{d}\boldsymbol{S}+\oint_{s_2} \boldsymbol{E}\cdot \mathrm{d}\boldsymbol{S}+\oint_{s_3} \boldsymbol{E}\cdot \mathrm{d}\boldsymbol{S}$$

因为在 S_3 上的各面元 $\mathrm{d}\boldsymbol{S}\perp\boldsymbol{E}$，所以第三项积分为 0. 又因为在 S_1、S_2 上各面元 $\mathrm{d}\boldsymbol{S}$ 与 $\boldsymbol{E}$ 同向，且在 S_1、S_2 上 $|\boldsymbol{E}|$ = 常量，所以有

$$\oint_s \boldsymbol{E}\cdot \mathrm{d}\boldsymbol{S}=\int_{s_1} E\mathrm{d}S+\int_{s_2} E\mathrm{d}S=E\int_{s_1}\mathrm{d}S+E\int_{s_2}\mathrm{d}S=ES_1+ES_2=2ES_1$$

高斯定理右边为

$$\frac{1}{\varepsilon_0}\sum_{S_{内}} q=\frac{1}{\varepsilon_0}\cdot\sigma S_1$$

$$E\cdot 2S_1=\frac{1}{\varepsilon_0}\cdot\sigma S_1$$

即 $$E=\frac{\sigma}{2\varepsilon_0}\text{（均匀电场）}$$

$\boldsymbol{E}$ 垂直平面指向考察点（若 $\sigma<0$，则 $\boldsymbol{E}$ 由考察点指向平面）. 此结论与例 5.5 和例 5.6 完全一致.

上面，我们应用高斯定理求出了几种带电体产生的场强，从这几个例子看出，用高斯定理求某些电荷具有对称性的带电体的场强是比较简单的. 但是，我们应该明确，虽然高斯定理是普遍成立的，但是不是任何带电体产生的场强都能由它计算出，因为这样的计算是有条件的，它要求电场分布具有一定的对称性，在具有某种对称性时，才能选取到合适高斯面，使高斯定理中的积分很方便地计算出来. 应用高斯定理时，要注意以下步骤：

（1）分析对称性；

（2）选择合适的高斯面；

（3）计算 $\oint_s \boldsymbol{E}\cdot \mathrm{d}\boldsymbol{S}$ 和 $\frac{1}{\varepsilon_0}\sum_{S内} q$；

（4）由高斯定理 $\oint_s \boldsymbol{E}\cdot \mathrm{d}\boldsymbol{S}=\frac{1}{\varepsilon_0}\sum_{S内} q$ 求出 E.

对带电体系来说，如果其中每个带电体上的电荷分布都具有对称性，那么可以用高斯定理求出每个带电体的电场，然后再应用场强叠加原理求出带点体系的总电场分布.

[例 5.13] 有两无限大平行放置的均匀带电平板 A、B，电荷面密度分别为：(1) $+\sigma$ 和 $+\sigma$；(2) $+\sigma$ 和 $-\sigma$. 求这两种情况下带电体系的电场分布.

分析：这一带电体系可看成两块无限大带电平面的场强叠加.

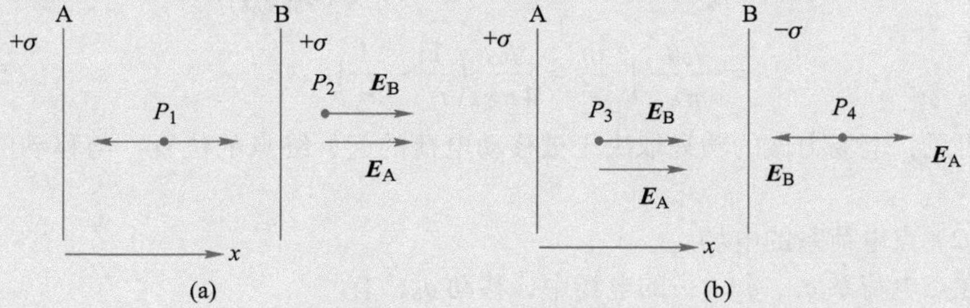

图 5.25　例 5.13 用图

[解] (1) 如图 5.25(a)所示，设 P_1 为板内任一点，有

$$\boldsymbol{E}=\boldsymbol{E}_{\mathrm{A}}+\boldsymbol{E}_{\mathrm{B}}$$

即
$$E=E_{\mathrm{A}}-E_{\mathrm{B}}=\frac{\sigma}{2\varepsilon_0}-\frac{\sigma}{2\varepsilon_0}=0$$

设 P_2 为 B 右侧任一点(也可取在 A 左侧)，则有

$$\boldsymbol{E}=\boldsymbol{E}_{\mathrm{A}}+\boldsymbol{E}_{\mathrm{B}}$$

即
$$E=E_{\mathrm{A}}+E_{\mathrm{B}}=\frac{\sigma}{2\varepsilon_0}+\frac{\sigma}{2\varepsilon_0}=\frac{\sigma}{\varepsilon_0}$$

(2) 如图 5.25(b)所示，设 P_3 为两板内任一点，

$$\boldsymbol{E}=\boldsymbol{E}_{\mathrm{A}}+\boldsymbol{E}_{\mathrm{B}}$$

即
$$E=E_{\mathrm{A}}+E_{\mathrm{B}}=\frac{\sigma}{2\varepsilon_0}+\frac{\sigma}{2\varepsilon_0}=\frac{\sigma}{\varepsilon_0}$$

设 P_4 为 B 右侧任一点(也可取在 A 左侧)：

$$E = E_A + E_B$$

即
$$E = E_A - E_B = \frac{\sigma}{2\varepsilon_0} - \frac{\sigma}{2\varepsilon_0} = 0$$

3.2 静电场的环路定理 电势

本小节从静电场对运动电荷做功方面入手，引进与能量有关的标量描述静电场. 并讨论反映静电场基本性质的另一重要定理——环路定理.

3.2.1 静电场的保守性 环路定理

1. 静电力做功的特点

(1) 点电荷的电场

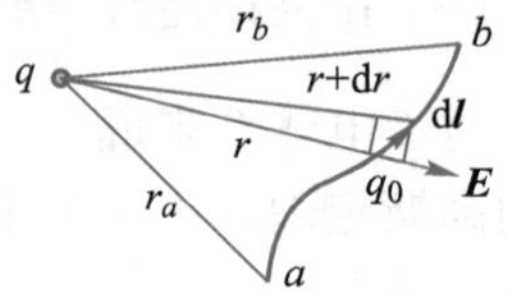

图 5.26 点电荷的电场力做功

如图 5.26 所示，在点电荷 q 的电场中，把另一点电荷 q_0 由 a 点移到 b 点(沿路径 L)过程中，电场力做的功为

$$A_{a\to b} = \int_a^b \boldsymbol{F} \cdot \mathrm{d}\boldsymbol{l} = q_0 \int_a^b \boldsymbol{E} \cdot \mathrm{d}\boldsymbol{l} = q_0 \int_a^b \left(\frac{q\boldsymbol{r}}{4\pi\varepsilon_0 r^3}\right) \cdot \mathrm{d}\boldsymbol{l}$$

$$= \frac{q_0 q}{4\pi\varepsilon_0}\int_a^b \frac{\mathrm{d}r}{r^2} = \frac{q_0 q}{4\pi\varepsilon_0}\left(\frac{1}{r_a} - \frac{1}{r_b}\right) \tag{5.14}$$

可见，电场力做的功只取决于被移动电荷的起、终点的位置，与移动的路径无关.

(2) 点电荷系的电场

在点电荷系 q_1、q_2、…的电场中，移动 q_0，有

$$A_{a\to b} = q_0 \int_a^b \boldsymbol{E} \cdot \mathrm{d}\boldsymbol{l}$$

$$= q_0 \int_a^b \boldsymbol{E}_1 \cdot \mathrm{d}\boldsymbol{l} + q_0 \int_a^b \boldsymbol{E}_2 \cdot \mathrm{d}\boldsymbol{l} + \cdots \tag{5.15}$$

上式中的每一项均与路径无关，所以 $A_{a\to b}$ 也与路径无关. 对静止的连续带电体，可将其看成无数电荷元的集合，因而它的场强同样可得此结论：静电力做功与路径无关.

2. 环路定理

将(5.15)式两侧都除以 q_0，得到

$$\frac{A_{a\to b}}{q_0} = \int_a^b \boldsymbol{E} \cdot \mathrm{d}\boldsymbol{l} \tag{5.16}$$

将(5.16)式等号右侧的积分 $\int_a^b \boldsymbol{E} \cdot \mathrm{d}\boldsymbol{l}$ 叫电场强度 $\boldsymbol{E}$ 沿任意路径 $\boldsymbol{L}$ 的线积分，它表示在电场中从 a 点到 b 点移动单位正电荷时电场力做的功. 由于这一积分只由电场强度 $\boldsymbol{E}$ 的分布决定，而与被移动电荷的电荷量无关，所以可以用它来说明电场的性质.

如图 5.27 所示，在静电场中，任意闭合路径都可以分为L_1 和L_2 两段，因此

沿任意闭合路径移动单位正电荷，静电场力做的功为

$$\oint_L \boldsymbol{E}\cdot d\boldsymbol{l}=\int_{\substack{a\\(L_1)}}^{b}\boldsymbol{E}\cdot d\boldsymbol{l}+\int_{\substack{b\\(L_2)}}^{a}\boldsymbol{E}\cdot d\boldsymbol{l}=\int_{\substack{a\\(L_1)}}^{b}\boldsymbol{E}\cdot d\boldsymbol{l}-\int_{\substack{a\\(L_2)}}^{b}\boldsymbol{E}\cdot d\boldsymbol{l}=0$$

可得

$$\oint_L \boldsymbol{E}\cdot d\boldsymbol{l}=0 \tag{5.17}$$

(5.17)式称为**静电场的环路定理**，表示在任何静电场中，场强 $\boldsymbol{E}$ 沿任意闭合路径的线积分等于 0，说明静电场是**保守场**.

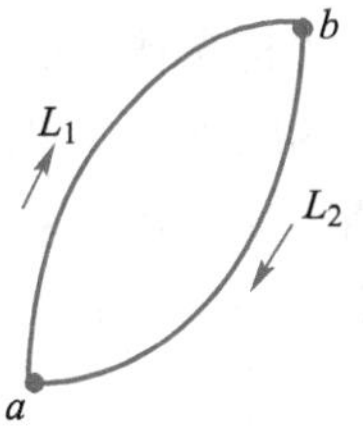

图 5.27　静电场的环路定理

(1) 环路定理是静电场的另一重要定理，可用环路定理检验一个电场是不是静电场.

(2) 环路定理要求电场线不能闭合，静电场是有源、无旋场.

3.2.2　电势能

由力学中关于保守力的讨论可知：对于保守场，总可以引入势能概念. 例如，重力场中可以引入重力势能；弹性力场中可以引入弹性势能等. 由于静电场是保守场，因此也可以在静电场中引入“电势能”和“电势”的概念.

电势能(W)应属于电荷 q_0 和产生电场的源电荷系统共有，电荷 q_0 处在静电场中的某一位置，就对应一个电势能，当电荷 q_0 发生变化时，电势能会发生变化；当位置发生变化时，电势能就发生变化，同时电场力将对该电荷做功. 做功的过程是一个能量转化的过程，下面讨论电场力做功的过程能量如何转化.

由保守力做功和势能增量的关系有

$$A_{a\to b}=-(W_b-W_a)$$

$$W_a-W_b=\int_a^b \boldsymbol{F}\cdot d\boldsymbol{l}=q_0\int_a^b \boldsymbol{E}\cdot d\boldsymbol{l} \tag{5.18}$$

q_0 在静电场中 a、b 两点电势能之差等于把 q_0 自 a 点移至 b 点过程中静电场力所做的功.

与重力势能和弹性势能一样，电势能的大小也与势能零点的选取有关，当场源电荷为有限带电体时，通常选取无限远处为电势能零点. (5.18)式中，取 b 点为无限远处，其电势能为零，则试验电荷 q_0 在 a 点的电势能为

$$W_a=q_0\int_a^{\infty}\boldsymbol{E}\cdot d\boldsymbol{l} \tag{5.19}$$

即试验电荷 q_0在电场中某点处具有的电势能值，等于将 q_0由该点移至无限远(或者电势能零点)处电场力所做的功.

根据(5.8)式和(5.19)式可以计算得到试验电荷 q_0 在点电荷 q 产生的静电场中 a 点具有的电势能为

$$W_a=\frac{q_0 q}{4\pi\varepsilon_0 r_a} \tag{5.20}$$

注意，因为静电场力做功与路径无关，所以静电场中任意两点间电势能的增量是一定的，但电势能的值只具有相对意义.

3.3 电势 电势差

3.3.1 电势差 电势

静电场的保守性意味着，对静电场来说，存在着一个由电场中各点的位置所决定的标量函数，此函数在 a、b 两点的数值之差等于 a 点到 b 点电场强度沿任意路径的线积分，也就等于从 a 点到 b 点移动单位正电荷时静电场力所做的功. 这个函数叫电场的**电势**(或势函数). 以 U_a 和 U_b 分别表示 a、b 两点的电势，可以有下述定义公式：

$$U_a - U_b = \frac{W_a - W_b}{q_0} = \int_a^b \boldsymbol{E} \cdot \mathrm{d}\boldsymbol{l} \tag{5.21}$$

U_a-U_b叫做 a、b 两点的**电势差**，也称为这两点间的电压，用 U_{ab}表示，$U_{ab}=U_a-U_b$. 由于静电场的保守性，在一定的静电场中，对于给定的两点 a、b，其电势差具有完全确定的值.

(5.21)式只能给出静电场中任意两点的电势差，而不能确定任一点的电势值. 为了给出静电场中各点的电势值，需要预先选定一个参考位置，并指定它的电势为零. 这一参考位置叫**电势零点**. 由(5.21)式可得静电场中任意一点 a 的电势为

$$U_a = \frac{W_a}{q_0} = \int_a^{\text{“0”}} \boldsymbol{E} \cdot \mathrm{d}\boldsymbol{l} \tag{5.22}$$

a 点的电势也就等于将单位正电荷自 a 点沿任意路径移到电势零点时，电场力所做的功. 电势零点选定后，电场中所有各点的电势值就由(5.22)式唯一地确定了，由此确定的电势是空间坐标的标量函数，即 $U=U(x, y, z)$.

电势零点的选择只视方便而定. 当电荷只分布在有限区域时，电势零点通常选在无限远处. 这时(5.22)式可以写成

$$U_a = \int_a^{\infty} \boldsymbol{E} \cdot \mathrm{d}\boldsymbol{l} \tag{5.23}$$

由(5.22)式明显看出，电场中各点电势的大小与电势零点的选择有关，相对于不同的电势零点，电场中同一点的电势会有不同的值. 因此，在具体说明各点电势数值时，必须事先明确电势零点在何处.

电势和电势差具有相同的单位，在国际单位制中，电势的单位名称是伏特，简称伏，符号为 V：

$$1\ \text{V} = 1\ \text{J/C}$$

讨论 12：

在电场中，电场强度为 0 的点，电势是否也为 0？反过来，电势为 0 的点，电场强度是否为 0？试举例说明.

当电场中电势分布已知时，利用电势差定义式(5.22)式，可以很方便地计算

出点电荷在静电场中移动时电场力做的功. 由(5.18)式和(5.21)式可知，电荷 q_0 从 a 点移到 b 点时，静电场力做的功可用下式计算：

$$W_a - W_b = q_0\int_a^b \boldsymbol{E}\cdot \mathrm{d}\boldsymbol{l} = q_0(U_a - U_b) \tag{5.24}$$

注意，零势能参考点的选取对于有限带电体，如带电球面、球壳、带电圆环等一般选无限远处为电势零点；但是对“无限大”带电体，如“无限大”的带电平面、“无限长”的带电直线、带电圆柱等，不能选无限远作为零势能参考点，否则会导致场点的电势为无限大或无确定值，而应该在场内选一个适当位置作为电势零点；在实际问题中，常取地球的电势为零.

3.3.2　**电势和电势差的计算**

1. 点电荷电场的电势

在点电荷电场中，电场强度为

$$\boldsymbol{E}=\frac{q}{4\pi\varepsilon_0 r^2}\boldsymbol{e}_{\mathrm{r}}$$

根据电势定义(5.23)式，令无限远处电势为零，距离静止的点电荷 q 为 r 处 a 点的电势为

$$U_a = \int_a^{\infty}\boldsymbol{E}\cdot \mathrm{d}\boldsymbol{l} = \int_r^{\infty}\frac{q}{4\pi\varepsilon_0 r^2}\mathrm{d}r = \frac{q}{4\pi\varepsilon_0 r} \tag{5.25}$$

这就是在真空中静止的点电荷在电场中各点电势的公式. 此式中视 q 的正负，电势 U 可正可负. 在正电荷的电场中，各点电势均为正值，离电荷越远的点，电势越低. 在负电荷的电场中，各点电势均为负值，离电荷越远的点，电势越高.

2. 点电荷系电场中的电势

若电场是点电荷系电场，则由场强叠加原理(5.7)式

$$\boldsymbol{E} = \sum_{i=1}^{n}\frac{q_i}{4\pi\varepsilon_0 r_i^2}\boldsymbol{e}_{\mathrm{r}}$$

可以得到，在取无限远处电势为零时，电场中任意一点 a 的电势为

$$\begin{aligned} U_a &= \int_a^{\infty}\boldsymbol{E}\cdot \mathrm{d}\boldsymbol{l} = \int_{r_i}^{\infty}\left(\sum_{i=1}^{n}\frac{q_i}{4\pi\varepsilon_0 r_i^2}\boldsymbol{e}_{\mathrm{r}}\right)\cdot \mathrm{d}\boldsymbol{l} = \sum_{i=1}^{n}\int_{r_i}^{\infty}\frac{q_i}{4\pi\varepsilon_0 r_i^2}\boldsymbol{e}_{\mathrm{r}}\cdot \mathrm{d}\boldsymbol{r}_i \\ &= \sum_{i=1}^{n}\frac{q_i}{4\pi\varepsilon_0 r_i} = \sum_{i=1}^{n}U_i \end{aligned} \tag{5.26}$$

式中 U_i 为第 i 个点电荷 q_i 在 a 点产生的电势，r_i 为 q_i 到 a 点的距离. 上式表明，**在点电荷系的电场中，任一点的电势等于各个点电荷单独存在时在该点产生电势的代数和**. 这个结论称为电势的叠加原理.

3. 带电体电场中的电势

对于电荷连续分布的有限大小带电体的电场，可以将其看成许多电荷元 $\mathrm{d}q$ 产生的电场，把每一个电荷元看成一个点电荷，并取无限远处电势为零时，总电场在 a 点的电势就等于无限多个电荷元电场在 a 点的电势之和，即

$$U_a = \int_V \mathrm{d}U = \int_Q \frac{\mathrm{d}q}{4\pi\varepsilon_0 r} \tag{5.27}$$

式中，r 是电荷元 $\mathrm{d}q$ 到场点 a 的距离，V 是电荷连续分布的带电体的体积，Q 是带电体的总电荷量.

4. 电势、电势差的计算举例

根据前面所述，计算电场中各点的电势有两种方法：一是根据已知的场强，选取任一方便路径，由电势与场强的积分关系(5.22)式来计算；二是以点电荷电场的电势为基础，应用叠加原理来计算.

方法一：场强积分法(场强一般能用高斯定理求得时，才选用该方法)，即利用电势的定义式.

步骤：(1) 先算场强；

(2) 选择合适的路径 L；

(3) 分段积分(计算).

[例 5.14] 如图 5.28 所示，求半径 R 带电荷量为 Q 的均匀带电球面电场的电势分布.

[解] 应用高斯定理容易求出其场强分布：

$$E_{内}=0 \qquad (r<R)$$

$$E_{外}=\frac{1}{4\pi\varepsilon_0}\cdot\frac{q}{r^2} \qquad (r>R)$$

选无限远处电势为零，对于球内距球心为 $r(r<R)$ 的任一点 P，其电势为

$$U_P=\int_P^{\infty}\boldsymbol{E}\cdot\mathrm{d}\boldsymbol{l}=\int_r^R E_{内}\mathrm{d}r+\int_R^{\infty}E_{外}\mathrm{d}r=0+\int_R^{\infty}\frac{q}{4\pi\varepsilon_0 r^2}\mathrm{d}r=\frac{q}{4\pi\varepsilon_0 R} \qquad (r<R)$$

结果表明，均匀带电球面内各点的电势相等，都等于球面上的电势.

对于球外距离球心为 $r(r\geqslant R)$ 的任一点 P'，其电势为

$$U_{P'}=\int_{P'}^{\infty}\boldsymbol{E}\cdot\mathrm{d}\boldsymbol{l}=\int_r^{\infty}E_{外}\mathrm{d}r=\int_r^{\infty}\frac{q}{4\pi\varepsilon_0 r^2}\mathrm{d}r=\frac{q}{4\pi\varepsilon_0 r} \qquad (r\geqslant R)$$

结果表明，均匀带电球面外任一点的电势与全部电荷集中于球心的点电荷在该点的电势相等.

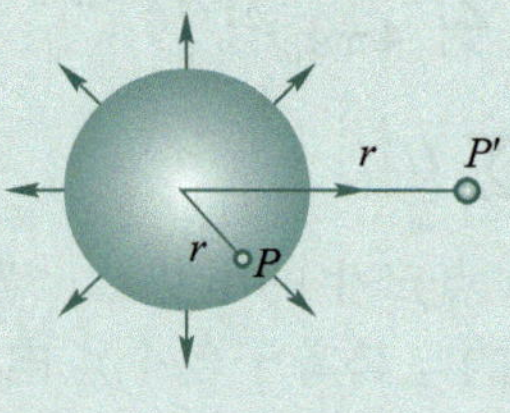

图 5.28 例 5.14 题图

方法二：电势叠加法.

步骤：(1) 把带电体 →分为无限多 $\mathrm{d}q$；

(2) 由 $\mathrm{d}q$ 求 $\mathrm{d}U$(据点电荷电势公式或其他具有代表性的带电体基本模块的电势)；

(3) 由 $\mathrm{d}U$ 求 $U\left(=\int_Q \mathrm{d}U\right)$.

［例 5.15］　求均匀带电圆环(带电荷 Q、半径 R)在其轴线上产生的电势.

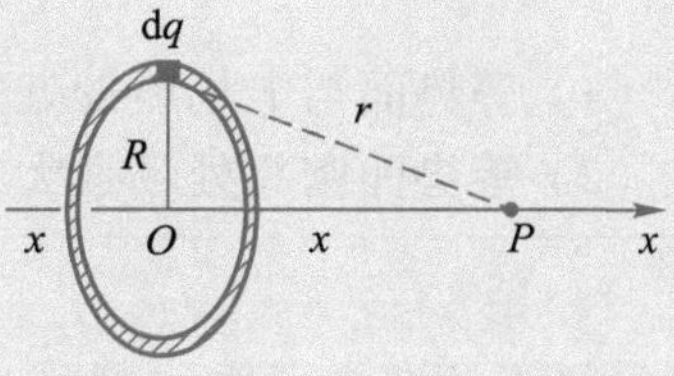

图 5.29　例 5.15 题图

［解］　如图 5.29 所示，在圆环上取一点电荷 $\mathrm{d}q$，以无限远为电势零点，$\mathrm{d}q$ 在 P 点产生的电势为

$$\mathrm{d}U=\frac{\mathrm{d}q}{4\pi\varepsilon_0 r}$$

由电势叠加原理，整个圆环在 P 点的电势为

$$U=\int_Q \mathrm{d}U=\int_Q \frac{\mathrm{d}q}{4\pi\varepsilon_0 r}=\frac{1}{4\pi\varepsilon_0 r}\int_Q \mathrm{d}q=\frac{1}{4\pi\varepsilon_0}\cdot\frac{Q}{(x^2+R^2)^{\frac{1}{2}}}$$

注意：此积分为标量积分(代数和)，是对带电体上的电荷进行积分.

· 由电势叠加可求一些稍复杂的带电体的电势，例如求两同心均匀带电球面的电势分布、均匀带电圆盘轴线上的电势.

3.4　电场强度与电势的微分关系

电场强度和电势是从不同角度描述电场中各点性质的两个物理量，两者之间存在着密切的内在联系.（5.22）式已经给出它们之间的积分形式，这一小节将进一步研究两者关系的微分形式.

1. 等势面

我们曾用电场线形象地描绘电场中场强的分布，同样，引入电势概念以后，可以用等势面形象地描绘电场中电势的分布.

一般来说，静电场中各点的电势是逐点变化的，但电场中常有许多点的电势相等. 这些电势相等的点所组成的曲面称为**等势面**. 不同电荷分布的电场具有不同形状的等势面.

我们从最简单的点电荷的场来研究等势面的性质. 在点电荷 q 产生的电场中，与 q 相距为 r 的各点的电势均为 $U=\frac{q}{4\pi\varepsilon_0 r}$. 由此可见，点电荷电场中的等势面是以点电荷为中心的一系列同心球面，如图 5.30 所示. 由于点电荷的电场线是从正电荷出发，沿径矢方向指向无限远的一系列直线，因此，**电场线与等势面处处正交，电场强度的方向指向电势降低的方向.**

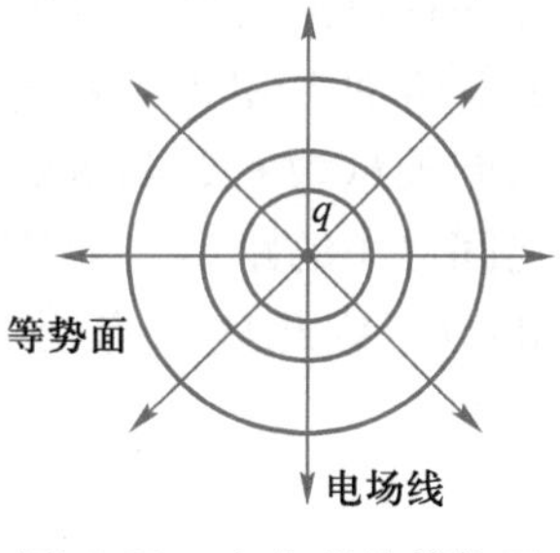

图 5.30　点电荷的等势面

显然，当电荷在等势面上移动时，由于位移处处与所受电场力的方向垂直，所以电场力不做功. 等势面的上述特性，虽然是从点电荷的电场中得到的，但可以证明对任何带电体系的等势面都适用.

为了使等势面能够反映场的强弱，与电场线类似，在画等势面时规定相邻等势面的电势差都相等. 作了这样的规定之后，等势面有如下性质：

(1) 等势面与电场线处处垂直;

(2) 等势面密集处场强大，稀疏处场强小.

> **讨论 13:**
> 为什么等势面与电场线处处垂直?

图 5.31 给出了电偶极子和带电平行板的等势面和电场线. 画等势面是研究电场的一种极为有用的方法. 因为等势面比较容易测绘，有了等势面的分布，再根据电场线与等势面垂直的关系，就可以绘出电场线.

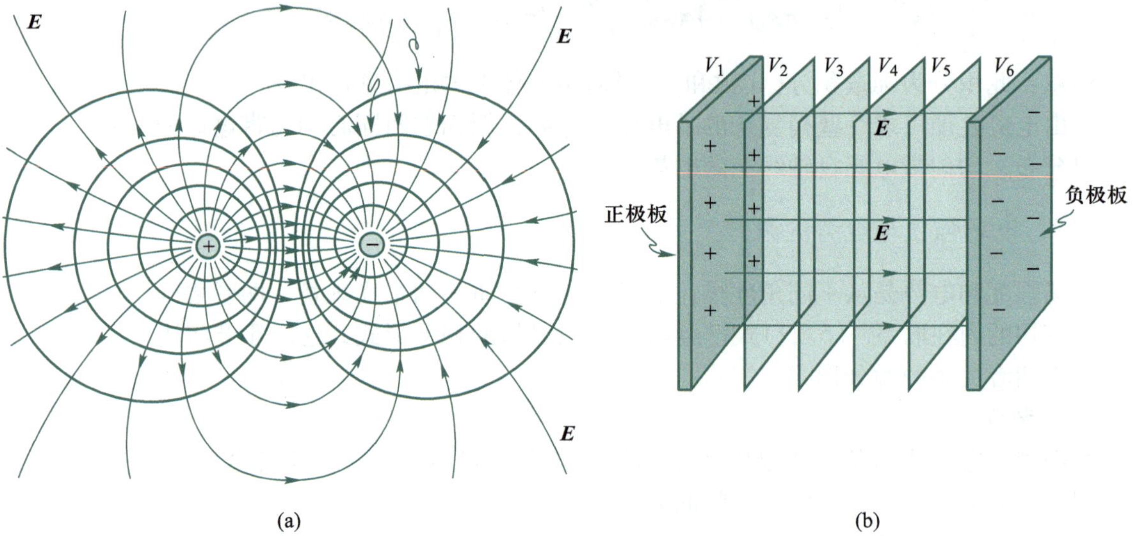

图 5.31 电偶极子和带电平行板的等势面和电场线

2. 电场强度与电势的微分关系 电势梯度

现在讨论场强与电势的微分关系. 如图 5.32 所示，在电场中任取两个相距很近的等势面 1 和 2，电势分别为 U 和 $U+\mathrm{d}U$，并且 $\mathrm{d}U>0$. 在等势面 1 上 a 点的单位法向矢量为 $\boldsymbol{e}_{\mathrm{n}}$，与等势面 2 相交于 b 点. 令 $|ab|=\mathrm{d}n$，显然 $\mathrm{d}n$ 是 a 处两个等势面之间最小的距离，即从等势面 1 上的 a 点到等势面 2 上其他任一点的距离 $\mathrm{d}l$ 都比 $\mathrm{d}n$ 大. 因此从 a 点沿 $\mathrm{d}\boldsymbol{l}$ 方向电势的变化率总要小于沿 $\mathrm{d}\boldsymbol{n}$ 方向电势的变化率，即

$$\frac{\mathrm{d}U}{\mathrm{d}l}<\frac{\mathrm{d}U}{\mathrm{d}n}$$

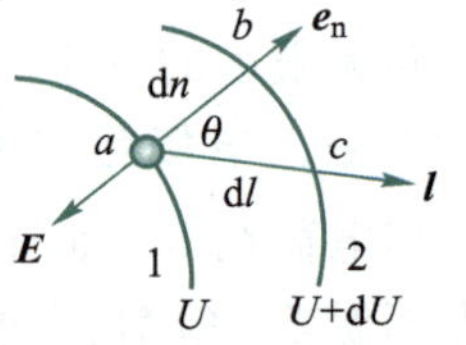

图 5.32 场强与电势的微分关系

设 $\mathrm{d}\boldsymbol{l}$ 与 $\boldsymbol{e}_{\mathrm{n}}$ 之间的夹角为 θ，则 $\mathrm{d}n=\mathrm{d}l\cos\theta$，可得

$$\frac{\mathrm{d}U}{\mathrm{d}l}=\frac{\mathrm{d}U}{\mathrm{d}n}\cos\theta$$

上式是一个矢量投影的关系式. 我们定义这个矢

量：它沿着 $\boldsymbol{e}_n$ 方向，大小等于$\frac{\mathrm{d}U}{\mathrm{d}n}$，称为电势 U 的梯度，用 grad U 表示，即

$$\text{grad}\ U=\frac{\mathrm{d}U}{\mathrm{d}n}\boldsymbol{e}_n$$

电势沿 $\mathrm{d}\boldsymbol{l}$ 方向的变化率$\frac{\mathrm{d}U}{\mathrm{d}l}$就是该矢量在 $\mathrm{d}\boldsymbol{l}$ 方向的投影．这就是说，电场中某点的电势梯度的大小等于该点电势变化率的最大值，其方向总是沿着等势面的方向，并指向电势升高的方向．

另一方面，由于电场线垂直于等势面，并且场强指向电势降低的方向，所以 a 点场强 $\boldsymbol{E}$ 与 $\boldsymbol{e}_n$ 方向相反．若将正电荷 q 从 a 点移到 b 点时，根据保守力做功的特点，电场力做的功应等于这两点静电势能增量的负值．由于保守力做功与路径无关，我们选择沿法线方向的路径 dn．考虑到两个等势面 1 和 2 相距很近，可近似认为 $\mathrm{d}n$ 上场强处处相等．于是有

$$q\boldsymbol{E}\cdot\mathrm{d}\boldsymbol{n}=qE\mathrm{d}n=-q\mathrm{d}U$$

式中 E 是场强 $\boldsymbol{E}$ 在 $\boldsymbol{e}_n$ 方向上的投影，显然 $E<0$．可得

$$E=-\frac{\mathrm{d}U}{\mathrm{d}n}$$

写成矢量式为

$$\boldsymbol{E}=-\frac{\mathrm{d}U}{\mathrm{d}n}\boldsymbol{e}_n=-\text{grad}\ U \tag{5.28}$$

上式即场强与电势的微分关系．结果表明，**电场中各点的电场强度与该点电势梯度等值而反向**．可见，电场中某点的场强取决于电势在该点的空间变化率，而与该点的电势无直接关系．

场强 $\boldsymbol{E}$ 在任意 $\mathrm{d}\boldsymbol{l}$ 方向上的投影为

$$E_l=-\frac{\mathrm{d}U}{\mathrm{d}n}\cos\theta=-\frac{\mathrm{d}U}{\mathrm{d}l} \tag{5.29}$$

由此可得场强在三个坐标轴方向的分量为

$$E_x=-\frac{\partial U}{\partial x},\ E_y=-\frac{\partial U}{\partial y},\ E_z=-\frac{\partial U}{\partial z} \tag{5.30}$$

写成矢量式即

$$\boldsymbol{E}=-\left(\frac{\partial U}{\partial x}\boldsymbol{i}+\frac{\partial U}{\partial y}\boldsymbol{j}+\frac{\partial U}{\partial z}\boldsymbol{k}\right) \tag{5.31}$$

场强与电势的微分关系在解决实际问题中十分有用，在计算场强时，常常先算出电势，再利用场强与电势的微分关系计算场强，这样做的好处是可以避免直接用场强叠加原理计算场强时常遇到的矢量运算的麻烦．

应当指出的是，在具体问题中，需要根据对称性选择适当的坐标系，以上只是直角坐标系的表达式，其他坐标系的表达形式可从相关书籍中查阅．

第四节 工程案例：跨步电压

跨步电压是指在电势分布区域行走两脚之间的电势差. 当电气设备发生碰壳故障、导线断裂落地或线路绝缘击穿而导致单相接地故障时，电流便经接地体或导线落地点呈半球形向大地流散，形成一个散流区，也即电势分布区. 在散流区行走的人，其两脚处于不同的电势，两脚之间的电势差称为跨步电压.

设前脚的电势为 U_1，后脚的电势为 U_2，则跨步电压 $U_{12}=U_1-U_2$. 显然，人体距电流入地点越近，其所承受的跨步电压越高. 人体受到跨步电压作用时，电流将从一只脚经跨步到另一只脚与大地形成回路. 触电伤害的结果与跨步电压和接触电压的大小有着直接关系.

同样地，架空线路的一根带电导线断落在地上时，落地点与带电导线的电势相同，电流会从导线的落地点向大地流散，形成一个电势分布区域，人走近短路地点，也会产生跨步电压. 以 110 kV 的高压线着地为例分析，如图 5.33 所示，若导线的直径约为 1 cm，大地的电导率 σ 为10^{-3} S/m. 则此时通过导线的电流为多大？一般人的跨步约为 0.8 m，若人在离高压线着地点 1 m 到 1.8 m 处跨步，安全吗？安全距离大约是多少？若人单脚起跳呢(脚长约 20 cm)？（电流产生的电场强度为 $E=\dfrac{j}{\sigma}$，其中 j 为电流密度，此处 $j=\dfrac{I}{S}$，即电流 I 与电流分布面积 S 的比值.）

图 5.33 高压线着地

高压线着地良好，由电阻的定义，其径向的接地电阻为

$$R=\int_r^{\infty}\frac{1}{2\pi\sigma\cdot r^2}\mathrm{d}r=\frac{1}{2\pi\sigma r}=\frac{1}{2\times 3.14\times 0.001\times 0.005}\Omega=32\ \mathrm{k\Omega}$$

由欧姆定律，导线中的电流为

$$I=\frac{U}{R}=\frac{110\ \mathrm{kV}}{32\ \mathrm{k\Omega}}\approx 3.4\ \mathrm{A}$$

以落地点为中心在地表层形成半球面状的电流分布，如图 5.34 所示，电流密度为

$$j=\frac{I}{S}=\frac{I}{2\pi r^2}$$

产生的电场强度为

$$E=\frac{j}{\sigma}=\frac{I}{2\pi\sigma\cdot r^2}$$

在地面沿径向方向 a、b 两点间形成的跨步电压为

$$U_{ab}=\int_a^b \boldsymbol{E}\cdot \mathrm{d}\boldsymbol{l}=\int_{r_a}^{r_b}\frac{I}{2\pi\sigma\cdot r^2}\mathrm{d}r=\frac{I}{2\pi\sigma}\left(\frac{1}{r_a}-\frac{1}{r_b}\right)$$

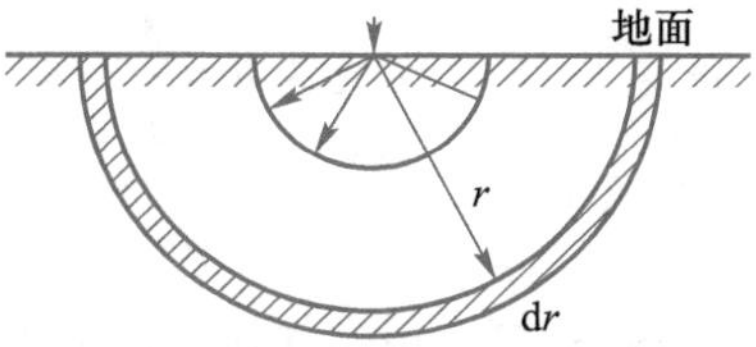

图 5.34　落地点周围的电流分布及电压计算

当人在离高压线着地点 1 m 至 1.8 m 处，此时跨步的间距为 0.8 m，跨步时有 $r_a=1$ m，$r_b=1.8$ m，则其跨步电压大约是

$$U_{ab}=\frac{I}{2\pi\sigma}\left(\frac{1}{r_a}-\frac{1}{r_b}\right)\approx 241\ \mathrm{V}$$

如果改用单脚跳，有 $r_a=1$ m，$r_c=1.2$ m，单脚间的电压可计算为

$$U_{ac}=\frac{I}{2\pi\sigma}\left(\frac{1}{r_a}-\frac{1}{r_c}\right)\approx 90\ \mathrm{V}$$

所以，在离高压线着地点 1 m 处，即使单脚跳也不安全，甚至非常危险！

那么，在实际生活中，遇到高压线着地点，多远的距离才能比较安全地以跨步和单脚跳的办法脱离险境呢？仍以 110 kV 的高压线着地点为例.

由安全电压为 36 V 可知，安全距离 r 应满足下面关系：

$$U=\frac{I}{2\pi\sigma}\left(\frac{1}{r}-\frac{1}{r+0.8\ \mathrm{m}}\right)\approx 36\ \mathrm{V}$$

解得 $r\approx 3.1$ m，即跨步时，离开导线距离为 3.1 m 以外，才是安全的. 单脚跳时，安全距离 r 应满足

$$U=\frac{I}{2\pi\sigma}\left(\frac{1}{r}-\frac{1}{r+0.2\ \mathrm{m}}\right)\approx 36\ \mathrm{V}$$

解得 $r\approx 1.7$ m，即单脚跳时，离开导线距离为 1.7 m 以外，才是安全的.

当电气设备因绝缘损坏而发生接地故障时，如人体的两个部分同时触及漏电设备的外壳和地面，人体两部分分别处于不同的电势，其间的电势差即接触电压. 接触电压的大小随人体站立点的位置而异，人体距离地级越远，受到的接触电压越高.

值得注意的是，雷雨天气，雷云对大地的放电电流很大，高达几十千安甚至几百千安，可产生高达数万伏、数十万伏，甚至数千万伏的冲击电压，它们也会在雷电流入点周围形成电势分布区. 若在此区域行走，两脚之间也会产生跨步电压. 因此，在野外环境中险情更易发生，应切实做好防范和防护.

习题

5.1　什么是电荷的量子化？你能举出其他量子化的物理量吗？

5.2　在电场中某一点的电场强度定义为$\boldsymbol{E}=\dfrac{\boldsymbol{F}}{q_0}$. 若该点没有试验电荷，那么该点的电场强度又如何？为什么？

5.3　在高斯定理$\oint_S \boldsymbol{E}\cdot \mathrm{d}\boldsymbol{S}=\dfrac{\sum q}{\varepsilon_0}$中，$\sum q$是闭合曲面内的电荷代数和，那么闭合曲面上每一点的电场强度$\boldsymbol{E}$是否仅由$\sum q$所确定？

5.4　电荷从电场中的A点移到B点，若使B点的电势比A点的电势低，而B点的电势能又比A点的电势能要大，这可能吗？试说明之.

5.5　在电场中，两点的电势差为零，如在两点间选一路径，在这路径上，电场强度也处处为零吗？试说明.

5.6　在氯化铯晶体中，一价氯离子Cl^-与其最近邻的八个一价铯粒子Cs^+构成如图所示的立方晶体结构.

(1) 求氯离子所受的库仑力；

(2) 假设图中箭头所指处缺少一个铯离子(称为晶格缺陷)，求此时氯离子所受的库仑力.

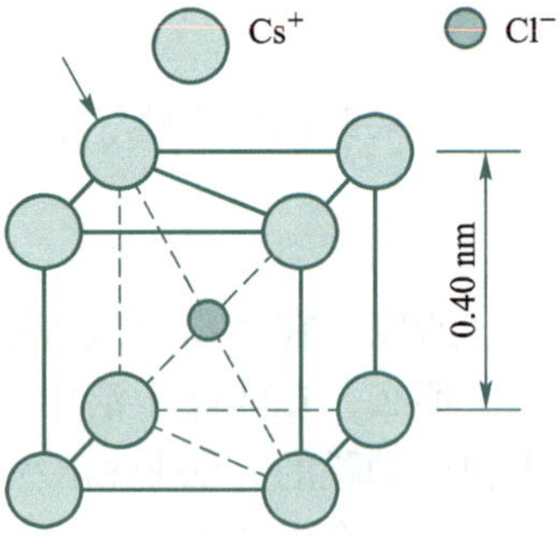

习题 5.6 图

5.7　若电荷Q均匀地分布在长为L的细棒上，求：

(1) 在棒的延长线上，且离棒中心为r处的电场强度；

(2) 在棒的垂直平分线上，且离棒为r处的电场强度；

(3) 若棒为无限长，试将结果与无限长均匀带电直导线的电场强度相比较.

5.8　一半径为R的半球壳均匀地带有电荷，电荷面密度为σ. 求球心处电场强度的大小.

5.9　水分子(H_2O)中氧原子和氢原子的等效电荷中心如图所示. 建设氧原子和氢原子的等效电荷中心间距为r_0，试计算在分子的对称轴上，距分子较远处的电场强度.

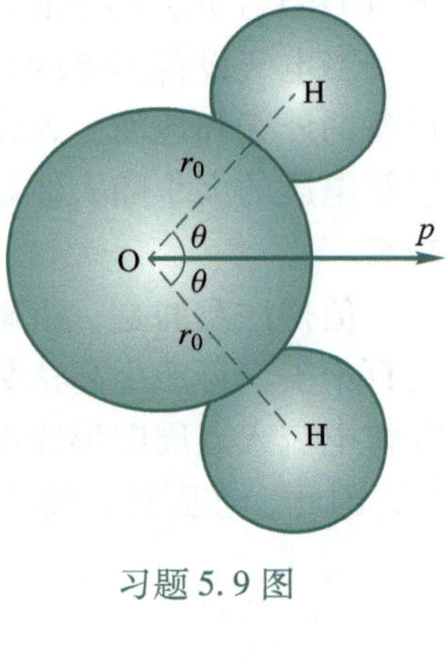

习题 5.9 图

5.10　两根无限长平行直导线相距为r，均匀带有等量异号电荷，电荷线密度为λ.

(1) 求两导线构成的平面上任意一点的电场强度(设该点到其中一导线的垂直距离为x)；

(2) 求一根导线上单位长度导线受到另一根导线

上电荷作用的电场力.

5.11 如图所示为电四极子，电四极子是由两个大小相等、方向相反的电偶极子组成的. 试求在两个电偶极子延长线上距中心为 z 的一点 P 的电场强度(假设 $z \gg d$).

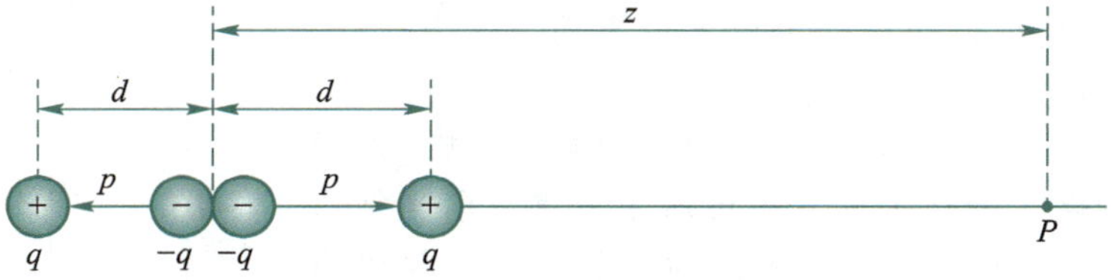

习题 5.11 图

5.12 设匀强电场的电场强度 E 与半径为 R 的半球面的对称轴平行，试计算通过此半球面的电场强度通量.

5.13 如图所示，一无限大均匀带电薄平板的电荷面密度为 σ，在平板中部有一个半径为 r 的小圆孔. 求圆孔中心轴线上与平板相距为 x 的一点 P 的电场强度.

5.14 如图所示，在电荷体密度为 ρ 的均匀带电球体中，存在一个球形空腔. 如将带电体球心 O 指向球形空腔球心 O' 的矢量用 $\boldsymbol{a}$ 表示，试求球形空腔中任一点的电场强度.

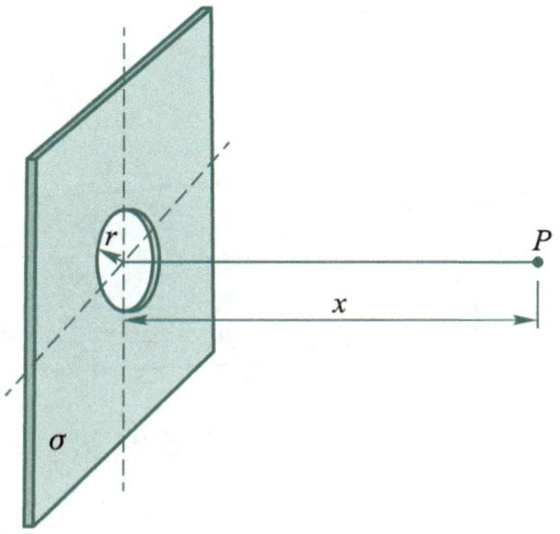

习题 5.13 图

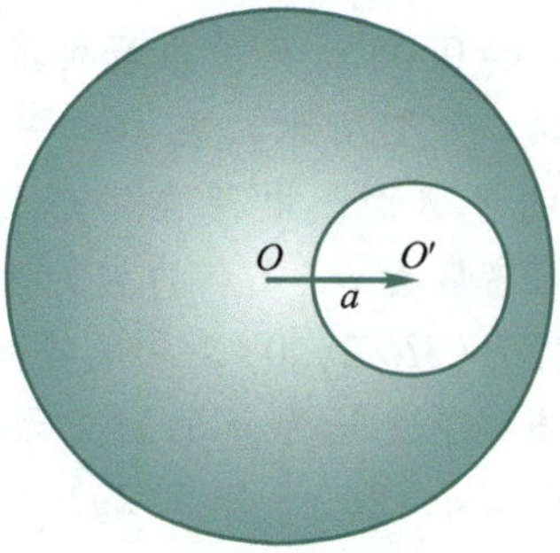

习题 5.14 图

5.15 一个内外半径分别为 R_1 和 R_2 的均匀带电球壳，其电荷为 Q_1，球壳外同心罩一个半径为 R_3 的均匀带电球面，其电荷为 Q_2，求电场分布. 电场强度是否为与球心距离 r 的连续函数？试分析.

5.16 半径为 R 的无限长直圆柱体内均匀分布着电荷，电荷体密度为 ρ，试求离轴线为 r 处的电场强度 E，并作出 E-r 曲线.

5.17 两个带有等量异号电荷的无限长同轴圆柱面，半径分别为 R_1 和 R_2($R_2 > R_1$)，单位长度所带的电荷为 λ. 求离轴线为 r 处的电场强度：(1) $r < R_1$，(2) $R_1 < r < R_2$，(3) $r > R_2$.

5.18 如图所示，三个点电荷 Q_1、Q_2、Q_3 沿一条直线等间距分布，且 $Q_1 =$

$Q_2=Q$. 已知其中 Q_2 电荷所受合力为零，求在固定 Q_1、Q_3 的情况下，将 Q_2 从点 O 移到无限远处外力所做的功.

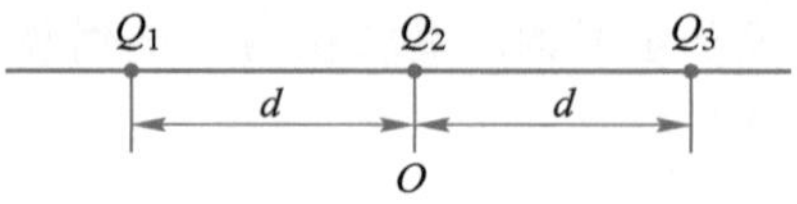

习题 5.18 图

5.19 一个球形雨滴半径为 0.4 mm，带有电荷量 1.6 pC，它表面的电势有多大？两个这样的雨滴相遇后合并为一个较大的雨滴，这个雨滴表面的电势又是多大？

5.20 电荷面密度分别为 $+\sigma$ 和 $-\sigma$ 的两块"无限大"均匀带电的平行平板，如图所示放置，取坐标原点 O 为电势零点，求空间各点的电势分布，并作出电势随位置坐标 x 变化的关系曲线.

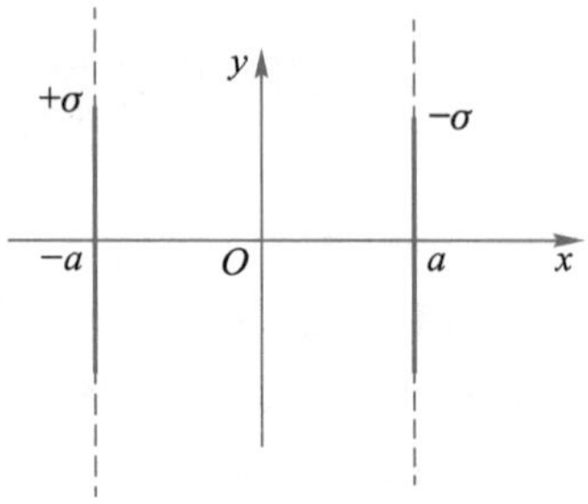

习题 5.20 图

5.21 两个同心球面的半径分别为 R_1 和 R_2，各自带有电荷 Q_1 和 Q_2.

(1) 求各区域电势的分布，并作出分布曲线；

(2) 求两球面上的电势差.

5.22 一半径为 R 的无限长带电细棒，其内部的电荷均匀分布，电荷体密度为 ρ，现取棒表面为零电势，求空间电势分布，并作出电势分布曲线.

5.23 两根等长的同轴圆柱面($R_1=3.00\times10^{-2}$ m，$R_2=0.10$ m)，带有等量异号的电荷，两者的电势差为 450 V. 求：

(1) 圆柱面单位长度所带的电荷；

(2) $r=0.05$ m 处的电场强度.

5.24 如图所示，在 Oxy 平面上倒扣着半径为 R 的半球面，电荷在半球面上均匀分布，其电荷面密度为 σ. A 点的坐标为$(0, R/2)$，B 点的坐标为$(3R/2, 0)$，求电势差 U_{AB}.

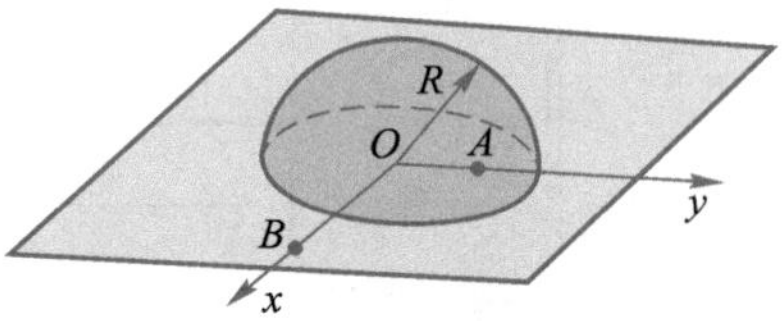

习题 5.24 图

5.25 在边长为 a 的正方形的四角，依次放置点电荷 q，$2q$，$-4q$ 和 $2q$，它的正中放着一个单位正电荷，求这个电荷受力的大小和方向.

5.26 两根无限长的均匀带电直线相互平行，相距为 $2a$，电荷线密度分别为 $+\lambda$ 和 $-\lambda$，求每单位长度的带电直线受的作用力.

5.27 一无限大均匀带电厚壁，壁厚为 D，电荷体密度为 ρ，求其电场分布并作出 $E-d$ 曲线. D 为垂直于壁面的坐标，原点在厚壁的中心.

5.28 两个同心球面，半径分别为 10 cm 和 30 cm，小球均匀带有正电荷 1×10^{-8}C，大球均匀带有正电荷 1.5×10^{-8}C，求离球心分别为(1) 20 cm，(2) 50 cm 的各点的电势.

5.29 一计数管中有一直径为 2.0 cm 的金属长圆筒，在圆筒的轴线处装有一根直径为 1.27×10^{-5} m 的细金属丝. 设金属丝与圆筒的电势差为 1×10^{3} V，求：

(1) 金属丝表面的场强大小；

（2）圆筒内表面的场强大小.

5.30　一无限长均匀带电圆柱，电荷体密度为 ρ，截面半径为 a，

（1）用高斯定理求出柱内外的电场强度分布；

（2）求出柱内外的电势分布，以轴线为势能零点；

（3）作出 $E-r$ 和 $U-r$ 的函数曲线.

5.31　半径为 R 均匀带电圆盘，电荷面密度为 σ，将其中心半径为 $R/2$ 的圆片挖去，试用叠加法求剩余圆环带在其垂直轴线上的电势分布，并求中心的电势和电场强度.

5.32　如图所示，三块互相平行的均匀带电大平面，电荷面密度为 $\sigma_1=1.2\times10^{-4}\ \mathrm{C/m^2}$，$\sigma_2=2.0\times10^{-5}\ \mathrm{C/m^2}$，$\sigma_3=1.1\times10^{-4}\ \mathrm{C/m^2}$. A 点与平面Ⅱ相距为 5.0 cm，B 点与平面Ⅱ相距为 7.0 cm.

（1）计算 A，B 两点间的电势差；

（2）设把电荷量 $q_0=-1.0\times10^{-8}\mathrm{C}$ 的点电荷从 A 点移到 B 点，外力克服电场力做多少功？

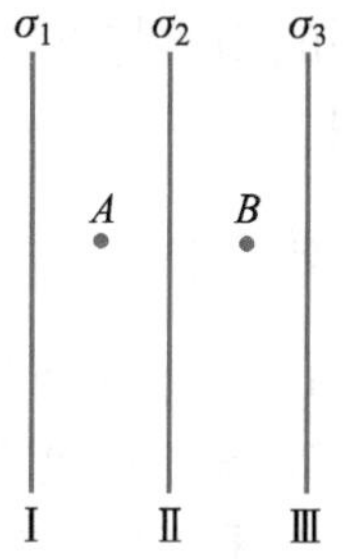

习题 5.32 图

5.33　金原子核可视为均匀带电球体，总电荷量为 $79e$，半径为 $7.5\times10^{-15}\mathrm{m}$. 求金原子核表面的电势，它的中心的电势又是多少？

5.34　（1）按牛顿力学计算，把一个电子加速到光速需要多大的电势差？

（2）按相对论的正确公式，静质量为 m_0 的粒子的动能为

$$E_k=m_0c^2\left[\frac{1}{\sqrt{1-v^2/c^2}}-1\right]$$

试问：电子越过上一问所求的电势差时所能达到的速度是光速的百分之几？

第六章　静电场中的导体和电介质

上一章研究了真空中的静电场，这一章进一步讨论静电场与物质的相互作用. 由于电场只对电荷(产生的电场)有作用，因此电场与物质的相互作用，具体体现在与物质中的电荷(或说它们产生的电场)的相互作用上. 因此，本章从人们能感测到的物质与电场的相互作用表现开始讨论，揭示电场与物质电结构的作用及其应用.

思考题

1. 导体带电和它周围的电场有什么关系?

2. 理想的电介质内部并没有可以自由移动的电荷，处于电场中的电介质为何能影响原电场的分布?

3. 静电场与物质相互作用的基本规律对导体和电介质都适用，那么导体和电介质与静电场相互作用有何不同?

第一节　物质的导电性能及分类

1.1　物质与电场相互作用的宏观表现及分类

物质与电场相互作用的宏观表现，体现在物质对电流的传导能力上，这种能力称为物质的导电性能. 根据物质的导电性能的不同，可将物质分为导体、半导体和绝缘体，绝缘体又称为电介质. 导体(conductor)是指电阻率很小且易于传导电流的物质，如大多数金属、电解质的溶液和电离的气体等. 绝缘体是指在通常情况下不传导电流的物质，如玻璃、橡胶、陶瓷、云母、琥珀等. 半导体(semiconductor)指常温下导电性能介于导体(conductor)与绝缘体(insulator)之间的材料，如硅、锗、砷化钾、硫化银、氮化镓等. 物质导电性能的差异主要由其微观电结构决定.

1.2　研究内容

本章研究两类典型的物质(即导体和电介质)与静电场的相互作用，包括导体和电介质的微观电结构、静电场与微观电结构作用后的电学状态——静电平衡和电介质极化，定义介电常量以定量描述电介质材料受电场极化的难易程度，分析导体静电平衡和电介质极化对电场的影响——静电平衡下的导体电学性质和各向均匀电介质中的静电场，利用高斯定理和环路定理讨论电介质中的电场的性质，引进与电介质无关的辅助物理量——电位移来计算电场强度，利用物质的导电性能构建特定形式的电场——导体和电容器的电容，以及研究并计算电场的能量等.

第二节　静电场中的导体

2.1　静电场与导体相互作用的机理

2.1.1　导体的电结构

导体有固体、液体和气体等不同物质形态，但它们都存在电场作用下能自由移动、能形成电流的带电的微观粒子，又称载流子. 金属中的载流子是自由电子，电解质溶液中的载流子是正、负离子，电离的气体中的载流子是电子和正负离子. 下面以各向同性的金属导体为例讨论其与静电场的相互作用.

2.1.2　静电感应与静电平衡

当不带电或无外电场存在时，导体中的自由电子作无规则的热运动，使其均匀分布在金属中，整个导体金属对外不显电性.

一个带电的物体与不带电的导体相互靠近时，导体中的自由电子与带电体电荷的电场间的相互作用，会使导体内部的电荷重新分布，异种电荷被吸引到带电体附近，而同种电荷被排斥到远离带电体的导体另一端，如图 6.1 所示. 这种在**外电场的作用下导体中电荷在导体中重新分布的现象**，称为**静电感应**.

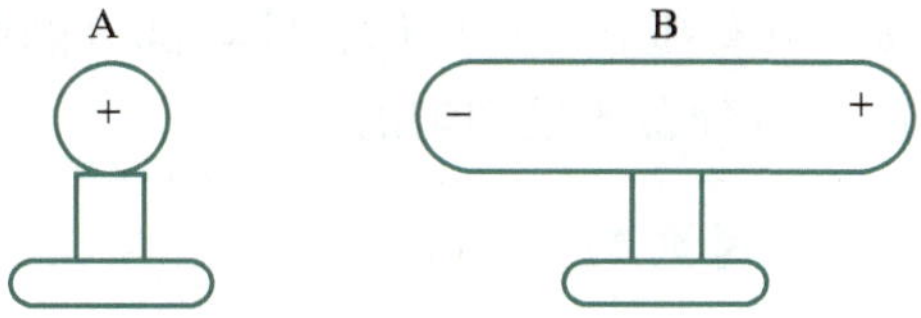

图 6.1　静电感应

> **讨论 1：**
> 导体处于静电平衡状态时，导体内部和导体表面附近的电场强度和电势分别具有什么特征？该特征与导体形状有关吗？

因静电感应而出现的电荷叫感应电荷. 一般情况下，导体中的自由电子足够多，感应电荷产生的电场足够抵消导体内部的外电场. 当导体内部的电场强度处处为零、导体上的电势处处相等时，导体达到静电平衡状态. 一般这种相互作用时间极短，人们通常能观察到的是静电平衡状态的导体.

在静电平衡时，整个导体没有电荷作定向运动，这就要求必须满足以下两个条件：

（1）导体内部任何一点的场强都等于零；

（2）导体外无限靠近表面处任何一点的场强都与该处的导体表面垂直.

导体的静电平衡条件，也可用电势来表述，在静电平衡状态时，导体内各点和表面上各点的电势都相等，即整个导体是个等势体，导体表面是等势面.

2.1.3 静电平衡状态下导体上电荷的分布

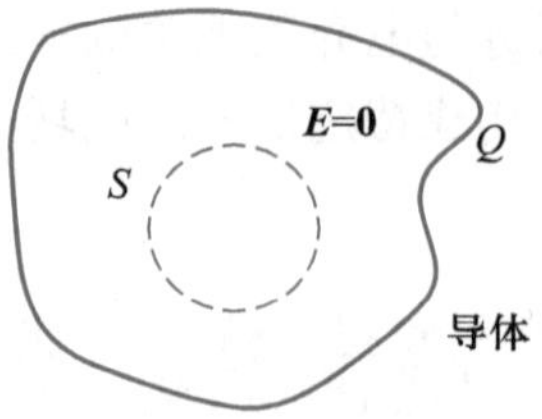

图 6.2 导体内无空腔

导体处于静电平衡状态时，既然没有电荷作定向运动，那么导体上的电荷就有确定的宏观分布. 设想在导体的内部任取一闭合曲面(如图 6.2 所示)，由于导体内部的场强处处为零，通过该闭合曲面的电场强度通量为零，由高斯定理可知，此闭合曲面内的净电荷也必为零. 因为此闭合曲面是任意取的，所以得到如下结论：**在静电平衡时，导体所带电荷只能分布在导体的外表面**. 如果带电导体内部存在空腔，且在空腔内没有净电荷. 应用高斯定理，同样可以证明，静电平衡时，不仅导体内部没有净电荷，空腔的内表面也没有净电荷. 如图 6.3 所示，若空腔内表面分布着等量异号电荷，则与静电平衡时导体应为等势体矛盾，因此空腔内没有静电荷的导体，**电荷只能分布在导体外表面**.

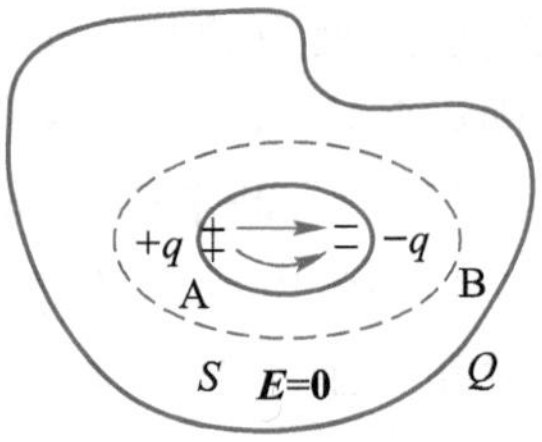

图 6.3 导体内无净电荷

对于形状不规则的带电导体，即使没有外电场影响，在导体外表面上的电荷分布还是不均匀的. 实验指出：如果没有外电场的影响，导体表面上的电荷面密度与曲率半径有关，表面曲率半径越小处，电荷面密度越大. 只有孤立球形导体，因各部分的曲率相同，球面上的电荷分布才是均匀的.

> **讨论 2：**
>
> 无限大均匀带电平面(电荷面密度为 ε_0)附近的场强大小为 $E=\dfrac{\sigma}{2\varepsilon_0}$，处于静电平衡的导体表面附近的场强大小为 $E=\dfrac{\sigma}{\varepsilon_0}$，两者为何相差二分之一？

2.1.4 导体表面的场强与电荷面密度的关系

在静电平衡时，导体表面的场强与该处导体表面垂直. 那么场强的大小与什么有关呢？由电场线的性质，可定性知道导体表面电荷密度大的地方，电场线也越密，也就是场强越强. 可以证明；导体表面的场强大小 E 和该点电荷面密度 σ 成正比，即

$$E=\frac{\sigma}{\varepsilon_0} \tag{6.1}$$

> **讨论 3：**
>
> 高电压输电线和零部件的表面为什么要做得十分光滑？

*** 证明如下：**

图 6.4 表示一个放大的导体表面，设在某一面积元 ΔS 上，导体的电荷面密度为 σ，作一个包围 ΔS 的柱形闭合曲面，使柱的轴线与导体表面正交，而它的上下两个端面紧靠导体表面且与面积元 ΔS 平行. 下端面处于导体内部，场强处

处为零，所以通过它的电场强度通量为零；在侧面上，场强不是为零就是与侧面平行，所以通过侧面的电场强度通量也为零；上端面在导体表面之外，设该处场强为 $\boldsymbol{E}$，通过上端面的电场强度通量为 $E\Delta S$. 这样，通过这柱形闭合曲面的总电场强度通量就等于通过柱体上端面的电场强度通量，而闭合曲面内所包围的电荷量为 $\sigma\Delta S$. 根据高斯定理有

$$\oint \boldsymbol{E} \cdot \mathrm{d}\boldsymbol{S} = E\Delta S = \frac{\sigma\Delta S}{\varepsilon_0}$$

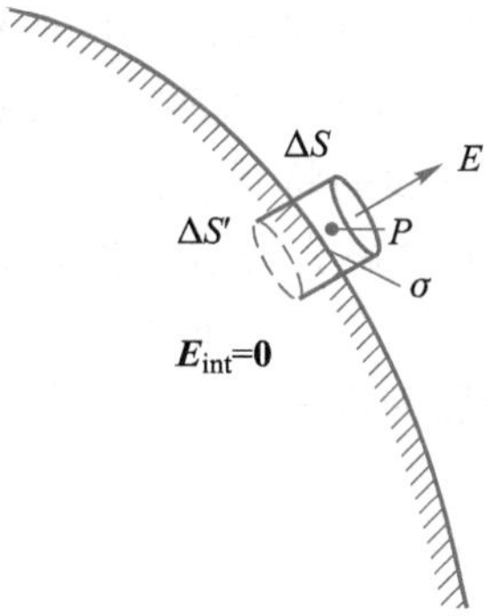

图 6.4 导体表面的电荷与场强的关系

于是在导体外、靠近表面处的场强大小为 $E=\dfrac{\sigma}{\varepsilon_0}$.

> **讨论 4**：
> 静电平衡时导体内部的场强为零这一规律在工程技术上有怎样的应用价值？

这样在导体表面曲率半径越小的地方，电荷面密度越大，在导体外，靠近该处表面的场强也越强，因此在导体的尖端附近的场强特别强. 对于带电较多的导体，在它的尖端附近，场强可以大到使周围的空气发生电离而放电的程度，这就是**尖端放电**现象.

避雷针就是利用尖端放电的原理，避免雷击对建筑物的破坏，避雷针尖的一端伸到建筑物的上空，另一端通过较粗的导线接到埋在地下的金属板. 由于避雷针尖端处的场强特别大，因而容易产生尖端放电，在没有雷击之前，经过避雷针缓慢而持续地放电，及时地中和掉雷雨云中的大量电荷，从而避免了雷击对建筑物的破坏，从这个意义上说，避雷针实际上是一个放电针. 要使避雷针起作用，必须保证避雷针有足够的高度和良好的接地，一个接地通路损坏的避雷针，将更易使建筑物遭受雷击的破坏. 在高压电器设备中，为了防止因尖端放电而引起的危险和电能的消耗，应采用表面光滑的、较粗的导线；高压设备中的电极也要做成光滑的球状曲面.

2.2 静电平衡 静电的应用

2.2.1 静电屏蔽

前面已指出，把导体放到电场中，将产生静电感应现象，在静电平衡时，感应电荷分布在导体的外表面，导体内部的场强处处为零，整个导体是等势体，但电势值与外电场的分布有关. 如果将任意形状的空心导体置于静电场中，如图 6.5(a)所示，达到静电平衡时，由于导体内表面无净电荷，空腔内电场为零，所以电场线将垂直地终止于导体的外表面，而不能穿过导体进入空腔，从而放在导体空腔内的物体，将不受外电场的影响，这种作用称为**静电屏蔽**.

利用静电屏蔽，也可使空心导体内任何带电体的电场不对外界产生影响，参看图 6.5(b)，把带电体放在原来是电中性的金属壳内，由于静电感应，在金属壳的内表面将感应出等量异号电荷，而金属壳的外表面将感应出等量同号电荷. 这时金属壳外表面的电荷的电场就会对外界产生影响. 如果把金属壳接地［图 6.5(c)］，则外表面的感应电荷因接地被中和，相应地，电场随之消失. 这样，金属壳内带电体的电场对壳外不再产生任何影响.

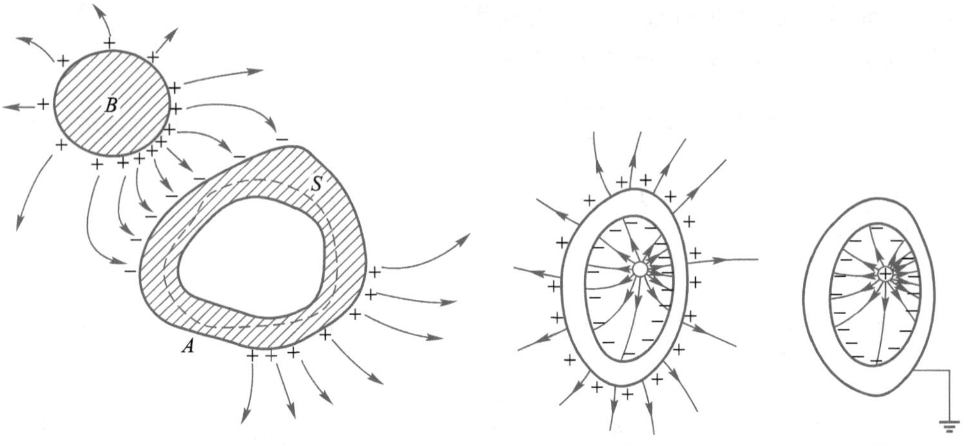

图 6.5　空心导体的静电屏蔽作用

总之，一个接地的空腔导体可以隔离空腔导体内、外静电场的相互影响，这就是静电屏蔽的原理. 在实际应用中，常用编织紧密的金属网来代替金属壳体. 静电屏蔽应用广泛，例如高压电气设备周围的金属栅网、电子仪器上的屏蔽罩等.

［例 6.1］　一半径为 R_1 的导体小球，放在内、外半径分别为 R_2 与 R_3 的导体球壳内. 球壳与小球同心，设小球与球壳分别带有电荷 q 与 Q，试求：

（1）小球的电势 U_1，球壳内、外表面的电势 U_2 与 U_3；

（2）小球与球壳的电势差；

（3）若球壳接地，小球与球壳的电势差.

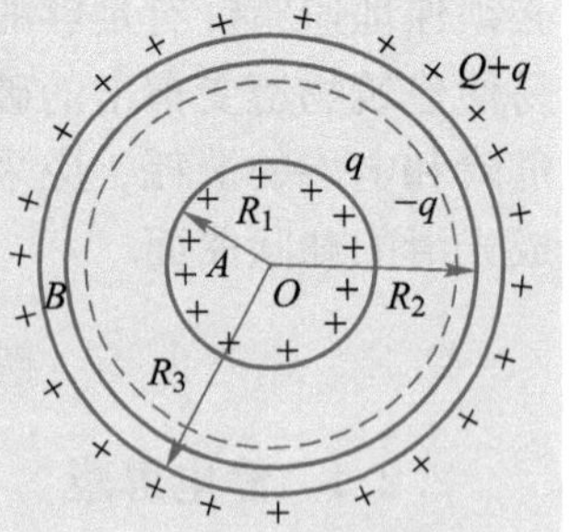

图 6.6　例 6.1 题图

［解］　(1) 根据导体静电感应现象可知，当小球表面有电荷 q 均匀分布时，该电荷 q 将在球壳内表面感应出 $-q$ 的电荷量，在外表面出现 $+q$ 的电荷量；又根据导体电荷分布的性质，球壳所带电荷量只能分布于球壳的外表面，所以球壳内表面均匀分布的电荷量为 $-q$，外表面均匀分布的电荷量为 $q+Q$，如图 6.6 所示.

解法一　由电荷分布求电势

小球电势：

$$U_1=\frac{1}{4\pi\varepsilon_0}\left(\frac{q}{R_1}-\frac{q}{R_2}+\frac{q+Q}{R_3}\right)$$

球壳电势：内表面

$$U_2=\frac{1}{4\pi\varepsilon_0}\left(\frac{q}{R_2}-\frac{q}{R_2}+\frac{q+Q}{R_3}\right)=\frac{1}{4\pi\varepsilon_0}\frac{q+Q}{R_3}$$

外表面

$$U_3=\frac{1}{4\pi\varepsilon_0}\left(\frac{q}{R_3}-\frac{q}{R_3}+\frac{q+Q}{R_3}\right)=\frac{1}{4\pi\varepsilon_0}\frac{q+Q}{R_3}$$

从这个结果可以看出，球壳内外表面电势是相等的.

(2) 两球电势差为

$$U_1-U_2=\frac{1}{4\pi\varepsilon_0}\left(\frac{q}{R_1}-\frac{q}{R_2}\right)$$

(3) 若外球接地，则球壳外表面上的电荷消失，两球的电势分别为

$$U_1=\frac{1}{4\pi\varepsilon_0}\left(\frac{q}{R_1}-\frac{q}{R_2}\right)$$

$$U_2=U_3=0$$

两球电势差

$$U_1-U_2=\frac{1}{4\pi\varepsilon_0}\left(\frac{q}{R_1}-\frac{q}{R_2}\right)$$

由上面的结果可以看出，不论外球壳接地与否，两球体的电势差保持不变.

解法二　由电场的分布求电势，必须先计算出各点的场强，由于所讨论的问题是具有球对称的电场，因此可用高斯定理分别求出各区域的场强大小表示式. 结果如下：

$$E=\begin{cases}E_1=0 & (r<R_1)\\ E_2=\dfrac{1}{4\pi\varepsilon_0}\dfrac{q}{r^2} & (R_1<r<R_2)\\ E_3=0 & (R_2<r<R_3)\\ E_4=\dfrac{Q+q}{4\pi\varepsilon_0 r^2} & (r>R_3)\end{cases}$$

如以无限远处的电势为零，则各区域的电势分别为

$$U_3=\int_{R_3}^{\infty}\boldsymbol{E}\cdot\mathrm{d}\boldsymbol{l}=\int_{R_3}^{\infty}\frac{Q+q}{4\pi\varepsilon_0 r^2}\mathrm{d}r=\frac{Q+q}{4\pi\varepsilon_0 R_3}$$

$$U_2=\int_{R_2}^{\infty}\boldsymbol{E}\cdot\mathrm{d}\boldsymbol{l}=\int_{R_2}^{R_3}\boldsymbol{E}_3\cdot\mathrm{d}\boldsymbol{l}+\int_{R_3}^{\infty}\boldsymbol{E}_4\cdot\mathrm{d}\boldsymbol{l}=\int_{R_3}^{\infty}\frac{Q+q}{4\pi\varepsilon_0 r^2}\mathrm{d}r=\frac{Q+q}{4\pi\varepsilon_0 R_3}$$

$$U_1=\int_{R_1}^{\infty}\boldsymbol{E}\cdot\mathrm{d}\boldsymbol{l}=\int_{R_1}^{R_2}\boldsymbol{E}_2\cdot\mathrm{d}\boldsymbol{l}+\int_{R_2}^{R_3}\boldsymbol{E}_3\cdot\mathrm{d}\boldsymbol{l}+\int_{R_3}^{\infty}\boldsymbol{E}_4\cdot\mathrm{d}\boldsymbol{l}$$

$$=\int_{R_1}^{R_2}\frac{q}{4\pi\varepsilon_0 r^2}\mathrm{d}r+\int_{R_3}^{\infty}\frac{Q+q}{4\pi\varepsilon_0 r^2}\mathrm{d}r=\frac{q}{4\pi\varepsilon_0}\left(\frac{1}{R_1}-\frac{1}{R_2}\right)+\frac{Q+q}{4\pi\varepsilon_0 R_3}$$

若外壳接地，两球的电势差为

$$U_1 - U_2 = \int_{R_1}^{R_2} \boldsymbol{E} \cdot \mathrm{d}\boldsymbol{l}$$

$$= \int_{R_1}^{R_2} \frac{q}{4\pi\varepsilon_0 r^2}\mathrm{d}r = \frac{q}{4\pi\varepsilon_0}\left(\frac{1}{R_1} - \frac{1}{R_2}\right)$$

以上两种解法结果完全一致.

随着科学研究和生产实践的发展，静电技术得到广泛的应用. 下面仅通过高压带电作业和范德格拉夫起电机介绍静电的应用.

2.2.2 高压带电作业

人们利用静电平衡下导体表面等电势和静电屏蔽等规律，在高压输电线路和设备的维护和检修工作中，创造了高压带电自由作业的新技术. 下面从原理上作简要分析，高压输电线上电压是很高的，但它与铁塔之间是绝缘的，当检修人员登上铁塔和高压线接近时，由于人体与铁塔都和地相通，高压线与人体间有很高的电势差，其间存在很强的电场，这电场足以使周围的空气电离而放电，危及人体安全. 为解决这个问题，通常使用高绝缘性能的梯架，作为人从铁塔走向输电线的过道，这样，人在梯架上，就完全与地绝缘，当与高压线接触时，就会和高压线等电势，不会有电流通过人体流向大地. 但是，由于输电线上通有交流电，在电线周围有很强的交变电场，因此，只要人靠近电线，就会在人体中产生较强的感应电流而危及生命. 为解决这个问题，利用静电屏蔽原理，用细铜丝(或导电纤维)和纤维编织在一起制成导电性能良好的工作服，通常叫屏蔽服，它把手套、帽子、衣裤和袜子连成一体，构成导体网壳，工作时穿上这种屏蔽服，就相当于把人体用导体网罩起来，这样，交变电场不会深入人体内，感应电流也只在屏蔽服上流通，避免了感应电流对人体的危害. 即使在手接触电线的瞬间，放电也只是在手套与电线之间产生，这时人体与电线仍有相等的电势，检修人员就可以在不停电的情况下，安全自由地在几十万伏的高压输电线上工作.

2.2.3 范德格拉夫起电机

利用导体的静电特性和尖端放电现象，可使物体连续不断地带有大量电荷，这样的装置称为静电起电机. 范德格拉夫起电机是一种新型静电起电机，大型的范德格拉夫起电机能产生10^7 V 以上的高电压，是研究核反应时用来加速带电粒子的重要设备之一. 范德格拉夫起电机的构造和作用原理可用图 6.7 来说明. 图 6.7 中 A 是空心金属球壳，由绝缘空心柱 B 支

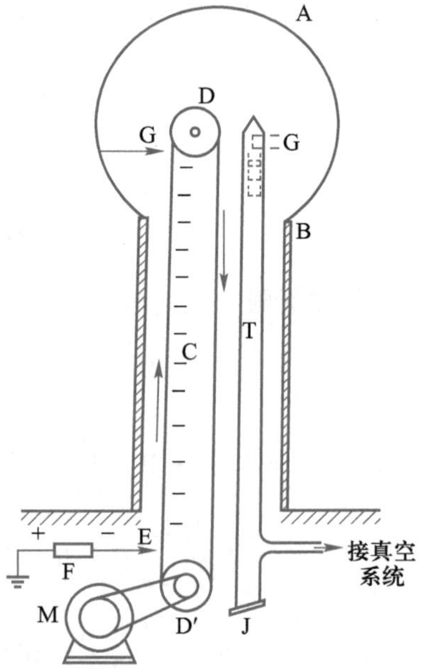

图 6.7 范德格拉夫起电机

撑. D 和 D′表示上、下两个滑轮，滑轮 D′用电动机 M 拖动，通过绝缘传送带 C 带动上面的滑轮. F 是高压直流电源(几万～十万伏)，正极接地，负极接放电针 E，E 由一排尖齿组成，正对着绝缘带 C，由于 E 的尖端放电，使绝缘带上带有负电荷，当负电荷随带向上移到刮电针 G 附近时(G 也由一排尖齿组成)，负电荷通过 G 传送到金属球壳 A 并分布在 A 的外表面. 随着传送带不停地运转，大量负电荷被送到 A 壳的外表面，就可使 A 达到很高的负电势.

金属球壳 A 内可装有抽成真空的加速管，管的上端装入产生电子束的电子枪 K. 由于金属球壳相对于外界具有很高的电势差，因此当电子束进入加速管之后，将在强电场的作用下，自上而下地加速运动，获得很大的动能. 电子束轰击加速管下端不同材料制成的靶 J，可产生不同的射线，如 X 射线、γ 射线等，供不同的应用场景使用.

第三节　电容　电容器

3.1　孤立导体的电容

所谓孤立导体，就是在这导体附近没有其他导体和带电体.

带电荷量为 q 的孤立导体，在静电平衡时是一个等势体，并有确定的电势 U，电荷 q 在导体表面各处的分布将是唯一的. 如果导体所带电荷量从 q 增为 kq，导体表面各处的电荷面密度也分别增为原来的 k 倍，由电势叠加原理，可断定在静电平衡时导体的电势必增至 kU. 由此可见，导体所带电荷量 q 与相应的电势 U 的比值，是一个与导体所带电荷量无关的物理量，我们就用这个比值定义孤立导体的电容，用 C 表示，即

$$C=\frac{q}{U} \tag{6.2}$$

孤立导体的电容是一常量，它与该导体的尺寸和形状有关，而与该导体的材料性质无关. 孤立导体的电容在量值上等于该导体具有单位电势时所带电荷量.

对于孤立球形导体. 它的电容为

$$C=\frac{q}{U}=\frac{q}{\dfrac{q}{4\pi\varepsilon_0 R}}=4\pi\varepsilon_0 R$$

上式表明球形导体的电容与半径 R 成正比.

在国际单位制中，电容的单位为法拉(F)

$$1\ \mathrm{F}=\frac{1\ \mathrm{C}}{1\ \mathrm{V}}$$

在实用中法拉这个单位太大，常用微法(μF)、皮法(pF)等较小的单位.

> **讨论 5：**
> 根据电容的定义，电容这一物理量描述了导体的什么特征？

3.2 电容器及其电容

当导体的周围有其他导体存在时，则这导体的电势 U 不仅与它自己所带的电荷量 q 有关，还与其他导体的形状和位置有关. 这是由于电荷 q 使邻近导体的表面产生感应电荷，它们会影响空间的电势分布和每个导体的电势，在这种情况下，我们不可能再用一个常量 $C=\dfrac{q}{U}$ 来反映 U 和 Q 之间的依赖关系. 要消除其他导体的影响，可采用静电屏蔽原理，设计一种导体组合，电容器就是这样的导体组合. 通常所用的电容器由两块金属板和夹在中间的电介质所构成，电容器带电时，常使两极板带上等量异号电荷. 电容器的电容定义为：电容器一个极板所带电荷量 q(指绝对值)和两极板的电势差 U_A-U_B 之比，即

$$C=\frac{q}{U_A-U_B} \tag{6.3}$$

上式表明电容器的电容在量值上等于两极板具有单位电势差时极板带的电荷量.

孤立导体实际上仍可认为是电容器，但另一导体在无限远处，且电势为零. 这样(6.3)式就简化为(6.2)式.

3.3 电容器电容的计算

下面根据电容器电容的定义式(6.3)计算常见的电容器的电容，计算时一般分以下几个步骤：

(1) 假设极板带电荷量 q；

(2) 求两极板的电势差 U_A-U_B；

(3) 按 $C=\dfrac{q}{U_A-U_B}$ 算出电容.

[例 6.2] 平行板电容器

平行板电容器由大小相同的两平行板组成，每板面积为 S，两板内表面之间的距离为 d，并设板面的线度远大于两板内表面之间的距离，如图 6.8 所示.

设 A 板带电荷量为 $+q$，B 板带电荷量为 $-q$，每板电荷面密度的绝对值为

$$\sigma=\frac{q}{S}$$

由于板面线度远大于两板之间的距离，所以除边缘部分外，两板间的电场可视为均匀的，场强为

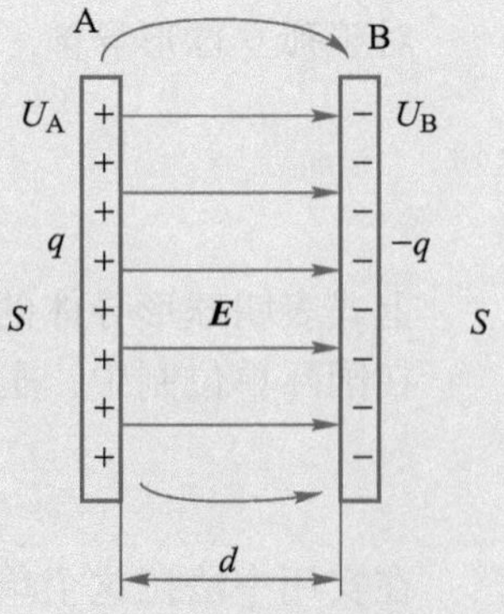

图 6.8 平行板电容器

$$E=\frac{\sigma}{\varepsilon_0}=\frac{q}{\varepsilon_0 S}$$

两板之间的电势差为

$$U_A-U_B=\int_A^B \boldsymbol{E}\cdot d\boldsymbol{l}=E\cdot d=\frac{qd}{\varepsilon_0 S}$$

由电容的定义，得平行板电容器的电容为

$$C=\frac{q}{U_A-U_B}=\frac{\varepsilon_0 S}{d} \tag{6.4}$$

[**例 6.3**]　圆柱形电容器

圆柱形电容器是由两个半径分别为 R_A 和 R_B 的同轴圆柱面组成，圆柱面长度为 l，且 $l \gg R_B$，如图 6.9 所示. 因为 $l \gg R_B$，所以可把两圆柱面间的电场看成无限长圆柱面的电场. 设内、外极板分别带有电荷量 $+q$、$-q$，则单位长度上的电荷量，即电荷线密度为

$$\lambda=\frac{q}{l}$$

应用高斯定理可求两圆柱面间的场强大小为

$$E=\frac{\lambda}{2\pi\varepsilon_0 r}=\frac{q}{2\pi\varepsilon_0 l}\frac{1}{r}$$

场强方向沿圆柱径向方向.

两圆柱面的电势差为：

$$U_A-U_B=\int_A^B \boldsymbol{E}\cdot d\boldsymbol{l}=\int_{R_A}^{R_B}\frac{q}{2\pi\varepsilon_0 l}\frac{dr}{r}=\ln\frac{R_B}{R_A}$$

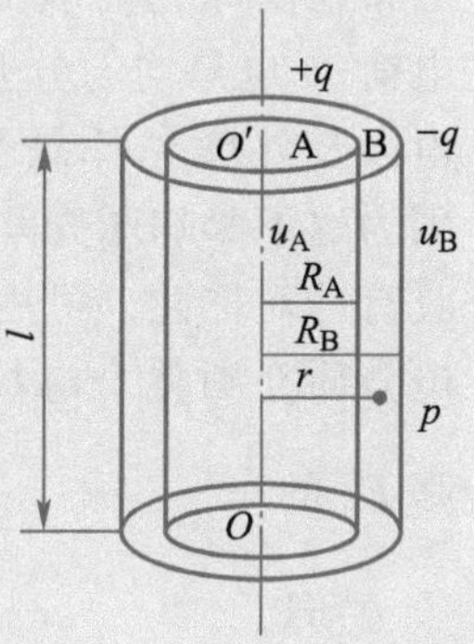

图 6.9　圆柱形电容器

根据电容器定义式，得圆柱形电容器的电容为

$$C=\frac{q}{U_A-U_B}=\frac{2\pi\varepsilon_0 l}{\ln\frac{R_B}{R_A}} \tag{6.5}$$

从上面的讨论再次看出，电容器的电容是一个只与电容器结构形状有关的常量，与电容器是否带电无关.

由(6.5)式可知，只要使两极板之间的距离足够小，并加大两极板的面积，就可获得较大的电容，但是缩小电容器两极板的距离毕竟有一定限度，而加大两极板的面积，又势必增大电容器的体积. 因此，为了制作电容量大、体积小的电容器，通常在两极板间夹一层电介质.

3.4　电介质的介电常量　电介质对电容器电容的影响

实验指出，不论什么形状的电容器，如果两极板间为真空，其电容为 C_0，则两极板间充满某种电介质后的电容 C 就增为 C_0 的 ε_r 倍，即 $C=C_0\varepsilon_r$，式中 ε_r 为

该电介质的相对介电常量．电介质的介电常量是描述电介质材料的介电性质或极化性质的物理参量．定义 $\varepsilon=\varepsilon_0\varepsilon_r$ 为材料的介电常量．于是充满电介质的平行板电容器的电容为

$$C=\frac{\varepsilon_r\varepsilon_0 S}{d}\text{ 或 }C=\frac{\varepsilon S}{d}$$

充满电介质的圆柱形电容器的电容为

$$C=\frac{2\pi\varepsilon_r\varepsilon_0 l}{\ln\dfrac{R_B}{R_A}}=\frac{2\pi\varepsilon l}{\ln\dfrac{R_B}{R_A}}$$

［**例 6.4**］ 球形电容器

球形电容器由两个同心球壳组成，设球壳的半径分别为 R_A 和 R_B，两球壳之间充满介电常量为 ε 的电介质(如图 6.10 所示)．设内球带电荷 $+q$ 均匀地分布在内球壳的表面上，同时外球壳的内表面上的电荷 $-q$ 也是均匀分布的，至于外球壳外表面是否带电以及外球壳外是否有其他带电体是无关紧要的，因为这不影响球壳间的电场分布．两球壳之间的电场具有球对称性，可用高斯定理计算其电场分布．由于电介质充满整个电场时的场强正是真空中同一点场强 E_0 的 $\dfrac{1}{\varepsilon_r}$，

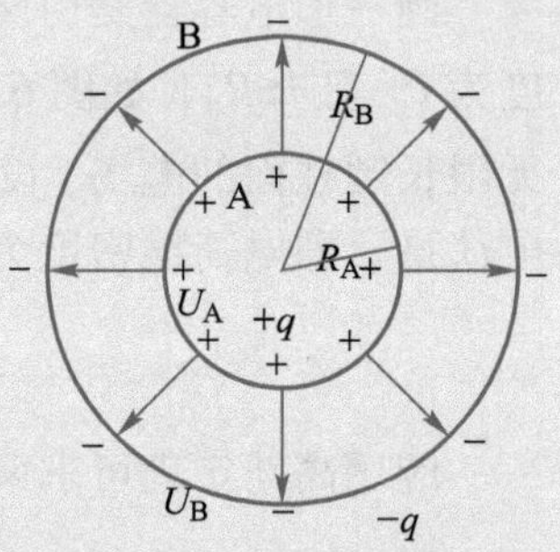

图 6.10 球形电容器

所以

$$E=\frac{q}{4\pi\varepsilon_0\varepsilon_r r^2}=\frac{q}{4\pi\varepsilon r^2}$$

两球壳间的电势差为

$$U_A-U_B=\int_A^B \boldsymbol{E}\cdot d\boldsymbol{l}=\int_{R_A}^{R_B}\frac{q}{4\pi\varepsilon r^2}dr=\frac{q}{4\pi\varepsilon}\left(\frac{1}{R_A}-\frac{1}{R_B}\right)$$

球形电容器的电容为

$$C=\frac{q}{U_A-U_B}=\frac{q}{\dfrac{q}{4\pi\varepsilon}\left(\dfrac{1}{R_A}-\dfrac{1}{R_B}\right)}=\frac{4\pi\varepsilon R_A R_B}{R_B-R_A}\tag{6.6}$$

如果 $R_B\gg R_A$ 这时(6.6)式的分母中可略去 R_A，得

$$C=\frac{4\pi\varepsilon R_A R_B}{R_B}=4\pi\varepsilon R_A$$

即半径为 R_A 的孤立导体球在电介质中的电容．

电容器的种类繁多，外形也各不相同，但它们的基本结构是一致的. 电容器是储存电荷和电能的容器，是电路中广泛应用的基本元件.

3.5　电容器的并联和串联

电容器的性能规格中有两个主要指示，一是它的电容量；二是它的耐压能力. 使用电容器时，两极板所加的电压不能超过所规定的耐压值，否则电容器就有被击穿的危险. 在实际工作中，当遇到单独一个电容器不能满足要求时，可以把几个电容器并联或串联起来使用.

1. 电容器的并联

电容器并联的接法是将每个电容器的一端连接在一起，另一端也连接在一起，如图 6.11 所示，接上电源后，每个电容器两极板的电势差都相等，而每个电容器带的电荷量却不同，它们分别为

$$q_1=C_1U,\ q_2=C_2U,\ \cdots,\ q_n=C_nU$$

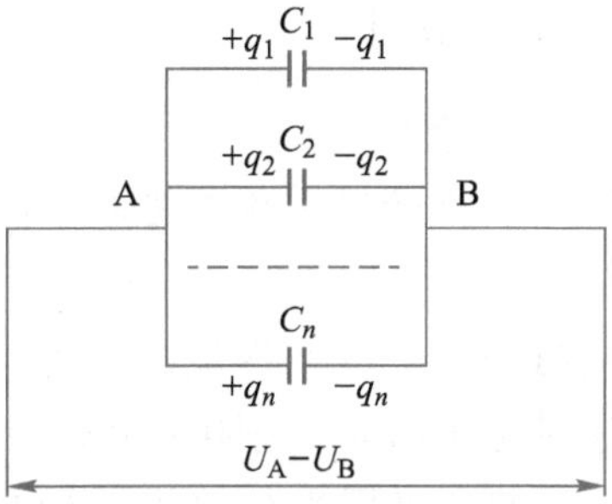

图 6.11　电容器的并联

n 个电容器上的总电荷量为

$$q=q_1+q_2+\cdots+q_n=(C_1+C_2+\cdots+C_n)U$$

若用一个电容器来等效地代替这 n 个电容器，使它的电势差为 U 时，所带电荷量也为 q，那么这个电容器的电容 C 为

$$C=\frac{q}{U}=C_1+C_2+\cdots+C_n \tag{6.7}$$

这说明电容器并联时，总电容等于各电容器电容之和. 并联后总电容增加了.

2. 电容器的串联

n 个电容器的极板首尾相接联成一串如图 6.12 所示. 这种连接叫作串联. 设加在串联电容器组上的电势差为 U，两端的极板分别带有 $+q$ 和 $-q$ 的电荷，由于静电感应，使每个电容器的两极板上均带有等量异号的电荷. 每个电容器的电势差为

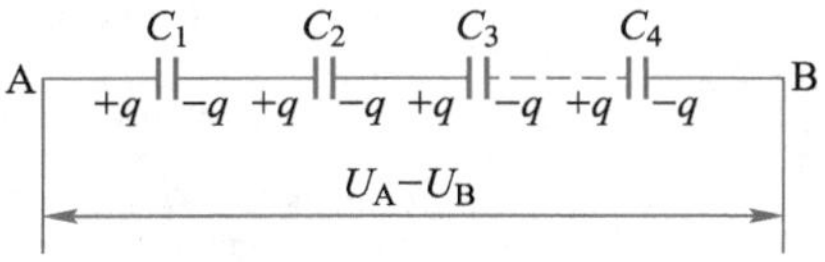

图 6.12　电容器的串联

$$U_1=\frac{q}{C_1},\ U_2=\frac{q}{C_2},\ \cdots,\ U_n=\frac{q}{C_n}$$

整个串联电容器组两端的电势差为

$$U=U_1+U_2+\cdots+U_n=q\left(\frac{1}{C_1}+\frac{1}{C_2}+\cdots+\frac{1}{C_n}\right)$$

如果用一个电容为 C 的电容器来等效地代替串联电容器组，使它两端的电势差为 U 时，它所带的电荷量也为 q，那么，这个电容器的电容 C 为

$$C=\frac{q}{U}=\frac{q}{q\left(\frac{1}{C_1}+\frac{1}{C_2}+\cdots+\frac{1}{C_n}\right)}$$

由此得出

$$\frac{1}{C}=\left(\frac{1}{C_1}+\frac{1}{C_2}+\cdots+\frac{1}{C_n}\right) \tag{6.8}$$

这说明电容器串联时，总电容的倒数等于各电容器电容的倒数之和.

如果 n 个电容器的电容都相等，即 $C_1=C_2=\cdots=C_n$，串联后的总电容为 $C=\frac{C_1}{n}$，总电容变小了，但每个电容器两极板间的电势差为单独时的$\frac{1}{n}$，大大减轻被击穿的危险.

以上是电容器的两种基本连接方法，在实际上，还有混合连接法，即并联和串联一起应用.

> **讨论 6：**
> 什么情况下需要将电容串联使用？什么情况下需要将电容并联使用？

［例 6.5］ 一平行板电容器，极板宽、长分别为 a 和 b，间距为 d，今将厚度 t、宽为 a 的金属板平行电容器极板插入电容器中，如图 6.13 所示，不计边缘效应，求电容与金属板插入深度 x 的关系（板宽方向垂直底面）.

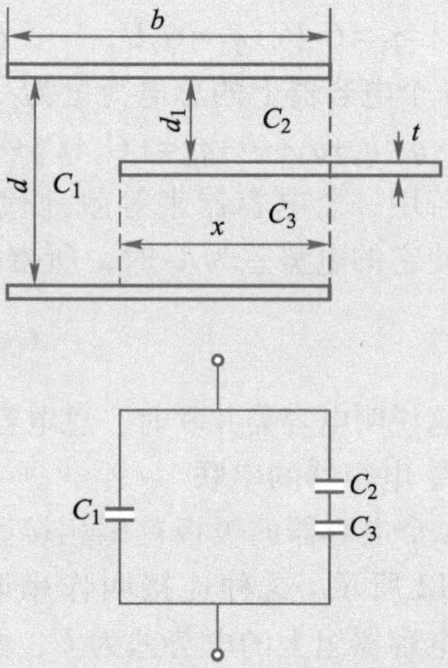

图 6.13 例 6.5 题图

［解］ 由题意知，等效电容如图 6.13 所示，电容为

$$\begin{aligned}
C&=C_1+C'=C_1+\frac{C_2C_3}{C_2+C_3}\\
&=\frac{\varepsilon_0 a(b-x)}{d}+\frac{\dfrac{\varepsilon_0 ax}{d_1}\cdot\dfrac{\varepsilon_0 ax}{d-t-d_1}}{\dfrac{\varepsilon_0 ax}{d_1}+\dfrac{\varepsilon_0 ax}{d-t-d_1}}\\
&=\frac{\varepsilon_0 a(b-x)}{d}+\frac{\varepsilon_0 ax}{(d-t-d_1)+d_1}\\
&=\frac{\varepsilon_0 a(b-x)}{d}+\frac{\varepsilon_0 ax}{d-t}=\frac{\varepsilon_0 a}{d}\left(b+\frac{tx}{d-t}\right)
\end{aligned}$$

说明：C 的大小与金属板插入位置（距极板距离）无关；

注意：（1）掌握串并联公式；

（2）掌握平行板电容器电容公式.

[例 6.6]　半径为 a 的两平行长直导线相距为 $d(d\gg a)$，二者电荷线密度为 $+\lambda$，$-\lambda$，试求：(1) 两导线间电势差；(2) 此导线组单位长度的电容.

[解]　(1) 如图 6.14 所示取坐标，P 点场强大小为

$$E=E_A+E_B=\frac{\lambda}{2\pi\varepsilon_0 x}+\frac{\lambda}{2\pi\varepsilon_0(d-x)}$$

$$U_{AB}=\int_A^B \boldsymbol{E}\cdot\mathrm{d}\boldsymbol{x}=\int_A^B E\mathrm{d}x=\int_a^{d-a}\left[\frac{\lambda}{2\pi\varepsilon_0 x}+\frac{\lambda}{2\pi\varepsilon_0(d-x)}\right]\mathrm{d}x$$

$$=\frac{\lambda}{2\pi\varepsilon_0}[\ln x-\ln(d-x)]\Big|_a^{d-a}=\frac{\lambda}{2\pi\varepsilon_0}\ln\frac{x}{d-x}\Big|_a^{d-a}$$

$$=\frac{\lambda}{2\pi\varepsilon_0}\ln\left(\frac{d-a}{a}\cdot\frac{d-a}{a}\right)=\frac{\lambda}{\pi\varepsilon_0}\ln\frac{d-a}{a}$$

(2)
$$C=\frac{q}{U_A-U_B}=\frac{\lambda\cdot 1}{\frac{\lambda}{\pi\varepsilon_0}\ln\frac{d-a}{a}}=\frac{\pi\varepsilon_0}{\ln\frac{d-a}{a}}$$

注意：(1) $E=\dfrac{\lambda}{2\pi\varepsilon_0 r}$ 公式；

(2) 此题的积分限，即明确导体静电平衡的条件.

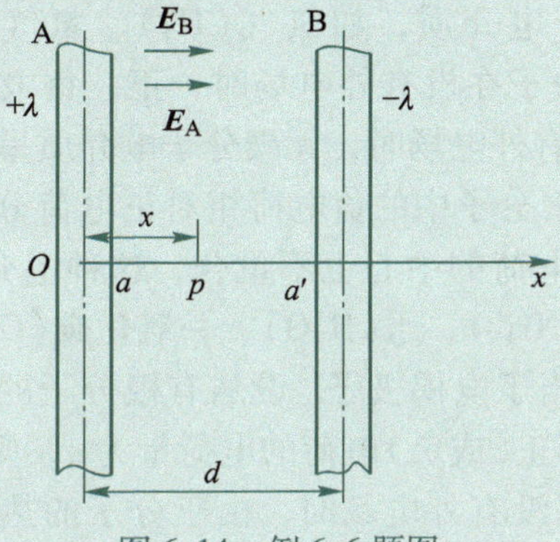

图 6.14　例 6.6 题图

第四节　静电场中的电介质

电介质就是通常所说的绝缘体，实际上并没有完全电绝缘材料. 本节只讨论一种典型的情况，即理想的电介质. 理想的电介质内部没有可以自由移动的电荷，因而完全不能导电. 但是把一块电介质放到静电场中，它也要受电场的影响，即发生电极化现象，处于电极化状态的电介质也会影响原有电场的分布. 本节讨论这种相互影响的规律，所涉及的电介质只限于各向同性的材料.

4.1 静电场与电介质相互作用的机理

4.1.1 电介质的电结构

上节讨论了静电场中导体的一些特性，在静电平衡条件下，导体内部的场强处处为零，这是导体中有大量自由电荷的缘故，但是，电介质中原子核和电子之间的引力相当大，所有电子都受原子核的束缚. 即使在外电场作用下，电子一般也只能在原子内相对原子核作微小位移，而不像导体中的自由电子那样能够脱离原子而作宏观运动，所以电介质中几乎没有自由电荷，它的导电能力很差. 为了突出电场与电介质相互影响的主要方面，在静电问题中常常忽略电介质的微弱导电性而把它看成理想的绝缘体. 由于电介质与导体在微观结构上的差别，在静电平衡条件下，电介质内部仍有电场存在. 这是电介质和导体电性能的主要差别.

从物质的电结构来看，每个分子都由带负电的电子和带正电的原子核组成. 一般地说，正、负电荷在分子中都不是集中于一点的，但在与分子的距离比分子线度大得多的地方，分子中全部负电荷对于这些地方的影响将和一个单独的负电荷等效，这个等效负电荷的位置称为这个分子的负电荷中心；同样，每个分子的正电荷也有一个正电荷中心. 电介质可分成两类，在一类电介质中，外电场不存在时，分子中的负电荷对称地分布在正电荷的周围，正负电荷的中心重合在，这种电介质称为无极分子电介质，如氢气（H_2）、氦气（He）、氮气（N_2）、甲烷（CH_4）等. 这些物质的分子在没有外电场时，正、负电荷中心重合而每个分子的电矩 $\boldsymbol{P}$ 为零，所以在没有外电场时，无极分子电介质呈电中性.

在另一类电介质中，分子中的负电荷相对正电荷分布不对称，所以在外电场不存在时，分子的正负电荷的中心也不重合，这种电介质称为有极分子电介质，如氯化氢（HCl）、氨气（NH_3）、水（H_2O）、一氧化碳（CO）等，这些物质的分子正负电荷中心不重合时相当于电偶极子. 设从有极分子的负电荷中心到正电荷中心的径矢为 $\boldsymbol{l}$，分子中全部正（或负）电荷的电荷量为 q，则每个有极分子可等效为电矩 $\boldsymbol{P}=q\boldsymbol{l}$ 的电偶极子. 在没有外电场时，由于分子的热运动，电介质中各分子的电矩的方向是无序的，虽然每个有极分子的电矩不为零，但是对于电介质的一个宏观体积元来说，它们的矢量和（$\sum\boldsymbol{P}$）为零，即没有外电场时有极分子电介质呈电中性.

4.1.2 电极化微观机理

（1）无极分子的电极化

无极分子在没有受到外电场作用时，它的正负电荷的中心是重合的，因而没有电偶极矩，如图 6.15a 所示，但当外电场存在时，它的正负电荷的中心发生相对位移，形成一个电偶极子，其偶极矩 p 的方向沿外电场$\boldsymbol{E}_0$方向，如图 6.15b 所示. 对电介质整体来说，由于电介质中每一个分子都成为电偶极子，所以，它们在电介质中的排列如图 6.15c 所示. 在电介质内部，相邻电偶极子正负电荷相互靠近，因而对于均匀电介质来说，其内部仍是电中性的，但在与外电场垂直的两个端面上就不同了. 由于电偶极子的负端朝向电介质一面，正端朝向另一面，所以电介质的一面出现负电荷，一面出现正电荷，显然这种正负电荷是不能分离的，称为束缚电荷.

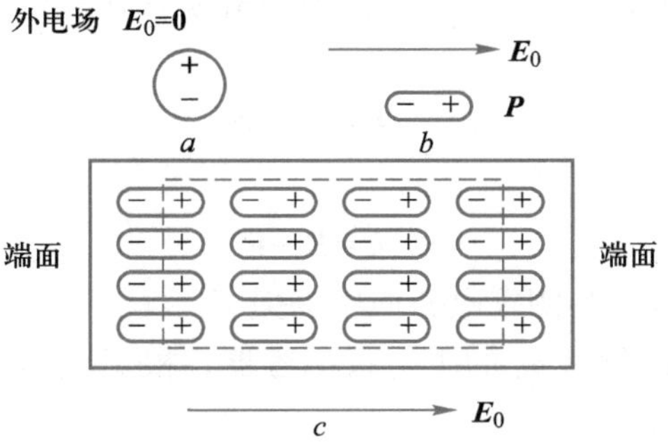

图 6.15　无极分子的极化

> 讨论 7：
> 有极分子和无极分子电极化过程有何不同？

结论：**无极分子的电极化是分子的正负电荷中心在外电场作用下发生相对位移的结果，这种电极化称为位移电极化.**

（2）有极分子的电极化

有极分子本身就相当于一个电偶极子，在没有外电场时，由于分子作不规则热运动，这些分子偶极子的排列是杂乱无章的，如图 6.16(a)所示，所以电介质内部呈电中性. 当有外电场时，每一个分子都受到一个电力矩作用，如图 6.16(b)所示，这个力矩会使分子偶极子转向外电场方向，只是由于分子的热运动，各分子偶极子不能完全转到外电场方向，只是部分地转到外电场方向，即所有分子偶极子不是很整齐地沿着外电场$\boldsymbol{E}_0$方向排列起来. 但随着外电场$\boldsymbol{E}_0$的增强，排列整齐的程度也会增大，如图 6.16(c)所示. 无论排列整齐的程度如何，在垂直外电场的两个端面上都产生了束缚电荷.

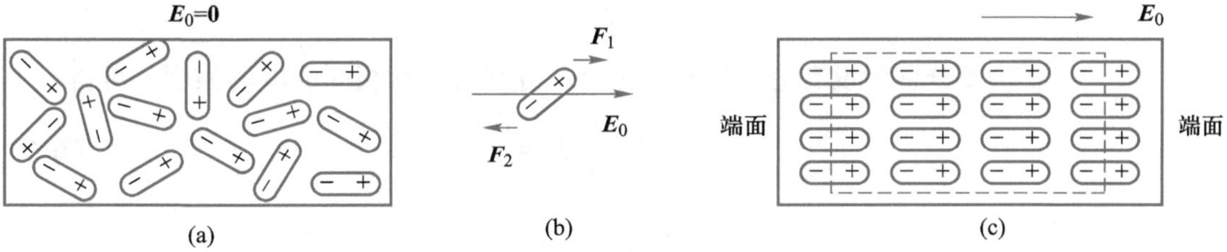

图 6.16　有极分子的极化

结论：**有极分子的电极化是分子偶极子在外电场的作用下发生转向的结果，故这种电极化称为转向电极化.**

在静电场中，两种电介质电极化的微观机理显然不同，但宏观效果是一样的，即都会出现束缚电荷，故在宏观讨论中不必区分它们.

4.2 电介质中的场强

从上节看到，当电介质受外电场$\boldsymbol{E}_0$作用而电极化时，电介质出现极化电荷，极化电荷也要产生电场，所以，电介质中的电场是外电场$\boldsymbol{E}_0$与极化电荷产生电场$\boldsymbol{E}'$的叠加，即

$$\boldsymbol{E}=\boldsymbol{E}_0+\boldsymbol{E}'$$

其大小为

$$E=E_0-E'$$

1. 以平行板电容器为例求电介质中场强 E

图 6.17 为带电荷量为 q_0 的平行板电容器，根据电容器定义，当没有电介质存在时，电容 C_0 大小为

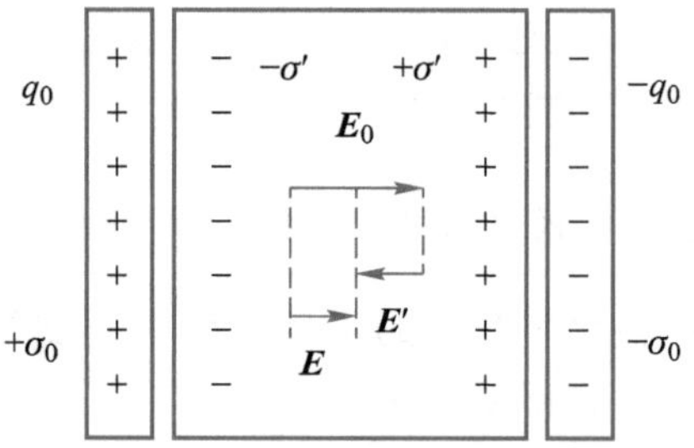

图 6.17　平行板电容器电介质中的电场

$$C_0=\frac{q_0}{U_0}$$

其中 U_0 为两极板间的电压. 当两极板间充满介电常量为 ε（相对介电常量为 ε_r）的电介质时，电容 $\boldsymbol{C}$ 的大小为 $C=\frac{q_0}{U}$，其中 U 为此时两极板间的电压.

$$\frac{C}{C_0}=\frac{\frac{q_0}{U}}{\frac{q_0}{U_0}}=\frac{U_0}{U}=\frac{E_0 d}{Ed}$$

E_0 和 E 分别为没有电介质和有电介质存在时，两板间的电场强度，可得

$$E=\frac{C_0}{C}E_0=\frac{E_0}{\varepsilon_r} \tag{6.9}$$

$$E=\frac{E_0}{\varepsilon_r}=\frac{\sigma_0}{\varepsilon}$$

$$\begin{cases}\text{真空中 } E_0=\dfrac{\sigma_0}{\varepsilon_0}\\[2ex]\text{介质中 } E=\dfrac{\sigma_0}{\varepsilon}\end{cases}$$

$$\varepsilon_0\to\varepsilon=\varepsilon_0\varepsilon_r$$

2. 极化电荷面密度 σ'

当存在电介质时，总的电场强度 $\boldsymbol{E}$ 等于没有电介质存在时的电场强度 $\boldsymbol{E}_0$ 与电介质被极化后极化电荷产生的电场强度 $\boldsymbol{E}'$ 矢量之和，即

$$\boldsymbol{E}=\boldsymbol{E}_0+\boldsymbol{E}'$$

$$E=E_0-E'$$

即

$$\frac{\sigma_0}{\varepsilon}=\frac{\sigma_0}{\varepsilon_0}-\frac{\sigma'}{\varepsilon_0}$$

其中 σ_0 为极板上自由电荷面密度，σ' 为极化电荷的面密度. 从而有

$$\sigma'=\sigma_0-\frac{\varepsilon_0\sigma_0}{\varepsilon}=\sigma_0\left(1-\frac{1}{\varepsilon_r}\right)$$

$$\sigma'=\sigma_0\left(1-\frac{\varepsilon_0}{\varepsilon}\right) \tag{6.10}$$

4.3 有电介质时的高斯定理

根据真空中的高斯定理，通过闭合曲面 S 的电场强度通量为该曲面所包围的电荷量除以 ε_0，即

$$\oint_S \boldsymbol{E}\cdot \mathrm{d}\boldsymbol{S}=\frac{1}{\varepsilon_0}\sum_{S内} q$$

此处，$\sum\limits_{S内} q$ 应理解为闭合曲面内一切正负电荷的代数和，在无电介质存在时，$\dfrac{1}{\varepsilon_0}\sum\limits_{S内} q=\dfrac{1}{\varepsilon_0}\sum\limits_{S内} q_0$

在有电介质存在时，S 内既有自由电荷，又有极化电荷，$\sum\limits_{S内} q$ 应是 S 内一切自由电荷与极化电荷的代数和，即

$$\oint_S \boldsymbol{E}\cdot \mathrm{d}\boldsymbol{S}=\frac{1}{\varepsilon_0}\sum_{S内} q=\frac{1}{\varepsilon_0}\sum_{S内}(q_0+q')$$

q_0、q' 分别表示自由电荷和极化电荷. 实际上，q' 难以测量和计算，故应设法消除. 下面以平行板电容器为例来讨论. 设极板上自由电荷面密度为 $\pm\sigma_0$，电介质在极板分界面上极化电荷面密度为 $\pm\sigma'$，电介质相对介电常量为 ε_r. 取柱形高斯面，底面 S_1、S_2 分别在电介质和极板内，且与板面平行，S_3 为侧面，与板面垂直，如图 6.18 所示. 此时，高斯定理为

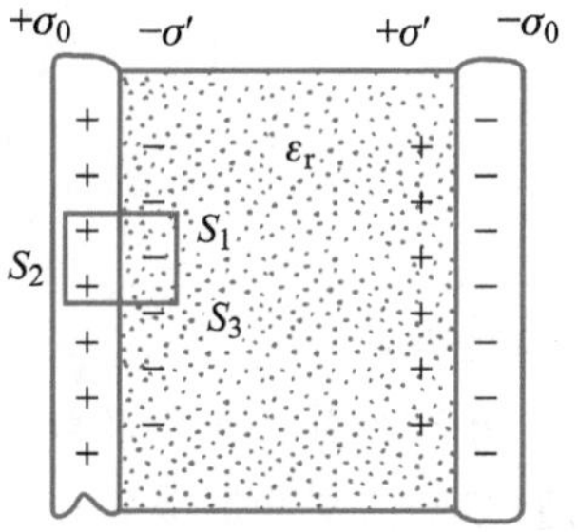

图 6.18 电介质中的高斯定理

$$\oint_S \boldsymbol{E}\cdot \mathrm{d}\boldsymbol{S}=\frac{1}{\varepsilon_0}\sum_{S内}(q_0+q')=\frac{1}{\varepsilon_0}(S_1\sigma_0-S_1\sigma')$$

$$= \frac{1}{\varepsilon_0}\left[S_1\sigma_0 - S_1\sigma_0\left(1-\frac{1}{\varepsilon_r}\right)\right] = \frac{\sigma_0 S_1}{\varepsilon_0\varepsilon_r} = \frac{\sigma_0 S}{\varepsilon} = \frac{1}{\varepsilon}\sum_{S_{内}} q_0$$

$\left[其中\ \sigma' = \sigma_0\left(1-\frac{1}{\varepsilon_r}\right),\ \sum_{S_{内}} q_0 = \sigma_0 S_1\right]$

$$\Rightarrow \oint_S \varepsilon \boldsymbol{E}\cdot \mathrm{d}\boldsymbol{S} = \sum_{S_{内}} q_0$$

由上可知，q'不再出现.

定义：

$$\boldsymbol{D} = \varepsilon \boldsymbol{E} \tag{6.11}$$

$\boldsymbol{D}$称为电位移(注意：此式只适用于各向同性电介质，而对各向同性的均匀电介质，ε 为常量).

高斯定理为

$$\oint_S \boldsymbol{D}\cdot \mathrm{d}\boldsymbol{S} = \sum_{S_{内}} q_0 \tag{6.12}$$

说明：(1) 上式为**电介质中的高斯定理，它是普遍成立的**；

(2) $\boldsymbol{D}$是辅助量，无真正的物理意义. 算出$\boldsymbol{D}$后，可求$\boldsymbol{E}\left(=\frac{\boldsymbol{D}}{\varepsilon}\right)$.

(3) 如图 6.19 所示，如同引进电场线一样，为描述方便，可引进电位移线，并规定电位移线的切线方向即$\boldsymbol{D}$的方向，电位移线的密度(通过与电位移线垂直的单位面积上的电位移线条数)等于该处$\boldsymbol{D}$的大小. 所以，通过任一曲面上电位移线条数为$\int_s \boldsymbol{D}\cdot \mathrm{d}\boldsymbol{S}$，称此为通过 S 的电位移通量；对闭合曲面，此通量为$\oint_s \boldsymbol{D}\cdot \mathrm{d}\boldsymbol{S}$. 可见有电介质存在时，高斯定理陈述为：**电场中通过某一闭合曲面的电位移通量等于该闭合曲面内包围的自由电荷的代数和.**

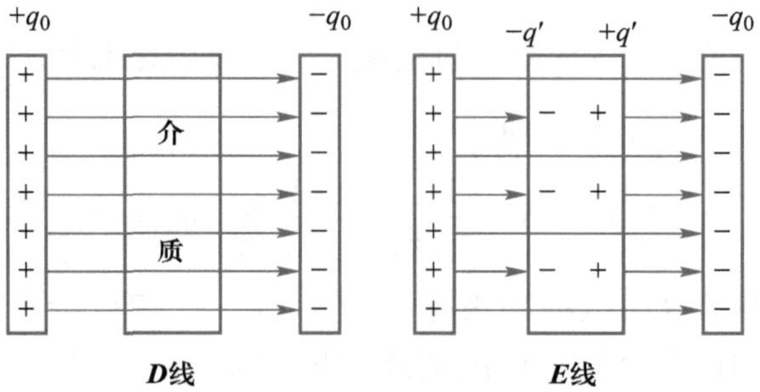

图 6.19 电介质中的**D**线和**E**线

> **讨论 8：**
> 为什么引入电位移$\boldsymbol{D}$？电位移是否有确定的物理意义？电位移与电场强度矢量有何区别和联系？

(4) 电位移线与电场线有着区别：电位移线总是始于正的自由电荷，止于负的自由电荷；而电场线可始于一切正电荷和止于一切负电荷(即包括极化电荷)，如：平行板电容器情况(不计边缘效应).

[例 6.7] 平行板电容器，板间有两种各向同性的均匀电介质作为分界面平行板，其介电常量分别为 ε_1、ε_2，厚度为 d_1、d_2，自由电荷面密度为 $\pm\sigma$，如图 6.20 所示. 求：

(1) $\boldsymbol{D}$、$\boldsymbol{E}$ 分别为多少？

(2) 电容器的电容是多少？

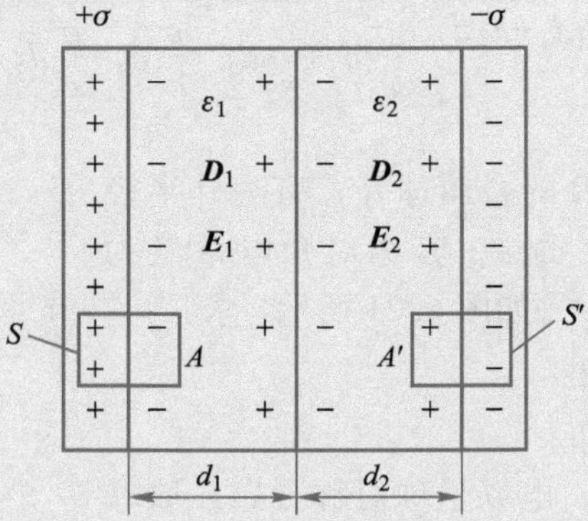

图 6.20　例 6.7 题图

[解] (1) 设两种电介质中电位移分别为 D_1、D_2，在左极板处作高斯面 S，两底面平行于极板，面积均为 A，侧面垂直于极板，由高斯定理 $\oint_S \boldsymbol{D}\cdot \mathrm{d}\boldsymbol{S} = \sum\limits_{S内} q_0$ 有

$$\oint_S \boldsymbol{D}\cdot \mathrm{d}\boldsymbol{S} = \int_{左底面} \boldsymbol{D}\cdot \mathrm{d}\boldsymbol{S} + \int_{右底面} \boldsymbol{D}\cdot \mathrm{d}\boldsymbol{S} + \int_{侧面} \boldsymbol{D}\cdot \mathrm{d}\boldsymbol{S}$$

$$= \int_{右底面} \boldsymbol{D}\cdot \mathrm{d}\boldsymbol{S} = \int_{右底面} D\mathrm{d}S = D_1\int_{右底面} \mathrm{d}S = D_1 A$$

其中，左底面 $\boldsymbol{D}=\boldsymbol{0}$，侧面上 $\boldsymbol{D}\perp \mathrm{d}\boldsymbol{S}$. 又有 $\sum\limits_{S内} q_0 = \sigma A$，从而有 $D_1 A=\sigma A$，即 $D_1=\sigma$，方向垂直板面向右.

同样在右极板处作高斯面 S'，两底面平行于极板，面积均为 A'，侧面与极板垂直，由高斯定理 $\oint_S \boldsymbol{D}\cdot \mathrm{d}\boldsymbol{S} = \sum\limits_{S内} q_0$，有

$$\oint_S \boldsymbol{D}\cdot \mathrm{d}\boldsymbol{S} = \int_{左底面} \boldsymbol{D}\cdot \mathrm{d}\boldsymbol{S} + \int_{右底面} \boldsymbol{D}\cdot \mathrm{d}\boldsymbol{S} + \int_{侧面} \boldsymbol{D}\cdot \mathrm{d}\boldsymbol{S}$$

$$= \int_{左底面} \boldsymbol{D}\cdot \mathrm{d}\boldsymbol{S} = \int_{左底面} D\mathrm{d}S = -\int_{左底面} D\mathrm{d}S = -D_2\int_{左底面} \mathrm{d}\boldsymbol{S} = \sum_{S内} q_0 = \sigma A'$$

从而有 $-D_2A'=-\sigma A'$，即 $D_2=\sigma$，方向向右.

可见，$\boldsymbol{D}_1=\boldsymbol{D}_2$，即两种电介质中 $\boldsymbol{D}$ 相同(法向不变).

因为
$$\boldsymbol{E}=\frac{\boldsymbol{D}}{\varepsilon}$$

所以
$$\begin{cases} E_1=\dfrac{D_1}{\varepsilon_1}=\dfrac{\sigma}{\varepsilon_1} \\ E_2=\dfrac{D_2}{\varepsilon_2}=\dfrac{\sigma}{\varepsilon_2} \end{cases}$$
方向向右.

（2）
$$C=\frac{q}{U}=\frac{q}{E_1d_1+E_2d_2}=\frac{q}{\dfrac{\sigma}{\varepsilon_1}d_1+\dfrac{\sigma}{\varepsilon_2}d_2}=\frac{\sigma S}{\dfrac{\sigma}{\varepsilon_1}d_1+\dfrac{\sigma}{\varepsilon_2}d_2}=\frac{S}{\dfrac{1}{\varepsilon_1}d_1+\dfrac{1}{\varepsilon_2}d_2}$$

[例 6.8] 在半径为 R 的金属球外，有一外半径为 R'的同心均匀电介质层，其相对介电常量为 ε_r，金属球电荷量为 Q，如图 6.21 所示. 求：

（1）场强空间分布；

（2）电势空间分布.

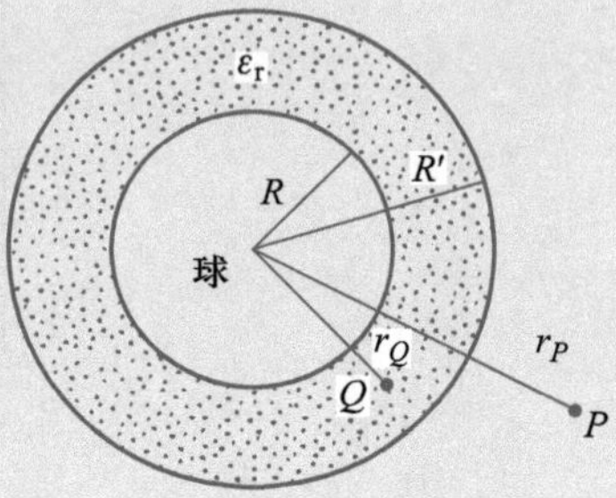

图 6.21 例 6.8 题图

[解] （1）由题意知，电场呈球对称分布，取球形高斯面 S，由 $\oint_S \boldsymbol{D}\cdot\mathrm{d}\boldsymbol{S}=\sum\limits_{S内} q_0$ 有

$$D\cdot 4\pi r^2=\begin{cases} 0 & （球内）\\ Q & （球外）\end{cases}$$

因为
$$E=\frac{D}{\varepsilon}$$

所以
$$E=\begin{cases} 0 & （球内）\\ \dfrac{Q}{4\pi\varepsilon_0\varepsilon_r r^2} & （介质内）\\ \dfrac{Q}{4\pi\varepsilon_0 r^2} & （介质外）\end{cases}$$

$Q>0$：$\boldsymbol{E}$沿半径向外；$Q<0$：$\boldsymbol{E}$沿半径向内.

（2）电介质外任一点 P 的电势为

$$U_p=\int_{r_p}^{\infty}\boldsymbol{E}\cdot\mathrm{d}\boldsymbol{r}=\int_{r_p}^{\infty}E\mathrm{d}r=\int_{r_P}^{\infty}\frac{Q}{4\pi\varepsilon_0 r^2}\mathrm{d}r=\frac{Q}{4\pi\varepsilon_0 r_P}$$

电介质内任一点 Q 的电势

$$U_p=\int_{r_Q}^{\infty}\boldsymbol{E}\cdot\mathrm{d}\boldsymbol{r}=\int_{r_Q}^{R'}\boldsymbol{E}\cdot\mathrm{d}\boldsymbol{r}+\int_{R'}^{\infty}\boldsymbol{E}\cdot\mathrm{d}\boldsymbol{r}=\int_{r_Q}^{R'}E\cdot\mathrm{d}r+\int_{R'}^{\infty}E\cdot\mathrm{d}r$$
$$=\int_{r_Q}^{R'}\frac{Q}{4\pi\varepsilon_0\varepsilon_r r^2}+\int_{R'}^{\infty}\frac{Q}{4\pi\varepsilon_0 r^2}=\frac{Q}{4\pi\varepsilon_0\varepsilon_r}\left(\frac{1}{r_Q}-\frac{1}{R'}\right)+\frac{Q}{4\pi\varepsilon_0 R'}$$
$$=\frac{Q}{4\pi\varepsilon_0}\left[\frac{1}{\varepsilon_r}\left(\frac{1}{r_Q}-\frac{1}{R'}\right)+\frac{1}{R'}\right]$$

球为等势体，电势为

$$U_{球}=\int_R^{\infty}\boldsymbol{E}\cdot \mathrm{d}\boldsymbol{r}=\int_R^{R'}\boldsymbol{E}\cdot \mathrm{d}\boldsymbol{r}+\int_{R'}^{\infty}\boldsymbol{E}\cdot \mathrm{d}\boldsymbol{r}=\int_R^{R'}\frac{Q}{4\pi\varepsilon_0\varepsilon_r r^2}\cdot \mathrm{d}r+\int_{R'}^{\infty}\frac{Q}{4\pi\varepsilon_0 r^2}\cdot \mathrm{d}r$$

$$=\frac{Q}{4\pi\varepsilon_0 r}\left[\frac{1}{\varepsilon_r}\left(\frac{1}{R}-\frac{1}{R'}\right)+\frac{1}{R'}\right]$$

［例 6.9］　有一个带电为 $+q$、半径为 R_1 的导体球，与内外半径分别为 R_3、R_4 带电荷量为 $-q$ 的导体球壳同心，二者之间有两层均匀电介质，内层和外层电介质的介电常量分别为 ε_1、ε_2，且两电介质分界面也是与导体球同心的半径为 R_2 的球面，如图 6.22 所示. 求：

（1）电位移分布；

（2）场强分布；

（3）导体球与导体空间电势差；

（4）导体球壳构成电容器的电容.

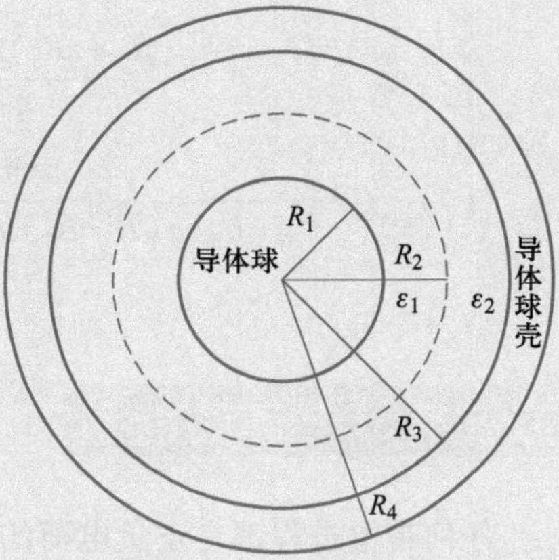

图 6.22　例 6.9 题图

［解］　（1）由题意知，场是球对称的.

$$\oint_S \boldsymbol{D}\cdot \mathrm{d}\boldsymbol{S}=\sum_{S_{内}} q_0$$

选球形高斯面 S，由

$$D\cdot 4\pi r^2=\sum_{S_{内}} q_0$$

有

得

$$D=\begin{cases}0(r<R_1)\\ \dfrac{q}{4\pi r^2}(R_2<r<R_3),\\ 0(r>R_3)\end{cases}$$

$\boldsymbol{D}$沿半径向外.

（2）因为

$$E=\frac{D}{\varepsilon}$$

所以

$$E=\begin{cases}0(r<R_1)\\ \dfrac{q}{4\pi\varepsilon_1 r^2}(R_1<r<R_2)\\ \dfrac{q}{4\pi\varepsilon_2 r^2}(R_2<r<R_3)\\ 0(r>R_3)\end{cases},$$

$\boldsymbol{E}$与$\boldsymbol{D}$同向，即沿半径向外.

(3) $U_{球}-U_{表}=\int_{R_1}^{R_3}\boldsymbol{E}\cdot\mathrm{d}\boldsymbol{r}=\int_{R_1}^{R_2}\boldsymbol{E}\cdot\mathrm{d}\boldsymbol{r}+\int_{R_2}^{R_3}\boldsymbol{E}\cdot\mathrm{d}\boldsymbol{r}=\int_{R_1}^{R_2}\frac{q}{4\pi\varepsilon_1 r^2}\mathrm{d}r$

$$+\int_{R_2}^{R_3}\frac{q}{4\pi\varepsilon_2 r^2}\mathrm{d}r=\frac{q}{4\pi\varepsilon_1}\left[\frac{1}{R_1}-\frac{1}{R_2}\right]+\frac{q}{4\pi\varepsilon_2}\left[\frac{1}{R_2}-\frac{1}{R_3}\right]$$

$$=\frac{q[(R_2-R_1)\varepsilon_2R_3+(R_3-R_2)\varepsilon_1R_1]}{4\pi\varepsilon_1\varepsilon_2R_1R_2R_3}$$

(4) $C=\frac{q}{U_{球}-U_{表}}=\frac{4\pi\varepsilon_1\varepsilon_2R_1R_2R_3}{(R_2-R_1)\varepsilon_2R_3+(R_3-R_2)\varepsilon_1R_1}$

第五节 电场的能量

任何带电过程都是正负电荷的分离过程，在这个过程中，外力必须克服电荷之间相互作用的静电力而做功. 然而外力做功是要消耗能量的，由能量守恒定律可知，所消耗的能量必定转化为其他形式的能量. 在这里，具体说来就是转化为带电体所具有的电势能，这个能量分布在电场的空间内. 下面以电容器充电为例进行讨论.

5.1 电容器的储能

一个电中性的物体，周围没有电场，当把电中性物体的正负电荷分开时，外力做了功，这时该物体周围建立了电场. 所以，通过外力做功可以把其他形式能量转化为电能，储藏在电场中.

现以带电电容器为例进行讨论.

> **讨论 9:**
> 电场中的能量是由电荷还是电场携带?

如图 6.23 所示，设 t 时刻，两极板上电荷分别为 $+q(t)$ 和 $-q(t)$，A、B 间电势差为

$$U_A(t)-U_B(t)=\frac{q(t)}{C}$$

再把电荷量 $\mathrm{d}q$ 从 B 移到 A，外力做的功为

$$\mathrm{d}W=(U_A-U_B)\mathrm{d}q=\frac{q(t)}{C}\mathrm{d}q$$

当 A、B 上电荷量达到 $+Q$ 和 $-Q$ 时，外力做的总功为

$$W=\int\mathrm{d}W=\int_0^Q\frac{q(t)}{C}\mathrm{d}q=\frac{1}{2}\frac{Q^2}{C}=\frac{1}{2}C(U_A-U_B)^2=\frac{1}{2}Q$$

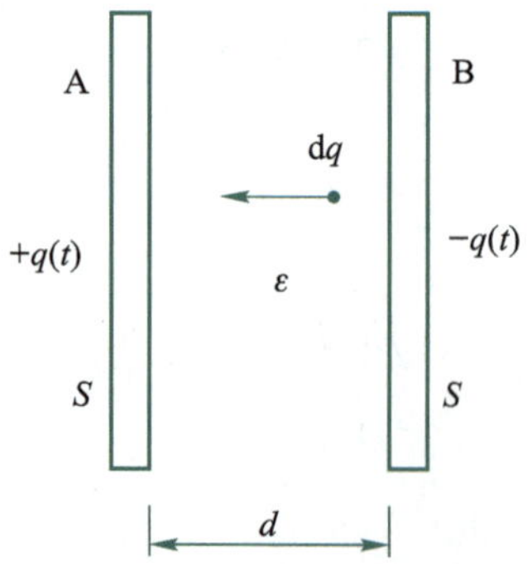

图 6.23 电容器储能的过程

由于外力功全部转化为带电电容器储藏的电能 W_e，故电容器储存的电能为

$$W_e=\frac{1}{2}\frac{Q^2}{C}=\frac{1}{2}C(U_A-U_B)^2=\frac{1}{2}Q(U_A-U_B) \tag{6.13}$$

5.2　电场的能量

因为 $\begin{cases}U_A-U_B=Ed\\C=\dfrac{\varepsilon S}{d}\end{cases}$，所以 $W_e=\frac{1}{2}\frac{\varepsilon S}{d}E^2d^2=\frac{1}{2}\varepsilon E^2Sd=\frac{1}{2}\varepsilon E^2V$（$V=Sd$：电容器体积）

由上可知，平行板电容器能量与 E，V，ε 有关.

对于匀强电场，W_e 应均匀分布，故单位体积内能量，即能量密度为

$$w_e=\frac{1}{2}\varepsilon E^2=\frac{1}{2}DE \tag{6.14}$$

说明：(1)（6.14）式适用于任何电容器和电场；

(2) 对任一带电系统整个电场能量为

$$W_e=\int_V w_e\mathrm{d}V=\int_V\left(\frac{1}{2}DE\right)\mathrm{d}V=\int_V\frac{1}{2}\varepsilon E^2\mathrm{d}V$$

(3) 由（6.13）式知，能量存在是由于电荷的存在，电荷是能量的携带者，但（6.14）式表明，能量存在于电场中，电场是能量的携带者. 在静电场中能量究竟由电荷携带还是由电场携带，这是无法判断的. 因为在静电场中，电场和电荷是不可分割地联系在一起的，有电场必有电荷，有电荷必有电场，而且电场与电荷之间有一一对应的关系，因而无法判断能量是属于电场还是电荷. 但是，在电磁波情形下就不同了，电磁波是变化的电磁场的传播过程，变化的电场可以离开电荷而独立存在，没有电荷也可以有电场，而且场的能量能够以电磁波的形式传播，这一事实说明能量是属于电场的，而不是属于电荷的.

[例 6.10]　无限长圆柱形电容器由半径为 R_1 的导体圆柱和同轴的导体组成.

(1) 求电容器上具有的电场能量；

(2) 证明：$W_e=\frac{1}{2}\frac{Q^2}{C}$，$Q$、$C$ 分别为长度为 l 的导体上的电荷量及长度为 l 的电容器的电容.

[解]　(1) 如图 6.24 所示取坐标，原点在圆柱轴线. 由题可知，其电场呈轴对称分布. 由高斯定理知，电介质内任一点 P 的场强大小为

$$E=\frac{D}{\varepsilon}=\frac{\lambda}{2\pi\varepsilon r}\text{（电介质外 }E=0\text{）}$$

在半径为 r，厚为 $\mathrm{d}r$，高为 l 的薄圆筒内，电场能量为

$$\mathrm{d}W_e=w_e\mathrm{d}V=\frac{1}{2}\varepsilon E^2\cdot 2\pi rR\mathrm{d}r=\frac{1}{2}\varepsilon\frac{\lambda^2}{4\pi^2\varepsilon^2r^2}\cdot 2\pi rR\mathrm{d}r=\frac{\lambda^2 l}{4\pi\varepsilon r}\mathrm{d}r$$

所求能量为

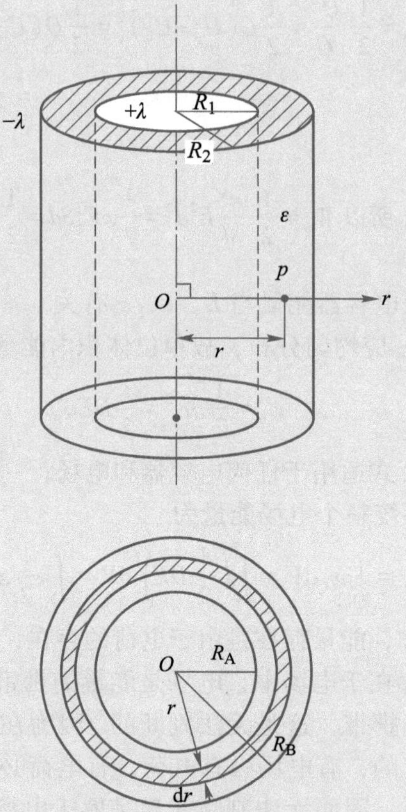

图 6.24 例 6.10 题图

$$W_e=\int w_e\mathrm{d}V=\int_{R_1}^{R_2}\frac{\lambda^2 l}{4\pi\varepsilon r}\mathrm{d}r=\frac{\lambda^2 l}{4\pi\varepsilon}\ln\frac{R_2}{R_1}$$

（2）证明：

$$U_1-U_2=\int_{R_1}^{R_2}\boldsymbol{E}\cdot\mathrm{d}\boldsymbol{r}=\int_{R_1}^{R_2}\frac{\lambda}{2\pi\varepsilon r}\mathrm{d}r=\frac{\lambda}{2\pi\varepsilon}\ln\frac{R_2}{R_1}$$

$$C=\frac{Q}{U_1-U_2}=\frac{\lambda l}{\dfrac{\lambda}{2\pi\varepsilon}\ln\dfrac{R_2}{R_1}}=\frac{2\pi\varepsilon l}{\ln\dfrac{R_2}{R_1}}$$

$$\frac{1}{2}\frac{Q^2}{C}=\frac{1}{2}(\lambda l)^2\cdot\frac{1}{\dfrac{2\pi\varepsilon l}{\ln\dfrac{R_2}{R_1}}}=\frac{\lambda^2 l}{4\pi\varepsilon}\ln\frac{R_2}{R_1}=W_e$$

［例 6.11］ 有一个均匀带电荷为 Q 的球体，半径为 R，试求电场能量.

［解］ 由高斯定理知，场强为

$$E=\begin{cases}\dfrac{Q}{4\pi\varepsilon_0 R^3}r\ (r<R)\\[2ex]\dfrac{Q}{4\pi\varepsilon_0 r^2}\ (r>R)\end{cases}$$

如图 6.25 所示，在半径为 r，厚为 $\mathrm{d}r$ 的球壳内，能量为

$$\begin{aligned}\mathrm{d}W_\mathrm{e}&=w_\mathrm{e}\mathrm{d}V=w_\mathrm{e}4\pi r^2\mathrm{d}r\\&=\frac{1}{2}\varepsilon_0E^2\cdot4\pi r^2\mathrm{d}r=2\pi\varepsilon_0E^2r^2\mathrm{d}r\end{aligned}$$

所求能量为：

$$\begin{aligned}W_\mathrm{e}&=\int_V w_\mathrm{e}\mathrm{d}V=\int_0^R2\pi\varepsilon_0\left[\frac{Q}{4\pi\varepsilon_0R^3}r\right]^2r^2\mathrm{d}r+\int_R^\infty2\pi\varepsilon_0\left[\frac{Q}{4\pi\varepsilon_0r^2}\right]r^2\mathrm{d}r\\&=\frac{Q^2}{8\pi\varepsilon_0R^6}\int_0^Rr^4\mathrm{d}r+\frac{Q^2}{8\pi\varepsilon_0}\int_R^\infty\frac{1}{r^2}\mathrm{d}r=\frac{Q^2}{40\pi\varepsilon_0R^6}R^5+\frac{Q^2}{8\pi\varepsilon_0R}=\frac{1}{4\pi\varepsilon_0}\left(\frac{3Q^2}{5R}\right)\end{aligned}$$

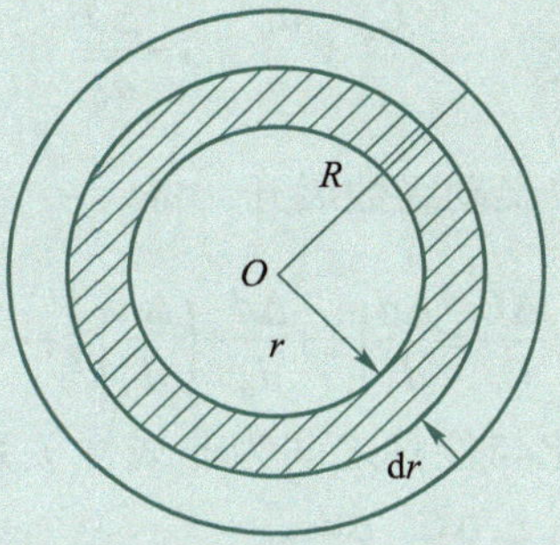

图 6.25　例 6.11 题图

第六节　工程案例：电容传感器

电容传感器是一种将被测物理量(如位移、压力、厚度等)的微小变化转换成电容变化的一种装置. 它结构简单，价格便宜，灵敏度高，零磁滞，动态响应特性好，可实现非接触测量，对高温、辐射、强振等恶劣条件的适应性强. 缺点是输出有非线性，寄生电容和分布电容对灵敏度和测量精度的影响较大，连接电路比较复杂等.

电容传感器可以用各种类型的电容器作为传感元件，为方便起见，以下仅以平板电容器为例说明其物理原理。假设忽略边缘效应，平板电容器电容为

$$C=\frac{\varepsilon S}{d}=\frac{\varepsilon_\mathrm{r}\varepsilon_0S}{d}$$

其中 S 为极板相对覆盖面积，d 为极板间距，ε_r 为电介质的相对介电常量，ε_0 为真空介电常量，$\varepsilon=\varepsilon_r\varepsilon_0$ 为电介质的介电常量. S、d 或 ε_r 发生变化时，就改变了电容. S 或 d 的变化可以反映位移的变化，也可以间接反映力和加速度等的变化，ε_r 的变化则可反映液面高度或材料厚度等的变化.

根据上述原理，电容传感器可分为极距变化型、面积变化型和电介质变化型三种.

1. 极距变化型电容传感器

这种传感器常用于测量微小的线位移，且多是非接触式测量.

(1) 空气电介质的变极距电容传感器

以平行板电容器为例，上极板固定不动，下极板为动极板，设初始时两极板距离为 d_0. 当距离减少 Δd 时，则电容器电容改变量 ΔC 满足 $C_0+\Delta C=\dfrac{\varepsilon_0 S}{d_0-\Delta d}=\dfrac{C_0}{1-\dfrac{\Delta d}{d_0}}$，电容的相对变化为

$$\frac{\Delta C}{C_0}=\frac{\Delta d}{d_0}\cdot\frac{1}{1-\dfrac{\Delta d}{d_0}}$$

当 $\dfrac{\Delta d}{d_0}\ll 1$ 时，将上式按泰勒级数展开，得

$$\frac{\Delta C}{C_0}=\frac{\Delta d}{d_0}\left[1+\frac{\Delta d}{d_0}+\left(\frac{\Delta d}{d_0}\right)^2+\cdots\right]$$

可见，电容的相对变化与位移之间为非线性关系. 在误差允许的范围内，略去高次项可得近似的线性关系 $\dfrac{\Delta C}{C_0}=\dfrac{\Delta d}{d_0}$.

这种传感器可用来检测压力，还可用来检测材料或零件承受冲击力时的状态.

(2) 有电介质层的变极距电容传感器

这种传感器可用来测量厚度和厚度变化，其原理图 6.26 所示. 若电容器的两极板间充以两层不同的电介质，设其中一层是空气 ($\varepsilon_1=\varepsilon_0$)，另一层是电容率为 ε_2 的待测厚度固体电介质层 ($\varepsilon_2=\varepsilon_0\varepsilon_{r2}$). 这时电容器的电容为

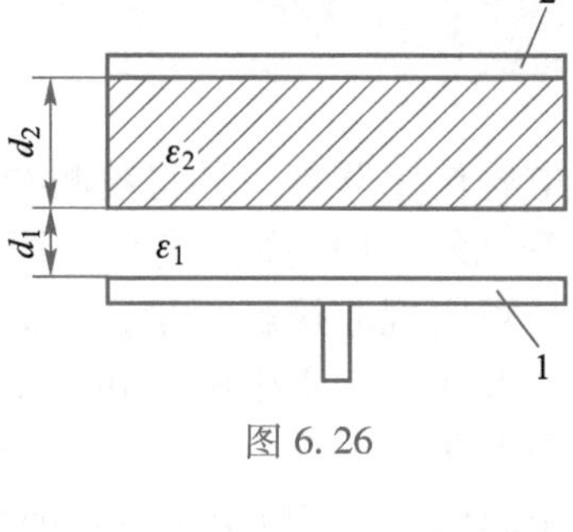

图 6.26

$$C_0=\frac{\varepsilon_0 S}{d_1+\dfrac{d_2}{\varepsilon_{r2}}}$$

由此可得，待测电介质层的厚度为

$$d_2=\frac{\varepsilon_0\varepsilon_{r2}S}{C_0}-\varepsilon_{r2}d_1$$

若待测物厚度变化量为 Δd，可测出电容的变化量 ΔC，于是得

$$\Delta d=\frac{d_2+\varepsilon_{r2}d_1}{\varepsilon_{r2}-1}-\frac{\varepsilon_0\varepsilon_{r2}S}{(\varepsilon_{r2}-1)(\Delta C+C_0)}$$

2. 面积变化型电容传感器

这种传感器常用于测量角位移或较大的线位移. 以平行板电容器为例的变面积型电容传感器如图 6. 27 所示，当上极板移动时，两极板间的相对面积发生变化，从而引起电容的变化. 这种传感器可用于位移测量. 根据应用要求，有平行板型极板、圆筒型极板和锯齿型极板等，这类传感器具有较好的线性特性.

如果将图 6. 27 中的动极板的线位移改为角位移，如图 6. 28 所示，当电容器的动板有一转角 θ 时，动板和定板之间相互覆盖的面积就发生变化，造成电容器的电容也随之改变. 当 $\theta=0$ 时，$C_0=\dfrac{\varepsilon_0 S}{d}$；当 $\theta\neq0$ 时，$C=\dfrac{\varepsilon S(1-\theta/\pi)}{d}=C_0(1-\theta/\pi)$，可见电容的变化与旋转角 θ 呈线性关系.

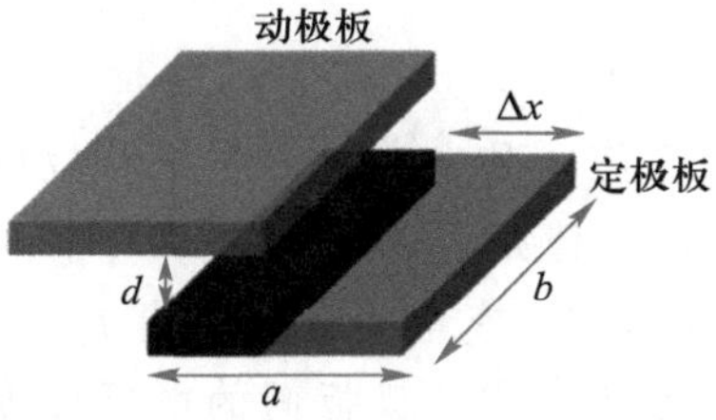

图 6. 27　面积变化型电容传感器

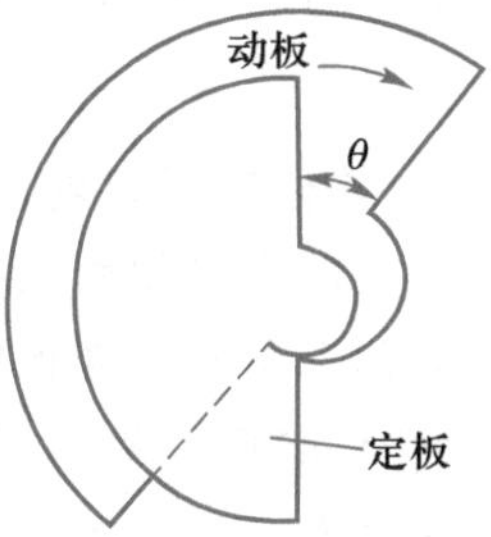

图 6. 28　电容器动板角位移示意图

3. 变电介质型电容传感器

这种电容器的结构如图 6. 26 所示. 若固体电介质的电容率增加 $\Delta\varepsilon_r$(如固体电介质为纺织品，当纺织品的湿度改变时会引起电容率改变)，则其电容增加 ΔC，于是有

$$C_0+\Delta C=\frac{\varepsilon_0 S}{d_1+\dfrac{d_2}{\varepsilon_{r2}+\Delta\varepsilon_{r2}}}$$

通过测量 ΔC 间接测量处 $\Delta\varepsilon_{r2}$. 用此方法可测量电介质的电容率. 若待测电介质为纺织品，用此法还可间接测量纺织品的含水量及厚度等.

在实际应用电容传感器时，为了进一步提高传感器的灵敏度或减少非线性，大都采用差动式的结构，此处不再赘述. 由于电容传感器的极板间距一般很小，为避免板间电介质被击穿，常在两极间加入云母片. 使用电容传感器时还要注意，其一般电容值较小，约为 pF 量级，为减小连线的分布电容，常选用高频电缆作各种连线.

参考文献

习题

6.1 将一电中性的导体放在静电场中，在导体上感应出来的正负电荷量是否一定相等？这时导体是否是等势体？如果在电场中把导体分开为两部分，则一部分导体上带正电，另一部分导体上带负电，这时两部分导体的电势是否相等？

6.2 如何能使导体(1) 净电荷为零而电势不为零？(2) 有过剩的正或负电荷，而其电势为零？(3) 有过剩的负电荷而其电势为正？(4) 有过剩的正电荷而其电势为负？

6.3 各种形状的带电导体中，是否只有球形导体其内部场强才为零？为什么？

6.4 使一孤立导体球带正电荷，这孤立导体球的质量是增加、减少还是不变？

6.5 无限大均匀带电平面(电荷面密度为 σ)两侧场强为 $E=\dfrac{\sigma}{2\varepsilon_0}$，而在静电平衡状态下，导体表面(该处表面电荷面密度为 σ)附近场强 $E=\dfrac{\sigma}{\varepsilon_0}$，为什么前者比后者小一半？

6.6 (1) 一导体球不带电，其电容是否为零？

(2) 当平行板电容器的两极板上分别带上等值同号电荷时，与平行板电容器的两极板上分别带上同号不等值的电荷时，其电容值是否不同？

6.7 有一平行板电容器，保持板上电荷量不变(充电后断开电源)，现在使两极板间的距离增大，那么两极板间的电势差有何变化？极板间的电场强度有何变化？电容是增大还是减小？

6.8 平行板电容器如果保持电压不变(接上电源)，增大极板间距离，则极板上的电荷、极板间的电场强度、平板电容器的电容有何变化？

6.9 如果考虑平行板电容器的边缘场，那么其电容比不考虑边缘场时的电容大还是小？

6.10 一对相同的电容器，分别串联、并联后连接到相同的电源上后，问哪一种情况用手去触及极板较为危险？说明其原因.

6.11 带电荷量 q、半径为 R_1 的导体球 A 外有一内、外半径各为 R_2 和 R_3 的同心导体球壳 B.

(1) 求外球壳电荷分布及电势；

(2) 将外球壳接地后重新绝缘，再求外球壳的电荷分布及电势；

(3) 然后将内球接地，内、外球上电荷以及外球电势将如何变化？

6.12 半径分别为 R_1、R_2 的两个金属导体球 A、B，相距很远.

(1) 求每个导体球的电容；

(2) 若用细导线将两球连接后，利用电容的定义求此系统的电容；

(3) 若系统带电，静电平衡后，求两球表面附近的电场强度之比.

6.13　范德格拉夫静电加速器是利用绝缘传送带向一个金属球壳输送电荷而使球的电势升高的. 如果这金属球壳电势要求保持 9.15 MV:

(1) 球周围气体的击穿强度为 100 MV/m, 这对球壳的半径有何限制?

(2) 由于气体泄露电荷, 要维持此电势不变, 需要传送带以 320 μC/s 的速率向球壳运送电荷, 这时所需最小功率多大?

6.14　两平行放置的带电大金属板 A 和 B, 面积均为 S, A 板带电 Q_A, B 板带电 Q_B. 忽略边缘效应, 求两块板四个面的电荷面密度.

6.15　在电路中使用一个 5.00 pF 的空气平行板电容器(极板为圆形), 它将承受高达 1.00×10^2 V 的电势差. 两极板间的电场不高于 1.00×10^2 N/C. 作为初出茅庐的电气工程师, 你的任务是:

(1) 设计电容器, 确定电容器的物理尺寸和极板间距;

(2) 求这些极板所能承载的最大电荷.

6.16　一电容器由两个空心的同轴铁圆筒组成, 其中一个在另一个的内部. 内圆筒带负电, 外圆筒带正电; 每个圆筒上的电荷大小为 10.0 pC. 内圆筒半径为 0.50 mm, 外圆筒钣金为 5.00 mm, 每个圆筒的长度为 18.0 cm.

(1) 电容是多少?

(2) 要让圆筒带上这些电荷, 需要加上多大的电势差?

6.17　有一种计算机键盘, 每个按键都是一个小金属板, 相当于一个空气平行电容器. 按下键时, 极板间距减小, 电容增加. 电路检测到电容的变化, 进而探测到有按键被按下. 在某个键盘中, 每个金属板的面积为 42.0 mm^2, 按键在被按下之前的板间距为 0.700 mm.

(1) 计算按键在被按下之前的电容;

(2) 如果电路能检测到 0.250 pF 的电容变化, 请问在电路探测到按键被按下之前, 键被按下的距离是多少?

6.18　如图所示, 一空气平板电容器, 极板面积为 S, 间距为 d. 现将该电容器接在端电压为 U 的电源上充电, (1) 充足电后; (2) 平行插入一块面积相同, 厚度为 $\delta(\delta\ll d)$、相对电容率为 ε_r 的电介质板; (3) 将上述电介质换为同样大小的导体板. 分别求以上三种情况下电容器的电容 C, 极板上的电荷 Q 和极板间的电场强度 E.

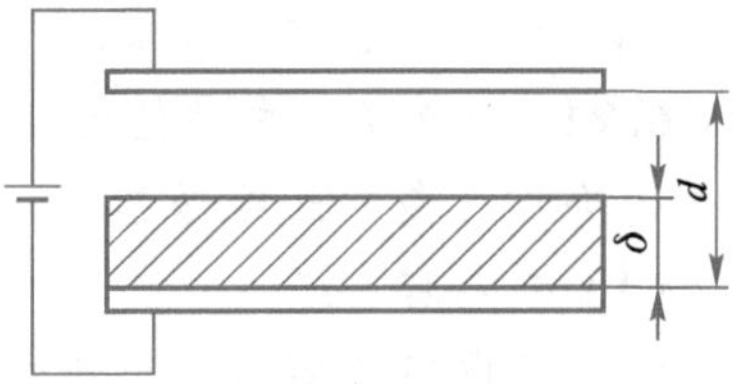

习题 6.18 图

6.19　如图所示, 两块靠得近的平行金属板间原为真空. 使两板分别带有电荷面密度为 σ_0 的等量异号电荷, 这时两板间电压 $V_0=300$ V. 保持两板上电荷量不变, 将板间一半空间充以相对电容率为 $\varepsilon_r=5$ 的电介质.

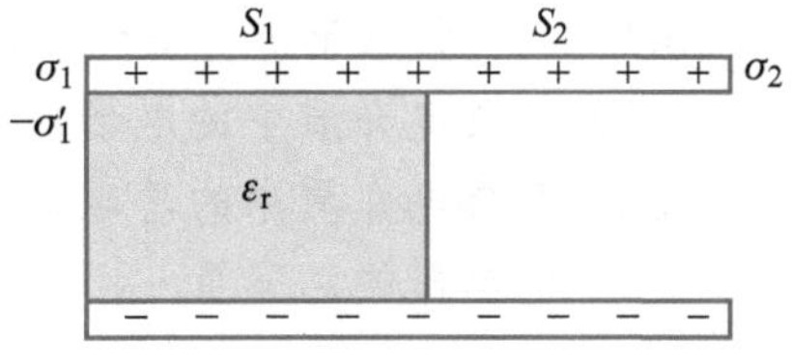

习题 6.19 图

(1) 求金属板间有电介质部分和无电介质

部分的 D、E 和板上自由电荷面密度 σ；(2) 问金属板间电压变为多少？

6.20 如图所示，平板电容器(极板面积为 S，间距为 d)中间有两层厚度各为 d_1 和 d_2($d=d_1+d_2$)、电容率各为 ε_1 和 ε_2 的电介质，试计算其电容. 当电容器加上电压 U 时，求出现在两电介质交界面上极化电荷的面密度.

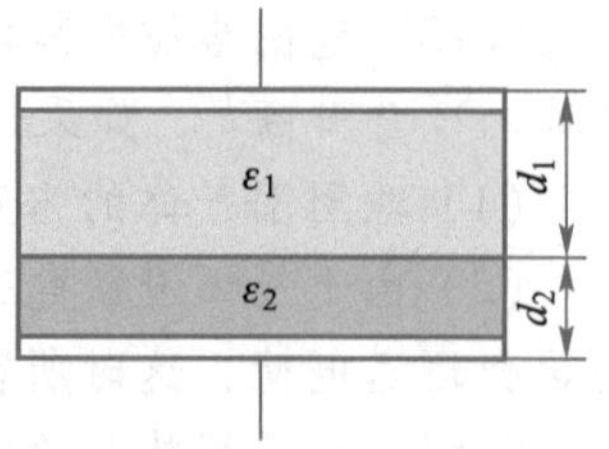

习题 6.20 图

6.21 一电介质($\varepsilon_r=4$)垂直于均匀电场放置，如果电介质表面上的极化电荷面密度为 $\sigma'=0.5\ \text{C/m}^2$，求：

(1) 电介质内的电极化强度和电位移；

(2) 电介质外的电位移；

(3) 电介质板内和板外的电场强度.

6.22 相机内的电子闪光装置包含一个储能的电容器，该能量用来产生闪光. 在这种装置中，闪光持续 $\dfrac{1}{675}$ s，平均的光输出功率为 2.70×10^5 W.

(1) 如果电能转化成光能的效率是 95%(其余的电能转化成热能)，对于一次闪光，需要在电容器中储存多少能量？

(2) 当储能等于(1)问算出的值时，电容器两极板间的电势差为 125 V，求电容器的电容.

6.23 雷雨云带 20 C 的负电荷，其电荷中心浮在地球表面上空 3.0 km 处. 假设电荷中心的半径为 1.0 km，将电荷中心和地球表面看成平行板，计算：

(1) 系统的电容；

(2) 电荷中心和地面之间的电势差；

(3) 雷雨云与地面之间的平均电场；

(4) 系统中储存的能量.

6.24 长为 L、内半径为 a、外半径为 b 的圆柱形电容器间充满相对电容率为 ε_r 的电介质，忽略边缘效应.

(1) 求电容 C；

(2) 若保持电容与端电压为 U 的电源连接，将电介质层从电容器中拉出，外力需要做多少功？

(3) 若断开电源后再将电介质层拉出，外力需要做多少功？

6.25 一平行板电容器由两层电介质，$\varepsilon_{r1}=4$，$\varepsilon_{r2}=2$，厚度 $d_1=2.0$ mm，$d_2=3.0$ mm，极板面积为 $S=40\ \text{cm}^2$，两极板间电压为 200 V. 计算：

(1) 每层电介质中的电场能量密度；

(2) 每层电介质中的总电能；

(3) 电容器的总能量.

第七章　恒 定 磁 场

第五章研究了静止电荷周围静电场的性质和规律. 在运动电荷周围不仅存在电场，而且还存在磁场. 恒定电流产生的磁场是不随时间变化的，称为恒定磁场或恒磁场. 恒磁场和静电场是性质不同的两种场，但在研究方法上有许多相似之处. 本章将着重介绍恒定电流产生的磁场及其对电流和运动电荷的作用.

磁现象的发现要比电现象早得多. 早在公元前约 6 世纪，我国春秋战国时期的《管子・地教》中就有相关磁石记载："上有磁石者，其下有铜金""磁石者，石铁之母也"；东汉著名唯物主义思想家王充的《论衡》一书中有"顿牟掇芥，磁石引针"的记载，且出现了"司南勺"——被公认是最早的指南工具. 在 11 世纪，我国科学家沈括发明了指南针，并发现了地磁偏角，比欧洲哥伦布的发现早 400 年. 12 世纪初，我国已有关于指南针用于航海的明确记载. 指南针传入欧洲则是 12 世纪末(1190 年)了.

在历史上很长一段时间里，人们虽曾在自然现象中观察到闪电能使钢针磁化或使磁针退磁等现象，但也没能把电现象与磁现象联系起来，电学和磁学的研究一直彼此独立地发展着. 而丹麦的物理学家奥斯特(H. Oersted)崇尚康德的各种自然现象是相互关联的学说，他认为闪电过后钢针被磁化绝非偶然现象，他还认为电流流过导体既然能产生热效应、化学效应，为什么不能产生磁效应呢. 为此，他从 1807 年到 1820 年间，用了近 13 年的时间，寻找电流对磁针的作用，但因方法不对而未获结果. 直到 1820 年 4 月的一次实验，他终于发现在通电直导线附近的小磁针确有偏转. 不久，他又发现磁铁也可使通电导线发生偏转. 奥斯特的电流与磁体间相互作用的实验于同年 7 月 21 日以论文形式发表后，在欧洲物理学界引起了极大的关注. 特别是法国物理学家的工作，将奥斯特的发现推进到了新的更高阶段. 同年 9 月 4 日，安培得知奥斯特的实验后，通过重复和改进实验，很快发现了电流与磁体、电流与电流之间的相互作用，还发现了直电流附近小磁针取向的右手螺旋定则. 这一年的 12 月，毕奥和萨伐尔发表了长直载流导线所激发的磁场正比于电流 I，而反比于与导线的垂直距离 r 的实验结果，在此基础上，拉普拉斯从数学上找出了电流元磁场的公式. 法国物理学家关于电流磁效应的实验和理论研究成果传到了英国之后，英国同行备受鼓舞. 法拉第认为既然"电能生磁"，那么"磁也能生电". 从 1821 年开始，法拉第就从事"磁生电"的研究，直到 1831 年 8 月才发现了电磁感应现象，从而为现代电磁理论和现代电工学的发展和应用奠定了基础.

思考题

1. 试总结求解磁感应强度 $\boldsymbol{B}$ 的方法和步骤.

2. 试解释磁场中环路定理的含义，根据自己对环路定理的理解，提出环路定理的注意事项.

3. 试解释磁场中高斯定理的含义.

4. 试总结常见运动电荷所受磁场作用的公式.

第一节　磁现象的基本认识及研究对象

1.1　磁现象的认识

人们认识磁现象是从磁石的磁性及其相互作用开始的，磁现象的早期研究结果总结如下：

(1) 有一种天然条形石头，当它在平面上自由转动时，某一端总是指向南方，可帮助人们确定方向，称之为指南针，依据磁石与磁石相互作用的规律，可判断地球本身就是一个大磁石.

(2) 磁石(后称其为磁铁)有不同的两端(把它称为磁极)，分别称为磁铁的 N 极和 S 极，磁铁之间存在着相互作用力，同名磁极相互排斥、异名磁极相互吸引，磁铁的 N 极和 S 极不可分割，总是同时存在的.

(3) 磁铁具有吸引铁、钴、镍等物质及其合金的性质，这种性质称为磁铁的磁性，能被磁铁吸收的物质称为铁磁质.

(4) 铁磁性物质本身没有磁性，当它与磁铁接触或靠近时才会产生磁性，铁磁性物质离开磁铁后，能较长时间保持磁性的现象称为铁磁性物质的磁化.

由于磁极和电荷之间有着某些类似之处，早期人们运用类比的思路将磁极类比于磁荷，把磁铁之间的作用看成磁荷之间的作用. 直到 19 世纪末，磁场与运动电荷之间的关系才建立起来，指出一切磁现象起源于电荷的运动，电荷(不论静止或运动)在其周围空间激发电场，而运动电荷在周围空间还会激发磁场；在电磁场中，静止的电荷只受电场力的作用，而运动电荷除受到电场力之外，还受到磁力作用，电流或运动电荷之间相互作用的磁力是通过磁场作用的，故磁力也称为磁场力. 运动电荷或电流之间通过磁场作用的关系可以表达为

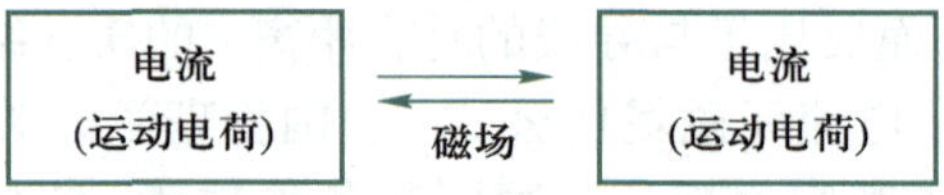

最后必须指出的是，这里所说的运动和静止都是相对观察者而言的，同一客观存在的场，它在某一参考系中表现为电场，而在另一参考系中却可能同时表现为电场和磁场.

1.2　研究对象和内容

磁现象的主要研究对象为磁场. 为抓住主要矛盾，本章研究对象为真空中的

恒定磁场，即磁场所在的空间为真空，且产生磁场的电流是稳定不变的. 主要内容包括：描述磁场的物理量——磁感应强度 B；电流激发磁场的规律——毕奥-萨伐尔定律；反映磁场性质的定理——磁场的高斯定理和安培环路定理；以及磁场对运动电荷的作用力——洛伦兹力和磁场对电流的作用力——安培力. 在此基础上，再进一步讨论磁场中的磁介质.

第二节　真空中磁场的描述

2.1　磁感应强度定义

磁场与电场一样也是看不见、摸不着，分布在一定空间的场物质. 在静电学中，为了考察空间某处是否有电场存在，可以在该处放一静止试验电荷 q_0，若 q_0 受到力 $\boldsymbol{F}$ 的作用，我们就可以说该处存在电场，并以电场强度 $\boldsymbol{E}=\boldsymbol{F}/q_0$ 来定量地描述该处的电场. 类似地，我们从磁场对运动电荷的作用力，引入磁感应强度 $\boldsymbol{B}$ 来定量地描述磁场及其性质. 其中 $\boldsymbol{B}$ 的方向表示磁场的方向，$\boldsymbol{B}$ 的大小表示磁场的强弱.（由于历史的原因，“磁场强度”这个名称已用于 $\boldsymbol{H}$ 矢量，所以这里将 $\boldsymbol{B}$ 称为“磁感应强度”.）但是，磁场作用在运动电荷上的力不仅与电荷的多少有关，而且还与电荷运动的速度大小及方向有关. 因此，根据运动试验电荷在磁场中运动的实验现象，定义磁感应强度 $\boldsymbol{B}$ 的方向和大小如下：

（1）正电荷 $+q$ 以速度 $\boldsymbol{v}$ 经过磁场中某点，若它不受磁场力作用（即 $F=0$），则规定此时正电荷的速度方向为磁感应强度 $\boldsymbol{B}$ 的方向[图 7.1(a)]. 这个方向与小磁针置于此处时小磁针 N 极的指向是一致的.

（2）当正电荷经过磁场中某点的速度 $\boldsymbol{v}$ 的方向与磁感应强度 $\boldsymbol{B}$ 的方向垂直时[图 7.1(b)]，它所受的磁场力最大，为 F_{max}，且 F_{max} 与乘积 qv 成正比. 显然，若电荷经过此处的速率不同，则 F_{max} 的值也不同；然而，对磁场中某一定点来说，比值 F_{max}/qv 却必是一定的. 这种比值在磁场中不同位置处有不同的量值，它如实地反映了磁场的空间分布. 我们把这个比值规定为磁场中某点的磁感应强度 $\boldsymbol{B}$ 的大小，即

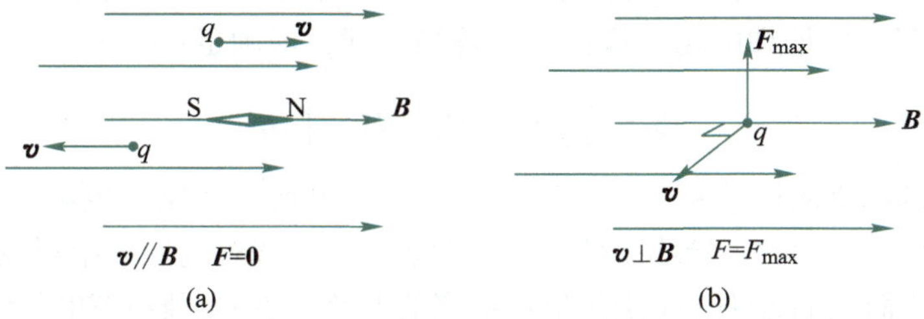

图 7.1　运动的带电粒子在磁场中的受力情况

$$B=\frac{F_{\max}}{qv} \tag{7.1}$$

这就如同用 $E=F/q_0$ 来描述电场的强弱一样，现在我们用 $B=F_{\max}/qv$ 来描述磁场的强弱，对以速度 $\boldsymbol{v}$ 运动的负电荷来说，其所受磁场力的方向，则与正电荷所受磁场力的方向相反，大小却是相同的.

由上述讨论可以知道，磁场力 $\boldsymbol{F}$ 既与运动电荷的速度 $\boldsymbol{v}$ 垂直，又与磁感应强度 $\boldsymbol{B}$ 垂直，且相互构成右手螺旋关系，故它们间的矢量关系式可写成

$$\boldsymbol{F}=q\boldsymbol{v}\times\boldsymbol{B} \tag{7.2}$$

如 $\boldsymbol{v}$ 与 $\boldsymbol{B}$ 之间夹角为 θ，那么 $\boldsymbol{F}$ 的大小为 $F=qvB\sin\theta$. 显然，当 $\theta=0$ 或 π，即 $\boldsymbol{v}/\!/\boldsymbol{B}$ 时，$\boldsymbol{F}=\boldsymbol{0}$；当 $\theta=\pi/2$，即 $\boldsymbol{v}\perp\boldsymbol{B}$ 时，$\boldsymbol{F}=\boldsymbol{F}_{\max}$，这与实验结果都是一致的. 最后还需指出的是，对正电荷($q>0$)来说，$\boldsymbol{F}$ 的方向与 $\boldsymbol{v}\times\boldsymbol{B}$ 的方向相同；而负电荷($q<0$)的 $\boldsymbol{F}$ 方向则与 $\boldsymbol{v}\times\boldsymbol{B}$ 的方向相反.

在国际单位制中，B 的单位是 $\mathrm{N\cdot A^{-1}\cdot m^{-1}}$ 或 $\mathrm{N\cdot s\cdot C^{-1}\cdot m^{-1}}$，其名称为特斯拉，符号为 T，即

$$1\ \mathrm{T}=1\ \mathrm{N\cdot A^{-1}\cdot m^{-1}}$$

表 7.1 列出了自然界中一些磁场的近似值.

表 7.1 自然界中的一些磁场(近似值)

中子星的磁场	10^8 T(估算)
超导电磁铁的磁场	5~40 T
大型电磁铁的磁场	1~2 T
地球赤道附近的磁场	3×10^{-5} T
地球两极附近的磁场	6×10^{-5} T
太阳在地球轨道上的磁场	3×10^{-9} T
人体的磁场	10^{-12} T

如果磁场中某一区域内各点的磁感应强度 $\boldsymbol{B}$ 都相同，即该区域内各点 $\boldsymbol{B}$ 的方向一致、大小相等. 那么，该区域内的磁场就叫做均匀磁场. 不符合上述情况的磁场就是非均匀磁场. 长直螺线管内中部的磁场是常见的均匀磁场.

实验证明，磁场和电场一样也满足叠加原理，即满足：

$$\boldsymbol{B}=\sum_{i=1}^{n}\boldsymbol{B}_i \quad 或 \quad \boldsymbol{B}=\int \mathrm{d}\boldsymbol{B} \tag{7.3}$$

工科基础物理的初学者，往往很难解决运动电荷的观察、控制、测量等问题. 当电荷在导体中运动时，导体中便形成了电流. 控制和观测导体中形成电流的运动电荷，有较为简便的方法，特别是恒定不变的电流，更便于物理初学者研究磁场的性质.

2.2 毕奥-萨伐尔定律

这一小节我们将介绍恒定电流激发磁场的规律. 恒定电流的磁场亦称为静磁场或恒定磁场. 在静磁场中，任意一点的磁感应强度 $\boldsymbol{B}$ 仅是空间坐标的函数，而与时间无关.

在静电场中计算任意带电体在某点的电场强度 $\boldsymbol{E}$ 时，我们曾把带电体先分成无限多个电荷元 $\mathrm{d}q$，求出每个电荷元在该点的电场强度 $\mathrm{d}\boldsymbol{E}$，而所有电荷元在该点的 $\mathrm{d}\boldsymbol{E}$ 的叠加，即此带电体在该点的电场强度 $\boldsymbol{E}$. 实际中构成电路回路的导线形状各异，要想求得通电导线的总磁场分布，可以仿此思路，把流过某一线元矢量 $\mathrm{d}\boldsymbol{l}$ 的电流 $\boldsymbol{I}$ 与 $\mathrm{d}\boldsymbol{l}$ 的乘积称为电流元，把电流元中电流的流向就作为线元矢量的方向. 那么我们就可以把一载流导线看成由许多个电流元 $I\mathrm{d}\boldsymbol{l}$ 连接而成. 这样，载流导线在磁场中某点所激发的磁感应强度 $\boldsymbol{B}$，就是这导线所有电流元在该点 $\mathrm{d}\boldsymbol{B}$ 的叠加. 那么，电流元 $I\mathrm{d}\boldsymbol{l}$ 与它所激发的磁感应强度 $\mathrm{d}\boldsymbol{B}$ 之间的关系如何呢?

如图 7.2(a)所示，载流导线上有一电流元 $I\mathrm{d}\boldsymbol{l}$，在真空中某点 P 处的磁感应强度 $\mathrm{d}\boldsymbol{B}$ 的大小，与电流元的大小 $I\mathrm{d}l$ 成正比，与电流元 $I\mathrm{d}\boldsymbol{l}$ 和电流元到 P 点的矢量 $\boldsymbol{r}$ 间的夹角 θ 的正弦成正比，并与电流元到 P 点的距离 r 的二次方成反比，即

$$\mathrm{d}B=\frac{\mu_0}{4\pi}\frac{I\mathrm{d}l\sin\theta}{r^2} \tag{7.4a}$$

式中 μ_0 叫做真空磁导率，在国际单位制中，其值为 $\mu_0=4\pi\times10^{-7}\,\mathrm{N\cdot A^{-2}}$，而 $\mathrm{d}\boldsymbol{B}$ 的方向垂直于 $\mathrm{d}\boldsymbol{l}$ 和 $\boldsymbol{r}$ 组成的平面，并沿矢积 $\mathrm{d}\boldsymbol{l}\times\boldsymbol{r}$ 的方向，即由 $I\mathrm{d}\boldsymbol{l}$ 经小于 180°的角转向 $\boldsymbol{r}$ 时的右手螺旋前进方向[图 7.2(b)].

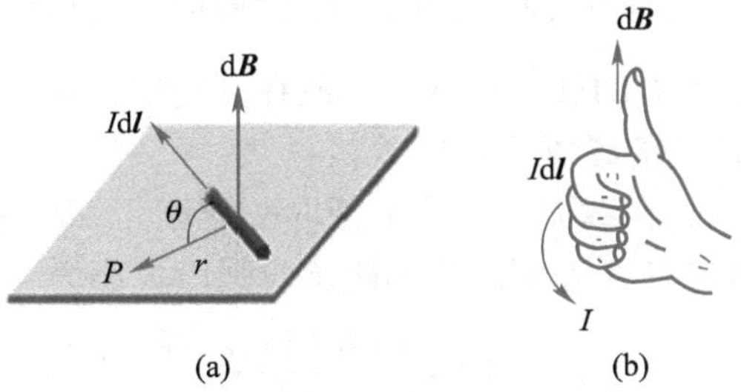

图 7.2 毕奥-萨伐尔定律——电流元所产生的磁感应强度

若用矢量式表示，则有

$$\mathrm{d}\boldsymbol{B}=\frac{\mu_0}{4\pi}\frac{I\mathrm{d}\boldsymbol{l}\times\boldsymbol{r}}{r^3}=\frac{\mu_0}{4\pi}\frac{I\mathrm{d}\boldsymbol{l}\times\boldsymbol{e}_r}{r^2} \tag{7.4b}$$

式中 $\boldsymbol{e}_r$ 为沿矢量 $\boldsymbol{r}$ 的单位矢量.（7.4)式就是**毕奥-萨伐尔定律**.

> **讨论 1:**
> 试比较电荷元的场强式与毕奥-萨伐尔定律数学表达式，它们有哪些相似和不同之处?

这样，任意载流导线在 P 点处的磁感强度 $\boldsymbol{B}$ 可以由(7.4)式求得：

$$\boldsymbol{B}=\int \mathrm{d}\boldsymbol{B}=\int \frac{\mu_0 I}{4\pi}\frac{\mathrm{d}\boldsymbol{l}\times \boldsymbol{e}_r}{r^2} \tag{7.5}$$

毕奥-萨伐尔定律虽是以毕奥和萨伐尔的实验为基础，又由拉普拉斯经过科学抽象得到的，但它不能由实验直接证明，然而由这个定律出发得出的结果都很好地和实验相符合. 下面应用毕奥-萨伐尔定律来讨论几种载流导体所激起的磁场.

2.3　毕奥—萨伐尔定律的应用

根据毕奥-萨伐尔定律和磁场的叠加原理，由(7.5)式可以求得任意恒定载流导线在空间某点的磁感应强度. 应用毕奥-萨伐尔定律和叠加原理求解磁感应强度的一般步骤如下：

(1) 在载流导体中任选一电流元 $I\mathrm{d}\boldsymbol{l}$，根据毕奥-萨伐尔定律，写出电流元 $I\mathrm{d}\boldsymbol{l}$ 在所求场点处产生的 $\mathrm{d}\boldsymbol{B}$ 的表达式；

(2) 分析电流的分布特点，特别是其对称性，建立合适的求解 $\boldsymbol{B}$ 的坐标系；

(3) 沿着各坐标轴的方向将 $\mathrm{d}\boldsymbol{B}_i$ 进行分解，写出各个坐标轴上的分量 $\mathrm{d}B_i$(角标 i 代表不同的坐标轴)的表达式；

(4) 利用几何、代数等关系统一积分变量，同时确定积分上下限；

(5) 求解定积分 $B_i=\int \mathrm{d}B_i$；

(6) 最后用求解得到的磁感应强度各分量 B_i 合成总的磁感应强度 $\boldsymbol{B}$.

下面应用上述方法求解几种典型的载流导线所产生的磁场.

[例 7.1]　设有一长为 L 的载流直导线，放在真空中，导线中的电流为 I，求该载流直导线邻近点 P 处的磁感应强度 $\boldsymbol{B}$.

[解]　如图 7.3 所示，在载流直导线上任取一电流元 $I\mathrm{d}\boldsymbol{l}$，根据毕奥-萨伐尔定律，电流元 $I\mathrm{d}\boldsymbol{l}$ 在给定点 P 处所产生的磁感应强度大小为

$$\mathrm{d}B=\frac{\mu_0}{4\pi}\frac{I\mathrm{d}l\sin\alpha}{r^2}$$

其中，α 为电流元 $I\mathrm{d}\boldsymbol{l}$ 与径矢 $\boldsymbol{r}$ 之间的夹角，$\mathrm{d}\boldsymbol{B}$ 的方向垂直于电流元 $I\mathrm{d}\boldsymbol{l}$ 与径矢 $\boldsymbol{r}$ 所构成的平面，指向如图 7.3 所示(垂直于 Oxy 平面，沿 z 轴负向).

由于导线上各个电流元在 P 点所产生的 $\mathrm{d}\boldsymbol{B}$ 方向相同，根据场强叠加原理，P 点的总磁感应强度大小等于各电流元所产生的 $\mathrm{d}\boldsymbol{B}$ 的代数和，用积分表示为

$$B=\int_L \mathrm{d}B=\int_L \frac{\mu_0}{4\pi}\frac{I\mathrm{d}l\sin\alpha}{r^2} \tag{7.6}$$

上式进行积分运算时，应先将 $\mathrm{d}l$、r、α 等变量用同一参量表示. 取径矢 $\boldsymbol{r}$ 与 P 点到载流直导线的垂线 PO 之间的夹角 β 为参量. 以 O 点为坐标原点，l 表示 O 点到 $\mathrm{d}l$ 处的距离，a 表示 PO 的长度. 从图 7.3 中的几何关系可以看出：

$$\sin\alpha=\cos\beta,\ r=a\sec\beta,\ l=a\tan\beta$$

则
$$dl=a\sec^2\beta d\beta$$

把以上各关系式代入(7.6)式中，并按图 7.3 中所示，取积分下限为β_1，上限为β_2，得

$$B=\frac{\mu_0 I}{4\pi a}\int_{\beta_1}^{\beta_2}\cos\beta d\beta=\frac{\mu_0 I}{4\pi a}\sin\beta\Big|_{\beta_1}^{\beta_2}$$

$$=\frac{\mu_0 I}{4\pi a}[\sin\beta_2-\sin\beta_1] \qquad (7.7)$$

(7.7)式中，β_1 为 PO 转到电流起点时与 PO 的夹角；β_2 为 PO 转到电流终点时与 PO 的夹角.

当β角的旋转方向与电流方向相同时，β取正值；当β角的旋转方向与电流的方向相反时，β取负值. 图 7.3 中的β_1 和β_2 均为正值.

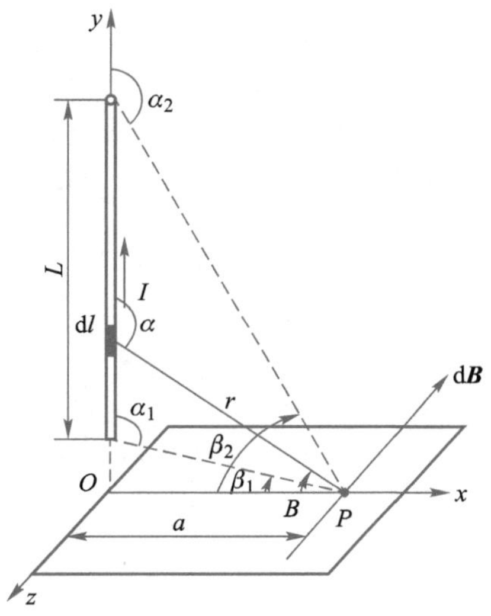

图 7.3　恒定载流直导线的磁场分布

如果载流导线是一根无限长的直导线，则$\beta_1=-\frac{\pi}{2}$，$\beta_2=\frac{\pi}{2}$，得

$$B=\frac{\mu_0 I}{2\pi a} \qquad (7.8)$$

(7.8)式是无限长载流直导线的磁感应强度，它与毕奥、萨伐尔的早期实验结果是一致的.

> **讨论 2：**
>
> 由毕奥-萨伐尔定律导出的无限长载流导线的磁场公式 $B=\frac{\mu_0 I}{2\pi a}$，当 $a\to 0$ 时，$B\to\infty$，显然这是没有物理意义的，如何解释?

电流钳(也叫电流枪)是一种测量导线内电流的仪器. 使用时无须将其接入电路，只要将钳形口夹在导线四周，通过测量导线内电流产生的磁场的强弱就可以知道电流的大小. 这实际上利用了毕奥-萨伐尔定律 B 正比于 I 的结论，而 B 的测量则利用电流钳中的霍尔元件进行.

[例 7.2]　设真空中有一半径为 R 的圆形载流导线，通过的电流为 I，求如图 7.4 所示，通过圆心并垂直于圆形导线所在平面的轴线上任意点 P 的磁感应强度 $\boldsymbol{B}$.

[解]　在圆上任取一电流元 $I\mathrm{d}\boldsymbol{l}$，其在 P 点产生的磁感强度的大小为 $\mathrm{d}\boldsymbol{B}$，由毕奥-萨伐尔定律得

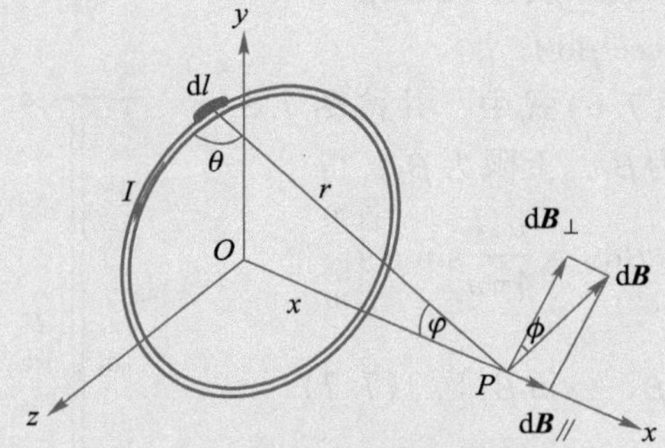

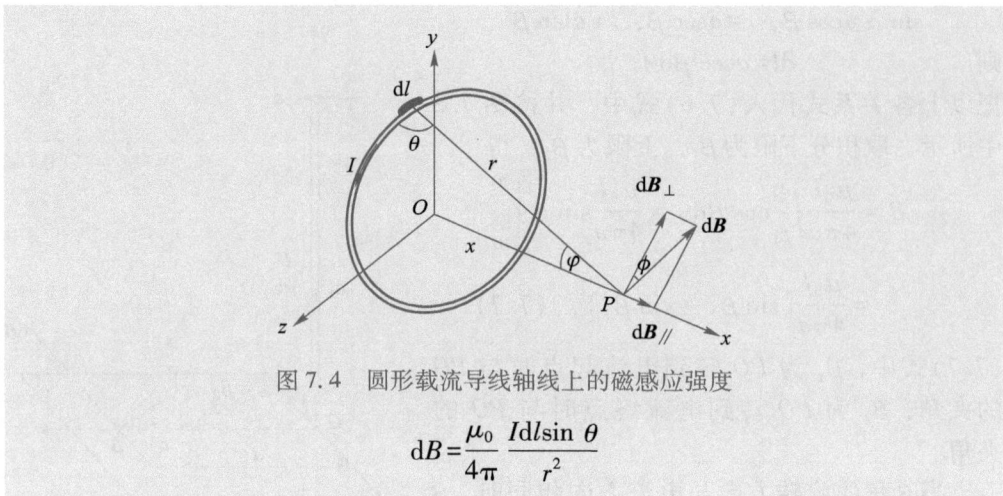

图 7.4 圆形载流导线轴线上的磁感应强度

$$dB=\frac{\mu_0}{4\pi}\frac{Idl\sin\theta}{r^2}$$

由于 $I\mathrm{d}\boldsymbol{l}$ 与 $\boldsymbol{r}$ 垂直，所以 $\theta=\frac{\pi}{2}$，上式可写成

$$dB=\frac{\mu_0}{4\pi}\frac{Idl}{r^2}$$

$\mathrm{d}\boldsymbol{B}$ 的方向垂直于电流元 $I\mathrm{d}\boldsymbol{l}$ 和径矢 $\boldsymbol{r}$ 所组成的平面. 由于圆形导线上各电流元在 P 点所产生的磁感应强度的方向不同，因此把 $\mathrm{d}\boldsymbol{B}$ 分解成两个分量：平行于 x 轴的分量 $\mathrm{d}B_{/\!/}$ 和垂直于 x 轴的分量 $\mathrm{d}B_{\perp}$. 根据叠加原理，因为在圆形导线上同一直径两端的两电流元在 P 点产生的磁感应强度沿 x 轴对称，所以它们的垂直分量 $\mathrm{d}B_{\perp}$ 等大反向，互相抵消. 因此整个圆形电流的所有电流元在 P 点产生的磁感应强度的垂直分量 $\mathrm{d}B_{\perp}$ 两两相消，叠加的结果为只有平行于 x 轴的分量 $\mathrm{d}B_{/\!/}$，即

$$B=B_{/\!/}=\int_L \mathrm{d}B\sin\phi=\int_L\frac{\mu_0}{4\pi}\frac{I\mathrm{d}l}{r^2}\sin\phi$$

上式中 $\sin\phi=\frac{R}{r}$，对于给定点的 P 点，r、I 和 R 都是常量，所以：

$$B=\frac{\mu_0}{4\pi}\frac{IR}{r^3}\int_0^{2\pi R}\mathrm{d}l=\frac{\mu_0 I}{2}\frac{R^2}{(R^2+x^2)^{\frac{3}{2}}} \tag{7.9}$$

$\boldsymbol{B}$ 的方向垂直于圆形导线所在的平面，并与圆形电流方向构成右手螺旋关系.

讨论 3：

试比较电偶极子轴线(中垂线)上的电场分布和载流圆线圈轴线上的磁场分布.

令(7.9)式中 $x=0$，得到圆形载流导线圆心处的磁感应强度为

$$B=\frac{\mu_0 I}{2R} \tag{7.10}$$

在轴线上，远离圆心即($x\gg R$)处的磁感应强度为

$$B=\frac{\mu_0 IR^2}{2x^3}=\frac{\mu_0 IS}{2\pi x^3}$$

上式中 $S=\pi R^2$ 为圆形导线所包围的面积.

在静电场中，我们曾讨论过电偶极子的电场，并引入电矩 $\boldsymbol{p}_e$ 这一物理量. 与此相似，我们将引入磁矩 $\boldsymbol{m}$ 来描述载流线圈的性质. 如图 7.5 所示，一平面圆电流的面积为 S，电流为 I，$\boldsymbol{e}_n$ 为圆电流平面的正法线单位矢量，它与电流 I 的流向遵守右手螺旋定则，即右手四指顺着电流流动方向回转时，大拇指的指向为圆电流正法线单位矢量 $\boldsymbol{e}_n$ 的方向. 我们定义圆电流的磁矩为

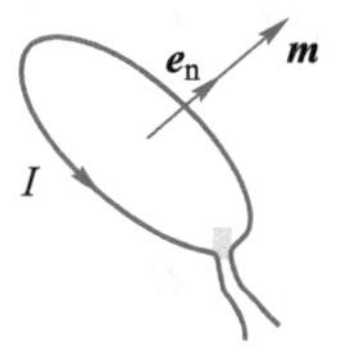

图 7.5　磁矩的定义

$$\boldsymbol{m}=IS\boldsymbol{e}_n \tag{7.11}$$

$\boldsymbol{m}$ 的方向与圆电流正法线单位矢量 $\boldsymbol{e}_n$ 的方向相同，m 的量值为 IS. 应当指出的是，上式对任意形状的平面载流线圈都是适用的. 以此类推，则例 7.2 中圆电流轴线上的磁感应强度可改写成矢量式：

$$\boldsymbol{B}=\frac{\mu_0 \boldsymbol{m}}{2\pi x^3} \tag{7.12}$$

式(7.12)可推广到求解一般平面载流线圈所产生的磁感应强度. 若平面线圈共有 N 匝，每匝包围面积为 S，通有电流为 I，线圈平面的法线单位矢量方向的指向与线圈中的电流方向成右手螺旋关系，那么该线圈的磁矩为

$$\boldsymbol{m}=NIS\boldsymbol{e}_n \tag{7.13}$$

利用以上例题的结论和叠加原理可以方便求解一些特殊形状的载流导线在某些场点的磁感应强度. 求解这类问题时，可以用上述例题中的载流导线或者圆线圈作为电流元，并用结论中的磁感应强度表达式取代毕奥-萨伐尔定律中的电流元产生的磁感应强度 $\boldsymbol{B}$.

[例 7.3]　真空中用两根相互平行的长直导线将半径为 R 的均匀导体圆环连到电源上，如图 7.6 所示，b 点为切点，求 O 点的磁感应强度.

[解]　本例题中的导线由圆环和直导线构成，即可利用例 7.1、例 7.2 的结论和叠加原理来计算磁感应强度.

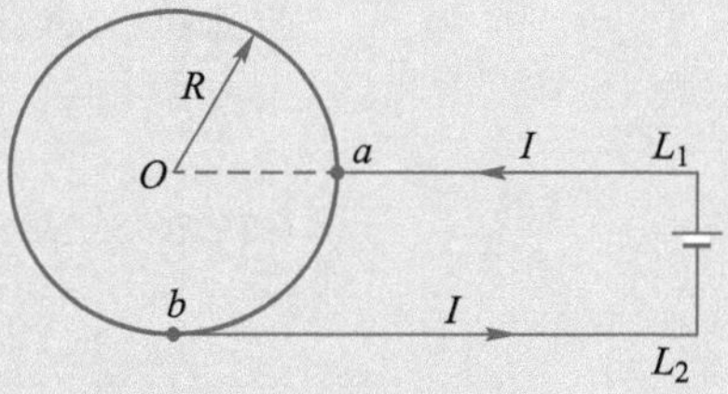

图 7.6　例 7.3 用图

先看导体圆环，由于大圆弧 $ab_{大}$ 和小圆弧 $ab_{小}$ 并联，设流过 $ab_{大}$ 的电流为 I_1，流过 $ab_{小}$ 的电流为 I_2，有

$$I_1 R_{大}=I_2 R_{小}$$

由于圆环材料相同，电阻率相同，截面积 S 相同，实际电阻与圆环弧的弧长 $l_{大}$ 和 $l_{小}$ 有关，即

$$I_1 l_{大}=I_2 l_{小}$$

则 $ab_{大}$ 在 O 点产生的磁感应强度 $\boldsymbol{B}_1$ 的大小为

$$B_1=\frac{\mu_0 I_1 l_{大}}{4\pi R^2}$$

而 $ab_{小}$ 在 O 点产生的磁感应强度 $\boldsymbol{B}_2$ 的大小为

$$B_2=\frac{\mu_0 I_2 l_{小}}{4\pi R^2}=B_1$$

由于 $\boldsymbol{B}_1$ 和 $\boldsymbol{B}_2$ 大小相等，方向相反，即

$$\boldsymbol{B}_1+\boldsymbol{B}_2=\boldsymbol{0}$$

通电直导线 L_1 在 O 点产生的磁感应强度 $\boldsymbol{B}_3=\boldsymbol{0}$ 的大小为

$$\boldsymbol{B}_3=\boldsymbol{0}$$

通电直导线 L_2 在 O 点产生的磁感应强度 $\boldsymbol{B}_4$ 的大小为

$$B_4=\frac{\mu_0 I}{4\pi R}$$

方向垂直于纸面向外. 则 O 点总的磁感应强度大小为

$$B_0=B_4=\frac{\mu_0 I}{4\pi R}$$

方向垂直于圆面向外.

[例 7.4] 载流直螺线管内部的磁场. 如图 7.7 所示，有一长为 l、半径为 R 的载流密绕直螺线管，螺线管的总匝数为 N，通有电流 I. 设把螺线管放在真空中，求管内轴线上一点处的磁感应强度.

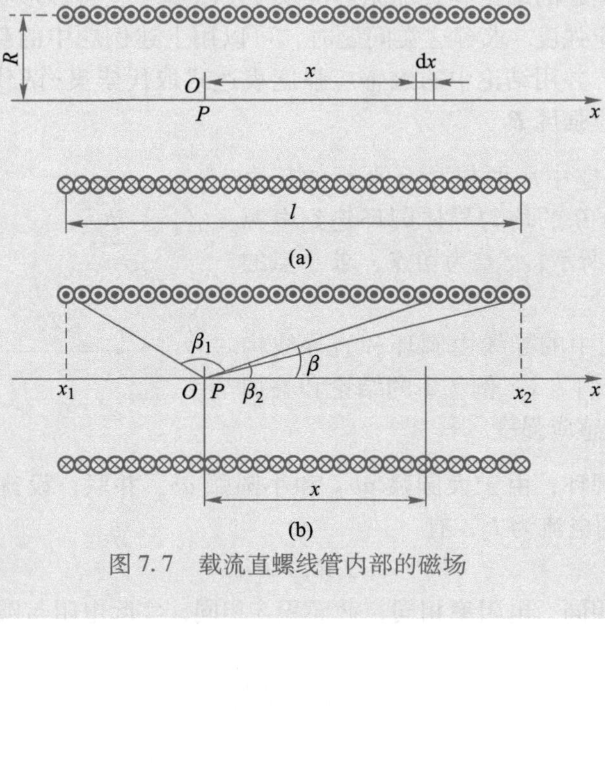

图 7.7 载流直螺线管内部的磁场

[解]　因为直螺线管上线圈是密绕的，所以每匝线圈上的电流可近似当成闭合的圆形电流．于是，轴线上任意点 P 处的磁感应强度 $\boldsymbol{B}$，可以认为是 N 个圆电流在该点各自激发的磁感应强度的叠加，现取图 7.7(a) 中轴线上的 P 点为坐标原点 O，并以轴线为 Ox 轴．在螺线管上取长为 $\mathrm{d}x$ 的一小段，匝数为 $\frac{N}{l}\mathrm{d}x$，其中 $\frac{N}{l}=n$ 为单位长度上的匝数．这一小段载流线圈相当于通有电流 $In\mathrm{d}x$ 的圆形线圈．利用例 7.2 中的结论可得，它们在 Ox 轴上的 P 点处的磁感应强度 $\mathrm{d}\boldsymbol{B}$ 的值为

$$\mathrm{d}B=\frac{\mu_0}{2}\frac{R^2In\mathrm{d}x}{(R^2+x^2)^{3/2}}$$

$\mathrm{d}\boldsymbol{B}$ 的方向沿 Ox 轴正向．考虑到螺线管上各小段载流线圈在 Ox 轴上 P 点所激发的磁感应强度的方向相同，均沿 Ox 轴正向，所以整个载流直螺线管在 P 点处的磁感应强度为

$$B=\int\mathrm{d}B=\frac{\mu_0 nI}{2}\int_{x_1}^{x_2}\frac{R^2\mathrm{d}x}{(R^2+x^2)^{3/2}}$$

为了便于积分计算，引入变量 β．由图图 7.7(b) 可知

$$x=R\cot\beta$$

则

$$\mathrm{d}x=-R\csc^2\beta\mathrm{d}\beta \text{ 和 } R^2+x^2=R^2\csc^2\beta$$

将它们代入 $\mathrm{d}B$ 的表达式中，可得

$$\mathrm{d}B=-\frac{\mu_0}{2}nI\sin\beta\mathrm{d}\beta$$

$\mathrm{d}\boldsymbol{B}$ 的方向与圆电流环绕方向成右手螺旋关系，即沿 x 轴正方向．整个螺线管电流可以看成由许多这样的圆电流组成，而各个圆电流产生的磁感应强度方向都相同，所以螺线管电流在 P 点的磁感应强度的大小为

$$B=-\frac{\mu_0 nI}{2}\int_{\beta_1}^{\beta_2}\sin\beta\mathrm{d}\beta=\frac{\mu_0 nI}{2}(\cos\beta_2-\cos\beta_1) \tag{7.14}$$

式中 β_1 和 β_2 分别为 P 点和螺线管两端的连线与 x 轴正向的夹角．

讨论两种特殊情形：

(1) 螺线管为无限长，即管长 $L\gg R$，这时 $\beta_1\approx\pi$，$\beta_2\approx 0$，于是得到

$$B=\mu_0 nI \tag{7.15a}$$

即轴线上各点有相同的磁感应强度．

(2) 在半无限长螺线管端点的圆心处，有 $\beta_1=\pi/2$，$\beta_2=0$，或 $\beta_1=\pi$，$\beta_2=\pi/2$．无论哪种情形都有

$$B=\frac{1}{2}\mu_0 nI \tag{7.15b}$$

一个有限长载流螺线管轴线上各点的磁感强度值随 x 变化的情况如图 7.8 所示. 实际上，当 $L \gg R$ 时，在螺线管中部很大范围内磁场近似均匀，其磁感应强度大小为 $\mu_0 nI$，方向与轴线平行，只在端面附近才显著下降，而螺线管外部的磁场非常弱. 螺线管越长，这种特点越显著.

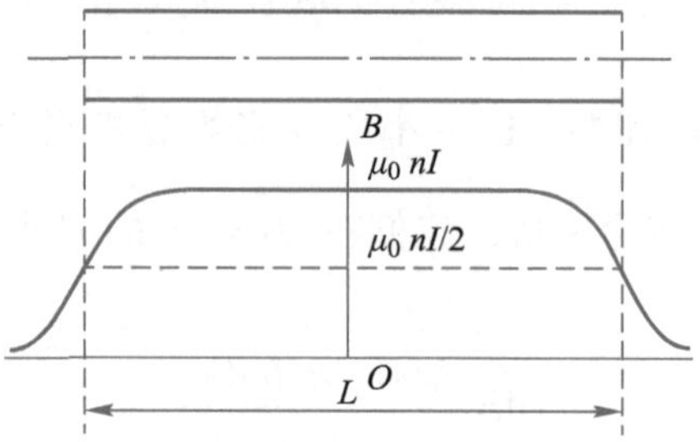

图 7.8 有限长螺线管内部的磁感应强度值分布

通过以上磁场的计算，不难看出，应用毕奥-萨伐尔定律求 $\boldsymbol{B}$ 时，在 $\mathrm{d}\boldsymbol{B}$ 的表达式中往往有几个变量，这就需要根据几何关系统一积分变量，然后再进行积分运算.

[例 7.5] 无限长载流平板的磁场. 如图 7.9 所示为一无限长载流平板，宽为 b，厚度忽略不计，电流 I 沿宽度方向均匀分布. 求在导体平面宽度方向的垂直平分线上、距导体平面为 a 的 P 点的磁感应强度 $\boldsymbol{B}$.

[解] 该无限长载流平板可以看成很多无限长载流直导线，利用无限长载流直导线的磁感应强度的结论和叠加原理进行计算.

如图 7.9 所示，距 O 点为 x 处取一宽度为 $\mathrm{d}x$ 的无限长电流元，其载有的电流为 $\mathrm{d}I = I\mathrm{d}x/b$，设 $\mathrm{d}I$ 距离 P 点为 $\boldsymbol{r}$，$\boldsymbol{r}$ 与 Oy 轴夹角为 θ. 根据无限长通电直导线在其周围产生的磁感应强度公式(7.8)式有

$$\mathrm{d}B = \frac{\mu_0 \mathrm{d}I}{2\pi r}$$

$\mathrm{d}\boldsymbol{B}$ 在 Oxy 平面内，且 OP 与载有电流 $\mathrm{d}I$ 的导体条构成的平面垂直. 将 $\mathrm{d}\boldsymbol{B}$ 沿各坐标轴方向分解有

$$\mathrm{d}B_x = \mathrm{d}B\cos\theta,\quad \mathrm{d}B_y = \mathrm{d}B\sin\theta$$

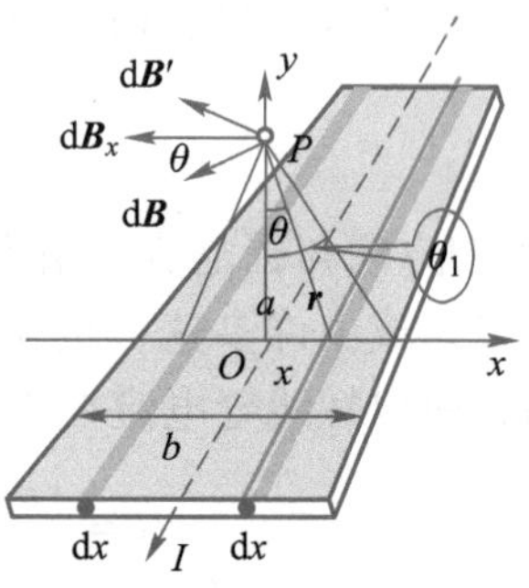

图 7.9 无限长载流平板的磁感应强度

由于电流以坐标原点 O 为对称中心，为了便于积分，在 O 点的另一侧选取与电流元 $\mathrm{d}x$ 对称的电流元 $\mathrm{d}x'$，依据无限长通电直导线产生的磁感应强度分布和叠加原理，$\mathrm{d}x$ 和 $\mathrm{d}x'$ 在 P 点产生的磁感应强度沿 y 轴方向的合矢量为 $\mathbf{0}$. 由于整个导体板上的电流都存在这种对称性，因此，P 点总的磁感应强度在 y 轴上的分量为 0，即总的磁感应强度平行于 x 轴.

$$\boldsymbol{B} = \int \mathrm{d}B_x \boldsymbol{i} = \int \mathrm{d}B\cos\theta,\quad \boldsymbol{i} = \int \frac{\mu_0 I\cos\theta\mathrm{d}x}{2\pi br}\boldsymbol{i}$$

根据图 7.9 中的几何关系，统一积分变量，得

$$r=a\sec\theta,\qquad x=a\tan\theta,\qquad dx=a\sec^2\theta d\theta$$

根据对称性，原点 O 两边的积分结果等于任意一边积分结果的 2 倍，同时可得积分上下限为 $\left[0,\ \arctan\dfrac{b}{2a}\right]$，得

$$\boldsymbol{B}_P=\frac{\mu_0 I}{\pi b}\int_0^{\arctan\frac{b}{2a}}d\theta,\quad \boldsymbol{i}=\frac{\mu_0 I}{\pi b}\arctan\frac{b}{2a}\boldsymbol{i}$$

当 P 点距离通电导体面很远，即 $a\gg b$ 时，$\arctan\dfrac{b}{2a}\approx\dfrac{b}{2a}$，则 $B=\dfrac{\mu_0 I}{2\pi a}$，与无限长载流直导线产生的磁感应强度相当，方向也相同.

当 P 点离通电导体板很近，即 $a\ll b$ 时，$\arctan\dfrac{b}{2a}\approx\dfrac{\pi}{2}$，并令 $i=\dfrac{I}{b}$，则

$$B=\frac{\mu_0 I}{2b}=\frac{1}{2}\mu_0 i \tag{7.16}$$

方向平行于 x 轴.

> **讨论 4：**
> 总结利用毕奥-萨伐尔定律计算磁感应强度分布的基本思路.

［例 7.6］ 运动电荷的磁场. 按玻尔模型，在基态的氢原子中，电子绕原子核作半径为 0.53×10^{-10} m 的圆周运动，速度为 2.2×10^6 m/s. 求此运动的电子在核处产生的磁感应强度的大小.

分析：由于电流是运动电荷形成的. 对如图 7.10 所示的电流元来说，导线的截面积为 S，载流子密度为 n，每个载流子带 $+q$ 电荷量，载流子的运动速度为 $\boldsymbol{v}$，与电流同方向，则 $d\boldsymbol{l}$ 中的载流子数为 $dN=nSdl$，根据电流的概念有

$$I=nSqv \tag{7.17}$$

所以每个载流子在空间某点 P 处产生的磁感应强度(忽略各个电荷到 P 点的径矢 $\boldsymbol{r}$ 的差别)为

$$\boldsymbol{B}=\frac{\mu_0}{4\pi}\frac{Id\boldsymbol{l}\times\boldsymbol{e}_r}{r^2}/dN=\frac{\mu_0}{4\pi}\frac{nSqvd\boldsymbol{l}\times\boldsymbol{e}_r}{r^2}/nSdl$$

由于 $\boldsymbol{v}$ 与 $d\boldsymbol{l}$ 方向相同，所以 $vd\boldsymbol{l}=\boldsymbol{v}dl$，因而有

$$\boldsymbol{B}=\frac{\mu_0}{4\pi}\frac{q\boldsymbol{v}\times\boldsymbol{e}_r}{r^2} \tag{7.18}$$

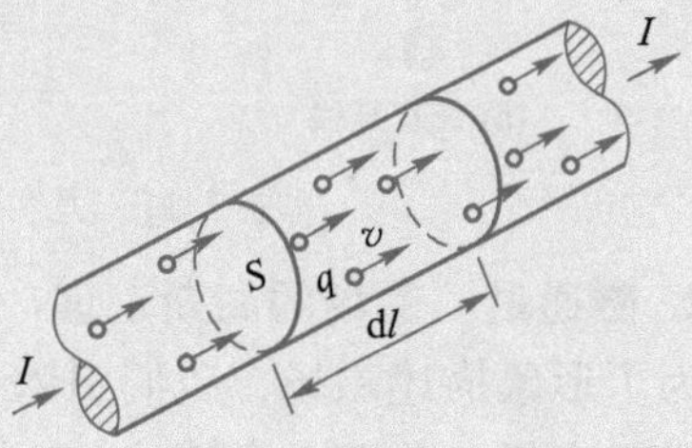

图 7.10 导线中电流形成示意图

［解］ 根据(7.18)式，所求磁感应强度为

$$B=\frac{\mu_0}{4\pi}\frac{ev}{r^2}=\frac{4\pi\times10^{-7}}{4\pi}\frac{1.6\times10^{-19}\times2.2\times10^6}{(0.53\times10^{-10})^2}\text{T}=12.5\ \text{T}$$

第三节 磁场的性质

3.1 高斯定理

1. 磁感线

我们曾用电场线形象地描绘了静电场. 同样，为了更加形象地描述磁场分布，我们在磁场中引进磁感线(简称 $\boldsymbol{B}$ 线)来描述磁场的分布，并规定：

(1) 磁感线上任意一点的切线方向与该点的磁感应强度 $\boldsymbol{B}$ 的方向一致；

(2) 磁感线的密度表示 $\boldsymbol{B}$ 的大小，即通过某点且垂直于 $\boldsymbol{B}$ 的单位面积上的磁感线条数等于该点处 $\boldsymbol{B}$ 的大小. 因此，$\boldsymbol{B}$ 大的地方，磁感线越密集；$\boldsymbol{B}$ 小的地方，磁感线越稀疏.

磁感线有以下特点：① 任何磁场的磁感线都是无头无尾的闭合线，这是磁感线与电场线的根本不同点. ② 磁场中各点的磁感应强度 $\boldsymbol{B}$ 的方向为该点磁感线的切线方向，且与产生该磁场的电流方向有关，遵循右手螺旋定则. 用右手握住导线，大拇指方向与电流方向一致，其他四指弯曲的方向为磁感线的方向. ③ 磁场中每一点都只有一个磁场方向，因此任何两条磁感线都不会相交，磁感线的这一特性与电场线的相同.

几种典型通电导线的磁感线分布如图 7.11 所示.

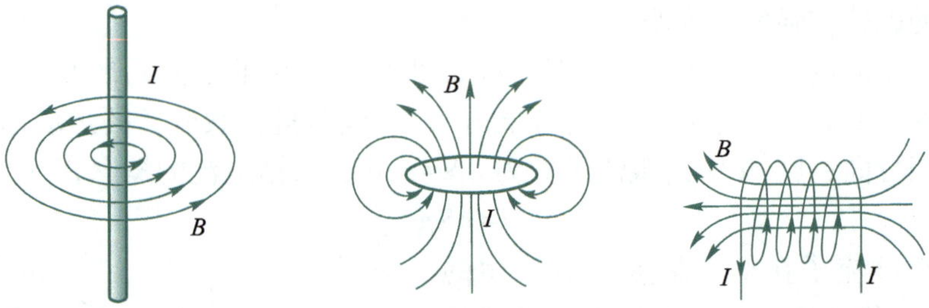

(a) 长直导线 (b) 环形电流 (c) 通电螺线管

图 7.11 几种典型通电导线的磁感线分布

2. 磁通量 磁场的高斯定理

为了形象描述磁场，我们引入了磁感线和磁通量这两个概念. 磁通量定义为：通过磁场中任一曲面的磁感线($\boldsymbol{B}$ 线)的总条数，简称 $\boldsymbol{B}$ 通量，用 Φ_m 表示. 磁通量是标量，但它有正、负之分. 如图 7.12 所示，磁场中通过任意一给定曲面 S 的磁通量的计算方法如下：在 S 上取面积元 dS，设 d$\boldsymbol{S}$ 面的正法线方向 $\boldsymbol{n}$ 与该处磁感应强度 $\boldsymbol{B}$ 方向的夹角为 θ，则通过面积元 d$\boldsymbol{S}$ 的磁通量为

$$d\varphi_m = \boldsymbol{B} \cdot d\boldsymbol{S} = B\cos\theta dS \tag{7.19}$$

(7.19)式中，d$\boldsymbol{S}$ 是面积元矢量，其大小等于 dS，其方向沿该面元正法线 $\boldsymbol{n}$ 的方向. 则通过整个曲面 S 的磁通量等于通过 S 上所有面积元磁通量的代数和，即

$$\varphi_{\mathrm{m}} = \int_S \mathrm{d}\varphi_{\mathrm{m}} = \int_S \boldsymbol{B} \cdot \mathrm{d}\boldsymbol{S} = \int_S B\cos\theta \mathrm{d}S \quad (7.20)$$

在国际单位制中，磁通量的单位是韦伯(Wb).

$$1\ \mathrm{Wb} = 1\ \mathrm{T} \cdot \mathrm{m}^2$$

对闭合曲面而言，规定取垂直于曲面向外的指向为法线 $\boldsymbol{n}$ 的正方向. 因此，磁感线从闭合曲面穿出时的磁通量为正值$\left(\theta<\dfrac{\pi}{2}\right)$，磁感线穿入闭合曲面时的磁通量为负值$\left(\theta>\dfrac{\pi}{2}\right)$.

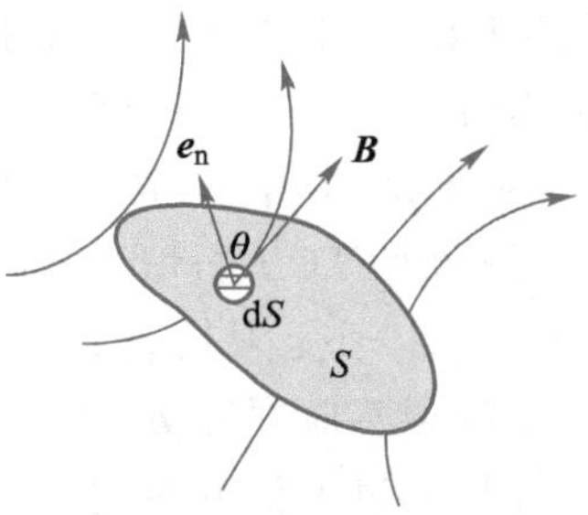

图 7.12　磁场中通过任意一给定曲面 S 的磁通量

因为磁感线是无头无尾的闭合线，所以对磁场中的任何闭合曲面而言，穿入某一闭合曲面 S 的磁感线总数必定等于穿出该 S 面的磁感线总数. 因此，通过磁场中任一闭合曲面的总磁通量恒等于零. 这一结论称作磁场中的高斯定理，即

$$\oint_S \boldsymbol{B} \cdot \mathrm{d}\boldsymbol{S} = 0 \tag{7.21}$$

静电场的高斯定理说明电场线有起点和终点，即静电场是有源场，该定理是正负电荷可以单独存在这一客观事实的反映. 磁场的高斯定理则说明磁感线没有起点和终点，磁场是无源场，反映出自然界中没有单一磁极存在的事实. 因为，如果自然界中有单一磁极，例如 N 极的存在，根据它对小磁针 N 极的排斥作用，可知它的磁感线由该 N 极发出. 如果作一个包围它的闭合曲面，就会得出穿过此闭合曲面的磁通量大于零的结论. 这就违反了高斯定理. 尽管如此，还是有人作了“磁单极”存在的推测，也进行了一些探索，不过至今尚未被实验证实.

[例 7.7]　已知一均匀磁场的磁感应强度大小 $B=2$ T，方向沿 y 轴正方向，如图 7.13 所示. 求：

（1）通过图中 $ABCD$ 面的磁通量；

（2）通过图中 $BEFC$ 面的磁通量；

（3）通过图中 $AEFD$ 面的磁通量.

[解]　取各面的正法线方向为由内指向外，则：

（1）$\Phi_{ABCD}=BS_{ABCD}\cos\pi=-2\times40\times10^{-2}\times30\times10^{-2}\,\mathrm{Wb}=-0.24\ \mathrm{Wb}$(穿入)

（2）$\Phi_{BEFC}=BS_{BEFC}\cos\dfrac{\pi}{2}=0.$

（3）$\Phi_{AEFD}=BS_{AEFD}\cos\theta=BS_{AEFD}=0.24\ \mathrm{Wb}$(穿出)

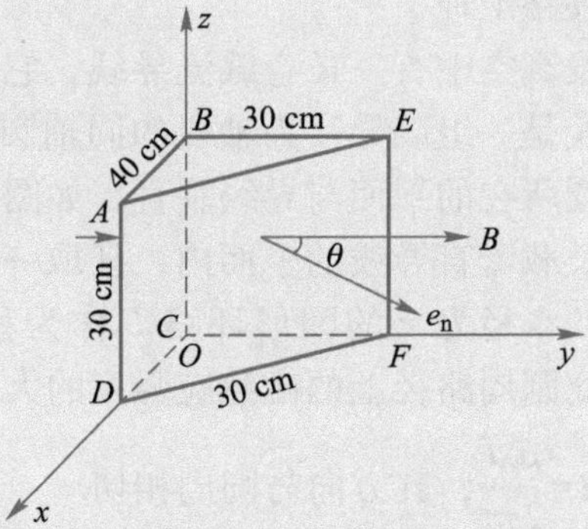

图 7.13　例 7.7 题图

[例 7.8] 真空中一无限长直导线 CD，通以电流 $I=10.0$ A，若一矩形 $EFGH$ 与 CD 共面，如图 7.14 所示. 其中 $a=d=10.0$ cm，$b=20.0$ cm. 求通过矩形 $EFGH$ 面积 S 的磁通量.

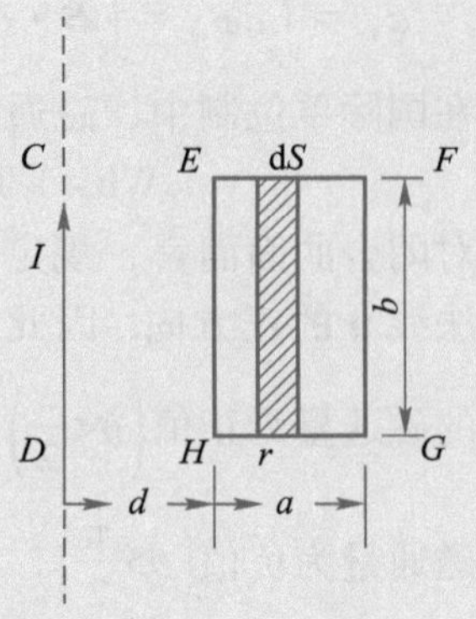

图 7.14 例 7.8 用图

[解] 由于无限长直线电流在面积 S 上各点所产生的磁感应强度 $\boldsymbol{B}$ 的大小随 r 不同而不同，所以计算通过 S 面的磁通量 $\boldsymbol{B}$ 时要用积分. 为了便于运算，可将矩形面积 S 划分成无限个与直导线 CD 平行的细长条面积元 $\mathrm{d}S=b\mathrm{d}r$，设其中某一面积元 $\mathrm{d}S$ 与 CD 相距 r，$\mathrm{d}S$ 上各点 $\boldsymbol{B}$ 的大小相等，$\boldsymbol{B}$ 的方向垂直纸面向里. 取 $\mathrm{d}S$ 的方向(即矩形面积的法线方向)也垂直纸面向里，则

$$\varphi_{\mathrm{m}}=\int_S \boldsymbol{B}\cdot\mathrm{d}\boldsymbol{S}=\int_S B\mathrm{d}S\cos 0^\circ=\int_S B\mathrm{d}S$$

$$=\int_d^{a+d}\frac{\mu_0 I}{2\pi r}b\mathrm{d}r=\frac{\mu_0 Ib}{2\pi}\ln r\Big|_{0.1}^{0.1+0.1}$$

$$=\frac{\mu_0 Ib}{2\pi}\ln 2=2.77\times 10^{-7}\,\mathrm{Wb}$$

3.2 磁场中的安培环路定理

在静电场中，电场强度 $\boldsymbol{E}$ 沿任一闭合路径的线积分恒为零，它反映了静电场是保守场这一重要性质. 那么在恒定磁场中，磁感应强度 $\boldsymbol{B}$ 沿任一闭合路径的线积分(称为 $\boldsymbol{B}$ 的环流)又如何呢？它遵从安培环路定理.

下面，通过计算不同情况下的长直电流的环流 $\oint_L \boldsymbol{B}\cdot\mathrm{d}\boldsymbol{l}$ 值来总结真空中磁场的安培环路定理.

设真空中有一长直载流导线，它所形成的磁场的磁感线是一组以导线为轴线的同轴圆，即圆心在导线上，圆所在的平面与导线垂直，如图 7.15 所示. 在垂直于长载流直导线的平面内，任取一条以载流导线为圆心、半径为 r 的圆形环路 L 作为积分的闭合路径. 则在此圆周路径上的磁感应强度的大小为

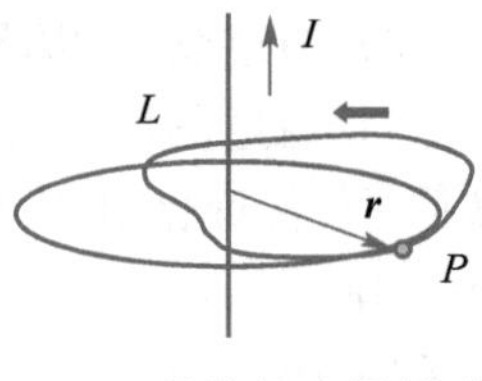

图 7.15 载流长直导线磁场中的环路

$B=\dfrac{\mu_0 I}{2\pi r}$，其方向与圆周相切.

(1) 如果有一积分路径 L 与磁感线在同一平面内，其绕行方向与电流方向满足右手螺旋关系，电流穿过环路 L，如图 7.16(a)所示.

$$\oint_L \boldsymbol{B}\cdot\mathrm{d}\boldsymbol{l}=\int_L B\cos\theta\mathrm{d}l=\oint\frac{\mu_0 I}{2\pi r}r\mathrm{d}\phi=\mu_0 I \tag{7.22a}$$

(7.22a)式表明磁场的环流与环路所包围的电流有关，与环路形状、大小无关.

(2) 若环路方向反过来，如图 7.16(b)所示.

$$\oint_L \boldsymbol{B} \cdot \mathrm{d}\boldsymbol{l} = -\int_L B\cos(\pi - \theta)\,\mathrm{d}l = -\oint \frac{\mu_0 I}{2\pi r} r\mathrm{d}\phi = -\mu_0 I \qquad (7.22\mathrm{b})$$

(3) 电流不穿过环路，如图 7.16(c)所示.

环路上 $\mathrm{d}\boldsymbol{l}_1$ 和 $\mathrm{d}\boldsymbol{l}_2$ 处到长直电流导线的距离分别为 r_1 和 r_2，则两处的磁感应强度分别为

$B_1 = \dfrac{\mu_0 I}{2\pi r_1}$，$B_2 = \dfrac{\mu_0 I}{2\pi r_2}$，对应于线元对 $\mathrm{d}\boldsymbol{l}_1$ 和 $\mathrm{d}\boldsymbol{l}_2$ 上的 $\boldsymbol{B}_1 \cdot \mathrm{d}\boldsymbol{l}_1 + \boldsymbol{B}_2 \cdot \mathrm{d}\boldsymbol{l}_2$ 有

$$\begin{aligned}\boldsymbol{B}_1 \cdot \mathrm{d}\boldsymbol{l}_1 + \boldsymbol{B}_2 \cdot \mathrm{d}\boldsymbol{l}_2 &= B_1 \mathrm{d}l_1 \cos\theta_1 + B_2 \mathrm{d}l_2 \cos\theta_2 \\ &= \frac{\mu_0 I r_1 \mathrm{d}\phi}{2\pi r_1} - \frac{\mu_0 I r_2 \mathrm{d}\phi}{2\pi r_2} = 0 \qquad (7.22\mathrm{c})\end{aligned}$$

(7.22c)式说明若环路内没有电流，则磁场环流为 0.

(4) 推广到一般情况，如图 7.16(d)所示. 设电流 $I_1 \sim I_k$ 在环路 L 内穿过，电流 $I_{k+1} \sim I_n$ 在环路 L 外穿过. 则磁场环流为

$$\begin{aligned}\oint_L \boldsymbol{B} \cdot \mathrm{d}\boldsymbol{l} &= \oint_L \sum_{i=1}^{n} \boldsymbol{B}_i \cdot \mathrm{d}\boldsymbol{l} \\ &= \sum_{i=1}^{n} \oint_L \boldsymbol{B}_i \cdot \mathrm{d}\boldsymbol{l} = \mu_0 \sum_{i=1}^{n} I_i + 0 \\ &= \mu_0 \sum_{i=1}^{k} I_i \qquad (7.22\mathrm{d})\end{aligned}$$

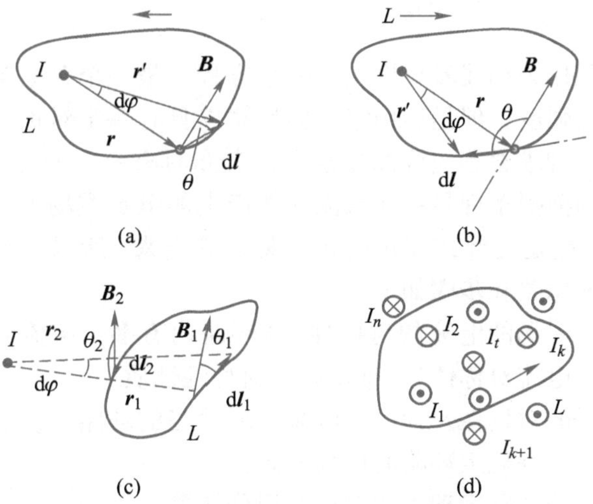

图 7.16　载流长直导线磁场中的环路定理

由此总结出真空中磁场的安培环路定理如下：

真空中的恒定磁场，磁感应强度 $\boldsymbol{B}$ 沿任何闭合路径的线积分等于该闭合路径所包围的各个电流的代数和的 μ_0 倍. 其数学表达式为

$$\oint_L \boldsymbol{B} \cdot \mathrm{d}\boldsymbol{l} = \mu_0 \sum_i I_i \tag{7.23}$$

(7.23)式表明：在真空中，磁感应强度 B 沿任意闭合路径的环流等于穿过以该闭合路径为边界的任意曲面的各电流的代数和与真空磁导率 μ_0 的乘积，而与未穿过该曲面的电流无关. 注意：未穿过以闭合路径为边界的任意曲面的电流虽然对磁感应强度沿该闭合路径的环流无贡献，但这些电流对闭合路径 L 内各点的磁感应强度有影响.

在(7.23)式右边的求和符号里的电流 I_i 的正、负由电流的流向和环路的走向决定，电流流向与环路走向满足右手螺旋关系时，该电流为正；满足左手螺旋关系时，该电流为负.

应该指出的是，(7.23)式表述的安培环路定理仅适用于恒定电流产生的磁场. 恒定电流本身总是闭合的，故安培环路定理仅适用于闭合的载流导线，而对于任意设想的一段载流导线则不成立. 如果电流随时间变化，则还需要对(7.23)式加以修正.

在上一小节，我们曾指出，磁场的高斯定理说明磁场是无源场，磁感线具有闭合性. 而安培环路定理则说明磁场是非保守场，是涡旋场，电流以涡旋的方式激发磁场. 静电场的特性是有源无旋，而恒定磁场的特性是有旋无源. 两个方程式各从一个侧面反映了恒定磁场的性质，两者共同给出了恒定磁场的全部特性，它们是恒定磁场的基本场方程.

3.3 安培环路定理的应用

安培环路定理作为描述磁场性质的一个方程，是一个普遍定理，能用该定理简便计算出磁感应强度，但是利用它只能计算出具有一定对称性的磁场分布，因而应用安培环路定理求磁感应强度要求电流分布具有一定的对称性. 即利用安培环路定理求磁场的前提条件是：在载流导体产生的恒定磁场中，可以找到一条闭合环路 L，使得环路定理等式左边的积分易于算出来. 所以，利用安培环路定理求磁场的基本解题思路和步骤如下：

(1) 分析产生磁场的电流的对称性(若环路内有多个载流导体，也可将系统分解成多个完整的电流对称体)，确定磁场对称性性质；

(2) 根据磁场的对称性，为每个电流选取适当的环路，使安培环路定理等式左边易于积分出来，并规定环路的环绕方向；

(3) 计算出安培环路定理等式左边的积分结果；

(4) 根据环路绕行方向与电流的流向是否满足右手螺旋关系，来判断穿过安培环路的电流的正、负号，并计算出安培环路定理等式右边的结果；

(5) 由安培环路定理求出磁感应强度(当载流系统由多个对称体组成时，应

用安培环路定理分别计算出各个载流体在场点处的分磁感应强度，再根据叠加原理求出总的磁感应强度).

> **讨论 5:**
> 对于一根有限长载流直导线产生的磁场，能否用安培环路定理求出其磁感应强度?

应用举例:

1. 长直载流圆柱体的磁场

在利用毕奥-萨伐尔定理计算无限长载流直导线的磁感应强度(7.8)式时，认为载流导线很细. 实际上，导线都有一定的半径，尤其在考察载流导线内部的磁场分布时，要将导线看成圆柱体. 对于恒定载流导线，其横截面上的电流 I 是均匀分布的.

求半径为 R 的长直载流圆柱内、外，距轴线为 r 的 P 点的磁感应强度.

对称性分析如下:

将长直载流圆柱体分割成许多截面为 $\mathrm{d}S$ 的无限长直电流，每一直电流的磁感应强度都分布在垂直于导体的平面内. 如图 7.17 所示，过场点 P 截取垂直于载流导体的横截面，载流导体轴线与此截面交于 O 点. 导体截面上的电流关于 OP 对称分布，在截面内取关于 OP 对称的面积元 $\mathrm{d}S$ 和 $\mathrm{d}S'$，设 $\mathrm{d}\boldsymbol{B}$ 和 $\mathrm{d}\boldsymbol{B}'$ 分别是以 $\mathrm{d}S$ 和 $\mathrm{d}S'$为截面的无限长电流 $\mathrm{d}I$ 和 $\mathrm{d}I'$在 P 点产生的磁感应强度. 合矢量 $\mathrm{d}\boldsymbol{B}+\mathrm{d}\boldsymbol{B}'$ 应沿以 O 为圆心、半径 $r=|OP|$的圆在 P 点的切线方向并与电流方向构成右手螺旋关系. 任意截面面元 $\mathrm{d}S$ 都能找到与它关于 OP 对称的面元 $\mathrm{d}S'$，以它们为截面的任意一对长直电流 $\mathrm{d}I$ 和 $\mathrm{d}I'$，在 P 点产生的磁场都具有这一特性，所以整个载流圆柱体上电流在 P 点产生的总磁感应强度 $\boldsymbol{B}$ 沿该点的切线方向. 半径 $r=|OP|$的圆周上各点的磁场方向都沿该点的切线方向，且同一圆周上的磁感应强度 $\boldsymbol{B}$ 的大小相等. 因此，在 P 点所在圆柱体截面上，选择以 O 为圆心通过 P 点的圆周作为积分的闭合路径 L，易于计算出安培环路定理等式左边的积分，并规定 L 的绕向，使其方向与电流的方向构成右手螺旋关系，则有

$$\oint_L \boldsymbol{B}\cdot\mathrm{d}\boldsymbol{l}=\oint_L B\cdot\mathrm{d}l=B\oint_L \mathrm{d}l=B\cdot 2\pi r$$

对导体内部的任意一点 P，$r<R$，L 所包围的电流 $I'=\dfrac{1}{\pi R^2}\pi r^2=\dfrac{r^2}{R^2}I$，由安培环路定理得

$$2\pi rB=\mu_0\frac{r^2}{R^2}I$$

即

$$B=\frac{\mu_0 rI}{2\pi R^2}\qquad (r<R)$$

上式表明，在载流导体内部，B 与 r 成正比.

对导体外部的任意一点 P，$r>R$，L 所围的电流即流过圆柱体的总电流 I，由

安培环路定理得

$$2\pi rB=\mu_0 I$$

得
$$B=\frac{\mu_0 I}{2\pi r}\qquad (r>R)$$

上式表明，在载流导体内部，B 与 r 成反比，即长直载流圆柱体外部磁场 $\boldsymbol{B}$ 的分布与无限长载流直导线的磁场 $\boldsymbol{B}$ 的分布相同.

对于圆柱体表面上的各点，$r=R$，从以上两个结果都能得到：$B=\frac{\mu_0 I}{2\pi R}$. 图 7.17 为长直载流圆柱体的磁场 B 随 r 的变化曲线.

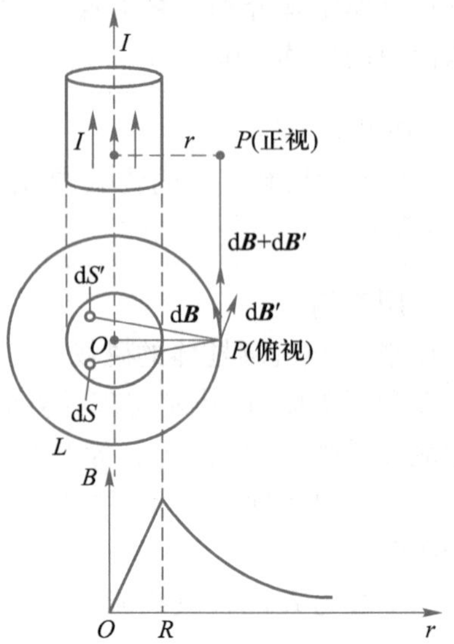

图 7.17 圆柱体磁场对称性分析

2. 长直载流螺线管内的磁场

设螺线管长为 l，直径为 D，且 $l\gg D$；导线均匀密绕在螺线管的圆柱面上，单位长度导线的匝数为 n，导线中的电流为 I，求通电螺线管的磁场分布.

根据叠加原理对磁场进行对称性分析：长直密绕载流螺线管可看作由许多个共轴的载流圆环构成，其周围的磁场是各匝圆电流环所激发磁场的叠加. 在长直载流螺线管的中部任选一点 P，在 P 点两侧对称性地选择一组圆电流，由圆电流的磁场分布可知，对称的两圆电流产生的总磁感应强度 $\boldsymbol{B}$ 的方向与螺线管的轴线方向一致，如图 7.18(a)所示.

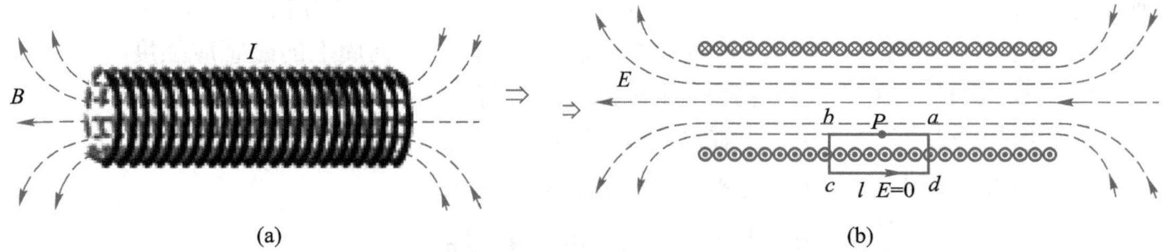

图 7.18 长直载流螺线管的磁场分布

由于 $l\gg D$，长直螺线管可以看成无限长，因此在 P 点两侧可以找到无穷多组对称的圆电流，它们在 P 点的磁场叠加结果与图 7.18(a)相似. 由于 P 点是任选的，因此可以推知长直载流螺线管内各点磁场的方向均沿轴线方向. 螺线管内磁场分布如图 7.18(b)所示.

从图 7.18 中可以看出，在载流螺线管内的中央区域，磁场是均匀分布的，其方向与轴线平行，由圆电流的流向并按右手螺旋定则可判定其方向；而在载流螺线管的外部，磁场很小，可忽略不计，即 $B=0$. 据此，可选择如图 7.18(b)所示的一边 ab 在螺线管内过任意场点 P、对边 cd 在螺线管外的一矩形闭合曲线 $abcda$

为安培环路L，并规定其绕向为逆时针方向. 则环路ab段的$\mathrm{d}\boldsymbol{l}$方向与磁场$\boldsymbol{B}$的方向一致，故有$\boldsymbol{B}\cdot\mathrm{d}\boldsymbol{l}=B\mathrm{d}l$；在环路$cd$段上，$B=0$，则$\boldsymbol{B}\cdot\mathrm{d}\boldsymbol{l}=0$；在环路$bc$段和$da$段上，管内部分$\boldsymbol{B}$与$\mathrm{d}\boldsymbol{l}$垂直，管外部分$B=0$，都有$\boldsymbol{B}\cdot\mathrm{d}\boldsymbol{l}=0$，因此，沿此环路$L$的磁感应强度$\boldsymbol{B}$的环流为

$$\oint_L \boldsymbol{B}\cdot\mathrm{d}\boldsymbol{l}=\int_{ab}\boldsymbol{B}\cdot\mathrm{d}\boldsymbol{l}+\int_{bc}\boldsymbol{B}\cdot\mathrm{d}\boldsymbol{l}+\int_{cd}\boldsymbol{B}\cdot\mathrm{d}\boldsymbol{l}+\int_{da}\boldsymbol{B}\cdot\mathrm{d}\boldsymbol{l}=\int_{ab}\boldsymbol{B}\cdot\mathrm{d}\boldsymbol{l}=B\cdot|ab|$$

已知单位长度的螺线管上有n匝线圈，通过每匝线圈的电流都为I，则环路L所包围的总电流为$n|ab|I$，根据右手螺旋定则可知，电流取正.

由安培环路定理$B|ab|=\mu_0 n|ab|I$得

$$B=\mu_0 nI \tag{7.24}$$

由(7.24)式可以看出，通电直螺线管内部空间的磁场为均匀磁场，即管内部的磁感线为一系列等间距的平行线，且方向相同. 螺线管可在实验上建立所需要的均匀磁场，正如平行板电容器可建立所需要的均匀电场一样.

3. 载流环形螺线管(螺绕环)内、外部的磁场分布

均匀密绕在环形管上的圆形线圈叫作环形螺线管(螺绕环)，设线圈总匝数为N，如图7.19所示. 由于线圈密绕，当线圈通有电流I时，每一匝线圈相当于一个圆形电流环.

利用对称性分析环形螺线管的磁场分布. 如图7.19(a)所示，均匀密绕螺绕环的电流关于环中心轴线对称分布，不论在螺线管的内部还是在螺线管的外部，通电螺绕环产生的磁场均关于该中心轴对称. 由于磁感线是闭合曲线，因此，所有电流环产生的磁感应线是圆心在环中心轴线上，并与环面平行的同轴圆线.

沿螺绕环直径切开剖面图如图7.19(b)所示，在环内作一个半径为r的环路$\boldsymbol{L}$，其绕行方向如图7.19(b)所示. 环路上各点的磁感应强度$\boldsymbol{B}$大小相等，由右手螺旋定则可知，$\boldsymbol{B}$的方向与环路$\boldsymbol{L}$绕行方向一致. 磁感应强度$\boldsymbol{B}$沿此环路的环流为

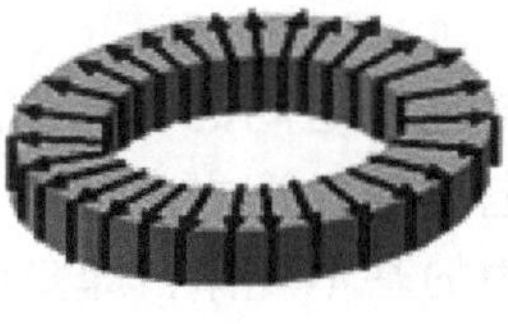

(a)

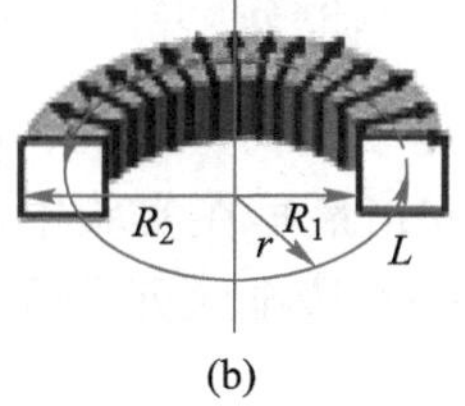

(b)

图7.19　通电螺绕环的磁场分布

$$\oint_L \boldsymbol{B}\cdot\mathrm{d}\boldsymbol{l}=\oint_L B\cdot\mathrm{d}l=B\oint_L \mathrm{d}l=B\cdot 2\pi r$$

环路L包围的总电流为NI，根据安培环路定理，有

$$B\cdot 2\pi r=\mu_0 NI$$

得
$$B=\frac{\mu_0 NI}{2\pi r}\quad (R_1< r< R_2) \tag{7.25}$$
可见，通电螺绕环内的磁感应强度随场点到环心的距离而变，即螺绕环内为非均匀磁场.

用 R 表示螺绕环的平均半径，当 $R \gg R_2-R_1$ 时，可近似认为环内任一与环共轴的同心圆的半径 $r\approx R$，则上式可变换为
$$B=\mu_0\frac{N}{2\pi R}I=\mu_0 nI\quad (R_1< r< R_2) \tag{7.26}$$
上式中，$n=N/(2\pi R)$为单位长度螺绕环上线圈的匝数. 因此，当螺绕环的平均半径 $R\gg R_2-R_1$ 时，通电螺线管内的磁场近视均匀，B 的计算结果与通电长直螺线管的相同.

同理，求解通电螺线管外部($r<R_1$ 或 $r>R_2$)磁场时，也可选取与螺绕环共轴的圆形环路 L(半径为 r')作为安培环路，则 $\oint_L \boldsymbol{B}\cdot \mathrm{d}\boldsymbol{l} = B\cdot 2\pi r'$. 因为环路 L 所围的电流代数和为零，由安培环路定理有 $B\cdot 2\pi r'=0$，所以 $B=0$. 即均匀密绕通电螺绕环产生的磁场几乎全部集中于管内，在环的外部空间，磁感应强度处处为零.

第四节 磁场对电流的作用及其应用

前面的内容揭示了磁本质上是由运动电荷产生的，并分析了几种典型的恒定电流所产生的磁场的分布. 本节将通过讨论几个具体问题来介绍磁场对运动电荷的作用，为一些利用磁特性的应用提供基本原理. 本节的主要内容有：磁场对载流导线作用力的基本规律——安培定理；磁场对载流线圈作用的磁力矩；磁场对运动电荷的作用力——洛伦兹力.

4.1 磁场对载流导线的作用力

由于磁场是由运动电荷产生的，电流与电流之间的相互作用本质上是磁场对运动电荷的作用. 安培最早在实验中发现电流与电流之间的相互作用这一现象并总结出载流导线上一小段电流元所受安培力的基本规律，即安培定理：
$$\mathrm{d}\boldsymbol{F}=I\mathrm{d}\boldsymbol{l}\times\boldsymbol{B} \tag{7.27}$$
在磁场中，电流元 $I\mathrm{d}\boldsymbol{l}$ 所受到的磁场作用力(安培力)$\mathrm{d}\boldsymbol{F}$ 的大小与该点处的磁感应强度 $\boldsymbol{B}$ 的大小、电流元的大小以及电流元 $I\mathrm{d}\boldsymbol{l}$ 和磁感应强度 $\boldsymbol{B}$ 之间的夹角 θ [或用($I\mathrm{d}\boldsymbol{l}$, $\boldsymbol{B}$)表示]的正弦值成正比，即 $\mathrm{d}F=kBI\mathrm{d}l\sin\theta$，安培力 $\mathrm{d}\boldsymbol{F}$ 的方向为矢积 $I\mathrm{d}\boldsymbol{l}\times\boldsymbol{B}$ 的方向，如图 7.20 所示.

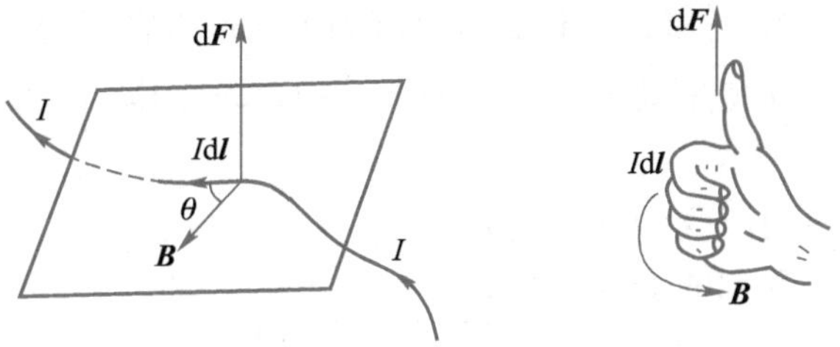

图 7.20 安培力的方向

在国际单位制中，$\boldsymbol{B}$ 的单位为特斯拉(T)，I 的单位为安培(A)，$\mathrm{d}\boldsymbol{l}$ 的单位为米(m)，$\mathrm{d}\boldsymbol{F}$ 的单位为牛顿(N).

磁场力也满足叠加原理，所以任何有限长的载流导线 L 在磁场中所受的安培力 $\boldsymbol{F}$ 应等于导线 L 上各个电流元所受安培力 $\mathrm{d}\boldsymbol{F}$ 的矢量和，即

$$\boldsymbol{F} = \int \mathrm{d}\boldsymbol{F} = \int_L I\mathrm{d}\boldsymbol{l} \times \boldsymbol{B} \tag{7.28}$$

通过对一些具体的载流导线在磁场中受到的安培力进行理论计算和实验测量，两种方法的结果相符间接证明了安培定理的正确性.

式(7.28)是一个矢量积分，如果导线上各个电流元 $I\mathrm{d}\boldsymbol{l}\times\boldsymbol{B}$ 所受到的安培力 $\mathrm{d}\boldsymbol{F}$ 的方向都相同，则此矢量积分可直接化为标量积分进行计算. 例如，一段长为 L 的载流直导线放在均匀磁场 $\boldsymbol{B}$ 中，如图 7.21 所示. 根据矢积的右手螺旋定则可知导线上各个电流元所受安培力 $\mathrm{d}\boldsymbol{F}$ 的方向都垂直于纸面向外. 所以整个载流直导线 L 所到受的安培力 $\boldsymbol{F}$ 的大小为

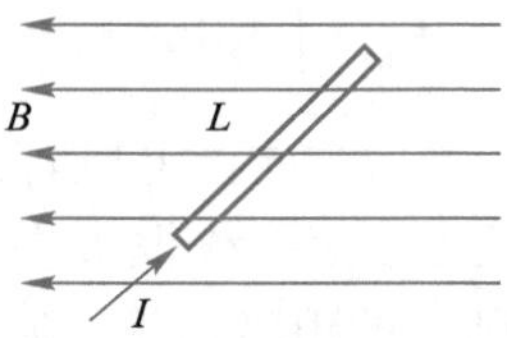

图 7.21 均匀磁场中的载流直导线

$$F = \int \mathrm{d}F = \int_L IB\sin\theta \mathrm{d}l$$

其中 θ 为电流 I 的方向与磁场 $\boldsymbol{B}$ 的方向之间的夹角，$\boldsymbol{F}$ 的方向与 $\mathrm{d}\boldsymbol{F}$ 的方向相同，即垂直于纸面向外.

由(7.28)式可以看出，当载流直导线与磁场方向平行($\theta=0$ 或 π)时，$F_{\min}=0$，即导线不受安培力作用；当载流直导线与磁场垂直$\left(\theta=\dfrac{\pi}{2}\right)$时，导线所受安培力最大，为 $F_{\max}=BIL$；如果载流导线上各个电流元所受安培力 $\mathrm{d}\boldsymbol{F}$ 的方向各不相同，则(7.28)矢量积分式不能直接计算. 这时应选取适当的坐标系，先将安培力 $\mathrm{d}\boldsymbol{F}$ 沿各坐标轴进行分解，得到各坐标轴分量 $\mathrm{d}F_i$，然后对各个标量分量进行积分，得到各坐标轴方向分力大小：$F_x = \int_L \mathrm{d}F_x$，$F_y = \int_L \mathrm{d}F_y$，$F_z = \int_L \mathrm{d}F_z$，最后再将各分力加上方向并进行矢量叠加，得到合力 $\boldsymbol{F}$.

[例 7.9] 如图 7.22 所示，一根载有电流为 $I_1=30$ A 的长直导线，其右侧距该导线为 a 处有一长和宽分别为 $b=8.0$ cm，$l=12$ cm 的矩形导线框 L. $I_2=20$ A，$a=1.0$ cm. 求：

(1) 导线框各边所受到的安培力；

(2) 导线框所受到的安培合力.

[解] 取水平向右为正方向.

由对称性分析可知，矩形导线框 L 上下两根导线所受到的安培力大小相等，方向相反. 分析 L 上下任意一根导线的受力情况，因为每根导线不同点离 I_1 的距离不同，所以同一根导线各线段上的磁感应强度 B 的大小也不同，但各线段上 $\boldsymbol{B}$ 的方向相同，因此计算整根导线受到的安培力，需用积分的方法. 方法如下：在上导线距 I_1 为 x 处取电流元 $I_2\mathrm{d}x$，，I_1 在此处产生的磁感应强度为 $B=\dfrac{\mu_0 I_1}{2\pi x}$，方向垂直于纸面向里，则上下两条导线受力大小为

$$F_1=F_2=\int_l I_2\mathrm{d}lB\sin\theta=\int_a^{a+b}\frac{\mu_0 I_1}{2\pi x}I_2\mathrm{d}x=\frac{\mu_0 I_1 I_2}{2\pi}\ln\frac{a+b}{a}$$

受力方向：上边向上，下边向下.

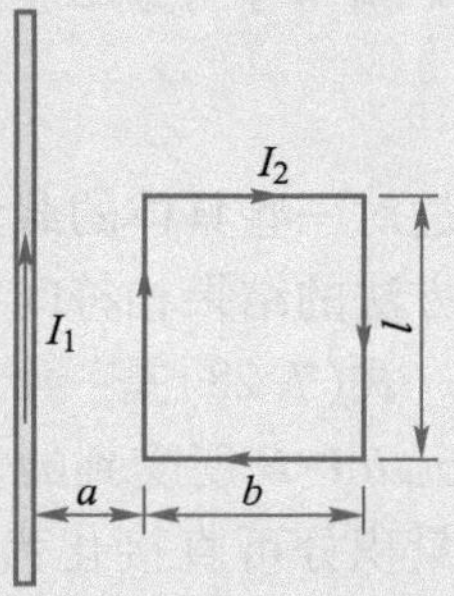

图 7.22 例 7.9 题图

对于矩形线框 L 左右两根导线，同一根导线上各线段到 I_1 的距离相等，所以各线段的磁感应强度大小相等且方向相同. 左右两根导线所受到的安培力的大小分别为

$$F_3=\frac{\mu_0 I_1 I_2 l}{2\pi a}$$

$$F_4=-\frac{\mu_0 I_1 I_2 l}{2\pi(a+b)}$$

受力方向：左边向左，右边向右.

矩形线框 L 所受到的总的安培力 F 为左、右两条导线所受安培力 F_3 和 F_4 的矢量和，故合力的大小为

$$F=F_3+F_4=\frac{\mu_0 I_1 I_2 l}{2\pi a}-\frac{\mu_0 I_1 I_2 l}{2\pi(a+b)}=1.28\times10^{-3}\mathrm{N}$$

合力的方向水平向左.

4.2 磁场对载流线圈的作用力矩

刚性载流线圈在磁场中会受到磁力矩的作用，因而可以发生转动. 这是电磁仪表和电动机的工作原理. 利用安培定理可以求解均匀磁场对平面载流线圈作用的安培力矩.

矩形载流线圈

图 7.23(a)为处在匀强磁场中的一平面载流线圈，图 7.23(b)为其俯视图.

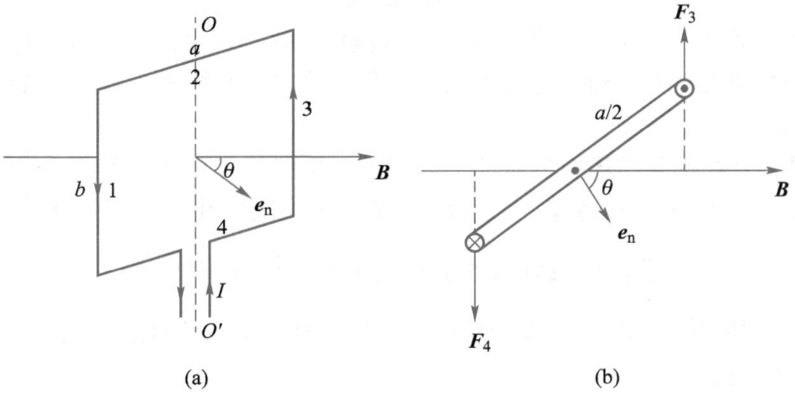

图 7.23　载流矩形线圈在磁场中的受力

设载流线圈 i，宽为 a、高为 b，线圈通以电流 I，且线圈中心轴线 OO' 与均匀外磁场 $\boldsymbol{B}$ 垂直. 设线圈所在平面的法线方向矢量 $\boldsymbol{n}$ 与 $\boldsymbol{B}$ 的夹角为 θ. 下面分析载流线圈在外磁场中的受力和运动情况.

规定载流线圈所围面积矢量的法线方向单位矢量 $\boldsymbol{e}_n$ 与电流流向满足右手螺旋定则，则面积矢量 $\boldsymbol{S}=ab\boldsymbol{e}_n$.

如图 7.24 所示，根据安培定理($\mathrm{d}\boldsymbol{F}=I\mathrm{d}\boldsymbol{l}\times\boldsymbol{B}$)和叠加原理，载流线圈上、下两边受力的大小为

$$\text{上边：}F_2=IaB\sin\left(\frac{\pi}{2}+\theta\right),$$

$$\text{下边：}F_4=IaB\sin\left(\frac{\pi}{2}-\theta\right);$$

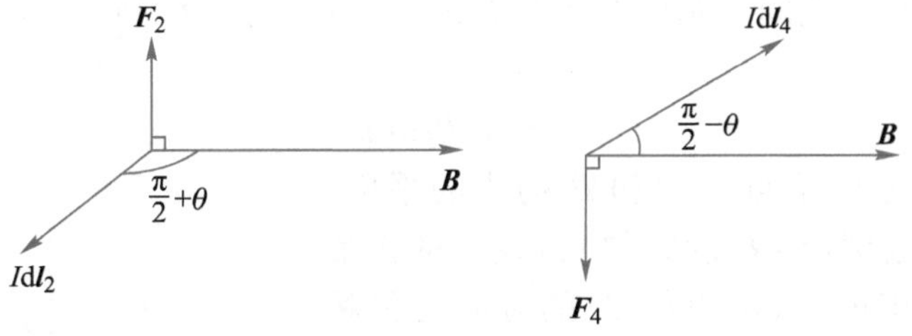

图 7.24　载流线圈上、下边的受力分析

力 F_2 与 F_4 等大反向，且共线，即 $\boldsymbol{F}_2+\boldsymbol{F}_4=\boldsymbol{0}$，对载流线圈不产生运动学效应.

如图 7.23(b)所示，根据安培定理和叠加原理，载流线圈左、右两边的导线受力大小相等：$F_3=F_4=IbB$，方向反向，但两个力不共线，即力偶，产生力偶矩，即安培力矩 $\boldsymbol{M}$：

$$M=2\cdot F_3\frac{a}{2}\cos\left(\frac{\pi}{2}-\theta\right)=IabB\sin\theta=ISB\sin\theta=mB\sin\theta \tag{7.29}$$

(7.29)式中，$\boldsymbol{m}=I\boldsymbol{S}=IS\boldsymbol{e}_n$ 为载流线圈的磁偶极矩(磁矩)，则 $\boldsymbol{M}$ 的矢量表达式为

$$\boldsymbol{M}=\boldsymbol{m}\times\boldsymbol{B} \tag{7.30}$$

(7.29)式和(7.30)式虽然是由矩形载流线圈推导出来的，但可以证明，求解任意形状的载流平面线圈在均匀磁场中所受到的安培力矩 $\boldsymbol{M}$，也可以通过上述两式来计算.

可见，处在均匀磁场中的载流平面线圈，虽然所受到的安培合力为零，但它受到的安培力矩 $\boldsymbol{M}$ 并不为零. 安培力矩 $\boldsymbol{M}$ 总是力图使线圈的磁矩 $\boldsymbol{m}$ 转到磁场 $\boldsymbol{B}$ 的方向上来. 当 $\theta=\dfrac{\pi}{2}$，即线圈的磁矩 $\boldsymbol{m}$ 与磁场方向垂直(线圈平面与磁场方向平行)时，线圈所受到的安培力矩 $\boldsymbol{M}$ 最大，大小为 $Mm_{\max}$. 因此，磁感应强度 $\boldsymbol{B}$ 的大小也可以表示为

$$B=\frac{M_{\max}}{m}$$

当 $\theta=0$，即载流线圈的磁矩 $\boldsymbol{m}$ 与磁场 $\boldsymbol{B}$ 方向一致时，其受到的安培力矩 $\boldsymbol{M}$ 最小为：$\boldsymbol{M}=\boldsymbol{0}$，此时线圈处于稳定平衡状态；当 $\theta=\pi$ 时，虽然载流线圈所受到的安培力矩 $\boldsymbol{M}$ 也为零，但此时线圈处于非稳定平衡状态.

4.3 磁场对运动电荷的作用力

带电粒子在磁场中运动时，受到磁场的作用力，磁场对运动电荷的作用力叫做洛伦兹力. 磁聚焦、磁塞、磁约束、荷质比测定、回旋加速器以及霍尔效应等应用都是基于这个基本原理.

实验表明，在磁场中运动的带电粒子在空间某点处所受到的洛伦兹力 $\boldsymbol{F}$ 的大小，与运动粒子所带电荷量 q 值、粒子运动速度 $\boldsymbol{v}$ 的大小、该点的磁感应强度 $\boldsymbol{B}$ 的大小以及 $\boldsymbol{B}$ 与 $\boldsymbol{v}$ 之间夹角 θ 的正弦成正比. 在国际单位制中，洛伦兹力 $\boldsymbol{F}$ 的大小为

$$F=qvB\sin\theta \tag{7.31}$$

洛伦兹力 $\boldsymbol{F}$ 的方向垂直于 $\boldsymbol{v}$ 和 $\boldsymbol{B}$ 构成的平面，根据右手螺旋定则($\boldsymbol{v}\times\boldsymbol{B}$ 的方向)以及 q 的正负来确定：对于正电荷($q>0$)，$\boldsymbol{F}$ 的方向与矢积 $\boldsymbol{v}\times\boldsymbol{B}$ 的方向相同；对于负的运动电荷($q<0$)，则 $\boldsymbol{F}$ 的方向与矢积 $\boldsymbol{v}\times\boldsymbol{B}$ 的方向相反，如图 7.25 所示.

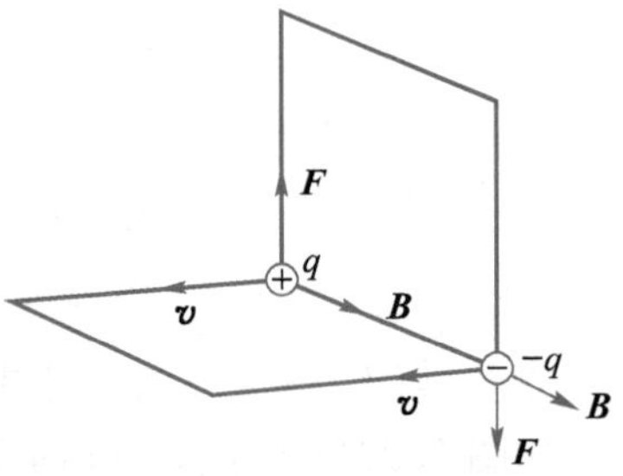

图 7.25 运动带电粒子在磁场中的受力

洛伦兹力 $\boldsymbol{F}$ 的矢量式为

$$\boldsymbol{F}=q\boldsymbol{v}\times\boldsymbol{B} \tag{7.32}$$

上式中的 q 本身有正、负之分，这由运动粒子所带电荷的电性决定.

当电荷运动方向平行于磁场方向时，即 $\boldsymbol{v}$ 与 $\boldsymbol{B}$ 之间的夹角 $\theta=0$ 或 $\theta=\pi$，则运动电荷所受的洛伦兹力最小 $F=0$.

当电荷运动方向垂直于磁场方向时，即 $\boldsymbol{v}$ 与 $\boldsymbol{B}$ 的夹角 $\theta=\frac{\pi}{2}$，则运动电荷所受的洛伦兹力最大，

$$F=F_{\max}$$

即(7.1)式中定义磁感应强度 $\boldsymbol{B}$ 大小的力.

由于运动电荷在磁场中所受的洛伦兹力的方向始终与运动电荷的速度方向垂直，所以洛伦兹力只能改变运动电荷的速度方向，不能改变运动电荷速度的大小. 即洛伦兹力只能使运动电荷的运动路径发生弯曲，对运动电荷不做功.

4.4　霍尔效应

如图 7.26 所示，将通有电流 I 的金属板(或半导体板)置于磁感应强度为 $\boldsymbol{B}$ 的均匀磁场中，且 I 与 $\boldsymbol{B}$ 的方向垂直，则在金属板的上、下两表面间产生横向电势差 U_{H}，即霍尔电势差，这一现象称为霍尔效应.

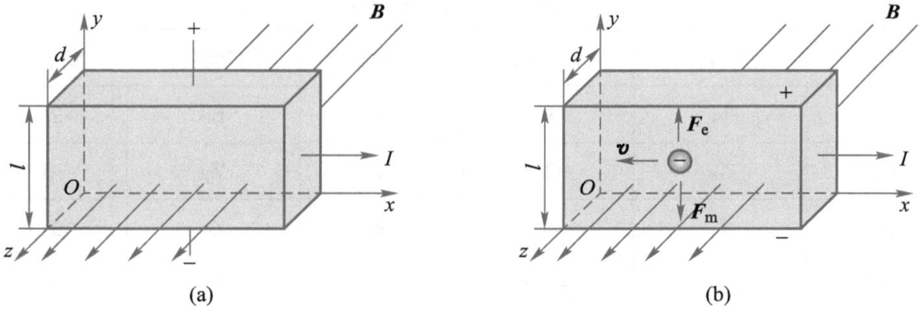

图 7.26　霍尔效应

实验表明，霍尔电势差 U_{H} 的大小与电流 I 及磁感应强度 $\boldsymbol{B}$ 的大小成正比，与金属板的厚度 d 成反比. 下面用载流子受到的洛伦兹力来解释霍尔效应.

设一导体薄片宽为 l、厚为 d，把它放在磁感应强度为 $\boldsymbol{B}$ 的均匀磁场中，在垂直于 l 和 d 构成的平面方向通以电流 I，如图 7.26(a)所示. 假定载流子(金属导体中为电子)作宏观定向运动的平均速度为 $\boldsymbol{v}$(也叫平均漂移速度，与 I 的方向相反)，则每个载流子受到的平均洛伦兹力 $\boldsymbol{F}_{\mathrm{m}}$ 的大小为 $F_{\mathrm{m}}=qvB$，其方向为矢积$q\boldsymbol{v}\times\boldsymbol{B}$的方向，如图 7.26(b)所示. 在洛伦兹力的作用下，正载流子聚集于金属板上表面，电子聚集于金属板下表面. 随着电荷的积累，在金属板上下两表面之间产生强度为 $\boldsymbol{E}_{\mathrm{H}}$ 的横向电场，使载流子受到与洛伦兹力方向相反的电场力 $\boldsymbol{F}_{\mathrm{e}}(=q\boldsymbol{E}_{\mathrm{H}})$的作用. 当达到动态平衡时，即载流子受到的两个作用力等大反向时，有

$$qvB=qE_{\mathrm{H}}，即 E_{\mathrm{H}}=vB$$

由于半导体内各处载流子的平均漂移速度相等，而且处于均匀磁场中，所以当载流子达到动态平衡时，(半)导体内出现的横向电场是均匀电场. 于是霍尔电压 $U_{\mathrm{H}}=E_{\mathrm{H}}\cdot l=vlB$，由于电流 $I=nqvs=nqvld$，n 为载流子密度，上面两式消去 v，可得

$$U_H = \frac{1}{nq} \frac{IB}{d} \quad \text{或}$$

$$U_H = R_H \frac{IB}{d} \tag{7.33}$$

式中 $R_H = \frac{1}{nq}$ 叫做材料的霍尔系数. 霍尔系数越大的材料，霍尔效应越显著. 霍尔系数与载流子密度 n 成反比. 在金属导体中，自由电子的浓度大，故金属导体的霍尔系数很小，相应的霍尔电势差也很小，即霍尔效应不明显. 而半导体的载流子密度远比金属导体的小，故半导体的霍尔系数比金属导体的大得多，所以在相同条件下半导体的霍尔效应比金属导体的更显著. 若载流子是负电荷($q<0$)，可知霍尔系数是负值，霍尔电压也是负值. 因此可根据霍尔电压的正、负来判断导电材料中的载流子是正的还是负的.

霍尔系数与材料性质有关，几种典型的金属材料的霍尔系数如表 7.2 所示.

表 7.2 几种典型的金属材料的霍尔系数

物质	化学名称	霍尔系数	物质	化学名称	霍尔系数
锂	Li	-1.7	铍	Be	2.44
钠	Na	-2.5	镁	Mg	-0.94
钾	K	-4.2	锌	Zn	0.33
铯	Cs	-7.8	铬	Cr	6.5
铜	Cu	-0.55	铝	Al	-0.30
银	Ag	-0.84	锡	Sn	-0.048
金	Au	-0.72	铊	Tl	0.12

用半导体做成的具有霍尔效应的器件叫做霍尔元件，它已广泛应用于科学研究和生产技术中. 例如可用霍尔元件做成测量磁感应强度的仪器——高斯计.

利用霍尔效应，可实现磁流体发电，它是目前许多国家都在积极研究的一项高新技术.

第五节 工程案例：回旋加速器

在学校跑长跑，可以绕操场跑圈，占据的空间大大缩小了，受此启发，人们设计了回旋加速器. 回旋加速器是用来获得高能带电粒子的重要设备. 这种设备虽然非常复杂，但其基本原理就是使带电粒子在电场和磁场的作用下，得以往复加速达到高能. 人们用这种高能粒子去轰击原子核或其他粒子，观察其中的反应，从而研究原子核与粒子的特性.

回旋加速器的基本功能是：① 使带电粒子在电场的作用下得到加速；②使带电粒子在磁场的作用下作回旋运动.

1. 构造

如图 7.27 所示，回旋加速器的结构为：

(1) D_1 和 D_2 是密封在高度真空室中的两个半圆形扁金属盒，常称为“D”形电极.“D”形盒由金属材料制成，具有屏蔽外电场的作用. 两个“D”形盒之间的狭缝间距非常小，盒内无电场，只有方向相同的匀强磁场.

(2) 两个 D 形盒分别接在高频交变电源的两极上，在两盒间的窄缝中形成一个方向周期性变化的交变电场.

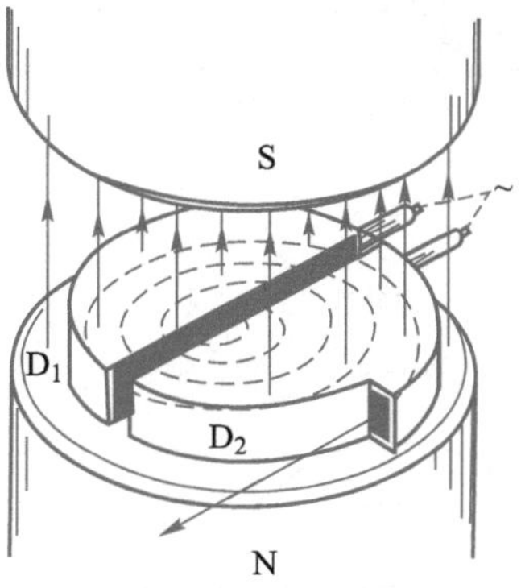

图 7.27 回旋加速器结构图

2. 原理

回旋加速器是利用电场对带电粒子的加速作用和磁场对运动电荷的偏转作用来获得高动能粒子的.

(1) 磁场的作用：如图 7.28(a)所示，带电粒子以某一速度垂直于磁场方向进入匀强磁场时，只在洛伦兹力作用下作匀速圆周运动，其中周期与速度和半径无关，使带电粒子每次进入“D”形盒中都能运动相等时间(半个周期)后，平行于电场方向进入电场中加速.

(2) 交流电压的作用：如图 7.28(b)所示，为了保证每次带电粒子经过狭缝时均被加速，使其能量不断提高，要在狭缝处加一个周期与 $T=2\pi m/(qB)$ 相同的交流电压. 根据 $r=mv/(qB)$ 知，粒子运动的半径将增大，由周期公式 $T=2\pi m/(qB)$ 可知，其运动周期与速度无关，即它运动的周期不变，它运动半个周期后又到达狭缝再次被加速，如此继续下去，带电粒子不断地被加速，在“D”形盒中做半径逐渐增大但周期不变的圆周运动[图 7.28(c)和图 7.28(d)].

3. 特点

(1) 带电粒子的最终能量

由 $r=mv/(qB)$ 得，当带电粒子的运动半径最大时，其速度也最大，带电粒子离开加速器时的最大速度 $v_m=qBR/m$. 若“D”形盒半径为 R，则带电粒子最终动能 $E_{k_{max}}=mv_{max}{}^2/2=q^2B^2R^2/(2m)$. 可见，要提高带电粒子的最终能量，应尽可能增大磁感应强度 B 和“D”形盒的半径 R，与加速电压和加速次数无关.

(2) 同步问题

交变电压的频率与粒子在磁场中作匀速圆周运动的频率相等，交变电压的频率 $f=1/T=qB/(2\pi m)$(当粒子的荷质比或磁感应强度改变时，同时也要调节交变电压的频率，狭缝非常窄，通过电场的时间忽略不计).

(3) 回旋加速的次数

粒子每加速一次动能增加 qU，故需要加速的次数为

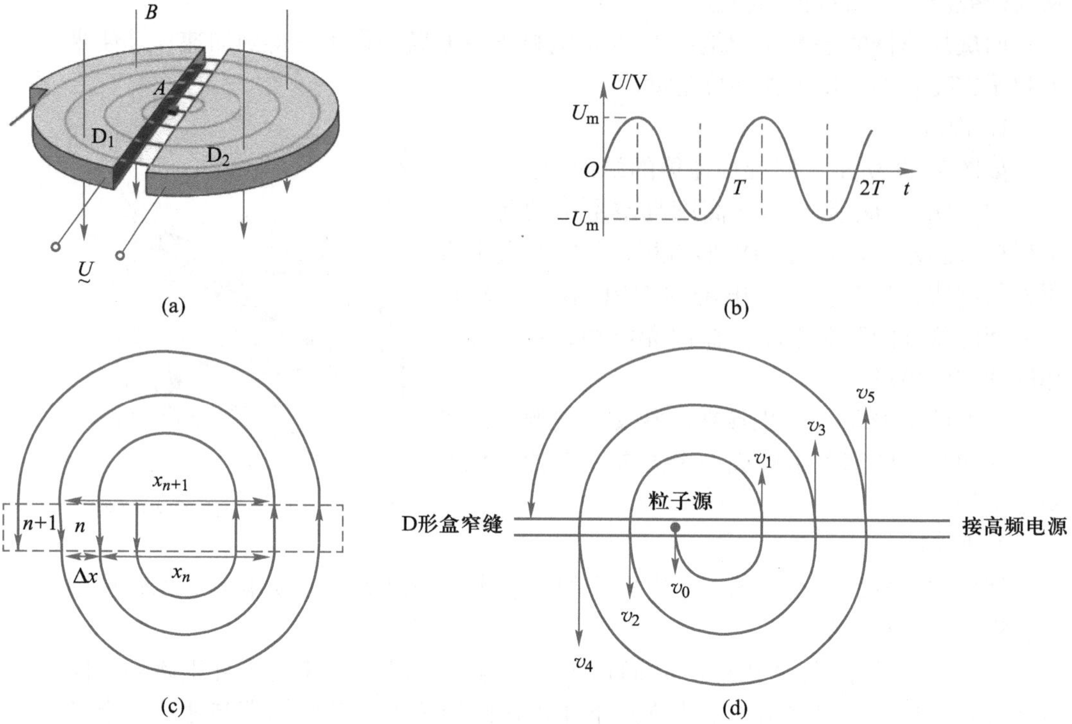

图 7.28 回旋加速器原理图

$n=E_{k_{max}}/(qU)$，回旋次数 $n/2$.

（4）粒子的运动时间

粒子运动时间由在电场中的运动时间和外磁场中的旋转时间组成. 在电场中加速运动的加速度为 $a=qU/(md)$（d 为两“D”形狭缝间距）.

在电场中的时间为

$t_1=v_m/a=BdR/U$ （d 为狭缝间隙）

在磁场中的时间为

$t_2=nT/2=\pi BR^2/2U$ （n 为加速次数）

总时间为

$t=BR(2d+\pi R)/2U$

（5）回旋轨迹半径

$r_n=mv_n/qB$，$nqU=\dfrac{1}{2}mv_n^2$ （n 为加速次数 .）

（6）缺点

由于相对论效应，带电粒子不能被无限加速. 粒子速度很大，质量会增大，影响在磁场中的周期，使得交流电电压很难与在磁场中运动同步，最后又回归直线加速器.

如图 7.29(a)所示，一回旋加速器置于真空中的 D 形金属盒半径为 R，两盒间狭缝的间距为 d，磁感应强度为 $\boldsymbol{B}$ 的匀强磁场与盒面垂直，被加速粒子的质量

为 m，电荷量为 q，加在狭缝间的交变电压如图 7.29(b)所示，电压的大小为 U_0，周期 $T=2\pi m/(qB)$. 一束该种粒子在 $0\sim T/2$ 时间内从 A 处均匀地飘入狭缝，其初速度视为零. 现考虑粒子在狭缝中的运动时间，假设能够射出的粒子每次经过狭缝均作加速运动，不考虑粒子间的相互作用. 求：

（1）出射粒子的动能 $E_{k_{max}}$；

（2）粒子从飘入狭缝至动能达到 E 所需的总时间 t_0；

（3）要使飘入狭缝的粒子中有超过 99%能射出，d 应满足的条件.

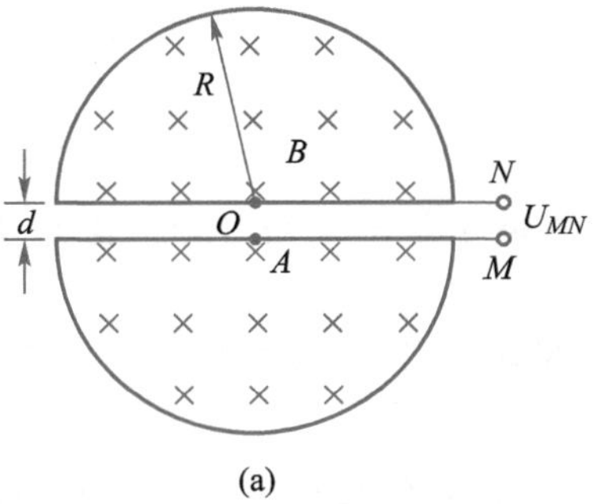

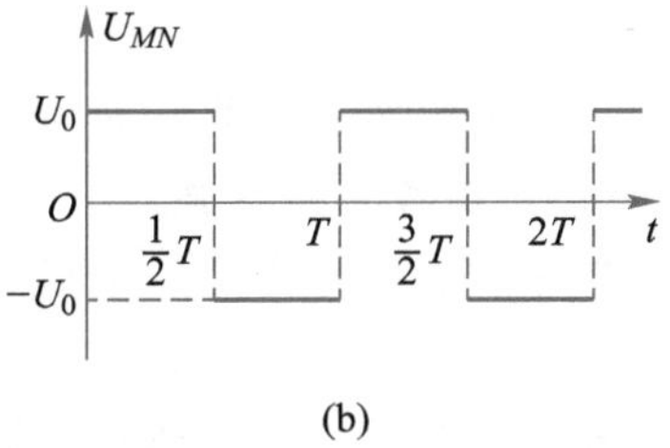

图 7.29　回旋加速器计算例题图

[详解]

(1) 粒子运动半径为 R 时，有

$$qvB=m\frac{v^2}{R}$$

且
$$E_m=\frac{1}{2}mv^2$$

解得
$$E_m=\frac{q^2B^2R^2}{2m}$$

(2) 粒子被加速 n 次达到动能 E_m，则 $E_m=nqU_0$

粒子在狭缝间作匀加速运动，设 n 次经过狭缝的总时间为 Δt，则

加速度
$$a=\frac{qU_0}{md}$$

匀加速直线运动 $nd=\frac{1}{2}a\cdot\Delta t^2$

由
$$t_0=(n-1)\cdot\frac{T}{2}+\Delta t$$

解得
$$t_0=\frac{\pi BR^2+2BRd}{2U_0}-\frac{\pi m}{qB}$$

(3) 只有在 $0\sim\left(\frac{T}{2}-\Delta t\right)$ 时间内飘入的粒子才能每次均被加速

则所占的比例为 $\eta=\dfrac{\dfrac{T}{2}-\Delta t}{\dfrac{T}{2}}$

由 $\eta>99$，解得 $d<\dfrac{\pi m U_0}{100qB^2R}$.

习题

7.1 圆电流在其环绕的平面内，产生的磁场是不是均匀场？请定性判断出，是中心磁场强还是边上磁场强？

7.2 应用数值计算方法，在计算机上模拟绘出亥姆霍兹线圈、螺线管的磁场分布.

7.3 试比较电荷元的场强式与毕奥-萨伐尔定律数学表达式，它们有哪些相似和不同之处？

7.4 设想将一个电荷静止地放在高速飞行的宇宙飞船上，是否会产生磁场？

7.5 对于一根有限长载流直导线产生的磁场，能否用安培环路定理求出其磁感应强度？

7.6 在载流导线附近放置一个静止的电子，电子是否会发生运动？如果以一束电子射线取代载流导线，电子是否会运动？

7.7 两个电流元或两个运动电荷之间的相互作用力是否遵循牛顿第三定律？

7.8 一长直载流导线如图所示，沿 Oy 轴正向放置，在原点 O 处取一电流元 $I\mathrm{d}\boldsymbol{l}$，求该电流元在 $(a,0,0)$，$(0,a,0)$，$(a,a,0)$，(a,a,a) 各点处的磁感应强度 $\boldsymbol{B}$.

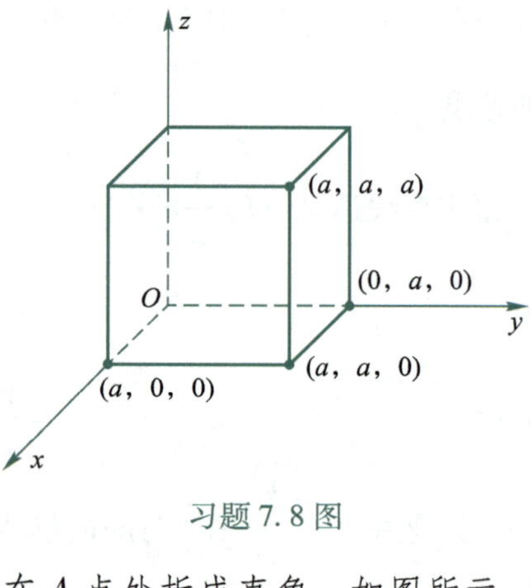

习题 7.8 图

7.9 一条无限长载流直导线在一处弯折成半径为 R 的圆弧如题图所示. 试利用毕奥-萨伐尔定理：

(1) 当圆弧为半圆周时，求圆心 O 处的磁感应强度；

(2) 当圆弧为 $\dfrac{1}{4}$ 圆周时，求圆心 O 处的磁感应强度.

7.10 如图所示，两根导线沿半径方向引到铁环上的 A、B 两点，并在很远处与电源相连，求环中心的磁感应强度.

7.11 真空中有一无限长载流直导线 LL' 在 A 点处折成直角，如图所示. 在

LAL'平面内，求 P、R、S、T 四点处磁感应强度的大小．图中，$d=4.00\ \text{cm}$，电流 $I=20.0\ \text{A}$.

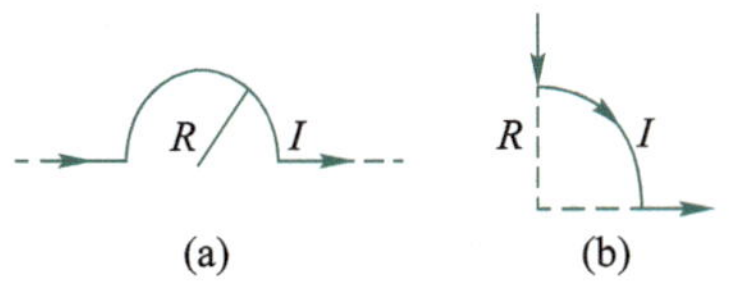

习题 7.9 图

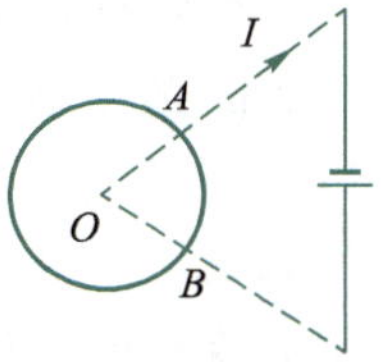

习题 7.10 图

7.12 如图所示．一无限长薄电流板均匀通有电流 I，电流板宽为 a，求在电流板同一平面内距板边为 a 的 P 点处的磁感应强度.

7.13 在半径 $R=1\ \text{cm}$ 的“无限长”半圆柱形金属薄片中，有电流 $I=5\ \text{A}$ 自下而上地通过，如图所示．试求圆柱轴线上一点 P 处的磁感应强度.

7.14 在半径为 R 及 r 的两圆周之间，有一总匝数为 N 的均匀密绕平面线圈（如图所示）通有电流 I，求线圈中心（即两圆圆心）处的磁感应强度.

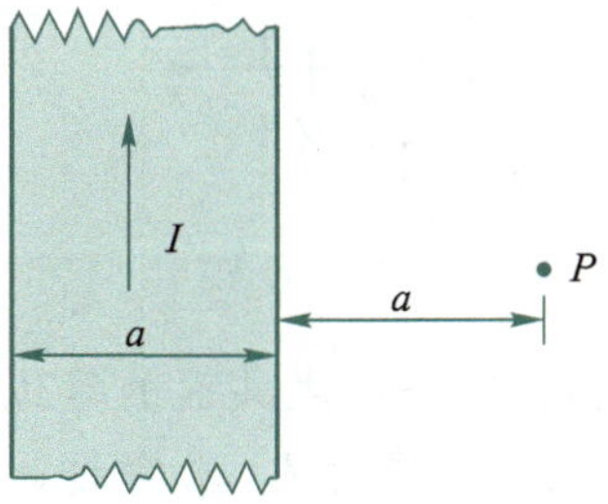

习题 7.12 图

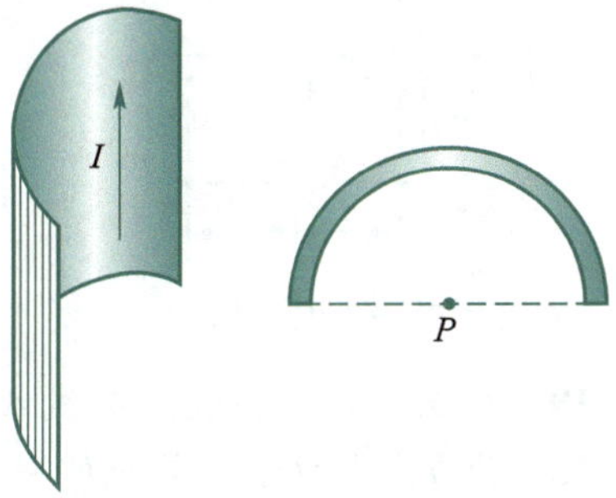

习题 7.13 图

7.15 如图所示，在顶角为 2θ 的圆锥台上密绕以线圈，共 N 匝，通以电流 I，绕有线圈部分的上下底半径分别为 r 和 R. 求圆锥顶 O 处的磁感应强度的大小.

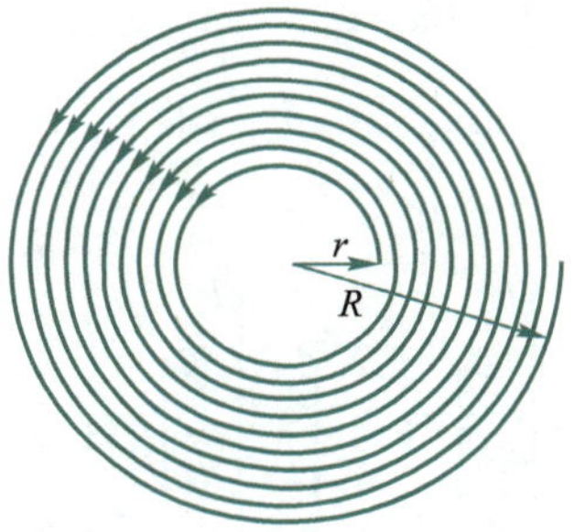

习题 7.14 图

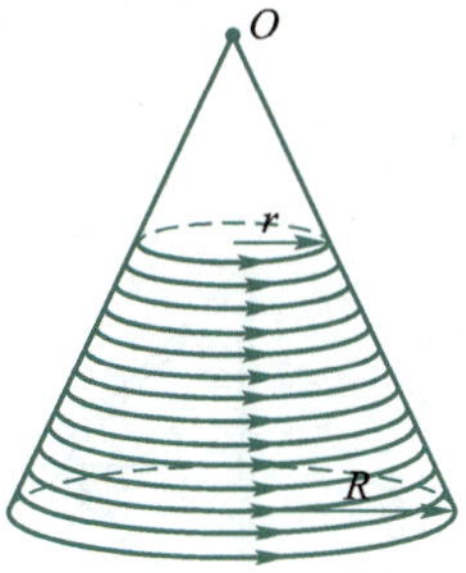

习题 7.15 图

7.16 一个塑料圆盘，半径为 R，电荷 q 均匀分布于表面，圆盘绕通过圆心垂直盘面的轴转动，角速度为 ω. 试证明：

（1）在圆盘中心处的磁感应强度为 $B=\dfrac{\mu_0\omega q}{2\pi R}$；

(2) 圆盘的磁偶极矩为 $m=\frac{1}{4}q\omega R^2$.

7.17 设一均匀磁场沿 x 轴正方向，其磁感应强度值 $B=1$ T. 求在下列情况下，穿过面积为 2 m^2 的平面的磁通量：

(1) 面积和 yz 面平行；

(2) 面积和 xz 面平行；

(3) 面积和 y 轴平行又与 x 轴成 45°角.

7.18 一边长为 $a=0.15$ m 的立方体如图所示放置. 有一均匀磁场 $\boldsymbol{B}=(6\boldsymbol{i}+3\boldsymbol{j}+1.5\boldsymbol{k})$ T 通过立方体所在区域，计算：

(1) 通过立方体上阴影面积的磁通量；

(2) 通过立方体六面的总磁通量.

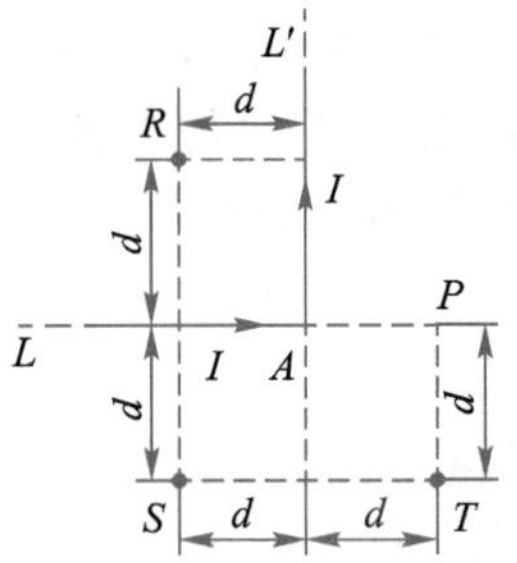

习题 7.16 图

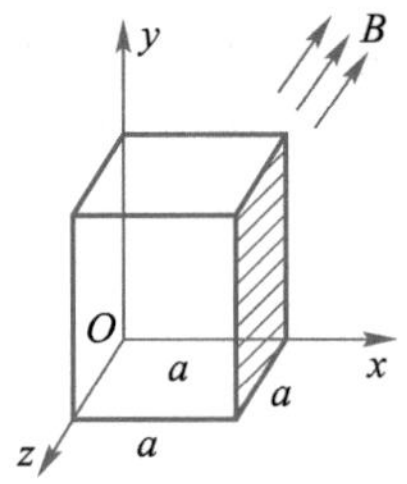

习题 7.18 图

7.19 如图所示，在长直导线 AB 内通有电流 I，有一与之共面的等边三角形 CDE，其高为 h，平行于直导线的一边 CE 到直导线的距离为 b. 求穿过此三角形线圈的磁通量.

7.20 一根很长的圆柱形实心铜导线半径为 R，均匀载流为 I. 试计算：

(1) 如图(a)所示，导线内部通过单位长度导线剖面的磁通量；

(2) 如图(b)所示，导线外部通过单位长度导线剖面的磁通量.

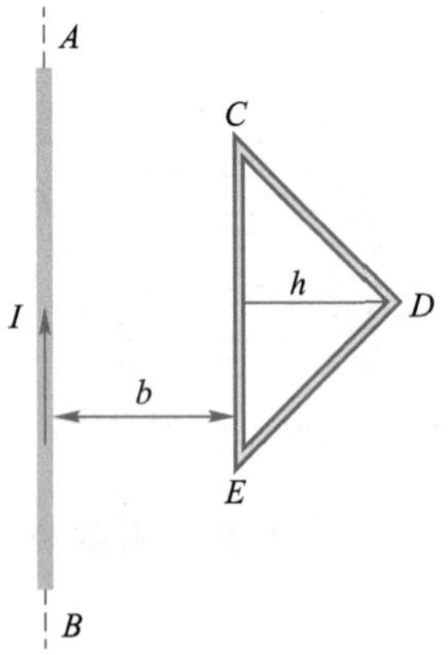

习题 7.19 图

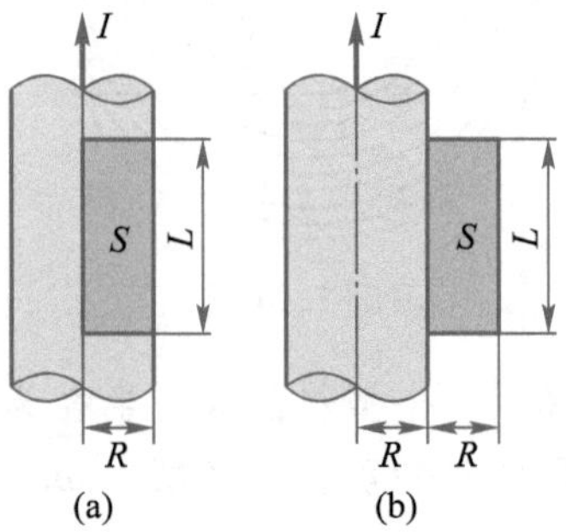

习题 7.20 图

7.21　如图所示，两长直导线中电流 $I_1=I_2=10$ A，且方向相反. 对图中三个闭合回路 a、b、c 分别写出安培环路定理等式右边电流的代数和，并加以讨论：

（1）在每一闭合回路上各点 $\boldsymbol{B}$ 是否相同？

（2）能否由安培环路定理直接计算闭合回路上各点 $\boldsymbol{B}$ 的量值？

（3）在闭合回路 b 上各点的 $\boldsymbol{B}$ 是否为零？为什么？

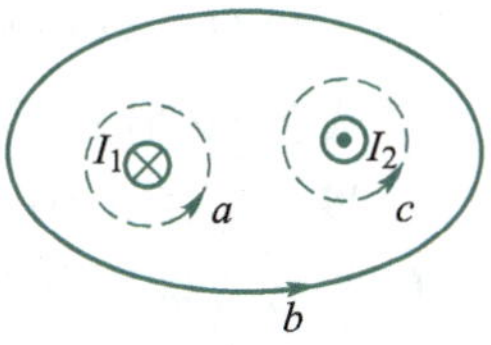

习题 7.21 图

7.22　一根长导体直圆管，内径为 a，外径为 b，电流 I 沿管轴方向，并且均匀地分布在管壁的横截面上. 空间某点 P 至管轴的距离为 r，求下列三种情况下，P 点的磁感应强度：

（1）$r<a$；

（2）$a<r<b$；

（3）$r>b$.

7.23　两平行长直导线相距 $d=40$ cm，每根导线载有电流 $I_1=I_2=20$ A，电流流向如图所示. 求：

（1）两导线所在平面内与该两导线等距的一点 A 处的磁感应强度；

（2）通过图中阴影所示面积的磁通量（$r_1=r_3=10$ cm，$L=25$ cm）.

7.24　一根很长的同轴电缆，由一导体圆柱（半径为 a）和一同轴的导体圆管（内、外半径分别为 b、c）构成，如图所示. 使用时，电流 I 从一导体流去，从另一导体流回. 设电流都是均匀地分布在导体的横截面上，求：（1）导体圆柱内（$r<a$）；（2）两导体之间（$a<r<b$）；（3）导体圆管内（$b<r<c$）；（4）电缆外（$r>c$）各点处磁感应强度的大小.

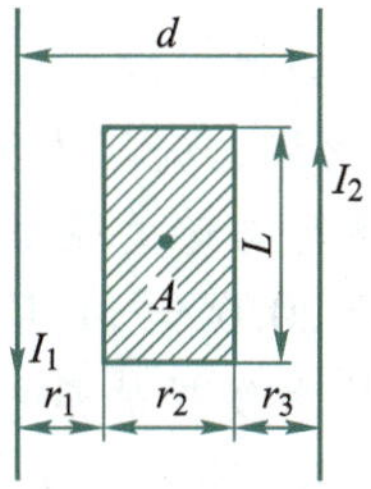

习题 7.23 图

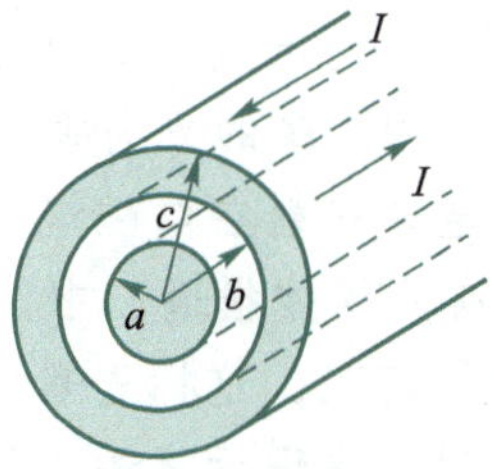

习题 7.24 图

7.25　在半径为 R 的长直圆柱形导体内部，与轴线平行地挖成一半径为 r 的长直圆柱形空腔，两轴间距离为 a，且 $a>r$，横截面如图所示. 现在电流 I 沿导体管流动，电流均匀分布在管的横截面上，而电流方向与管的轴线平行. 求：

（1）圆柱轴线上的磁感应强度的大小；

（2）空心部分轴线上的磁感应强度的大小.

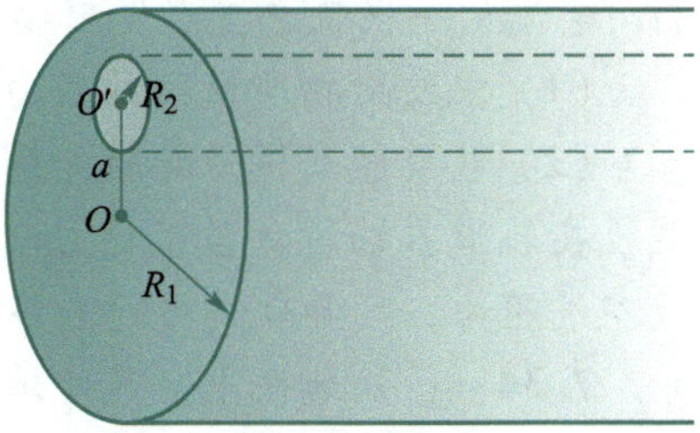

习题 7.25 图

7.26　螺线管长 0.50 m，总匝数 $N=2\ 000$，问当通以 1 A 的电流时，管内中央部分的磁感应强度 **B** 为多少？

7.27　已知 10 mm^2 裸铜线能够通过 50 A 电流而不致过热，对于这样的电流，导线表面上的 **B** 有多大？

7.28　一载有电流 $I=7.0$ A 的硬导线，转折处为半径 $r=0.10$ m 的四分之一圆周 ab. 均匀外磁场的大小为 $B=1.0$ T，其方向垂直于导线所在的平面如图所示，求圆弧 ab 部分所受的力.

7.29　直径 $d=0.02$ m 的圆形线圈共 10 匝，通以 0.1 A 的电流时，

(1) 它的磁矩是多少？

(2) 若将该线圈置于 1.5 T 的磁场中，它受到的最大安培力矩是多少？

7.30　一半圆形闭合线圈，半径 $R=0.1$ m，通有电流 $I=10$ A，放在均匀磁场中，磁场方向与线圈平面平行，大小为 0.5 T，如图所示. 求线圈所受力矩的大小.

7.31　任意形状的一段导线 ab，其中通有电流 I，导线放在和均匀磁场 **B** 垂直的平面内，试证明导线 ab 所受的力等于 a 到 b 间载有同样电流的直导线所受的力.

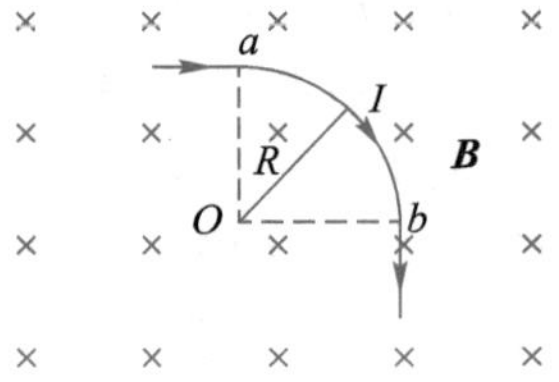

习题 7.28 图

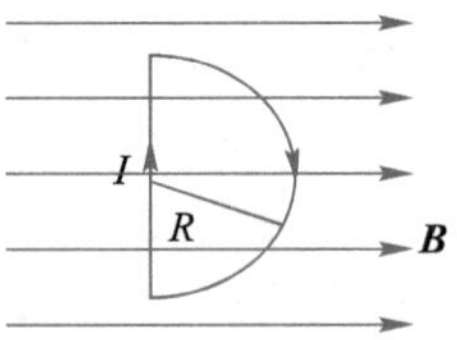

习题 7.30 图

7.32　一通有电流为 I 的长导线，弯成如图所示的形状，放在磁感应强度为 **B** 的均匀磁场中，**B** 的方向垂直纸平面向里. 问此导线受到的安培力为多少？

7.33　电磁弹射在电磁炮、航天器、舰载机等需要超高速的领域中有着广泛的应用. 据有关媒体报道：中国歼−15 舰载战斗机已于 2016 年 11 月在电磁弹射器上完成弹射起飞，这标志着中国跨入世界航空母舰技术发展的最前列. 如图所示为电磁弹射的原理示意图. 设长直圆柱体导轨长度为 L，半径为 $r(r\ll L)$，两轨面之间的距离为 $a(a\ll L)$. 发射物是导电体，它与两轨道接触，可在轨道上自由滑行. 电流从一根轨道流经发射物再流向另一根轨道，其电流为恒定值 I.

(1) 求发射物所受到的磁力表达式；

(2) 假设舰载机从导轨始端出发，初速度为零，在导轨末端正好起飞，设舰载机在轨道末端所受竖直受力与水平速度关系为 $F_{升}=kv$，忽略与导轨间摩擦力以及空气阻力，问导轨的最小长度为多少？

7.34　已知地面上空某处地磁场的磁感应强度 $B=0.4\times10^{-4}$T，方向向北. 若宇宙射线中有一速率 $v=5\times10^7\text{m}\cdot\text{s}^{-1}$ 的质子，垂直地通过该处，求质子所受到的洛伦兹力，并与它受到的万有引力相比较.

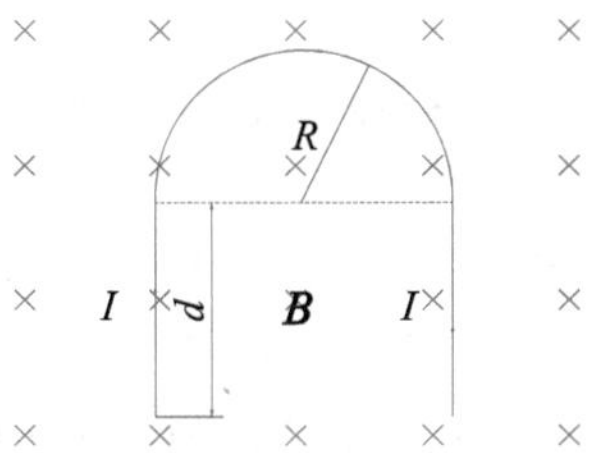

习题 7.32 图

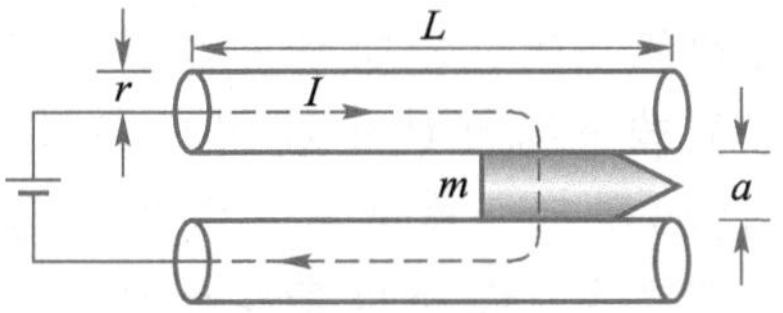

习题 7.33 图

7.35　如图所示，绕竖直轴作匀角速度转动的圆锥摆，摆长为 l，摆球所带电荷为 q. 求角速度 ω 为何值时，该带电摆球在轴上悬点为 l 处的 O 点产生的磁感强度沿竖直方向的分量值最大.

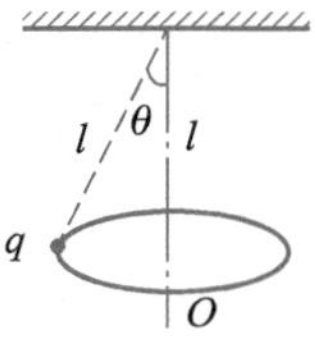

习题 7.35 图

7.36　假设一回旋加速器以 12 MHz 的振荡器频率运转且具有半径为 $R=53$ cm 的 D 形电极.

(1) 用于使氘核在回旋加速器中加速所需磁场的大小是多少？(氘核是氢的同位素重氢的核，它包含一个质子和一个中子，因而具有与质子相同的电荷，其质量为 $m=3.34\times10^{-27}$kg.)

(2) 氘核最后得到的动能有多大？

7.37　质谱仪的基本构造如图所示. 质量为 m(待测的)、带电荷量为 q 的离子束由静止经加速电场后，进入速度选择器，速度选择器中有相互垂直的电场强度为 E 的匀强电场和磁感应强度为 B 的匀强磁场，之后进入磁感应强度为 B'的匀强磁场区域发生偏转.

(1) 若该离子的偏转距离为 l，求离子的质量 m；

(2) 求加速电场的电压；

(3) 在一次实验中^{16}O 离子的偏转距离为 29.20 cm，另一种电荷量相同的氧的同位素离子的偏转距离为 32.86 cm. 已知^{16}O 离子的质量为 16.00 u(u 为原子质量单位)，求另一种同位素离子的质量(保留两位小数，用原子质量单位 u 表示).

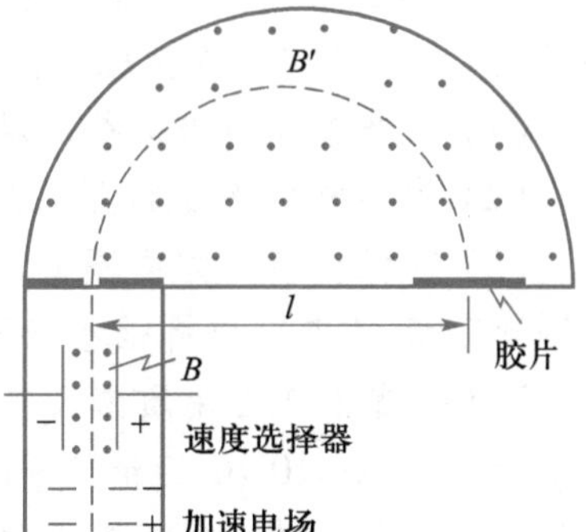

习题 7.37 图

7.38　电视机的显像管中，电子束的偏转是用电偏转和磁偏转技术实现的. 如图(a)所示，电子枪发射出的电子经小孔 S_1 进入竖直放置的平行金属板 M、N 间，两板间所加电压为 U_0；经电场加速后，电子由小孔 S_2 沿水平放置金属板 P 和 Q 的中心线射入，两板间距离和长度均为 l；距金属板 P 和 Q 右边缘处有一竖直放置的荧光屏；取屏上与 S_1、S_2 共线的 O 点为原点，向上为正方向建立 x 轴. 已知电子的质量为 m，电荷量为 e，初速度可以忽略. 不计电子重力和电子之间的相互作用.

(1) 求电子到达小孔 S_2 时的速度大小 v;

(2) 若金属板 P、Q 间只存在垂直于纸面向外的匀强磁场,电子恰好经过 P 板的右边缘飞出,求磁场的磁感应强度大小 B;

(3) 若金属板 P 和 Q 间只存在电场,P、Q 两板间电压 U 随时间 t 的变化关系如图(b)所示,单位时间内从小孔 S_1 进入的电子个数为 N. 电子打在荧光屏上形成一条亮线;每个电子在板 P 和 Q 间运动的时间极短,可以认为两板间的电压恒定;忽略电场变化产生的磁场. 试求在一个周期(即 $2t_0$ 时间)内打到荧光屏单位长度亮线上的电子个数 n.

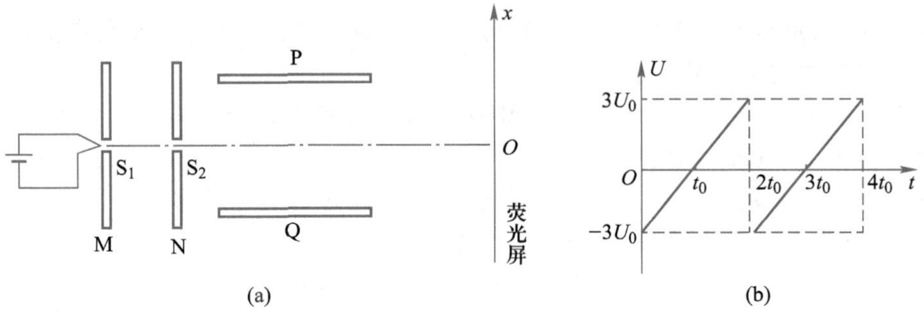

习题 7.38 图

7.39 如图所示,两块水平放置、相距为 d 的长金属板接在电压可调的电源上. 两板之间的右侧区域存在方向垂直纸面向里的匀强磁场. 将喷墨打印机的喷口靠近上板下外表,从喷口连续不断地喷出质量均为 m、水平速度均为 v_0、带相等电荷量的墨滴. 调节电源电压至 U,墨滴在电场区域恰能水平向右作匀速直线运动进入电场、磁场共存区域后,最终垂直打在下板的 M 点.

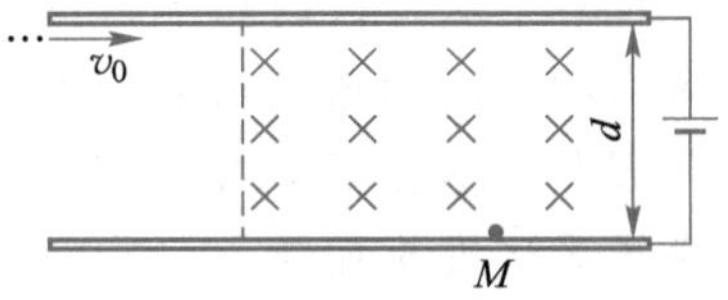

习题 7.39 图

(1) 判断墨滴所带电荷的种类,并求其电荷量;

(2) 求磁感应强度的大小 B;

(3) 现保持喷口方向不变,使其竖直下移到两板中间的位置. 为了使墨滴仍能到达下板 M 点,应将磁感应强度的大小调至 B',那么 B' 为多少?

7.40 某种工业用质谱仪被用于从其他相关的核素中分离质量为 3.92×10^{-25} kg 且电荷为 3.20×10^{-1}C 的铀离子. 离子通过 100 kV 的电势差被加速然后进入均匀磁场,在那里它们进入半径为 1.00 m 的圆形路径. 在经过 180° 并穿过一宽 1.00 mm、高 1.00 cm 的狭缝后,它们被收集在一只杯中. 求分离器中(垂直的)磁场的大小是多少?

7.41 回旋加速器工作原理如图所示,D_1 和 D_2 是两个电极,其形状如沿直径切成两半的扁金属盒,其间加上交变电场. 在与盒垂直方向上有一恒定均匀磁场同时存在,整个装置放在真空中,带电粒子在极间加速,进入电极后在磁场作用下作圆周运动,半个周期后又进入极间,再次被加速,如此反复. 随粒子速度的增大,圆周运动的半径也加大,当运动半径达到 R 时及时引出. 今欲加速氘核,

已知电场频率 $f=12\times10^{6}$ Hz，$R=0.53$ m，求磁感应强度 B 及氘核的最大能量.

7.42　盘旋加速器是用来加速一群带电粒子使它们获得很大动能的仪器，其核心局部是两个 D 形金属扁盒，两盒分别和一高频交流电源两极相接，以便在盒内的狭缝中形成匀强电场，使粒子每次穿过狭缝时都得到加速，两盒放在磁感应强度为 B 的匀强磁场中，磁场方向垂直于盒底面，粒子源置于盒的圆心附近，假设粒子源射出的粒子电荷量为 q，质量为 m，粒子最大盘旋半径为 R_{max}.

（1）问粒子在盒内作何种运动？

（2）求所加交变电流频率及粒子角速度；

（3）求粒子离开加速器时的最大速度及最大动能.

7.43　如图所示为一只磁控管的示意图. 一群电子在垂直于均匀磁场 $\boldsymbol{B}$ 的平面内作圆周运动. 在其运行过程中，与电极 1 和 2 最近的距离为 r，圆周运动的轨道直径为 D. 电子群中包含 N 个电荷为 e、质量为 m 的电子. 设电极 1 和 2 上电势由运动的电子决定，求两电极上电压变化幅度和变化频率.

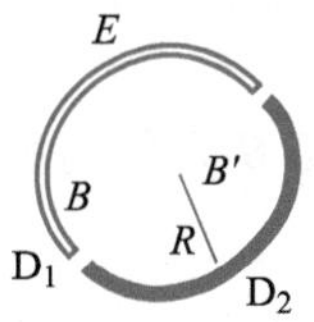

习题 7.41 图

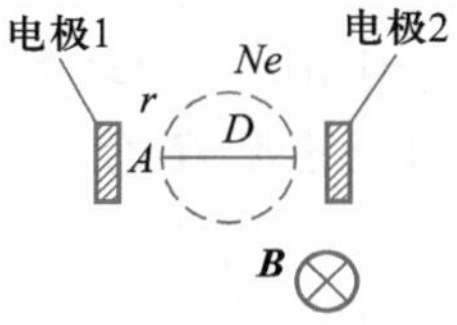

习题 7.43 图

第八章　磁场中的磁介质

前面讨论了运动电荷或电流在真空中所激发磁场的性质和规律. 而在实际情形中，运动电荷或电流的周围一般都存在着各种各样的物质，这些物质与磁场是会互有影响的. 处于磁场中的物质要被磁场磁化，一切能被磁化的物质称为**磁介质**，而磁化了的磁介质也要激起附加磁场，对原磁场产生影响. 我们将从磁场与物质相互作用的宏观易感测的现象开始研究，揭示几类物质与磁场作用的机理，为磁介质中的磁场描述和应用打下一定的基础.

思考题

1. 日常生活中的磁性物质一般指哪种磁性物质？顺磁性、抗磁性和铁磁性有什么区别？它们由哪个物理量进行区分？

2. 引入磁场强度 $\boldsymbol{H}$ 的原因是什么？它与磁感应强度 $\boldsymbol{B}$ 之间的关系是什么？

第一节　磁介质的磁化及分类

1.1　磁介质与磁场相互作用的宏观表现及其分类

在外磁场作用下磁介质出现磁性或磁性发生变化的现象称为磁化. 磁介质因磁化而产生的磁场称为附加磁场，其磁感应强度用$\boldsymbol{B}'$表示，使磁介质磁化的原磁场(即未充入磁介质时的真空中的磁场)用 $\boldsymbol{B}_0$ 表示，那么磁化后介质内的磁感应强度应为

$$\boldsymbol{B}=\boldsymbol{B}_0+\boldsymbol{B}' \tag{8.1}$$

根据介质被磁化的附加磁场的方向和大小，可以对介质进行分类：介质的附加磁场$\boldsymbol{B}'$的方向与 $\boldsymbol{B}_0$ 的方向相同，使得磁化后的 $B>B_0$，这种磁介质叫做**顺磁质**，如铝、锰等；介质的附加磁感应$\boldsymbol{B}'$的方向与 $\boldsymbol{B}_0$ 的方向相反，使得磁化后的 $B<B_0$，这种磁介质叫做**抗磁质**，如铜、铋等. 无论是顺磁质还是抗磁质，附加磁场的磁感强度B'都比 B_0 小得多(通常不大于十万分之几)，它对原来的磁场的影响比较弱，所以，顺磁质和抗磁质统称为弱磁质. 另一类磁介质，在磁介质内部产生的附加磁感应强度$\boldsymbol{B}'$的方向与 $\boldsymbol{B}_0$ 的方向也相同，但$B'\gg B_0$，因而使磁介质的磁性显著增强，例如铁、钴、镍等就属于这种物质，人们把这类磁介质叫做**铁磁质**或**强磁质**.

1.2　研究内容

为了更好地利用磁现象，有必要对磁场与磁介质的微观磁结构相互作用及其

规律进行研究. 本章研究对象是各类介质与磁场的相互作用, 主要内容包括: 定量反映介质对磁场影响的物理量——磁导率; 揭示介质与磁场相互作用的内在机理, 基于介质微观磁结构, 解释顺磁质、抗磁质不同的磁化表现; 引进磁化强度和束缚面电流的概念, 参照长直螺线管的研究, 建立磁化强度与束缚面电流的关系对磁介质的磁化进行描述; 利用高斯定理和环路定理讨论介质中的磁场的性质, 引入一个与介质无关的辅助物理量磁场强度 $\boldsymbol{H}$ 作为计算磁感应强度 $\boldsymbol{B}$ 的过渡量, 在已知介质磁化性质的条件下, 实现介质中磁场的求解; 同时简要介绍弱磁质的磁化规律; 最后作为工程应有的实例示范, 集中简要地介绍铁磁质的磁化现象和特点.

第二节　磁介质的磁化机理

2.1　磁介质的磁化特性描述

为了定量地描述磁介质的磁化特性, 引入相对磁导率和磁导率的概念. 定义磁化后磁介质内的磁感应强度的大小B与导致磁介质磁化的真空中的磁感应强度的大小 B_0 之比, 为该磁介质的相对磁导率, 用μ_r 表示, 即

$$\mu_r=\frac{B}{B_0} \tag{8.2}$$

而某种磁介质的磁导率为其相对磁导率μ_r 乘以真空中的磁导率μ_0, 用μ 表示, 即

$$\mu=\mu_0\mu_r \tag{8.3}$$

在国际单位制中, 磁介质的磁导率 μ 的单位和真空中的磁导率 μ_0 的单位相同. 而相对磁导率 μ_r 是一个量纲一的量.

从磁导率的角度来定量地区分三类磁介质则较为直观, 对于顺磁质, $\mu_r>1$, 只是略比 1 大, 例如锰、铬、铂等都属于顺磁性物质; 对于抗磁质, $\mu_r<1$, 也只是略比 1 小, 例如水银、铜、铋、硫、氯、银、金、锌、铅等都属于抗磁性物质; 至于铁磁质, 它们的相对磁导率 $\mu_r\gg1$, 并且随着外磁场的强弱而变化, 例如铁、镍、钴、钆以及这些金属的合金, 还有铁氧体等物质都是铁磁质.

2.2　磁介质磁化的物质结构基础　分子的抗磁性

磁介质对磁场有影响是因为磁介质被磁化, 要回答磁介质为什么会被磁化(即磁化机理), 就要涉及磁介质的微观磁结构. 近代科学研究表明, 物质是由分子或原子组成的, 而组成物质的分子或原子中的电子绕原子核运动会产生磁效应, 电子存在的自旋也会产生磁效应, 整个分子或原子对外产生的磁效应的总和, 可用一圆形电流来等效, 该电流被称为分子电流, 这种分子电流产生的磁矩称分子磁矩, 当忽略原子核的中子和质子磁矩的情况下, 分子磁矩为电子轨道磁矩和自旋磁矩的矢量和, 用 $\boldsymbol{m}$ 表示.

这里我们可以把每一个分子电流看成一个负电荷$-q$(主要是电子运动形成)以$\boldsymbol{v}$所作的匀速圆周运动而形成. 先讨论作圆周运动的平面法向与外磁场$\boldsymbol{B}_0$平行的情况，该情况有两种状态如图8.1所示：一是带电粒子运动角速度$\boldsymbol{\omega}$与外磁场$\boldsymbol{B}_0$同向，如图8.1(a)所示，由于是负电荷运动产生环流，电荷运动是逆时针的，而环流方向为顺时针，因此分子电流的磁矩$\boldsymbol{m}$与$\boldsymbol{B}_0$方向相反，此时负电荷受到的外磁场产生的附加洛伦兹力$\boldsymbol{F}$使向心力增大，电子要在原轨道上运行，需增加一个与原来速度方向相同的速度增量，该速度增量产生的附加磁矩$\Delta\boldsymbol{m}$的方向与分子环流的磁矩$\boldsymbol{m}$相同，即$\Delta\boldsymbol{m}$的方向与$\boldsymbol{B}_0$方向相反；二是角速度$\boldsymbol{\omega}$与外磁场$\boldsymbol{B}_0$反向，如图8.1(b)所示，由于是负电荷运动产生环流，电荷运动沿顺时针方向，所以环流方向为逆时针，因此分子电流的磁矩$\boldsymbol{m}$与$\boldsymbol{B}_0$方向相同，此时负电荷受到的外磁场产生的附加洛伦兹力使向心力减小，电子要在原轨道上运行，需增加一个与原来速度方向相反的速度增量，该速度增量产生的附加磁矩$\Delta\boldsymbol{m}$的方向与分子环流的磁矩$\boldsymbol{m}$相反，即$\Delta\boldsymbol{m}$的方向与$\boldsymbol{B}_0$方向相反.

(a) 带电粒子运动角速度$\boldsymbol{\omega}$与外磁场$\boldsymbol{B}_0$同向 (b) 带电粒子运动角速度$\boldsymbol{\omega}$与外磁场$\boldsymbol{B}_0$反向

图8.1 分子电流的附加磁矩

当角速度$\boldsymbol{\omega}$方向与外磁场$\boldsymbol{B}_0$的方向不平行时，带电粒子作圆周运动时所受的洛伦兹力会使角速度$\boldsymbol{\omega}$方向转到与外磁场$\boldsymbol{B}_0$平行的方向上去.

由以上分析可知，磁介质中的分子电流在外磁场的作用下，总是会产生一个与外磁场$\boldsymbol{B}_0$方向相反的附加分子磁矩$\Delta\boldsymbol{m}$，这种因磁介质受外磁场作用而产生的与外磁场反向的磁性能，称为分子的抗磁性.

> **讨论1：**
> 磁介质的磁化和电介质的极化的相似和不同之处.

2.3 顺磁质和抗磁质的磁化机理

既然物质的分子都具有抗磁性，为什么顺磁质和抗磁质会出现不同的磁化现象呢？这是顺磁质和抗磁质分子内部的电结构不同导致的. 电介质中存在有极分子和无极分子，磁介质中也有类似的情况.

顺磁质的每个分子的磁矩$\boldsymbol{m}\neq 0$，或称分子的固有磁矩不等于零，无外磁场时，由于分子热运动，各分子磁矩方向取向无规则，使顺磁质任意一宏观体积元内的合磁矩$\sum\boldsymbol{m}=\boldsymbol{0}$，从而无外加磁场时顺磁质整体宏观上对外不显磁性. 当其置

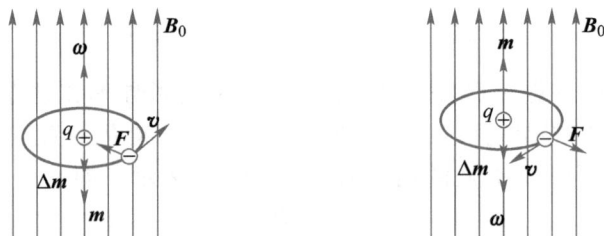

于外磁场中，一方面，由于分子的固有磁矩受外磁场力矩作用，向外磁场方向转向，这个磁化过程称为取向磁化，外磁场越强，分子固有磁矩排列越整齐，$\sum \boldsymbol{m}$ 不再为零，且取向与外磁场 $\boldsymbol{B}_0$ 相同，这种现象称为顺磁效应；另一方面，由于分子都存在附加的抗磁效应，宏观上又出现附加 $\sum \Delta\boldsymbol{m}$ 与外磁场 $\boldsymbol{B}_0$ 反向，然而实验证明，在顺磁介质中，$\left|\sum \boldsymbol{m}\right| > \left|\sum \Delta\boldsymbol{m}\right|$，因此，它们产生的附加磁场 $\boldsymbol{B}'$ 与 $\boldsymbol{B}_0$ 同向，使顺磁质的磁化出现 $\boldsymbol{B}=\boldsymbol{B}_0+\boldsymbol{B}'>\boldsymbol{B}_0$ 的现象.

抗磁质的每个分子的磁矩 $\boldsymbol{m}=\boldsymbol{0}$，分子固有磁矩等于零，无外磁场时，由于分子热运动，抗磁质任意一宏观体积元内的合磁矩也有 $\sum \boldsymbol{m}=\boldsymbol{0}$，无外加磁场时抗磁质整体宏观上对外也不显磁性. 但当其置于外磁场中时，因其无分子固有磁矩，外磁场产生的分子附加磁矩 $\Delta\boldsymbol{m}$ 是磁化的唯一效应，而且宏观上的 $\sum \Delta\boldsymbol{m}$ 与外磁场 $\boldsymbol{B}_0$ 反向，因此，分子附加磁矩产生的附加磁场 $\boldsymbol{B}'$ 与 $\boldsymbol{B}_0$ 反向，使抗磁质的磁化出现 $\boldsymbol{B}=\boldsymbol{B}_0+\boldsymbol{B}'<\boldsymbol{B}_0$ 的现象.

2.4　磁化强度矢量　磁化电流

不论顺磁质还是抗磁质，在磁化前介质分子总磁矩都为零，磁化后介质才会出现磁性，为了描述介质被磁化的程度，定义磁化强度来进行描述，其意义为宏观上介质中单位体积内因磁化对外显示的分子磁矩的矢量和，用 $\boldsymbol{M}$ 表示，即

$$\boldsymbol{M}=\frac{\sum \boldsymbol{m}+\sum \Delta\boldsymbol{m}}{\Delta V} \tag{8.4}$$

磁化强度矢量是磁介质磁化时定量描述磁化强弱和方向的物理量，它是空间坐标的矢量函数，当均匀磁化时，$\boldsymbol{M}$ 是个常矢量. 国际单位制中，磁化强度的单位是安培每米($\mathrm{A\cdot m^{-1}}$).

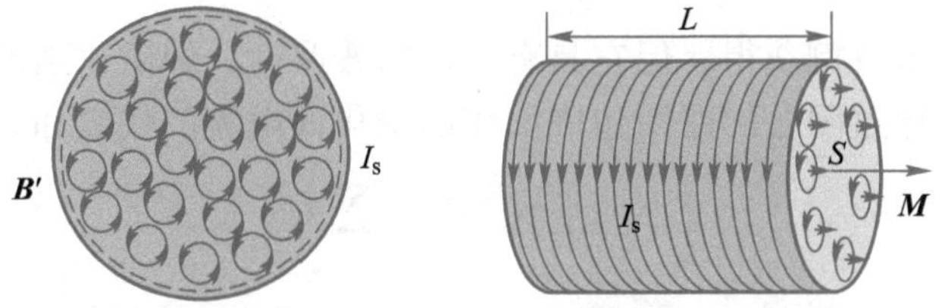

(a) 介质圆截面分子电流与磁化面电流　(b) 磁化强度与磁化面电流

图 8.2　磁化强度和磁化面电流

介质磁化后，与这些磁矩对应的小的圆形分子电流也将有规律地排列在介质内部和表面. 若介质均匀磁化，介质截面的小圆电流如图 8.2(a) 所示，小圆电流在介质内部相互抵消，其宏观效应是，在介质横截面的边缘出现环形电流，用 I_s 表示. 整个圆形介质柱体出现类似于螺线管的环形电流，如图 8.2(b) 所示，只是这种电流不是沿圆柱体外沿移动的电荷形成的，而是由处于介质边缘的小的分子圆电流“拼接”形成的，其运动电荷不能离开各自所属的分子，因此是只在介质表面形成的电流，被称为磁化面电流. 同时由于形成电流的运动电荷被各自所在的介质分子束缚，又被称为束缚电流，束缚电流在产生磁场方面与传导电流相当，

但由于无电荷传导，束缚电流并无热效应.

磁化强度和磁化面电流都是描述介质磁化的物理量，它们的关系我们以无限长螺线管中充满顺磁介质的磁化为例说明. 设介质圆柱体长为 L，截面积为 S，表面分布的磁化面电流为 I_s，沿圆柱体母线上单位长度上的磁化面电流为 j_s，磁化后介质中的总磁矩为

$$\sum \boldsymbol{m}+\sum \Delta \boldsymbol{m}=I_s \boldsymbol{S}$$

由磁化强度(8.4)定义式知：

$$M=\frac{I_s S}{LS}=\frac{I_s}{L}=j_s \tag{8.5}$$

由上式可以看出，当均匀介质均匀磁化时，介质中某点的磁化强度大小等于磁化面电流的线密度.

继续以无限长螺线管中充满顺磁介质的磁化为例说明磁化强度 $\boldsymbol{M}$ 的环流，如图 8.3 所示.

均匀磁化介质中的磁化强度 $\boldsymbol{M}$ 与圆柱体介质轴线平行，作如图 8.3 所示的矩形环路，ab 长为 l，在介质中与圆柱体轴线平行，其对边 cd 在介质外，回路绕向与穿过其平面的束缚电流满足右手螺旋关系，由于 cd 处无介质，所以该边上各点 $\boldsymbol{M}=\boldsymbol{0}$，而边 bc、da 两边与 $\boldsymbol{M}$ 垂直，其上环流积分也为零，因此对 $\boldsymbol{M}$ 环流有环路积分：

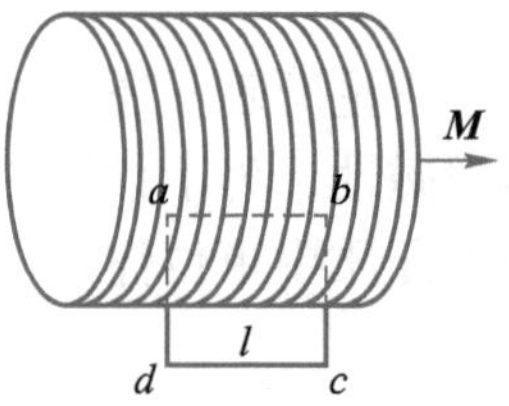

图 8.3 磁化强度

$$\oint_L \boldsymbol{M} \cdot \mathrm{d}\boldsymbol{l} = \int_{ab} \boldsymbol{M} \cdot \mathrm{d}\boldsymbol{l} = Ml$$

将(8.5)式代入上式，得

$$\oint_L \boldsymbol{M} \cdot \mathrm{d}\boldsymbol{l} = j_s l = I_s$$

上式结果尽管由特例获得，但它具有一定的普遍性，即磁化强度 $\boldsymbol{M}$ 在闭合回路上的环流，等于穿过闭合回路所包围面积的磁化面电流的代数和，即

$$\oint_L \boldsymbol{M} \cdot \mathrm{d}\boldsymbol{l} = \sum_{L内} I_s \tag{8.6}$$

第三节 磁介质中磁场的性质

3.1 磁介质中的高斯定理

介质被磁化后，介质内外的磁场应该由原来真空中的磁场 $\boldsymbol{B}_0$ 和介质因磁化而产生的附加磁场 $\boldsymbol{B}'$ 叠加得到，如果以 $\boldsymbol{B}$ 表示所求场点的磁感应强度，则 $\boldsymbol{B}=\boldsymbol{B}_0+\boldsymbol{B}'$，$\boldsymbol{B}'$ 由磁化电流 I_s 激发，其磁感线与传导电流 I_0 激发的真空中的磁感应强度 $\boldsymbol{B}_0$ 一样，都是无头无尾的闭合曲线，故有 $\oint_S \boldsymbol{B}' \cdot \mathrm{d}\boldsymbol{S} = 0$，所以，介质磁化后的

磁感应强度表示的高斯定理为

$$\oint_S \boldsymbol{B}\cdot \mathrm{d}\boldsymbol{S}=\oint_S \boldsymbol{B}_0\cdot \mathrm{d}\boldsymbol{S}+\oint_S \boldsymbol{B}'\cdot \mathrm{d}\boldsymbol{S}=0 \tag{8.7}$$

高斯定理仍然成立，因此介质中的磁场也是无源场.

3.2　磁介质中的安培环路定理

若真空中磁场的磁感应强度 $\boldsymbol{B}_0$ 由传导电流 I_0 产生，则满足：

$$\oint_L \boldsymbol{B}_0\cdot \mathrm{d}\boldsymbol{l}=\mu_0 I_0$$

介质磁化后，产生的附加磁感应强度 $\boldsymbol{B}'$ 与磁化电流 I_s 也满足：

$$\oint_L \boldsymbol{B}'\cdot \mathrm{d}\boldsymbol{l}=\mu_0 I_s$$

并且依(8.6)式有，$I_s=\oint_L \boldsymbol{M}\cdot \mathrm{d}\boldsymbol{l}$

> **讨论 2：**
> 磁场强度 $\boldsymbol{H}$ 和磁感应强度 $\boldsymbol{B}$ 的物理意义有什么不同？与静电场中 $\boldsymbol{E}$ 和 $\boldsymbol{D}$ 的关系进行比较.

则磁化后的介质中任意一点的磁感应强度 $\boldsymbol{B}$ 应由传导电流 I 与磁化电流 I_s 共同产生，因此，有介质存在时的磁感应强度 $\boldsymbol{B}$ 的环流为

$$\oint_L \boldsymbol{B}\cdot \mathrm{d}\boldsymbol{l}=\oint_L \boldsymbol{B}_0\cdot \mathrm{d}\boldsymbol{l}+\oint_L \boldsymbol{B}'\cdot \mathrm{d}\boldsymbol{l}=\mu_0\left(I_0+\oint_L \boldsymbol{M}\cdot \mathrm{d}\boldsymbol{l}\right)$$

因介质中的 $\boldsymbol{M}$ 和 I_s 都不易测定，故作以下变换：

$$\oint_L\left(\frac{\boldsymbol{B}}{\mu_0}-\boldsymbol{M}\right)\cdot \mathrm{d}\boldsymbol{l}=I_0$$

并令

$$\boldsymbol{H}=\frac{\boldsymbol{B}}{\mu_0}-\boldsymbol{M} \tag{8.8}$$

称 $\boldsymbol{H}$ 为磁场强度矢量，类似于电场中电位移 $\boldsymbol{D}=\varepsilon_0\boldsymbol{E}+\boldsymbol{P}$，其使用方法及目的也类似，则介质中安培环路定理为

$$\oint_L \boldsymbol{H}\cdot \mathrm{d}\boldsymbol{l}=I_0 \tag{8.9}$$

$\boldsymbol{H}=\dfrac{\boldsymbol{B}}{\mu_0}-\boldsymbol{M}$ 为一辅助物理量，是 $\boldsymbol{B}$ 和 $\boldsymbol{M}$ 矢量按一定方式的组合，在分子电流观点中无意义. 在国际单位制中：$\boldsymbol{H}$ 的单位同于 $\boldsymbol{M}$，为 $\mathrm{A\cdot m^{-1}}$. 那么(8.9)式含义为：磁场强度 $\boldsymbol{H}$ 沿任一闭合回路的环路积分，等于闭合回路所包围并穿过的传导电流的代数和，在形式上与介质磁化电流无关.

3.3　弱磁质的磁化规律

实验表明：各向同性非铁磁质中每点 $\boldsymbol{M}$ 与 $\boldsymbol{H}$ 呈线性关系，即磁化规律为

$$\boldsymbol{M}=\chi_{\mathrm{m}}\boldsymbol{H} \tag{8.10}$$

比例系数χ_{m}为介质的磁化率，反映介质内每点的磁特性，且为一量纲一的量，顺磁质的$\chi_{\mathrm{m}}>0$，抗磁质的$\chi_{\mathrm{m}}<0$，真空情况下$\chi_{\mathrm{m}}=0$. 将(8.10)式代入(8.8)式可得

$$\boldsymbol{B}=\mu_0(\boldsymbol{H}+\boldsymbol{M})=\mu_0(1+\chi_{\mathrm{m}})\boldsymbol{H} \tag{8.11}$$

真空情况下$\chi_{\mathrm{m}}=0$，由(8.11)式得真空中：

$$\boldsymbol{B}_0=\mu_0\boldsymbol{H} \tag{8.12}$$

比较(8.2)式、(8.12)式和(8.11)式可得

$$\mu_{\mathrm{r}}=1+\chi_{\mathrm{m}} \tag{8.13}$$

并可得

$$\boldsymbol{B}=\mu_0\mu_{\mathrm{r}}\boldsymbol{H}=\mu\boldsymbol{H} \tag{8.14}$$

对均匀各向同性的弱磁性介质，χ_{m}和μ为常量，可描述介质的磁化性质；介质不均匀时，χ_{m}和μ为随场点在介质中的位置而变化，是位置的函数；对铁磁质，χ_{m}和μ为$\boldsymbol{H}$的函数.

3.4 均匀各向同性的弱磁性介质磁场的求解

对于磁化后均匀各向同性的弱磁性介质中磁场问题的求解，(8.9)式、(8.14)式和(8.10)式联合给出了一种方法. 当均匀并具有某种对称性的各向同性弱磁性介质被均匀磁化后，其中的相关物理量可采用如下思路求解：第一步，分析磁场的对称性，确定积分环路L，以便利用(8.9)式求出磁场强度$\boldsymbol{H}$；第二步，根据给定的介质磁化参量μ(或μ_{r}、χ_{m})，依(8.14)式或(8.10)式，求得$\boldsymbol{B}$或$\boldsymbol{M}$.

[例 8.1] 设螺绕环的平均半径为R、总匝数为N. 试用安培环路定理计算充满磁介质μ的螺绕环内的$\boldsymbol{B}$.

[解] 取与环同心的圆形回路L，传导电流共穿过此回路N次，依(8.9)式有

$$\oint_l \boldsymbol{H}\cdot \mathrm{d}\boldsymbol{l}=2\pi RH=NI_0$$

$$H=\frac{NI_0}{2\pi R}=nI_0$$

又已知介质的磁导率为μ，根据(8.14)式，求得磁介质环内的B为

$$B=\mu H=\mu nI_0$$

可见，这里避免了I_{s}的计算，降低了计算的难度.

第四节 工程案例：铁磁质的磁化

铁磁质是制造永久磁体、电磁铁、变压器及各种电机不可缺少的材料，研究磁性材料的学科称之为磁学. 不同的铁磁质其性质可能很不相同，因此对于磁性材料，研究$\boldsymbol{B}$-$\boldsymbol{H}$关系十分重要. 铁磁质的磁化特点如下：

顺磁质和抗磁质的μ_r都接近 1，因此对磁场影响不大，而铁磁质的μ_r则很大，其磁导率μ是真空中的几百倍至几万倍，且同时是介质中的磁场强度$\boldsymbol{H}$的函数，因此需要研究μ-H曲线，这个曲线被称为磁导率曲线，其一般形式如图 8.4 所示. 图中μ_I称起始磁导率，μ_M称最大磁导率，在H由零开始增加的过程中，μ从μ_I开始随之迅速增加，到达μ_M之后，又急速减小最后趋向于一定值.

除了磁导率曲线，我们也要研究B-H曲线，这个曲线被称为磁化曲线. B不是H的线性函数，因此磁化曲线不是线性的，如图 8.5 所示为起始时的磁化曲线，从O点开始，随着H的增大，B也增大，OA段增长相对较慢，AC段增加较快，当H继续增大时，B进入CS段趋向于饱和.

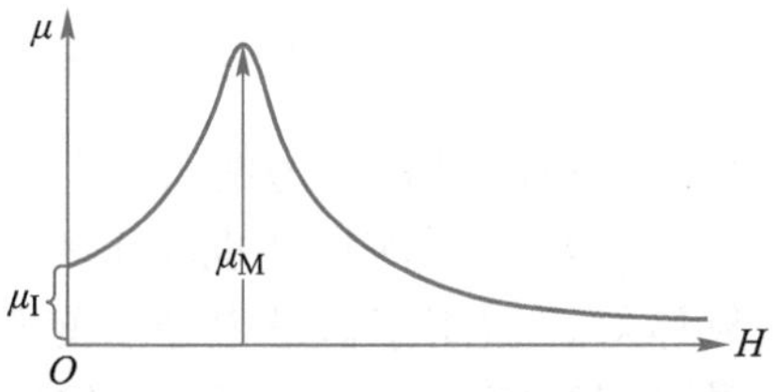

图 8.4　铁磁质的磁导率曲线

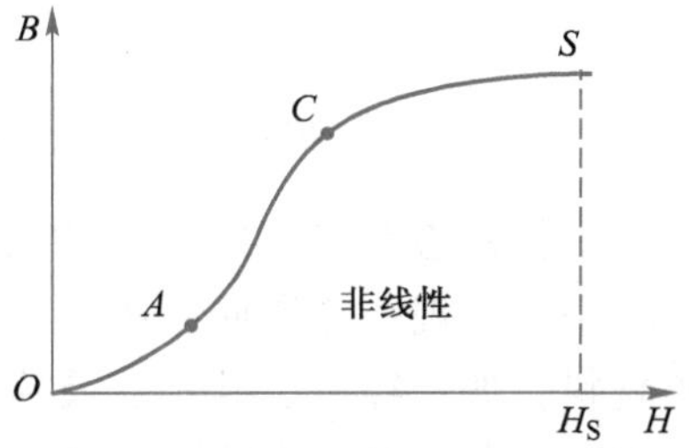

图 8.5　起始时磁化曲线

下面我们来介绍铁磁质的磁滞现象与磁滞回线. 如图 8.6 所示，因为铁磁质的B不是H的单值函数，当通过减小磁化电流而减小H时，实验曲线并不会沿原H增加的逆方向返回，而是出现B明显比H减小较慢的现象，且当H减小到零时，铁磁体内的B不会为零；随着H反方向增加，B逐渐减小为零；H反方向增大到一定程度，B又在反方向上增大并最后进入饱和状态；H反方向减少时，B也明显比H减小得慢，H反方向降为零时，B在反方向上仍然有一定的大小的数值，我们将这种B总是落后于H的变化的现象称为磁滞现象.

当我们第二次按初始方向一样加大磁化电流，从而增加H时，曲线经历的路径并不会与第一次重合，但趋势是一致的；只有经过正方向增大H直至B在正方向上饱和后，再反向增加H使B在反方向上也饱和，这样正反两个方向反复多次磁化后，过程的磁滞现象B-H形成的曲线才会出现如图 8.7 所示的封闭回路形状的曲线，称为磁滞回线. 在磁滞回线中，正、反两个方向的磁化曲线成对称形状. 图中的R点对应的磁感应强度B_R是磁场强度H为零时，铁磁质材料中剩下的值，称为剩磁. C点是为了使剩磁B_R退为零而需要在反方向加上的磁场，其值用H_c表示，称为矫顽力. 实验还证明，为形成磁滞回线，对铁磁质材料反复磁化时，磁介质会发热，造成能量损失，被称为磁滞损耗.

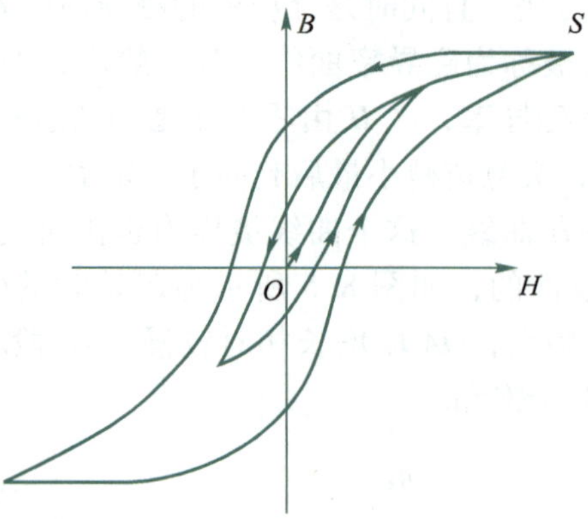

图 8.6 磁化过程的磁滞现象

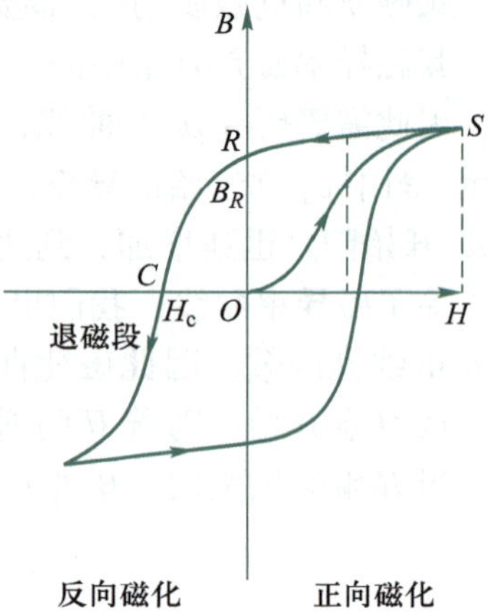

图 8.7 磁滞回线

根据铁磁性材料矫顽力 H_c 的大小，可将铁磁性材料分为两大类：一类矫顽力较小，体现在磁滞回线图中，磁滞回线比较“瘦”，磁滞损耗也较小的，称为软磁材料，如：纯铁、硅钢、坡莫合金、铁氧体等，适用于做继电器、变压器和电磁铁的铁芯；另一类矫顽力较大，体现在磁滞回线图中，磁滞回线比较“胖”，磁滞损耗较大，称为硬磁材料，如：碳钢、钨钢、铝镍钴合金等，适用于做永久磁铁和记录用磁带等.

每种铁磁质都有某一临界温度 T_c，当其温度高于 T_c 时，其铁磁性将消失，我们把 T_c 称为铁磁质的居里温度. 不同材料的居里温度不同，如纯铁的 T_c = 1 040 K，镍的 T_c = 631 K，钴的 T_c = 1 388 K 等.

习题

8.1 图中虚线表示 $B=H/\mu_0$，三条实线分别表示三种不同磁介质的 $B-H$ 关系，哪一条表示顺磁质？哪一条表示抗磁质？哪一条表示铁磁质？对区别予以定性说明.

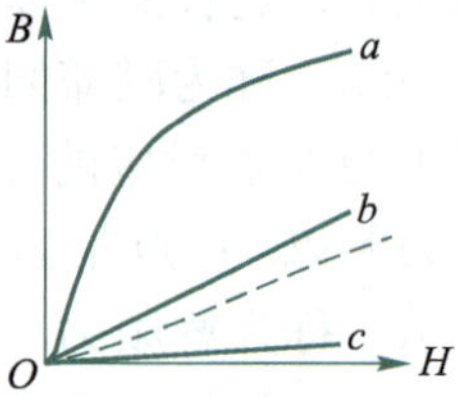

习题 8.1 图

8.2 在工厂中搬运烧到赤红的钢锭，为什么不能用装有电磁铁的起重机？

8.3 螺绕环中心周长 l = 10 cm，环上均匀密绕线圈 N = 200 匝，线圈中通有电流 I = 0.1 A. 管内充满相对磁导率 μ_r = 4 200 的磁介质. 求管内磁场强度和磁感应强度的大小.

8.4 一铁环中心线周长 l = 30 cm，横截面 S = 1.0 cm^2，环上紧密地绕有 N = 300 匝线圈. 当导线中电流 I = 32 mA 时，通过环截面的磁通量 $\Phi = 2.0\times10^{-5}$ Wb. 试求铁芯的磁化率 χ_m.

8.5 如图所示，无限长圆柱形同轴电缆的半径分别是 R_1 和 R_2，其间充满磁导率为 μ 的均匀磁介质，设电流 I 在内外导体中沿相反方向均匀流过，求外圆柱面内任意一点的磁感应强度（导体的 $\mu_r=1$）.

8.6 共轴圆柱形长电缆的截面尺寸如图所示，其间充满相对磁导率为 μ_r 的均匀磁介质，电流 I 在两导体中沿相反方向均匀流过，设导体的相对磁导率为 1，求外圆柱导体内（$R_2<r<R_3$）任一点的磁感应强度.

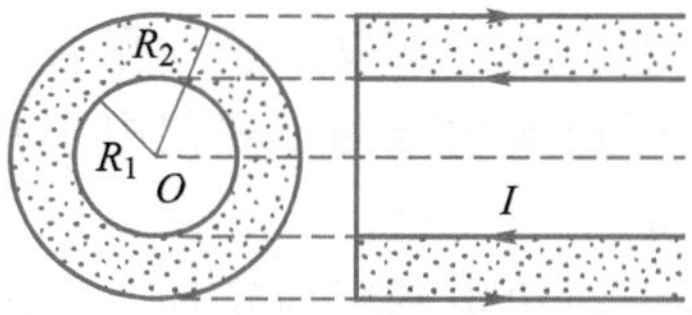

习题 8.5 图

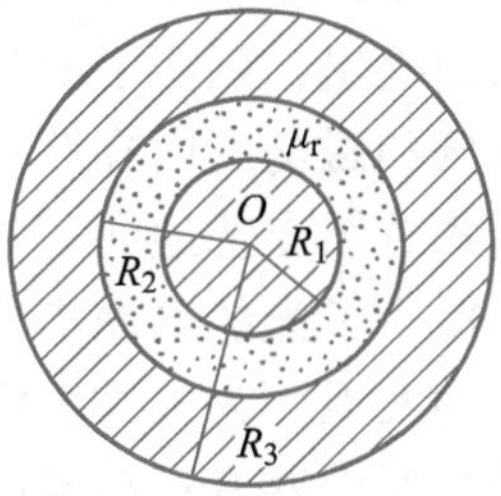

习题 8.6 图

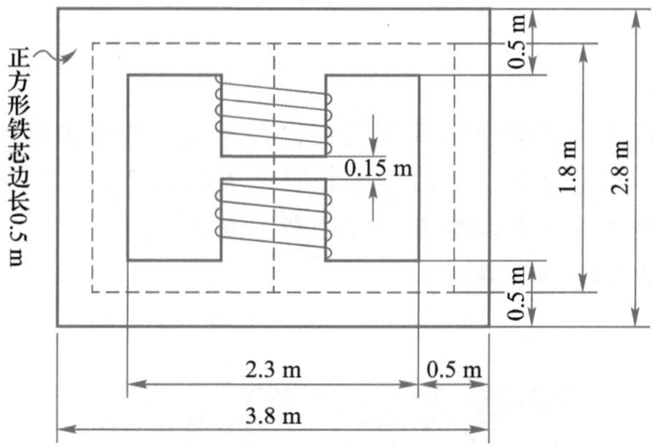

习题 8.7 图

8.7 一回旋加速器的电磁铁如图所示的尺寸，磁铁的两极是圆柱形，其直径为 0.50 m，两极间的间隔为 0.15 m. 如果要在空气间隙中产生 1.0 T 的磁场，则线圈的总圈数约为多少？设磁极上两线圈为串联，有 10 A 电流通过，铁芯的相对磁导率为 3 000，各段磁路的长度按图中虚线计算.

8.8 水是一种非常常见的抗磁性物质，当我们将较大磁感应强度的磁铁放在水面上方附近时，就可以看到磁铁下方的水面形成了一个凹陷，观察此现象并说明此现象产生的原理. 试设计实验测量或者仿真模拟出磁铁磁感应强度和水面凹陷深度及各种参量之间的关系.

第九章　电磁感应　电磁场

激发电场和磁场的源——电荷和电流是相互关联的，这就启发我们：电场和磁场之间也必然存在着相互联系、互相制约的关系. 电磁感应定律的发现以及位移电流概念的提出，阐明了变化磁场能够激发电场，变化电场能够激发磁场，充分揭示了电场和磁场的内在联系及依存关系. 在此基础上，麦克斯韦以麦克斯韦方程组的形式总结出普遍而完整的电磁场理论. 电磁理论不仅成功地预言了电磁波的存在，揭示了光的电磁本质，其辉煌的成就还极大地推动了现代电工技术和无线电技术的发展，为人类广泛利用电能开辟了道路.

本章的主要内容有：在电磁感应现象的基础上讨论电磁感应定律，以及动生电动势和感生电动势；介绍自感和互感，磁场的能量以及麦克斯韦关于有旋电场和位移电流的假设，并简要介绍电磁场理论的基本概念.

思考题

1. 法拉第电磁感应定律中的负号代表什么意义？和楞次定律有什么联系？
2. 动生电动势和感生电动势的产生是否必须有闭合回路？为什么？
3. 自感电动势和互感电动势有什么区别和联系？
4. 位移电流的物理意义是什么？

第一节　电磁场的基本认识及研究对象

1.1　电磁场基本认识

历史上，受到认识局限性的影响，曾经有一种观点，将电荷与电荷之间、磁极与磁极之间、磁极与电流之间不用接触，就能发生力的作用的现象，认为是一种特殊的“超距力”. 法拉第等人经研究后提出，电荷与电荷之间的作用是通过电荷在其周围激发的电场传递的，磁极与磁极之间、磁极与电流之间的作用是通过它们在周围空间激发的磁场传递的. 经过进一步研究，人们认识到了这种弥漫地分布在空间的特殊物质形态——场物质.

作为场物质，不论电场还是磁场都弥漫在一定空间中，具有看不见和不易感知的特点，但电场对场中的带电体有力的作用，磁场对场中磁铁性物体和运动电荷有力的作用，因此，研究电场和磁场只能从这些特性入手，采用探测性实验、结合数学抽象方法进行.

1.2 变化电磁场研究对象

通过前四章的讨论，我们能领悟到，电场和磁场存在着某种内在联系，如电流能产生磁场，本章将进一步探讨电场和磁场的内在联系，主要内容包括：磁场产生电场(电磁感应)的条件、规律及描述，电磁感应效应的工程应用，变化的电场(位移电流)产生磁场，麦克斯韦统一的电磁场的理论介绍以及磁场的能量等. 磁生电(电磁感应)是将机械能转化成电能的这类电源的工作原理，因此，在讨论电磁感应规律前，先对电源的知识作简单介绍.

第二节 电源电动势的定义

2.1 电源

图 9.1 为电源示意图，用导线将电势不等的带电导体 A、B 连起来，则在电场力的作用下，正电荷从高电势导体 A 经导线向低电势导体 B 移动形成电流. 那么，仅依靠静电力 $\boldsymbol{F}=q\boldsymbol{E}$ 的作用，电路中的电流是瞬间的，很快导体 A、B 就成为等电势体而达到静电平衡状态. 欲维持电流不断，就必须依靠某种非静电力 $\boldsymbol{F}'_{非}=q\boldsymbol{E}_k$ 反抗电源中，由 A 导体指向 B 导体的静电场力，将正电荷由低电势的负极 B 搬运到高电势的正极 A 处，在这种搬运过程中做功，将其他形式的能量转化成电能. 这种能够提供非静电力的装置就称为电源.

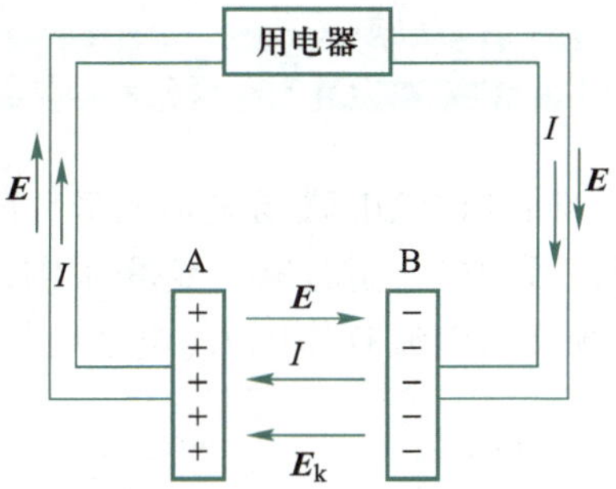

图 9.1 电源作用示意图

所以，电源实际上是将其他形式的能量转化为电能的装置. 例如，干电池是将化学能转化成电能，而发电机则是将机械能转化成电能.

讨论 1：
电源内部非静电场场强的作用和电源电动势的含义.

2.2 电源的电动势

为了定量描述非静电力做功本领的大小，我们定义：把单位正电荷从负极(低电势)通过电源内部搬运到正极(高电势)处非静电场力所做的功，称为电动势，用$\mathscr{E}$表示.

$$A=\int_{内}\boldsymbol{F}_{非}\cdot \mathrm{d}\boldsymbol{l}=\int_{内}q\boldsymbol{E}_k\cdot \mathrm{d}\boldsymbol{l}$$

$$\mathscr{E}=\frac{\mathrm{d}A}{\mathrm{d}q}=\int_{-}^{+}\boldsymbol{E}_{\mathrm{k}}\cdot\mathrm{d}\boldsymbol{l} \tag{9.1}$$

其中 $\boldsymbol{E}_{\mathrm{k}}$ 称为非静电性场强. 我们规定，在电源内部电动势的方向由负极指向正极，因 $\boldsymbol{E}_{\mathrm{k}}$ 只存在于电源内部，电源外部积分为0，若将(9.1)式改写成 $\boldsymbol{E}_{\mathrm{k}}$ 沿整个回路的环路形式：

$$\mathscr{E}=\oint_{L}\boldsymbol{E}_{\mathrm{k}}\cdot\mathrm{d}\boldsymbol{l} \tag{9.2}$$

注意：非静电场强只是参照电场强度的形成将其书写并称之而已，与静电场强有本质区别. 对静电场有

$$\oint_{L}\boldsymbol{E}\cdot\mathrm{d}\boldsymbol{l}=0$$

而对非静电性场

$$\mathscr{E}=\oint_{L}\boldsymbol{E}_{\mathrm{k}}\cdot\mathrm{d}\boldsymbol{l}\neq 0$$

也就是说静电场是有势(保守)场，而非静电性场不可能是保守场.

事实证明，电源电动势是表征电源本身性质的物理量，与外电路的性质以及电路是否接通一般无关. 电势、电动势是标量；场强、非静电性场强是矢量.

第三节 法拉第电磁感应定律

回到讨论电磁场关系上来，前面我们研究了不随时间变化的磁场——恒定磁场，可知电与磁是有一定联系的，电流在其周围空间产生磁场(即电能产生磁)，磁场又对电流有作用力(电动机的工作原理).

> **讨论 2：**
> 在恒定磁场中，电生磁的条件是“电荷运动”，按这种对应关系，试说明磁生电的条件.

问题：“电流既然能够产生磁场，那么，反过来能否利用磁场的作用来产生电流?”(即对磁能产生电提出思考.)

1831 年，英国物理学家法拉第从实验中发现“当产生磁场的电流发生变化的时候，才会在附近另一导体回路中产生感应电流”.

3.1 法拉第电磁感应定律

法拉第电磁感应定律揭示的是变化的磁场激发电场的现象和规律.

3.1.1 电磁感应现象

在丹麦物理学家奥斯特发现电流的磁效应之后，法拉第深信电和磁具有统一性. 他从 1824 年到 1828 年间一直在做磁生电的实验，在 1831 年 8 月，观察到了瞬时的电磁感应现象，并于 1831 年 10 月 17 日，以条形磁铁插入闭合的线圈，发现在磁铁插入

和拔出的瞬间，线圈中会产生感应电流. 图 9.2 显示了其代表性实验装置示意图.

法拉第经过多次反复实验和研究发现：不论用什么方法，只要使穿过闭合导体回路的磁通量发生变化，此回路中就会有电流产生. 这一现象称为电磁感应现象，回路中产生的电流称为感应电流.

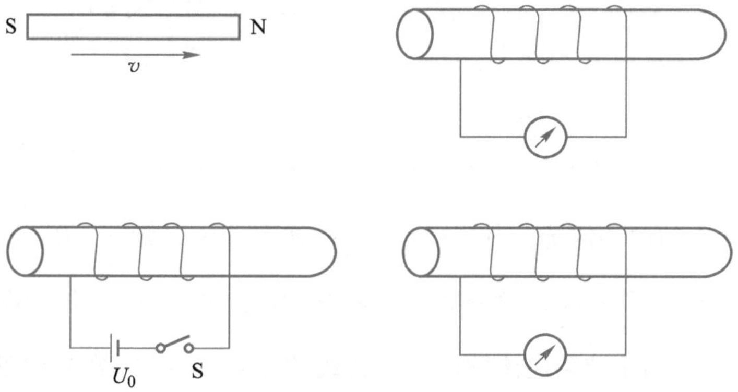

图 9.2　法拉第电磁感应代表性实验装置示意图

3.1.2　法拉第电磁感应定律

当穿过闭合导体回路的磁通量发生变化时，此回路中就产生电流，感应电动势的大小与通过导体回路的磁通量对时间的变化率成正比.

$$\mathscr{E}=-k\frac{\mathrm{d}\Phi}{\mathrm{d}t} \tag{9.3}$$

式中 k 为比例系数，在国际单位制中，$k=1$，“-”可理解为楞次定律的数学表示，用于确定电动势的方向. 感应电动势是标量，它的“方向”取决于磁场的变化情况，由楞次定律确定.

3.1.3　电动势方向判定

1. 用楞次定律确定

闭合回路中，感应电流的方向总是使得它自身所产生的磁通量反抗引起感应电流的磁通量的变化，即感应电流的效果总是阻碍引起感应电流的磁场变化.

楞次定律是能量守恒定律在电磁感应现象中的体现，其数学形式即法拉第电磁感应定律中的负号.

应用如图 9.3 所示，条形磁铁的 N 极插入螺线管，管内产生 i 激发 N′、S′极阻碍插入：外力克服斥力做功，转化为线圈中的电能. 因此，根据 Φ 的变化趋势及“阻碍”含义，可由右手定则来确定感应电流方向.

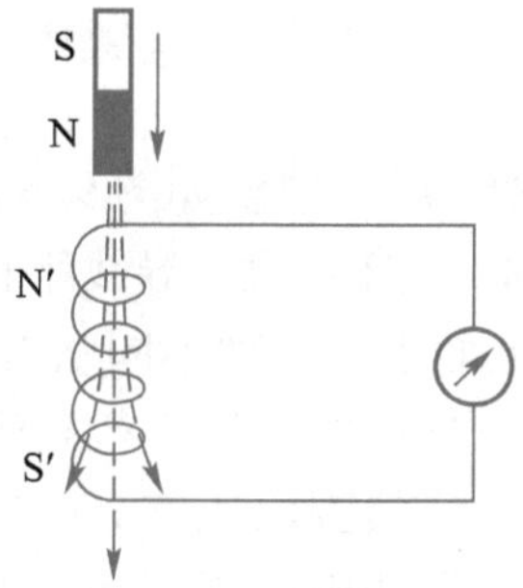

图 9.3　楞次定律确定电动势方向

2. 用法拉第电磁感应定律确定

图 9.4 说明了用法拉第电磁感应定律判断电动势方向的方法. 首先确定闭合回路绕行的正方向，当穿过回路的磁通量 Φ 为正

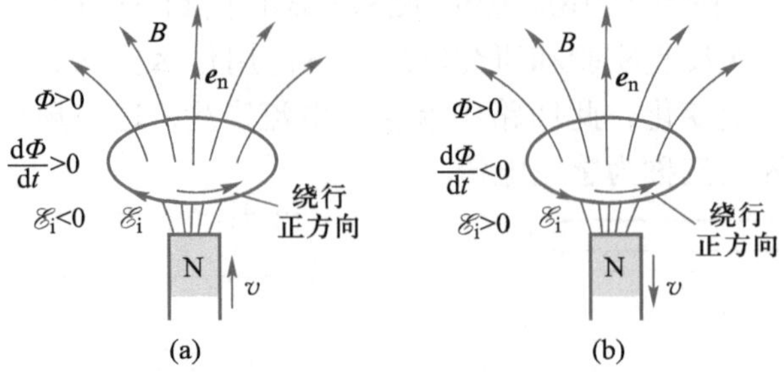

图 9.4 法拉第电磁感应定律确定电动势$\mathscr{E}_i$方向

时，则有图 9.4 的两种情况：其中(a)图中磁通量增大，则$\dfrac{\mathrm{d}\Phi}{\mathrm{d}t}>0$，根据法拉第电磁感应定律公式(9.3)$\mathscr{E}_i<0$，得到电动势方向与正方向相反；图(b)中磁通量减小，则$\dfrac{\mathrm{d}\Phi}{\mathrm{d}t}<0$，根据法拉第电磁感应定律公式(9.3)$\mathscr{E}_\mathrm{i}>0$，得到电动势方向与正方向相同. 当穿过回路的磁通量 Φ 为负时，也可以用相同的方法进行判断. 由上面的分析可以看出，(9.3)式中负号就是楞次定律的数学表达形式.

当线圈由 N 匝串联时，总电动势

$$\mathscr{E} = \sum_{i=1}^{N} \mathscr{E}_\mathrm{i} = -\frac{\mathrm{d}}{\mathrm{d}t}\sum_{i=1}^{N} \boldsymbol{\Phi}_\mathrm{i} = -\frac{\mathrm{d}\Psi}{\mathrm{d}t} \tag{9.4a}$$

式中，$\Psi = \sum\limits_{i=1}^{N} \Phi_i$ 为总磁通，或称为磁链.

若 $\Phi_1 = \Phi_2 = \cdots = \Phi_N = \Phi$，则 $\Psi = N\Phi$，有

$$\mathscr{E} = -N\frac{\mathrm{d}\Phi}{\mathrm{d}t} \tag{9.4b}$$

法拉第电磁感应定律既给出了计算$\mathscr{E}$大小的方法，又给出了判定$\mathscr{E}$方向的方法，直接用法拉第电磁感应定律判断电动势方向的方法和楞次定律等价，两种方法均可用于判定$\mathscr{E}$和 i 的方向.

3.2 法拉第电磁感应定律的应用

[例 9.1] 题意如图 9.5 所示，长直导线载流为 I，有一矩形线框，边长分别为 a 和 b，且 a 边与导线平行，线圈与导线共面，距导线距离为 x，线圈处于如图自上而下的三种不同状态下，求线圈中的电动势.

① 线圈整体平行载流直线以速度 $\boldsymbol{v}$ 向上运动；

② 线圈以速度 $\boldsymbol{v}$ 向离开载流直线方向向右运动；

③ 线圈静止不动且 $I=I_0\sin \omega t$.

[解] ① 线圈整体平行载流直线以速度 $\boldsymbol{v}$ 运动：

通过线圈的磁通量没有变化：

$$\mathscr{E}=0$$

② 线圈以速度 $\boldsymbol{v}$ 向离开载流直线方向运动：

在距离载流直线为 r 处，在线圈上取宽度为 dr 的面积微元 dS，则其上的磁通量为

$$d\Phi = \boldsymbol{B} \cdot d\boldsymbol{S} = \frac{\mu_0 I}{2\pi r} \cdot a dr$$

$$\Phi = \int_x^{x+b} \frac{\mu_0 I}{2\pi r} a dr = \frac{\mu_0 I a}{2\pi} \ln \frac{x+b}{x}$$

$$\mathscr{E} = -\frac{d\Phi}{dt} = \frac{\mu_0 I a v}{2\pi}\left(\frac{1}{x} - \frac{1}{x+b}\right) > 0$$

方向同参考方向.

③ 线圈不动，$I = I_0 \sin \omega t$，则采用与②同样的方法可以算得：

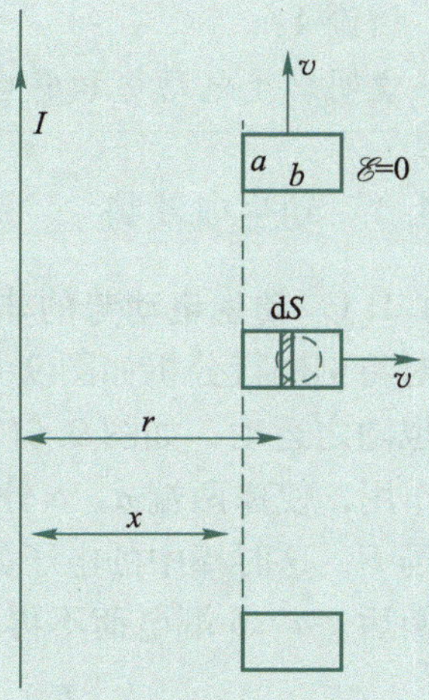

图 9.5　例 9.1 题图

$$\Phi = \frac{\mu_0 I a}{2\pi} \ln \frac{x+b}{x}$$

$$\mathscr{E} = -\frac{d\Phi}{dt} = -\frac{\mu_0 \omega a}{2\pi}(I_0 \cos \omega t) \ln \frac{x+b}{x}$$

讨论 3：

若将例题 9.1 中第②③两问合并，即线框向右以速度 $\boldsymbol{v}$ 向离开载流直线同时电流 $I = I_0 \sin \omega t$，则电动势为多少？

第四节　动生电动势　感生电动势

下面我们讨论感应电动势产生的机理，即，产生感应电动势的非静电场力的问题.

由法拉第电磁感应定律可知，只要通过闭合回路的磁通量发生改变，回路中就有感生电动势产生，而磁通量的表达式为

$$\Phi_m = \int_L \boldsymbol{B} \cdot d\boldsymbol{S} = \int_L |\boldsymbol{B}| \cos \theta |d\boldsymbol{S}|$$

由此可知，磁感强度大小、闭合回路面法线与磁感应强度夹角、闭合回路面积三者之一变化，三者中的二者变化或三者同时变化，都可能造成 Φ_m 变化，从而回路中出现感生电动势. 为充分理解，我们分开讨论. 当磁场与导体出现宏观位置的相对运动时，产生的电动势称为动生电动势；磁场与导体无宏观运动，只有磁感应强度大小变化产生的电动势称为感生电动势，它们产生的机理(非静电场力)不同，电动势的求解方法也可以不一样.

> **讨论 4：**
> 说明动生电动势和感生电动势产生的物理机理有什么不同.

4.1 动生电动势

4.1.1 动生电动势的非静电力

对特例进行分析如图 9.6(a)所示，金属棒 ab 段以速度 $\boldsymbol{v}$ 运动时，其内部的电子也随之运动，如图 9.6(b)所示，运动的电子在磁场中受到洛伦兹力 $\boldsymbol{F}=-e\boldsymbol{v}\times\boldsymbol{B}$ 的作用，使棒两端 a、b 分别出现正、负电荷的积累，在棒 ab 内产生从上向下的电场 $\boldsymbol{E}$，这时棒中的电子又要受到电场力 $\boldsymbol{F}_e=-e\boldsymbol{E}$ 的作用，当洛伦兹力与电场力平衡后，a、b 端电荷不再积累，建立一定电势差，$U_a>U_b$.

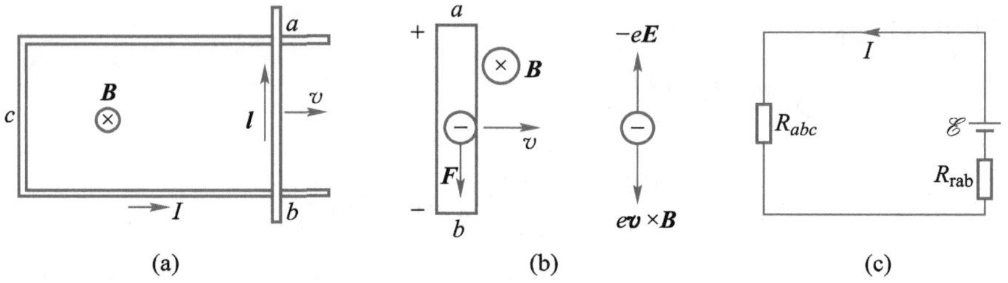

图 9.6 动生电动势产生的机理

整个过程中运动的金属棒 ab 可以被当成电源，其电动势 $\mathscr{E}_{ba}=-U_{ba}=U_{ab}=U_a-U_b$，导体框 acb 相当于外电路，那么就可以等效成如图 9.6(c)所示的闭合电路. 当电子在洛伦兹力 $\boldsymbol{F}=-e\boldsymbol{v}\times\boldsymbol{B}$ 的作用下由 $a\to b$ 移动最终达到平衡状态时，洛伦兹力和电荷积累产生的电场力相等，即 $\boldsymbol{F}_e=-\boldsymbol{F}$，因此金属棒 ab 内，洛伦兹力克服电场力做功. 由此可见：在此洛伦兹力 $\boldsymbol{F}$ 扮演了非静电力作用，运动的 ab 段相当于电源内部，不动的外电路 acb 仅提供形成电流 I 的闭路通道.

定义非静电场强：$\boldsymbol{E}_k=\dfrac{\boldsymbol{F}}{-e}=\dfrac{-e\boldsymbol{v}\times\boldsymbol{B}}{-e}=\boldsymbol{v}\times\boldsymbol{B}$（单位正电荷所受洛伦兹力），则根据电动势的定义有

$$\mathscr{E}_{ba}=\int_b^a \boldsymbol{E}_k\cdot d\boldsymbol{l}=\int_b^a(\boldsymbol{v}\times\boldsymbol{B})\cdot d\boldsymbol{l}=\int_b^a vB\,dl=Blv$$

$$\mathscr{E}_{ba}=-U_{ba}=U_{ab}=U_a-U_b \tag{9.5}$$

与用 $\mathscr{E}=-\dfrac{d\Phi}{dt}$ 求得结果相一致.

4.1.2 应用

一般情况下，当磁场在空间的分布不均匀，或运动导线非直线，或运动导线各部分速度不一时，求动生电动势需用公式的微分形式，即

$$\mathscr{E}=\int_L(\boldsymbol{v}\times\boldsymbol{B})\cdot d\boldsymbol{l} \tag{9.6}$$

第一步：在导体上取微元 $d\boldsymbol{l}$，使得其上面的 $(\boldsymbol{v}\times\boldsymbol{B})$ 可看出是不变的量；第二

步：求解出微元上的电动势 $d\mathscr{E}=(\boldsymbol{v}\times\boldsymbol{B})\cdot d\boldsymbol{l}$；第三步：通过积分求整个导体上的电动势 $\mathscr{E}=\int_L(\boldsymbol{v}\times\boldsymbol{B})\cdot d\boldsymbol{l}$. 注意矢量$(\boldsymbol{v}\times\boldsymbol{B})$和 $d\boldsymbol{l}$ 的方向，若它们方向小于 90°，$\mathscr{E}$沿$d\boldsymbol{l}$ 的正方形电势升高；若它们方向大于 90°，$\mathscr{E}$沿 $d\boldsymbol{l}$ 的正方形电势降低.

[例 9.2]　如图 9.7 所示，一金属棒 OA 长 $L=50$ cm，在大小为 $B=0.50\times10^{-4}$T、方向垂直纸面向内的均匀磁场中，以一端 O 为轴心作逆时针的匀速转动，转速 ω 为 2 rad · s^{-1}. 求此金属棒的动生电动势，并说明哪一端电势高.

[解]　如图所示，取 $O\to A$ 为正方向，因为 OA 棒上各点的速度不同，在棒上距轴心 O 为 r 处取线元 $d\boldsymbol{r}$，其速度大小为$v=r\omega$，方向垂直于OA，也垂直于磁场$\boldsymbol{B}$，按题意，$\boldsymbol{v}\perp\boldsymbol{B}$；沿着这个指向，在金属棒上按右手螺旋定则，得到矢量$(\boldsymbol{v}\times\boldsymbol{B})$与 $d\boldsymbol{r}$ 方向相反. 于是，按动生电动势公式(9.6)，得到该小段在磁场中运动时所产生的动生电动势 $d\mathscr{E}_i$ 为

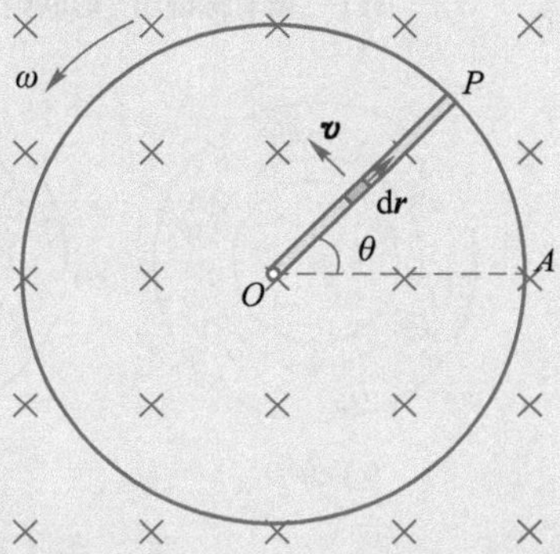

图 9.7　例 9.2 题图

$$d\mathscr{E}_i=(\boldsymbol{v}\times\boldsymbol{B})\cdot d\boldsymbol{r}=-Bv dr=-Br\omega dr$$

其中负号表示 $d\mathscr{E}_i$ 的方向与 $d\boldsymbol{r}$ 的方向相反，即从 A 指向 O. 对长度为 L 的金属棒来说，可以分成许多小段，各小段均有 $d\mathscr{E}_i$，而且方向都相同. 对整个金属棒，可以看作各小段的串联. 其总电动势等于各小段动生电动势的代数和. 于是有

$$\mathscr{E}_i=-\int_O^A d\mathscr{E}_i=-\int_O^A Br\omega dr=-\frac{1}{2}B\omega L^2$$

代入题设数据，得动生电动势的大小为

$$\mathscr{E}_i=\frac{1}{2}B\omega L^2=\frac{1}{2}\times0.5\times10^{-4}\times2\times(0.50)^2\text{V}$$
$$=1.25\times10^{-5}\text{V}$$

$\mathscr{E}_i$ 的方向为由 A 指向 O，故 O 端电势高.

4.1.3　工程应用

1. 电动机的工作原理：利用了转子上的鼠笼式闭合铝框在定子产生的旋转磁场中切割磁感线产生感生电流，此感生电流又在定子产生的旋转磁场中受磁力矩的作用而转动，实现电能转化成机械能. 其工作过程如图 9.8 所示，将交流电(产生磁场的电流)通入定子绕组中，在定子所包围的空间产生相应的旋转磁场，旋转磁场作用于转子上鼠笼式闭合铝框，因磁场旋转导致不动的铝框产生了切割磁感线的效应，在线框中产生感生电动势并形成感生电流，此电流受通入定子中的交流电产生的磁场力矩的作用而使转子转动，实现将电能转化成机械能的过程.

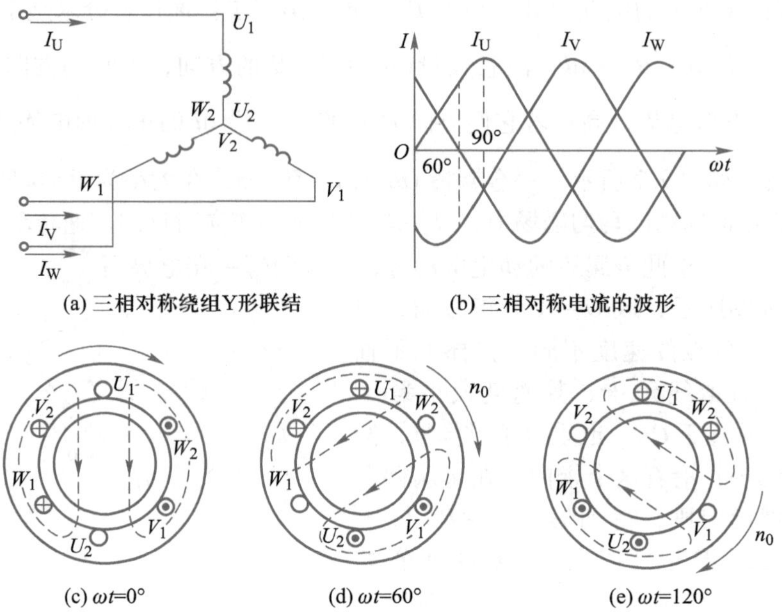

图 9.8 电动机的工作原理

2. 发电机的工作原理：利用通有励磁电流的转子(此时转子成为动力磁极)，在输入的机械能的作用下产生旋转磁场，固定在定子上的线圈形成了对磁感线的切割效应，在定子上的线圈中产生感生电动势而形成感生电流输出. 其工作过程如图 9.9(a)，转子的励磁绕组(线圈)通入直流电流后产生磁场，相当于一对磁极，转子在外在的输入机械能(水轮机或蒸汽机等)的带动下旋转，在其周围产生旋转磁场，每转一周，磁感线被定子上的线圈(电枢绕组)切割，在定子绕组内产生感生电动势从而形成感生电流输出，完成从机械能到电能的转化.

图 9.9(b)为发电机原理简单模型图，将磁场看成匀强磁场以方便计算，$abcd$ 为面积为 S 的绕中心轴 OO' 匀速转动的线圈，匝数为 N，角速度为 ω. 若 $t=0$ 时刻线圈的法线 $\boldsymbol{n}$ 平行于 $\boldsymbol{B}$，那么 t 时刻 $\boldsymbol{n}$ 与 $\boldsymbol{B}$ 的夹角 $\theta=\omega t$，那么通过线圈的磁通链为

$$\Psi=NBS\cos\omega t$$

因此有

$$\mathscr{E}_{\mathrm{i}}=-\frac{\mathrm{d}\Psi}{\mathrm{d}t}=NBS\omega\sin\omega t=\mathscr{E}_0\sin\omega t$$

式中 $\mathscr{E}_0$ 为电动势的最大值. 可以看出，发电机的工作原理主要是闭合回路面法线 $\boldsymbol{n}$ 与磁感强度 $\boldsymbol{B}$ 的夹角变化从而产生的电动势，因此也是动生电动势的一种. 通过以上计算也得到了交流电电流呈正弦周期性变化的原因.

讨论 5：

感生电场是静电场吗？对比静电场它有什么不一样的物理性质？它的环路积分是什么物理量？

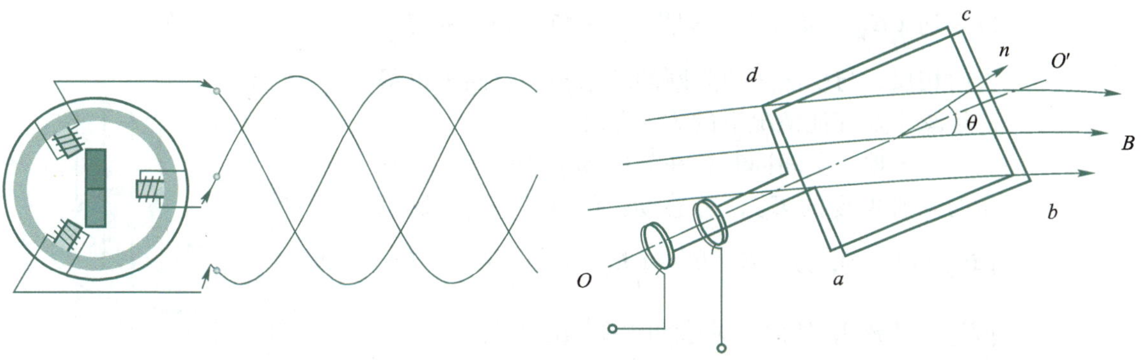

(a) 发电机工作示意图

(b) 发电机原理模型图

图 9.9 发电机的工作原理

4.2 感生电动势

4.2.1 感生电动势的非静电场力

当磁场 $\boldsymbol{B}(t)$ 随时间变化，而回路不变时产生的电动势，称为**感生电动势**. 由法拉第电磁感应定律给出：

$$\mathscr{E}=-\frac{\mathrm{d}\Phi}{\mathrm{d}t}=-\frac{\mathrm{d}}{\mathrm{d}t}\int_S \boldsymbol{B}\cdot\mathrm{d}\boldsymbol{S}=-\int_S\frac{\partial\boldsymbol{B}}{\partial t}\cdot\mathrm{d}\boldsymbol{S} \tag{9.7}$$

式中 S 是由回路 L 所围的任意曲面. 只有当回路不变时，上式最后的等号才成立.

用洛伦兹力可以很好地解释动生电动势产生的机理，但却不能解释为什么在导体回路不动时，只是由于磁场的变化就会在导体回路中产生感应电动势. 麦克斯韦分析并研究了这类电磁感应现象以后提出：不论导体有无导体或回路，变化的磁场都将在其周围空间产生具有闭合电场线的电场，并将此电场称为**感生电场**或者有旋电场，亦被称为涡旋电场. 实验也表明，感生电动势 $\mathscr{E}$ 与有无导体无关，它存在于变化 $\boldsymbol{B}(t)$ 的周围，仅与 $\boldsymbol{B}(t)$ 变化相关. 感生电动势现象预示着有关电磁场的新效应，变化的磁场周围激发出一种电场，即使不存在导体回路，涡旋电场仍然存在，此场为感生电动势 $\mathscr{E}_{感}$ 提供非静电力. 因此根据电动势的定义，上述回路中感生电动势 $\mathscr{E}$ 为

$$\mathscr{E}=\oint_L \boldsymbol{E}_{旋}\cdot\mathrm{d}\boldsymbol{l}$$

联立(9.7)式和上式，有

$$\oint_L \boldsymbol{E}_{旋}\cdot\mathrm{d}\boldsymbol{l}=-\int_S\frac{\partial\boldsymbol{B}}{\partial t}\cdot\mathrm{d}\boldsymbol{S} \tag{9.8}$$

式中 L 为面积 S 的边界，$\boldsymbol{S}$ 面积矢量的方向和 L 的绕行方向成右手螺旋关系. 式中 $\boldsymbol{E}_{旋}$ 和 $\dfrac{\partial\boldsymbol{B}}{\partial t}$ 方向关系如图 9.10 所示，取逆时针的绕行方向为正则 $\boldsymbol{S}$ 矢量方向朝上，磁场 $\boldsymbol{B}$ 方向向上，若磁场增大，则 $\dfrac{\partial\boldsymbol{B}}{\partial t}$ 为正，与 $\boldsymbol{B}$ 方向相同，根据(9.8)式可

以得到$\oint_L \boldsymbol{E}_{旋} \cdot \mathrm{d}\boldsymbol{l} < 0$，表明$\boldsymbol{E}_{旋}$为负，和$L$的绕行方向相反，与楞次定律判断的结果相同，同理可得磁场减小及其他情况下的$\boldsymbol{E}_{旋}$方向.

一般地，空间同时存在静电场的场强$\boldsymbol{E}_{静}$和感生的涡旋电场的$\boldsymbol{E}_{旋}$，有总场：$\boldsymbol{E}=\boldsymbol{E}_{静}+\boldsymbol{E}_{旋}$，因为$\oint_L \boldsymbol{E}_{静} \cdot \mathrm{d}\boldsymbol{l}=0$，故$\oint_L \boldsymbol{E} \cdot \mathrm{d}\boldsymbol{l}=\oint_L \boldsymbol{E}_{静} \cdot \mathrm{d}\boldsymbol{l}+\oint_L \boldsymbol{E}_{旋} \cdot \mathrm{d}\boldsymbol{l}=\int_L \boldsymbol{E}_{旋} \cdot \mathrm{d}\boldsymbol{l} \neq 0$，所以，对总的电场存在方程：

$$\mathscr{E}=\oint_L \boldsymbol{E} \cdot \mathrm{d}\boldsymbol{l}=-\int_S \frac{\partial \boldsymbol{B}}{\partial t} \cdot \mathrm{d}\boldsymbol{S} \tag{9.9}$$

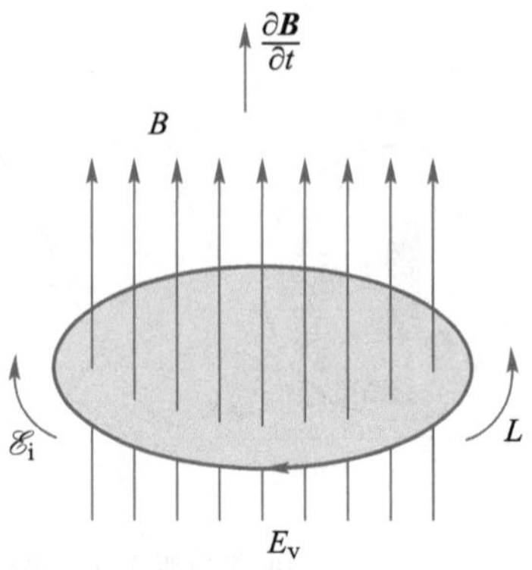

图 9.10 $\boldsymbol{E}_{旋}$和$\frac{\partial \boldsymbol{B}}{\partial t}$的方向关系

表明电场、磁场不可分割，有了变化的磁场就有变化的电场.

因为有

$$\oint_l \boldsymbol{E}_{旋} \cdot \mathrm{d}\boldsymbol{l}=-\int_S \frac{\partial \boldsymbol{B}}{\partial t} \cdot \mathrm{d}\boldsymbol{S} \neq 0$$

表明$\boldsymbol{E}_{旋}$有旋无势，为闭合的电场，与静电场有着明显的区别. $\boldsymbol{E}_{旋}$线为无头无尾的闭合线圈，存在$\oint_S \boldsymbol{E}_{旋} \cdot \mathrm{d}\boldsymbol{S}=0$，说明涡旋电场$\boldsymbol{E}_{旋}$通过闭合曲面$S$的电场强度通量为零，所以对总的电场(包括静电场的场强$\boldsymbol{E}_{静}$和感生的涡旋电场的$\boldsymbol{E}_{旋}$)来说，存在

$$\oint_S \boldsymbol{E} \cdot \mathrm{d}\boldsymbol{S}=\oint_S \boldsymbol{E}_{静} \cdot \mathrm{d}\boldsymbol{S}+\oint_S \boldsymbol{E}_{旋} \cdot \mathrm{d}\boldsymbol{S}=\frac{\sum q_0}{\varepsilon_0} \tag{9.10}$$

表明，高斯定理仍成立.

4.2.2 应用

应该说利用(9.8)式求涡旋电场的难点在于求等号两边的积分，对初学者来说，只有非常特殊的情况下才能求解，一般情况下，只求解$\frac{\partial \boldsymbol{B}}{\partial t}$分布空间具有轴对称且均匀变化时，分布在与$\frac{\partial \boldsymbol{B}}{\partial t}$垂直的平面内的具有轴对称的环线上的涡旋电场的场强$\boldsymbol{E}_{旋}$.

[例 9.3] 长直螺线管通有变化电流为I，半径为R，当螺线管内磁场变化率大小$\frac{\partial B}{\partial t}>0$恒定时，求螺线管内、外有旋电场$\boldsymbol{E}_{旋}$.

[解] 如图 9.11(a)所示，$\boldsymbol{E}_{旋}$具有轴对称性，可由环路定理直接求$\boldsymbol{E}_{旋}$.

以螺线管轴线为中心，半径为r的环路$\boldsymbol{L}$.

$r<R$：$B=\mu_0 nI(t)$，依(9.8)式有$E_{旋} \cdot 2\pi r=-\frac{\partial B}{\partial t} \cdot \pi r^2$，则

$$E_{旋}=-\frac{1}{2} r \frac{\partial B}{\partial t}$$

$r>R$：$B=0$，依(9.8)式面积分需计算的是螺线管截面所在的面积部分，有 $E_{旋}\cdot 2\pi r=-\frac{\partial B}{\partial t}\pi R^2$，则

$$E_{旋}=-\frac{1}{2r}R^2\frac{\partial B}{\partial t}$$

负号表示与参考正方向相反，如图 9.11(b)所示.

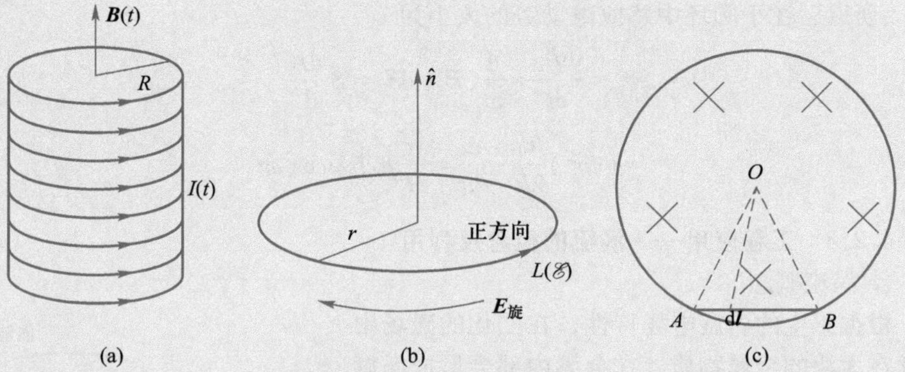

图 9.11　例 9.3 题图

[讨论]

① 若给出 $B(t)-t$ 的具体形式，便可代入计算，进一步讨论结果；

② 如图 9.11(c)所示，若在长螺线管内沿截面弦上置 AB 段导线，求 $\mathscr{E}_{AB}$.

方法一：根据 $\mathscr{E}_{AB}=\int_A^B \boldsymbol{E}_{旋}\cdot \mathrm{d}\boldsymbol{l}$ 计算；

已知有旋电场线是沿逆时针方向的同心圆系，沿着导体棒 AB 取线元 $\mathrm{d}\boldsymbol{l}$，那么

$$\mathscr{E}_{AB}=\int_A^B \boldsymbol{E}_{旋}\cdot \mathrm{d}\boldsymbol{l}=\int_A^B E_{旋}\cos\alpha \mathrm{d}l$$

在 $r<R$ 区域内，$E_{旋}=-\frac{1}{2}r\frac{\partial B}{\partial t}$，$\cos\alpha=\frac{h}{r}$，计算得到

$$\mathscr{E}_{AB}=\frac{h}{2}\frac{\partial B}{\partial t}\sqrt{R^2-\left(\frac{l}{2}\right)^2}$$

方法二：$\mathscr{E}_{AB}=-\frac{\mathrm{d}\Phi_{OAB}}{\mathrm{d}t}$(作辅助线使△$OAB$ 闭合，对各边情况研究).

因为辅助线 OA 和 OB 为半径，则 $\boldsymbol{E}_{旋}$ 和两条辅助线都垂直，则

$$\oint \boldsymbol{E}_{旋}\cdot \mathrm{d}\boldsymbol{l}=\int_O^A \boldsymbol{E}_{旋}\cdot \mathrm{d}\boldsymbol{l}+\int_A^B \boldsymbol{E}_{旋}\cdot \mathrm{d}\boldsymbol{l}+\int_B^O \boldsymbol{E}_{旋}\cdot \mathrm{d}\boldsymbol{l}=0+\mathscr{E}_{AB}+0=-\frac{\mathrm{d}\Phi_{OAB}}{\mathrm{d}t}$$

通过计算得到

$$\mathscr{E}_{AB}=\frac{h}{2}\frac{\partial B}{\partial t}\sqrt{R^2-\left(\frac{l}{2}\right)^2}$$

［例 9.4］　半径为 r 的小导线圆环置于半径为 R 的大导线圆环的中心，二者在同一平面内，且 $r \ll R$，若在大导线圆环中通有电流 $i=I_0\sin\omega t$，其中 I_0 为常量，则在任意时刻，小导线圆环中感应电动势的大小是多少？

［解］　因为 $r \ll R$，所以，在大圆环中央：

$$B=\frac{\mu_0 i}{2R}$$

所以，在小圆环中感应电动势的大小为

$$\mathscr{E}_{\mathrm{i}}=\frac{\mathrm{d}\Phi_{\mathrm{m}}}{\mathrm{d}t}=\frac{\mathrm{d}}{\mathrm{d}t}(\boldsymbol{B}\cdot\mathrm{d}\boldsymbol{S})=S\frac{\mathrm{d}B}{\mathrm{d}t}$$

$$=(\pi r^2)\frac{\mu_0}{2R}\cdot\frac{\mathrm{d}i}{\mathrm{d}t}=\frac{\pi r^2}{2R}\mu_0 I_0\omega\cos\omega t$$

4.2.3　工程应用——涡流的概念及利用

1. 涡流概念

根据感生的涡旋电场特性，在变化的磁场中若存在大块的金属物质，在金属内部会形成涡旋电场而推动电子运动形成感应电流，此电流也是闭合电流，称为涡流. 对于圆柱形铁芯，其内部的涡电流方向如图 9.12 所示，断面俯视为以圆柱轴线对称的成涡旋状电流.

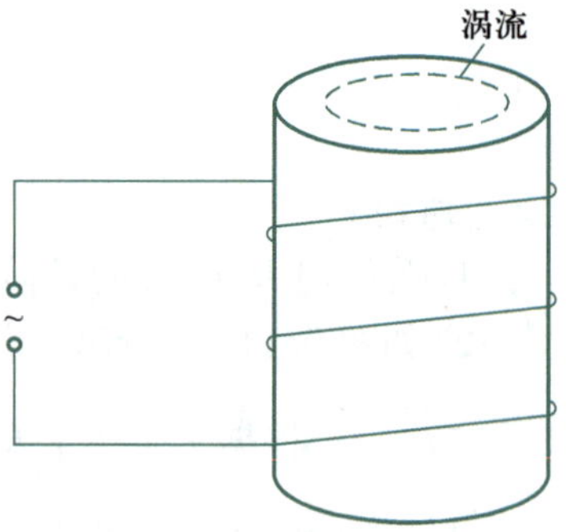

图 9.12　涡流效应

2. 涡流的效应及利用

(1) 热效应：电流通过导体发热，释放焦耳热.

工程利用：高频感应炉，通过涡流加热可以达到很高的温度，一般用在冶炼领域；另一方面考虑涡流发热损耗了电能，因此在一些领域需要尽量避免，比如变压器、电机铁芯等. 避免的手段是将铁芯制成片状，缩小涡流范围，从而减少损耗.

(2) 机械效应

电磁阻尼、电磁驱动：如果磁极与金属发生相对运动，那么在金属中就会有涡流产生，此涡流因为是处于磁场中的，要受到安培力的作用，最终产生阻碍初始相对运动的机械效应.

第五节　自感　互感

自感和互感是电磁感应的重要效应，研究其规律有利于在工程中合理利用和有效防范.

5.1　自感电动势

任何导体回路的电流发生变化时，穿过回路自身的磁通量也在变化，从而在自身回路中同样要产生感应电动势，这种现象称为自感现象，所产生的电动势称自感电动势. 理论和实验都证明，在没有铁磁质材料存在的情况下，线圈中的磁通量与线圈自身的电流 I 成正比，即

$$\Phi_L = LI \tag{9.11}$$

式中比例系数 L 称为自感系数，是线圈几何结构、磁介质等参量的函数，这些因素不变时，为一常量，是电感器件的度量参量. 国际单位制中，自感系数单位是亨利，简称亨，用符号 H 表示，$1\ \mathrm{H}=1\ \mathrm{Wb}\cdot\mathrm{A}^{-1}$，亨的单位较大，常用毫亨(mH)或微亨(μH)作为电感的单位.

> **讨论 6：**
> 用金属丝绕成的标准电阻要求无自感，怎样绕制才能达到这一要求？为什么？

一般情况下，回路几何形状，磁介质等因素不变，$\dfrac{\mathrm{d}L}{\mathrm{d}t}=0$，由法拉第电磁感应定律，则自感电动势有

$$\mathscr{E}_{\mathrm{L}} = -L\frac{\mathrm{d}I}{\mathrm{d}t} \tag{9.12}$$

式中负号表示自感电动势将反抗回路中电流的改变. 任何回路都具有力图保持原有电流不变的属性，称为“电磁惯性”.

当电流增加时，自感电动势的指向与原来电流流向相反. 当电流减小时自感电动势的指向与原来电流流向相同.

自感在电工和无线电技术中有着广泛应用，各种选频回路中的谐振线圈和电路中的通直隔交作用的扼流圈等，都是利用线圈上的自感电动势来完成某种特定的电路功能的.

自感现象有时也会带来害处. 如在供电系统中切断载有强大电流的电路时，若电路中含有较大的自感元件，就可能出现强烈的自感高压电弧，烧毁开关甚至危及人身安全. 为此，这些设备一般都采用具有灭弧结构的特殊开关，如负载开关和油开关等.

5.2　互感电动势

若两个空间邻近的载流回路，其中某一个导体回路中电流发生变化时，另一导体回路中有感应电动势产生的现象，或相互在对方回路中激起感应电动势的现象，称为互感现象. 由互感所产生的电动势称互感电动势.

同理，当回路的形状，相对位置和周围磁介质不是铁磁质且保持不变时，以 Φ_{21} 表示由第一个线圈中的电流产生的磁场通过第二个线圈的磁通；以 Φ_{12} 表示由

第二个线圈中的磁场电流产生的通过第一个线圈的磁通，有

$$\Phi_{21}=M_{21}I_1,\quad \Phi_{12}=M_{12}I_2 \tag{9.13}$$

可以证明 $M=M_{12}=M_{21}$ 称为互感系数，M 与两回路的几何形状、相对位置及周围的介质有关，这些因素不变的情况下，且无铁磁质时，M 是常量.

> **讨论 7：**
> 自感和互感如何影响电路中电流的大小和方向？

由法拉第电磁感应定律可得

$$\mathscr{E}_{21}=-\frac{\mathrm{d}\Phi_{21}}{\mathrm{d}t}=-M\frac{\mathrm{d}I_1}{\mathrm{d}t},\quad \mathscr{E}_{12}=-\frac{\mathrm{d}\Phi_{12}}{\mathrm{d}t}=-M\frac{\mathrm{d}I_2}{\mathrm{d}t} \tag{9.14}$$

互感现象应用也非常广泛：电源变压器、电流互感器、电压互感器、中周变压器、钳形电流表等都是根据互感原理工作的.

互感也有害处：不仅发生在两个线圈之间，而且也可以发生在任何两个相互靠近的有信号传输的电路之间，所以在电力工程和电子电路中，互感现象有时会影响电路的正常工作，这时需要设法减小电路间的互感.

第六节 磁场的能量

磁场和电场一样，也具有能量. 如图 9.13 所示电路中，开关合上电路中电流稳定时，灯泡不亮；当开关拉开时，灯泡反而闪亮一下，这是为什么呢？因为开关断开的瞬间，通电线圈储藏的能量通过自感电动势的方式释放了出来，从另一角度说是自感电动势做了功.

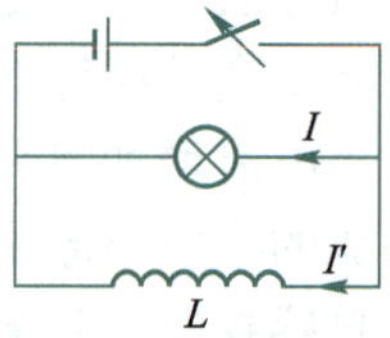

图 9.13 线圈储能演示

设拉闸后，$\mathrm{d}t$ 内通过灯泡的电流为 i，则 $\mathrm{d}t$ 内自感电动势做的功为

$$\begin{aligned}\mathrm{d}A&=\mathscr{E}_{\mathrm{L}}(i\cdot\mathrm{d}t)\\&=-L\frac{\mathrm{d}i}{\mathrm{d}t}(i\cdot\mathrm{d}t)=-Li\cdot\mathrm{d}i\end{aligned}$$

$$A=\int\mathrm{d}A=\int_I^0-Li\cdot\mathrm{d}i=\frac{1}{2}LI^2$$

它也就是自感线圈的磁能：

$$W_{\mathrm{m}}=\frac{1}{2}LI^2 \tag{9.15}$$

这就是储存在线圈中的能量，即磁场的能量

对于长直螺线管，可以证明其自感为 $L=\mu n^2V$，当管中导线通有电流 I 时，管内磁场均匀分布，因此，均匀磁场的 $B=\mu nI$，$H=nI$，则

$$W_{\mathrm{m}}=\frac{1}{2}LI^2=\frac{1}{2}\mu n^2I^2V=\frac{1}{2}BHV$$

所以，其单位体积中的磁场能量，即能量密度的大小为

$$w_m=\frac{1}{2}BH=\frac{1}{2}\mu H^2=\frac{B^2}{2\mu} \tag{9.16}$$

那么，对于非均匀磁场，可以取体积元 dV 中的磁能为 $dW_m=\frac{1}{2}BHdV$，则有限体积内的磁能为

$$W_m=\int_V dW_m=\int_V w_m dV=\frac{1}{2}\int_V BHdV \tag{9.17}$$

(9.17)式尽管是从长直螺线管内的均匀磁场的特例中推得，但该式是计算磁场能量的普遍公式，可用于一般求磁场能量的场合. 磁场能量也是磁场物质性的表现.

第七节　位移电流与麦克斯韦方程组

19 世纪，电磁学取得了重大成就，人类发现了电流能产生磁场，进而揭示了磁场是由运动电荷产生的本质，电与磁的联系被人们注意到，激发研究者们的兴趣，在这个思路引导下磁感应现象被发现了. 麦克斯韦于 1861 年提出了感生电场的概念，认为当只有磁场变化时，产生的感生电动势中的非静电场力，正是变化的磁场产生的感生电场所为，认识到变化的磁场能产生电场. 麦克斯韦对电磁学的实验定律进行了多年研究，除提出感生电场概念外，又提出了位移电流的概念. 最终于 1865 年建立了完整的电磁场理论——麦克斯韦方程组，并进一步指出电磁场可以以电磁波的形式传播，而且预言光是一定频率范围内的电磁波.

麦克斯韦在总结前人成就的基础上，着重从场的观点考虑问题，他不仅认为变化磁场能产生电场，而且还进一步认为，变化电场应该与电流一样，也能在空间产生磁场. 后者就是所谓的“位移电流产生磁场”的假说. 这个假说和“涡旋电场”的假说一起，为建立完整的电磁场理论奠定了基础，也是理解变化电磁场能在空间传播或理解电磁波存在的理论根据. 现在首先介绍位移电流的概念.

讨论 8：
位移电流和传导电流的异同.

7.1　位移电流

7.1.1　位移电流和全电流

我们知道，在一个不含电容器的恒定电路中传导电流是处处连续的. 也就是说，在任何一个时刻，通过导体上某一截面的电流应等于通过导体上其他任一截面的电流. 在由这种电流产生的恒定磁场中，安培环路定理形式为 $\oint_L \boldsymbol{B}\cdot d\boldsymbol{l}=\mu_0\sum_i I_i$. 式中 $\sum I_i$ 是穿过以 L 回路为边界的任意曲面 S 的传导电流.

但是，在接有电容器的电路中，情况就不同了. 在电容器充放电的过程中，对整个电路来说，传导电流是不连续的. 安培环路定理在非恒定磁场中出现了矛盾的情况，必须加以修正.

为了解决电流的不连续问题，并在非恒定电流产生的磁场中使安培环路定理也能成立，麦克斯韦提出了位移电流的概念.

设有一电路，其中接有平板电容器 AB，如图 9. 14 所示.（a）和（b）两图分别表示电容器充电和放电时的情形. 不论在充电还是放电时，通过电路中导体上任何横截面的电流，在同一时刻都相等. 但是这种在金属导体中的传导电流 $I_{传}$，不能在电容器的两极板之间的真空或电介质中流动，因而对整个电路来说，传导电流是不连续的.

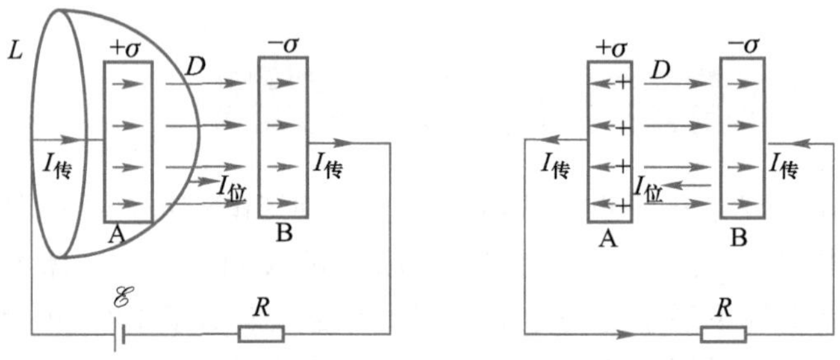

(a) 充电时　　(b) 放电时

图 9. 14　存在电容器的环路定理

但是，我们注意到：在上述电路中，当电容器充电或放电时，电容器两极板上的电荷 q 和电荷面密度 σ 都随时间而变化（充电时增加，放电时减少），极板内的电流以及电流密度分别等于$\frac{\mathrm{d}q}{\mathrm{d}t}$和$\frac{\mathrm{d}\sigma}{\mathrm{d}t}$. 与此同时，两极板之间，电位移 $\boldsymbol{D}$ 和通过整个截面的电位移通量 $\Phi_D=DS$，也都随时间而变化. 按静电学，在国际单位制中，平行板电容器内电位移 $\boldsymbol{D}$ 的大小等于极板上的电荷面密度 σ，而电位移通量 Φ_D，等于极板上的总电荷量 $\sigma S=q$. 所以$\frac{\mathrm{d}\boldsymbol{D}}{\mathrm{d}t}$和$\frac{\mathrm{d}\Phi_D}{\mathrm{d}t}$在量值上也分别等于$\frac{\mathrm{d}\sigma}{\mathrm{d}t}$和$\frac{\mathrm{d}q}{\mathrm{d}t}$.

关于方向，充电时，电场增加，$\frac{\mathrm{d}\boldsymbol{D}}{\mathrm{d}t}$的方向与场的方向一致，也与导体中传导电流的方向一致［参看图 9. 14（a）］；放电时，电场减少，$\frac{\mathrm{d}\boldsymbol{D}}{\mathrm{d}t}$的方向与场的方向相反，但仍与导体中传导电流方向一致［参看图 9. 14（b）］. 至于$\frac{\mathrm{d}\Phi_D}{\mathrm{d}t}$，无论在充电还是放电时，其量值均相应地等于导体中的传导电流. 因此，如果把电路中的传导电流和电容器内的电场变化联系起来考虑，并把电容器两极板间电场的变化看作相当于某种电流在流动，那么整个电路中的电流仍可视为保持连续. 把变化的电场看作电流的论点，就是麦克斯韦所提出的位移电流的概念. 位移电流密度 $\boldsymbol{j}_{位}$ 和位移电流 $I_{位}$ 分别定义为

$$j_{\text{位}}=\frac{\mathrm{d}\boldsymbol{D}}{\mathrm{d}t}$$

$$I_{\text{位}}=\frac{\mathrm{d}q}{\mathrm{d}t}=\frac{\mathrm{d}(\sigma S)}{\mathrm{d}t}=\frac{\mathrm{d}(DS)}{\mathrm{d}t}=\frac{\mathrm{d}\Phi_D}{\mathrm{d}t} \tag{9.18}$$

上述定义式说明，电场中某点的位移电流密度等于该点处电位移的时间变化率，通过电场中的某截面的位移电流等于通过该截面的电位移通量的时间变化率.

麦克斯韦认为：位移电流和传导电流一样，都能激发磁场，与传导电流所产生的磁效应完全相同，位移电流也按同一规律在周围空间激发涡旋磁场. 这样，在整个电路中，传导电流中断的地方就由位移电流来接替，而且它们的数值相等、方向一致. 对于普遍的情况，麦克斯韦认为传导电流和位移电流都可能存在. 麦克斯韦运用这种思想把从恒定电流总结出来的磁场规律推广到一般情况，即，既包括传导电流也包括位移电流所激发的磁场.

他指出：**在磁场中沿任一闭合回路，$\boldsymbol{H}$ 的线积分在数值上等于穿过以该闭合回路为边界的任意曲面的传导电流和位移电流的代数和.** 即

$$\oint_L \boldsymbol{H}\cdot\mathrm{d}\boldsymbol{l}=\sum(I_{\text{传}}+I_{\text{位}})=\sum I_{\text{全}}=\sum I_{\text{传}}+\frac{\mathrm{d}\Phi_D}{\mathrm{d}t} \tag{9.19}$$

于是，他推广了电流的概念，将二者之和称为全电流，用 $I_{\text{全}}$ 表示，即 $I_{\text{全}}=I_{\text{传}}+I_{\text{位}}$.

(9.19)式又称为**全电流定律**. 对于任何回路，全电流是处处连续的. 运用全电流的概念，可以自然地将安培环路定理推广到非恒定磁场中去，从而，也就解决了电容器充放电过程中电流的连续性问题.

7.1.2　位移电流的磁场

应该强调指出的是，位移电流的引入，不仅说明了电流的连续性，还同时揭示了电场和磁场的重要性质.

令 $\boldsymbol{H}_{\text{位}}$ 表示位移电流 $I_{\text{位}}$ 所产生的感生磁场的磁场强度，根据上述假说，可仿照安培环路定理建立下式：

$$\oint_L \boldsymbol{H}_{\text{位}}\cdot\mathrm{d}\boldsymbol{l}=\sum I_{\text{位}}=\frac{\mathrm{d}\Phi_D}{\mathrm{d}t}$$

上式说明，在位移电流所产生的磁场中，场强 $\boldsymbol{H}_{\text{位}}$ 沿任何闭合回路的线积分，即场强 $\boldsymbol{H}_{\text{位}}$ 的环流，等于通过这回路所包围面积的电位移通量的时间变化率. 由于 $\Phi_D=\int_S \boldsymbol{D}\cdot\mathrm{d}\boldsymbol{S}$，对给定回路来说，电位移通量的变化完全由电场的变化所引起：$\frac{\mathrm{d}\Phi_D}{\mathrm{d}t}=\frac{\mathrm{d}}{\mathrm{d}t}\int_S \boldsymbol{D}\cdot\mathrm{d}\boldsymbol{S}$，则有

$$\oint_L \boldsymbol{H}_{\text{位}}\cdot\mathrm{d}\boldsymbol{l}=\oint_S \frac{\partial \boldsymbol{D}}{\partial t}\cdot\mathrm{d}\boldsymbol{S} \tag{9.20}$$

说明变化的电场可以在空间激发涡旋状的磁场. 并且 $\boldsymbol{H}_{\text{位}}$ 和回路中的电势移的变化率$\frac{\mathrm{d}\boldsymbol{D}}{\mathrm{d}t}$形成右手螺旋关系：如果右手螺旋沿着 $\boldsymbol{H}_{\text{位}}$ 线绕行方向转动，那么，

螺旋前进的方向就是$\frac{d\boldsymbol{D}}{dt}$的方向(图 9.15).

(9.20)式定量地反映了变化的电场和它所激发的磁场之间的关系，并说明变化的电场和它所激发的磁场在方向上服从右手螺旋关系.

由此可见，位移电流的引入，深刻地揭露了变化电场和磁场的内在联系.

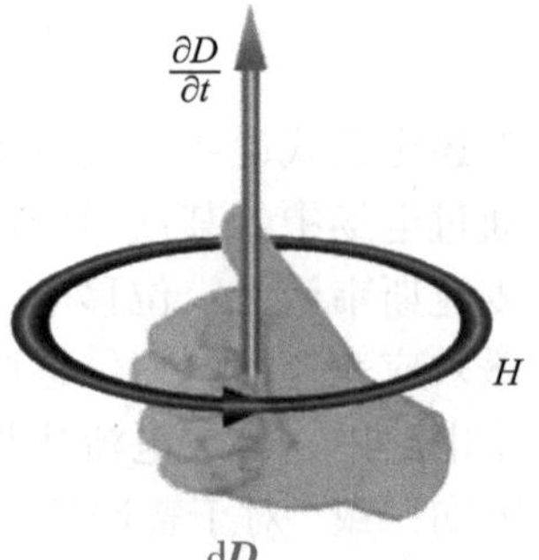

图 9.15 $\frac{d\boldsymbol{D}}{dt}$与$\boldsymbol{H}_{位}$ 的方向

我们应该注意，传导电流和位移电流是两个不同的物理概念：虽然在产生磁场方面，位移电流和传导电流是等效的，但在其他方面两者并不相同. 传导电流意味着电荷的流动，而位移电流意味着电场的变化. 传导电流通过导体时放出热量，而位移电流通过空间或电介质时，并不放出热量. 在通常情况下，电介质中的电流主要是位移电流，传导电流可忽略不计；而在导体中则主要是传导电流，位移电流可以忽略不计. 但在高频电流情况下，导体内的位移电流和传导电流同样起作用，不可忽略.

7.2 麦克斯韦方程组

麦克斯韦引入涡旋电场和位移电流两个重要概念以后，首先对静电场和恒定电流的磁场的性质描述的方程组加以修正和推广，使之可适用于一般的电磁场.

在一般情况下，电场可能既包括静电场，也包括涡旋电场，因此场强 $\boldsymbol{E}$ 应写成两种场强的矢量和，即 $\boldsymbol{E}=\boldsymbol{E}_{静}+\boldsymbol{E}_{旋}$.

引入涡旋电场的线积分式，可将 $\boldsymbol{E}$ 的闭合回路线积分写作

$$\oint_L \boldsymbol{E}\cdot d\boldsymbol{l}=\int_L \boldsymbol{E}_{静}\cdot d\boldsymbol{l}+\oint_L \boldsymbol{E}_{旋}\cdot d\boldsymbol{l}=0+\left(-\frac{d\Phi_m}{dt}\right)$$

即

$$\oint_L \boldsymbol{E}\cdot d\boldsymbol{l}=-\frac{d\Phi_m}{dt} \tag{9.21}$$

从 9.3 节的讨论可知，包含了涡旋电场的电场中的高斯定理由(9.10)式表示，由于 $\boldsymbol{D}=\varepsilon_0\varepsilon_r\boldsymbol{E}=\varepsilon\boldsymbol{E}$，用电位移的形式表示为 $\oint_S \boldsymbol{D}\cdot d\boldsymbol{S}=\sum q_0$，$q_0$ 表示闭合曲面内的自由电荷；包括了传导电流所产生的磁场和位移电流所产生的磁场对 $\boldsymbol{H}$ 的闭合回路线积分遵从全电流定律(9.19)式；而位移电流产生的磁场和传导电流产生的磁场的磁感线均为闭合曲线，也即通过闭合曲面的磁通量为零，有

$$\oint_S \boldsymbol{B}\cdot d\boldsymbol{S}=\oint_S \boldsymbol{B}_{传}\cdot d\boldsymbol{S}+\oint_S \boldsymbol{B}_{位}\cdot d\boldsymbol{S}=0$$

麦克斯韦认为，在一般情形下，当静止电荷、恒定电流、变化磁场和变化电场都可能存在的情况下，得到如下的四个电磁场方程组：

$$\left.\begin{aligned}&\oint_S \boldsymbol{D}\cdot \mathrm{d}\boldsymbol{S}=\sum q_0\\&\oint_L \boldsymbol{E}\cdot \mathrm{d}\boldsymbol{l}=-\frac{\mathrm{d}\Phi_{\mathrm{m}}}{\mathrm{d}t}\\&\oint_S \boldsymbol{B}\cdot \mathrm{d}\boldsymbol{S}=0\\&\oint_L \boldsymbol{H}\cdot \mathrm{d}\boldsymbol{l}=\sum I_0+\frac{\mathrm{d}\Phi_D}{\mathrm{d}t}\end{aligned}\right\}\qquad(9.22)$$

讨论 9：
试写出麦克斯韦方程组的微分形式，并说明每个方程的物理含义.

这四个方程就是通常所说的**积分形式的麦克斯韦方程组**.

应该指出的是，静止电荷和恒定电流所产生的场量 $\boldsymbol{E}$、$\boldsymbol{D}$、$\boldsymbol{B}$、$\boldsymbol{H}$ 等，只是空间坐标的函数，而与时间 t 无关；但是，在一般情况下，(9.22)式中，有关各量都是空间坐标和时间的函数.

麦克斯韦的电磁场理论在物理学上是一次重大的突破，并对 19 世纪末到 20 世纪以来的生产技术以及人类生活引起了深刻变化，是现代信息技术的基础.

麦克斯韦电磁理论是从宏观现象总结出来的，可以应用在各种宏观电磁现象中，例如它可以研究高速运动电荷产生的电磁场及一般的辐射问题. 当然，物质世界是不可穷尽的，人类的认识是没有止境的，在分子原子等微观过程中的电磁现象，则需要更普遍的量子电动力学来解决，而麦克斯韦电磁理论可以被看成量子电动力学在某些特殊情况下的近似.

第八节 工程案例：电子感应加速器

电子感应加速器，简称感应加速器，是回旋加速器的一种，它由美国物理学家克斯特(D. W. Kerst，1912—1993)在 1940 年研制成功，与传统的回旋加速器不同的是，它是用变化磁场激发的感生电场来加速电子的.

图 9.16 是电子感应加速器基本结构原理图，在电磁铁的两极间放一个环形真空室. 电磁铁是由频率为几十赫兹的交变电流来励磁的，且磁极间的磁场呈对称分布，当两磁极间的磁场发生变化时，两极间任意闭合回路的磁通量也将随时间变化，从而在回路上激发感生电场(图 9.17). 此时若用电子枪将电子沿回路的切线方向射入环形真空室，电子就会在感生电场的作用下被加速. 与此同时，电子还要受到洛伦兹力的作用，沿环形真空室内作圆周运动.

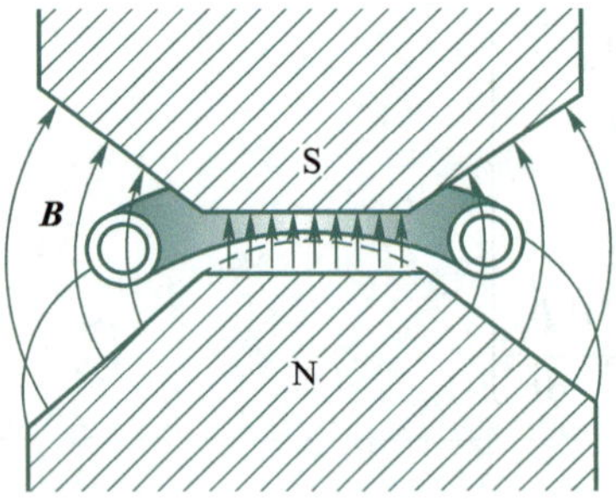

图 9.16　电子感应加速器结构原理图

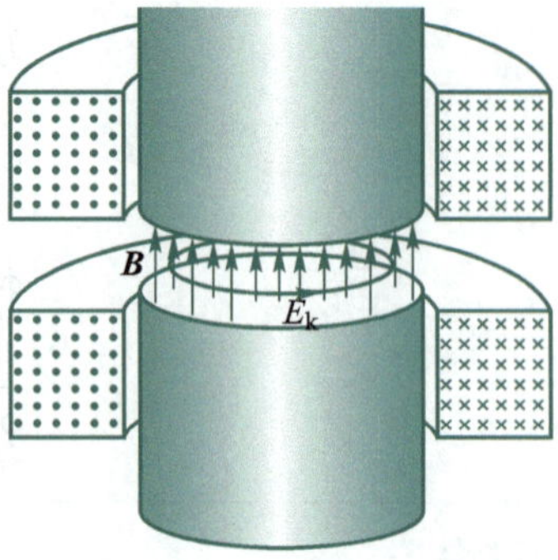

图 9.17　环绕着变化磁场的感生电场

为了使电子在电子感应加速器中不断被加速，这里必须考虑两个问题：一，如何使电子的运动稳定在某个圆形轨道上；二，如何使电子在圆形轨道上只被加速，不被减速.

先来处理第一个问题，如图 9.18 所示，设电子以速率 v 在半径为 R 的圆形轨道上运动，圆形轨道所处的地方磁感应强度为 $\boldsymbol{B}_R$，方向垂直向外，则有

$$evB_R = m\frac{v^2}{R}$$

得

$$R = \frac{mv}{eB_R} = \frac{p}{eB_R} \tag{9.23}$$

从上式可以看出，要使电子的圆周运动有固定的半径 R，必须使磁感应强度的大小 B_R 随电子动量大小 p 成比例地增加才行. 由(9.23)式可以得到

$$\frac{\mathrm{d}p}{\mathrm{d}t} = Re\frac{\mathrm{d}R_B}{\mathrm{d}t} \tag{9.24}$$

可以看出当满足(9.24)式时，半径 R 为固定数值. 由牛顿第二定律可得，电子的 $\frac{\mathrm{d}p}{\mathrm{d}t}$ 只由感生电场 E_k 提供，则有

$$\frac{\mathrm{d}p}{\mathrm{d}t} = eE_k \tag{9.25}$$

式中感生电场 E_k 可根据感生电动势求解，得到

$$E_k = \frac{1}{2\pi R}\frac{\mathrm{d}\Phi}{\mathrm{d}t}$$

设半径 R 所包含的面积内磁感应强度的平均值为 $\overline{B}$，则上式中磁通量 Φ 为

$$\Phi = \pi R^2\overline{B}$$

可以得到

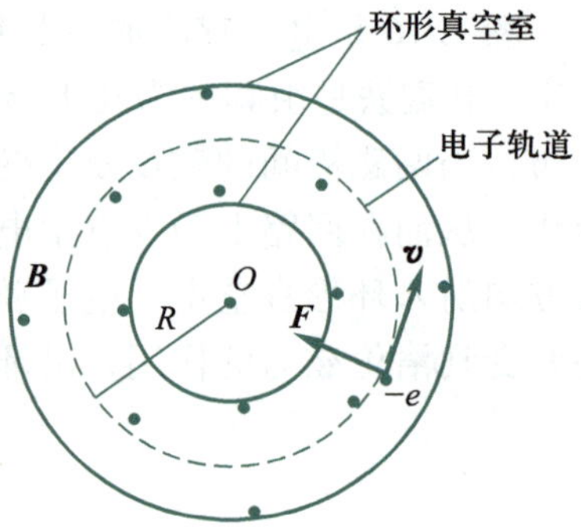

图 9.18　电子在环形真空室内运动

$$E_k=\frac{\pi R^2}{2\pi R}\frac{d\overline{B}}{dt}=\frac{R}{2}\frac{d\overline{B}}{dt}$$

代入(9.25)式则有

$$\frac{dp}{dt}=eE_k=\frac{eR}{2}\frac{d\overline{B}}{dt}$$

对比(9.23)式可以看出，最终想要半径 R 为常量的话，需要满足

$$\frac{dB_R}{dt}=\frac{1}{2}\frac{d\overline{B}}{dt}$$

上式表明，要使电子能在稳定的轨道上被加速，则真空环室内电子圆轨道所在处的磁感强度随时间的增长率，应该是电子圆轨道所包围的面积内磁场的平均磁感强度随时间增长率的一半. 克斯特正是解决了这个“2 比 1”的问题，使得电子能在稳定的轨道上被加速，最终研制出这种加速器.

对于第二个问题，由于电磁铁的励磁电流随时间正弦变化，因此磁感强度亦是时间的正弦函数(图 9.19). 通过分析一个周期内磁感应强度的变化，可以看出若第一个 1/4 周期中感生电场对电子作顺时针的加速，则第二个 1/4 周期开始，感生电场对电子作逆时针加速，直到第二个 1/4 周期结束. 所以较为稳妥的办法是，在第一个 1/4 周期内完成对电子的加速过程，这就是说，应在 $t=0$ 时刻将电子注入，在 $t=\frac{T}{4}$前，将被加速的电子引出轨道射在靶子上.

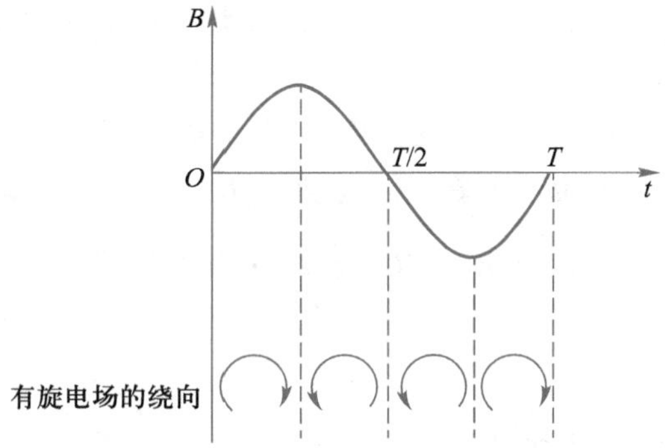

图 9.19　一个周期内，磁感强度和有旋电场方向随时间正弦变化

那么对于普通交变电流只有几十赫兹(如 50 Hz)的情况下，1/4 周期约为 10^{-3}s，在这么短的时间里，能使电子加速到很大的速率吗？那么可设法使电子注入时已有一定的速率(例如用高压电子枪使电子通过 50 kV 电压的预加速)使得在 1/4 周期内，电子在圆形轨道上可转过上百万圈，而每转一圈电子被感生电场加速一次，因此电子在 1/4 周期里可以获得很高的速率和能量.

最后需要指出的是，用电子感应加速器来加速电子，要受到电子因加速运动而辐射能量的限制，因此，用电子感应加速器还不能把电子加速到极高的能量.

一般小型的电子感应加速器可将电子加速到 10^5eV，大型的可达 100 MeV，现在利用电子感应加速器可使电子加速到 0.999 986c，利用高能电子束(β 射线)打击在靶子上，便得到能量较高的 X 射线，可用于研究某些核反应和制备一些放射性同位素. 小型电子感应加速器所产生的 X 射线可用于工业探伤和医治癌症等.

（参考文献：马文蔚，周雨青，主编. 物理学：六版上册，高等教育出版社，2014 年.）

习题

9.1 如图所示，在长直导线 L 中通有恒定电流 I，$ABCD$ 为一个矩形线框，试确定下列情况下，$ABCD$ 上感应电动势的方向：

（1）矩形线框在纸面内向右移动；

（2）矩形线框绕 AD 轴旋转；

（3）矩形线框以直导线为轴旋转.

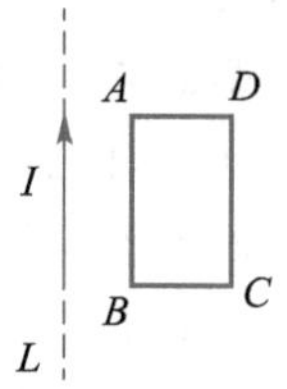

习题 9.1 图

9.2 当把条形磁铁沿铜质圆环的轴线插入铜环中时，铜环中有感应电流和感应电场吗？如果用木质环代替铜环，结果怎样？

9.3 如图所示，金属棒 AB 在光滑的导轨上以速度 $\boldsymbol{v}$ 向右运动，从而形成了闭合导体回路 $ABCDA$. 楞次定律告诉我们，AB 棒中出现的感应电流是自 B 点流向 A 点. 有人说：电荷总是从高电势流向低电势，因此 B 点的电势应高于 A 点. 这种说法对吗？为什么？

9.4 如图所示，均匀磁场被限制在半径为 R 的圆柱体内，且其中磁感应强度随着时间变化满足 $\mathrm{d}B/\mathrm{d}t=$常量，问在回路 L_1 和 L_2 上各点的 $\mathrm{d}B/\mathrm{d}t$ 是否均为零？各点的 $\boldsymbol{E}_\mathrm{k}$ 是否均为零？$\oint_{L_1}\boldsymbol{E}_\mathrm{k}\cdot\mathrm{d}\boldsymbol{l}$ 和 $\oint_{L_2}\boldsymbol{E}_\mathrm{k}\cdot\mathrm{d}\boldsymbol{l}$ 各为多少？

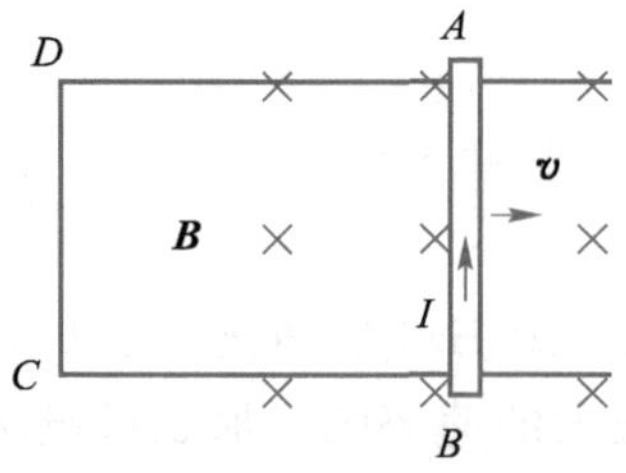

习题 9.3 图

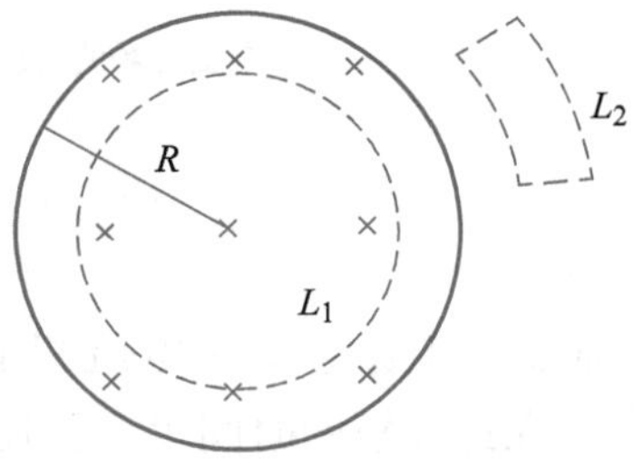

习题 9.4 图

9.5 灵敏电流计的线圈处于永久磁铁的磁场中，通入电流，线圈就会发生偏转，切断电流后，线圈再回到原来的位置前总要来回摆动好多次. 这时如果用导线把线圈的两头短路，则摆动很快停止，这是什么缘故？

9.6 如图所示，一个大的电磁铁线圈 L 的电阻与旁边支路电阻 R 相同，问：

当开关 S 刚接通时，两电流表的读数是否相同？为什么？

9.7 如图所示，当 L_1 中的电流均匀变小时，L_4 中有无感应电流产生？为什么？

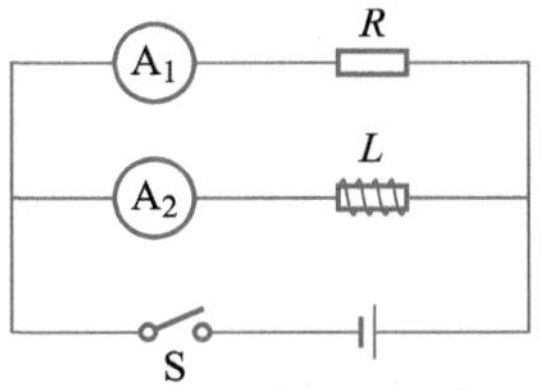

习题 9.6 图

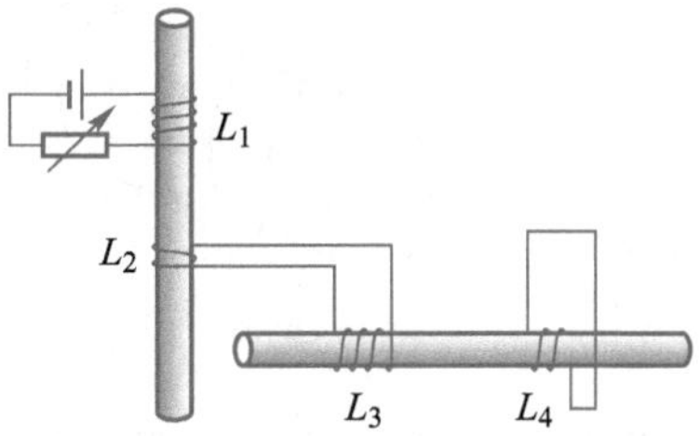

习题 9.7 图

9.8 在自感为 L，通有电流 I 的螺线管内，磁场能量为 $W=\dfrac{1}{2}LI^2$. 这能量是什么能量转化来的？怎样才能使它以热的形式释放出来？

9.9 如图所示，左图是充电后切断电源的平行板电容器；右图是一直与电源相接的电容器. 当两极板间距离相互靠近或分离时，试判断两种情况的极板间有无位移电流，并说明原因.

9.10 有两根相距为 d 的无限长平行直导线，通过大小相等、方向相反的电流，且电流随时间的增长率为 $\dfrac{\mathrm{d}I}{\mathrm{d}t}$，如果有一个边长为 d 的正方形线圈与两导线处于同一平面内，如图所示，求线圈中的感应电动势.

9.11 在一长直密绕的螺线管中间放一正方形小线圈，若螺线管长 1 m，绕了 1 000 匝，通以电流 $I=10\cos 100\pi t$(SI 单位)，正方形小线圈每边长 5 cm，共 100 匝，电阻为 1 Ω，求线圈中感应电流的最大值.（正方形线圈的法线方向与螺线管的轴线方向一致.）

9.12 直导线 ab 以速率 v 沿着平行于长直导线的方向运动，ab 与直导线共面，且与它垂直，如图所示，设直导线中的电流为 I，导线长度为 L，a 端到直导线的距离为 d，求导线 ab 中的电动势.

习题 9.9 图

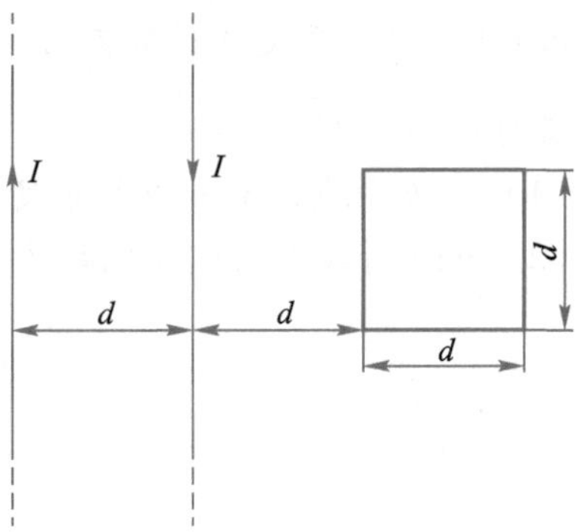

习题 9.10 图

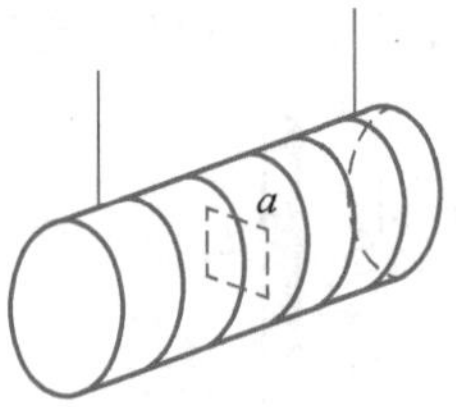

习题 9.11 图

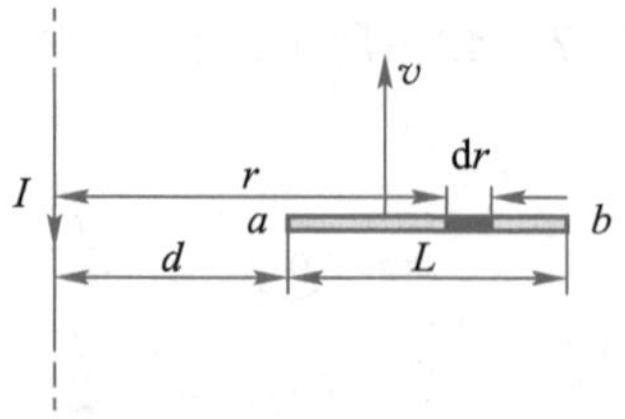

习题 9.12 图

9.13 如图所示，水平放置的导体棒 ab 绕竖直轴 OO' 转动，角速度为 ω，棒两端离转轴的距离分别是 l_1 和 l_2(且 $l_1<l_2$)，已知该处磁感应强度在竖直方向的分量为 B，求导体 a、b 两端的电势差，并说明哪端电势较高.

9.14 一根长为 l，质量为 m，电阻为 R 的导线 ab 沿两平行的导电轨道无摩擦下滑，如图所示. 轨道平面的倾角为 θ，导线 ab 与轨道组成矩形闭合导电回路 $abcd$. 整个系统处在竖直向上的均匀磁场 $\boldsymbol{B}$ 中，忽略轨道电阻. 求 ab 导线下滑所达到的稳定速度.

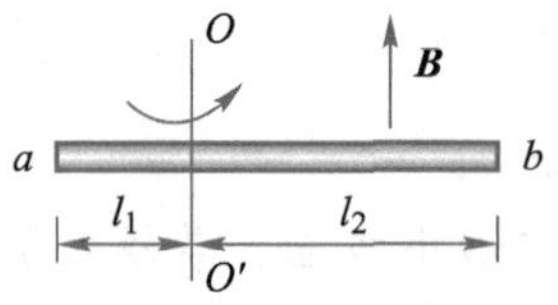

习题 9.13 图

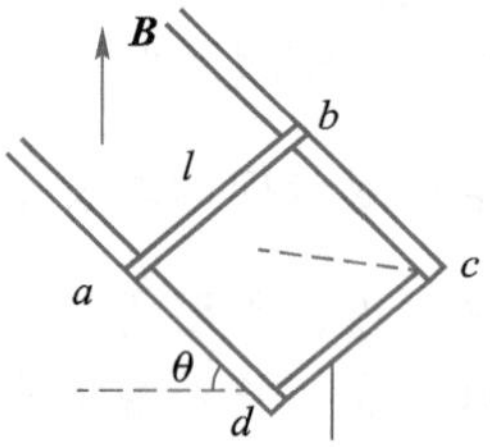

习题 9.14 图

9.15 均匀磁场 $\boldsymbol{B}$ 被限制在半径 $R=10$ cm 的无限长圆柱空间内，方向垂直纸面向里. 取一固定的等腰梯形回路 $abcd$，梯形所在平面的法向与圆柱空间的轴平行，位置如图所示. 设磁感应强度以 $\mathrm{d}B/\mathrm{d}t=1$ T/s 的匀速率增加，已知 $\theta=\frac{1}{3}\pi$，$|Oa|=|Ob|=6$ cm，求等腰梯形回路中感生电动势的大小和方向.

9.16 圆柱形空间的横截面如图所示，圆柱形内匀强磁场的磁感应强度按照 $\frac{\mathrm{d}B}{\mathrm{d}t}=0.1$ T/s 的规律变化，管内有一边长 $l=0.2$ m 的正方形导体回路，正方形中心在圆柱的轴线上，求：

(1) a、b 两点的有旋电场强度；

(2) $abcd$ 折线上的感应电动势.

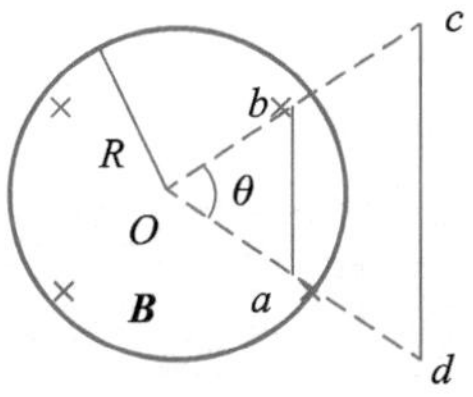

习题 9.15 图

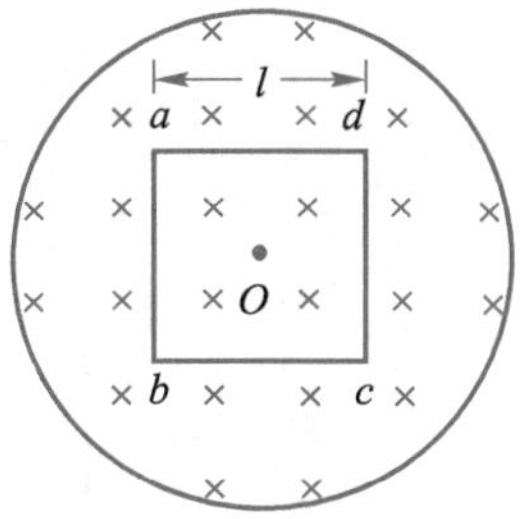

习题 9.16 图

9.17　电荷 Q 均匀分布在半径为 a、长为 $L(L\gg a)$ 的绝缘薄壁长圆筒表面上，圆筒以角速度 ω 绕中心轴线旋转. 一半径为 $2a$、电阻为 R 的单匝圆形线圈套在圆筒上(如图所示). 若圆筒转速按照 $\omega=\omega_0(1-t/t_0)$ 的规律(ω_0 和 t_0 是已知常量)随时间线性地减小，求圆形线圈中感应电流的大小和流向.

9.18　一面积为 S 的单匝平面线圈，以恒定角速度 ω 在磁感应强度 $\boldsymbol{B}=B_0\sin\omega t\boldsymbol{k}$ 的均匀外磁场中转动，转轴与线圈共面且与 $\boldsymbol{B}$ 垂直($\boldsymbol{k}$ 为沿 z 轴的单位矢量). 设 $t=0$时线圈的正法向与 $\boldsymbol{k}$ 同方向，求线圈中的感应电动势.

9.19　载流长直导线与矩形回路 $ABCD$ 共面，导线平行于 AB，如图所示. 求下列情况下 $ABCD$ 中的感应电动势：

(1) 长直导线中电流 $I=I_0$ 不变，$ABCD$ 以垂直于导线的速度 $\boldsymbol{v}$ 从图示初始位置远离导线匀速平移到某一位置时(t 时刻)；

(2) 长直导线中电流 $I=I_0\sin\omega t$，$ABCD$ 不动；

(3) 长直导线中电流 $I=I_0\sin\omega t$，$ABCD$ 以垂直于导线的速度 $\boldsymbol{v}$ 远离导线匀速运动，初始位置如图所示.

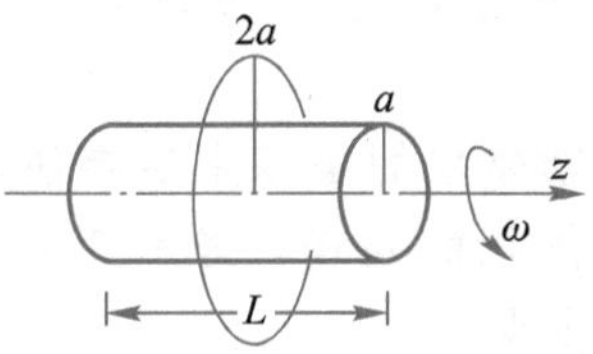

习题 9.17 图

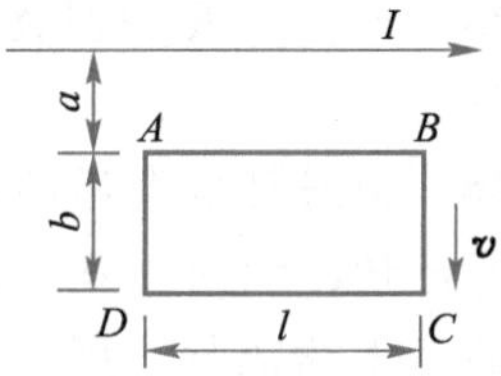

习题 9.19 图

9.20　截面积为长方形的螺绕环，其尺寸如图所示，共有 N 匝，求该螺绕环的自感 L.

9.21　一个纸筒上绕有两个相同的线圈 ab 和 $a'b'$，两个线圈的自感都是 0.05 H，如图所示，试求：

(1) a 和 a'相接时，b 和 b'之间的自感；

(2) a'和 b 相接时，a 和 b'之间的自感.

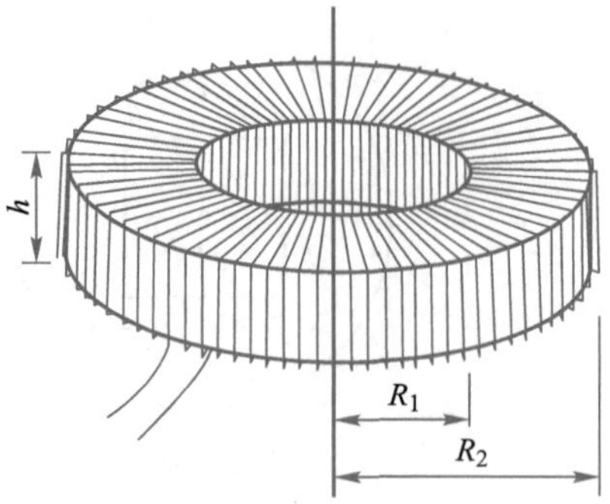

习题 9.20 图

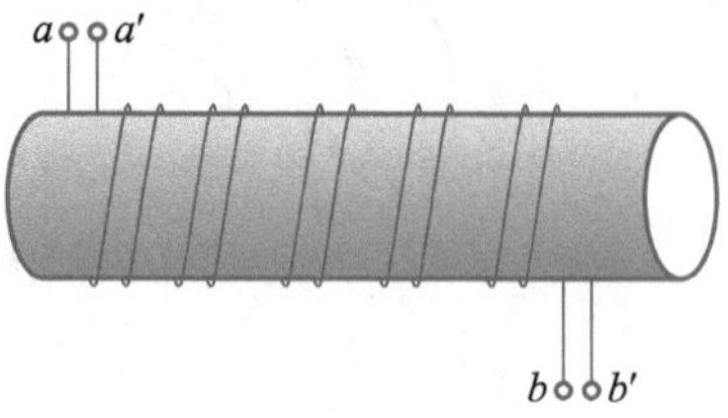

习题 9.21 图

9.22 有一根无限长直导线绝缘地紧贴在矩形线圈的中心轴 OO'上，如图所示，求直导线与矩形线圈间的互感.

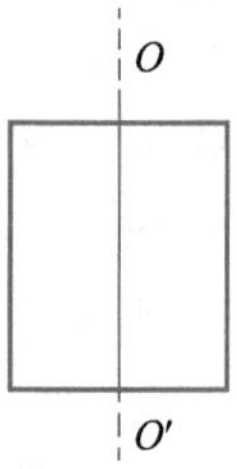

习题 9.22 图

9.23 两线圈的自感分别是 $L_1=5.0$ mH，$L_2=3.0$ mH，当它们顺接串联时，总自感 L 为 11.0 mH.

(1) 求它们之间的互感；

(2) 设两线圈的形状和位置都不变，求它们反接后的总自感.

9.24 一螺绕环，横截面的半径为 a，中心线的半径为 R，$R\gg a$，其上由表面绝缘的导线均匀密绕两个线圈，一个 N_1 匝，一个 N_2 匝，试求：

(1) 两个线圈的自感 L_1 和 L_2；

(2) 两个线圈的互感 M；

(3) M 与 L_1 和 L_2 之间的关系.

9.25 半径为 R 的圆柱形长直导线，均匀通过电流 I，求单位长度导体内储存的磁能.

9.26 未来可能会用超导线圈中持续大电流建立的磁场来储存能量，要储存 1 kWh 的能量，利用 1.0 T 的磁场，需要多大体积的磁场？若利用线圈中 500 A 的电流储存上述能量，则该线圈的自感应该是多少？

9.27 给电容为 C 的平行板电容器充电，电流为 $i=0.2\mathrm{e}^{-t}$(SI 单位)，$t=0$ 时电容器极板上无电荷. 求：

(1) 极板间电压 U 随时间 t 变化的关系；

(2) t 时刻极板间总的位移电流 I_d(忽略边缘效应).

9.28 一电荷为 q 的点电荷，以匀角速度 ω 作圆周运动，圆周的半径为 R. 设 $t=0$ 时 q 所在点的坐标为 $x_0=R$，$y_0=0$，以 $\boldsymbol{i}$、$\boldsymbol{j}$ 分别表示 x 轴和 y 轴上的单位矢量. 求圆心处的位移电流密度 $\boldsymbol{J}$.

9.29 说明电磁炉的工作原理，它和微波炉的工作原理有什么不同？为什么电磁炉需要用金属锅具，而微波炉不可以用金属容器？

9.30 趋肤效应是指当导体中有交流电或交变磁场时，导体内部的电流分布不均匀，且电流集中在导体的“皮肤”部分的一种现象，导线内部实际上电流变小，电流集中在导线外表的薄层. 结果导线的电阻增加，使它的损耗功率也增加，尤其在高频电路中，趋肤效应更为明显. 因此，在高频电路中可用空心铜导线代替实心铜导线以节约铜材；架空输电线中心部分改用抗拉强度大的钢丝，虽然其电阻率大一些，但是并不影响输电性能，又可增大输电线的抗拉强度，利用趋肤效应还可以对金属表面淬火，使某些钢件表面坚硬、耐磨，而内部却有一定柔性，防止钢件脆裂. 请根据电磁感应分析并解释趋肤效应的产生原理.

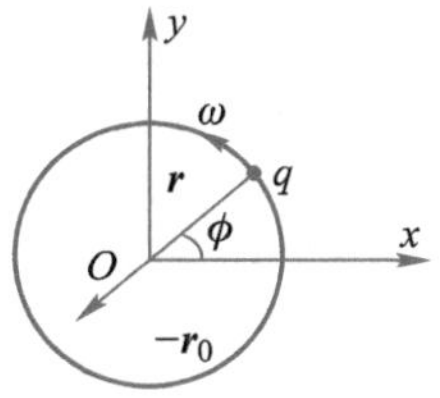

习题 9.28 图

9.31　变压器是一种利用电磁感应原理改变交流电电压的装置，在远距离输电的过程中，提高电压以后可以大大提高输电效率. 我国的特高压输电技术，就是使用 1 000 kV 及以上的电压等级输送电能. 特高压输电具有明显的经济效益，据估计，1 条 1 150 kV 输电线路的输电能力可代替 5~6 条 500 kV 线路，或 3 条 750 kV 线路. 查阅资料总结我国特高压输电技术的优势和挑战，并通过计算说明上述一条 1 150 kV 输电线路的输电能力如何替代 5~6 条 500 kV 的输电线路.

电磁学在信息和军事国防领域中的奇妙应用

9.32　有一些矿石具有导电性，在地质勘探中常利用导电矿石产生的涡电流来发现它，这叫电磁勘探. 在示意图中，A 为通有高频电流的初级线圈，B 为次级线圈，并连接电流表 G，从次级线圈中的电流变化可检测磁场变化，当次级线圈 B 检测到其中磁场发生变化时，技术人员就认为在附近有导电矿石的存在，试说明其原理. 利用如图所示的装置，还可以确定地下金属管线和电缆位置，试提供一个设想的方案.

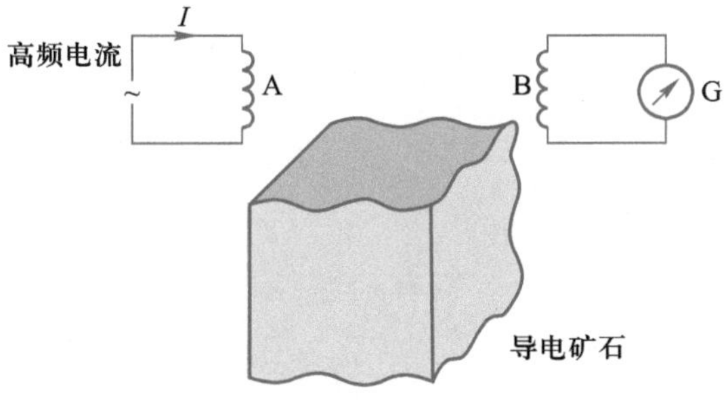

习题 9.32 图

附录

参考文献